中级财务会计实务（含习题与实训）

第 3 版

主　编　蔡维灿　林克明

副主编　罗春梅　巫圣义　陈由辉

参　编　姜媚珍　许爱芳　王　倩

北京理工大学出版社

BEIJING INSTITUTE OF TECHNOLOGY PRESS

内 容 简 介

　　本书试图从"理论、准则、实例"三维视觉构建其体系框架，突出其系统性、规范性、前瞻性、实用性和操作性。本书第 1 篇为财务会计基本理论篇，介绍财务会计的基本理论知识和企业会计准则体系框架；第 2 篇为资产核算篇，分七章介绍企业资产的会计核算方法；第 3 篇为权益核算篇，分三章介绍企业负债和所有者权益的会计核算方法；第 4 篇为损益核算篇，介绍企业收入、费用和利润的会计核算方法；第 5 篇为财务报告编制篇，介绍企业财务报告的相关理论及其编制方法。为加强理论联系实际，突出对学生技能的培养，提高学生实际应用能力，每章章首设有知识目标、技能目标，章中穿插实例，章后附有小结；为注重对学生自学能力的培养，便于学生复习和巩固所学内容，本书还有配套习题与训练。

　　本书适用于高等院校财经类专业学生的学习，也可作为企业财会人员、管理人员及财经类院校教师的参考用书。

图书在版编目（CIP）数据

　　中级财务会计实务：含习题与实训 / 蔡维灿，林克明主编 . —3 版 . —北京：北京理工大学出版社，2020. 6

　　ISBN 978 – 7 – 5682 – 8576 – 6

　　Ⅰ. ①中…　Ⅱ. ①蔡…②林…　Ⅲ. ①财务会计 – 会计实务 – 高等学校 – 教材　Ⅳ. ①F234. 4

　　中国版本图书馆 CIP 数据核字（2020）第 100684 号

出版发行 / 北京理工大学出版社有限责任公司

社　　址 / 北京市海淀区中关村南大街 5 号

邮　　编 / 100081

电　　话 / （010）68914775（总编室）

　　　　　（010）82562903（教材售后服务热线）

　　　　　（010）68948351（其他图书服务热线）

网　　址 / http：//www. bitpress. com. cn

经　　销 / 全国各地新华书店

印　　刷 / 三河市天利华印刷装订有限公司

开　　本 / 787 毫米 × 1092 毫米　1/16

印　　张 / 26. 25　　　　　　　　　　　　　　　责任编辑 / 申玉琴

字　　数 / 617 千字　　　　　　　　　　　　　　文案编辑 / 申玉琴

版　　次 / 2020 年 6 月第 3 版　2020 年 6 月第 1 次印刷　　责任校对 / 刘亚男

定　　价 / 85. 00 元（全 2 册）　　　　　　　　　责任印制 / 施胜娟

前　言

现代会计分为财务会计与管理会计两大分支。财务会计是以公认的会计准则为准绳，运用会计核算的基本原理，对会计主体已经发生的经济业务或事项，采用一套公认、规范的确认、计量、记录和报告的会计处理程序和方法，通过一套通用的、标准的财务报表，定期为财务会计信息使用者，特别是企业外部利害关系集团提供真实、公正、客观的财务会计信息的经济管理活动。中级财务会计主要围绕通用的财务报表的组成要素及编制方法展开，研究一般企业共有的经济业务活动事项的会计确认、计量、记录及报告。中级财务会计实务课程作为会计专业的主干课程，在本专业课程体系中起着承上启下的作用。通过本课程的教学活动，学生能够掌握企业会计信息制作的基本规范与技术方法，了解新企业会计准则的主要内容及其应用方法，能够将财务会计理论和方法与其他专业课程的知识体系交叉融合，将自主学习能力与创新精神、追求个性和全面发展等有机结合，从而培养学生的综合素质与能力。

本书试图从"理论、准则、实例"三维视觉构建其体系框架，突出其系统性、规范性、前瞻性、实用性和操作性。本书第1篇为财务会计基本理论篇，介绍财务会计的基本理论知识和企业会计准则体系框架；第2篇为资产核算篇，分七章介绍企业资产的会计核算方法；第3篇为权益核算篇，分三章介绍企业负债和所有者权益的会计核算方法；第4篇为损益核算篇，介绍企业收入、费用和利润的会计核算方法；第5篇为财务报告编制篇，介绍企业财务报告的相关理论及其编制方法。为加强理论联系实际，突出对学生技能的培养，提高学生实际应用能力，每章章首设有知识目标、技能目标，章中穿插实例，章后附有小结；为注重对学生自学能力的培养，便于学生复习和巩固所学内容，本书还有配套习题与训练。

本书由蔡维灿教授和林克明副教授担任主编，罗春梅副教授、巫圣义高级会计师和陈由辉注册会计师担任副主编，姜媚珍高级会计师、许爱芳会计师和王倩会计师参编。具体分工如下：林克明撰写第6、第11、第13章；罗春梅撰写第4、第7、第8章；巫圣义撰写第9、第10章；陈由辉撰写第3、第5章；姜媚珍撰写第1章；许爱芳撰写第12章；王倩撰写第2章；全书由蔡维灿和林克明总纂定稿。

"中级财务会计实务"省级精品开放课程（网络视频课程）网址：http://mooc1.chaoxing.com/course/200053544.html。

本书适用于高等院校财经类专业学生的学习，也可作为企业财会人员、管理人员及财经类院校教师的参考用书。

本书在编写过程中参考了大量的相关著作、网络资料、教材和文献，吸取和借鉴了同行的相关成果，在此谨向有关作者表示诚挚的谢意和敬意！

限于编者水平，书中难免有不妥和疏漏之处，敬请读者批评指正。

编　者

目 录

第3篇 权益核算篇

第 4 篇　损益核算篇

第 5 篇　财务报告编制篇

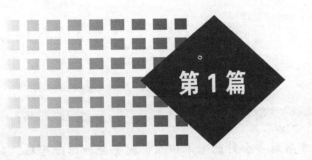

第 1 篇　　财务会计基本理论篇

第 1 章

总　论

知识目标

1. 理解和掌握财务会计的内涵及特征。

2. 了解财务会计的理论框架，理解和掌握财务会计的基本假设、财务会计记账基础、会计信息质量要求、财务会计要素。

3. 了解企业会计准则体系。

1.1　财务会计的内涵与特征

1.1.1　财务会计的内涵

1. 会计的定义

会计是以货币为主要计量单位，采用专门方法和程序，对会计主体的经济活动进行完整的、连续的、系统的核算和监督，以提供经济信息和提高经济效益为主要目的的经济管理活动。

2. 财务会计的定义

财务会计是以公认的会计准则为准绳，运用会计核算的基本原理，对会计主体已经发生的经济业务或事项，采用一套公认、规范的确认、计量、记录和报告的会计处理程序和方法，通过一套通用的、标准的财务报表，定期为财务会计信息使用者，特别是企业外部利害关系集团，提供真实、公正、客观的财务会计信息的经济管理活动。

3. 财务会计的层次

从企业会计实务看，财务会计涵盖了企业所有的经济业务或事项，既包括大多数企业共有的经济业务或事项，也包括企业发生的特殊、不常见经济业务或事项，还涉及特殊企业（行业）的经济业务或事项。但从会计理论研究和高等会计教育规律出发，财务会计应当分为三个层次进行研究和教学。

第一层次为会计学原理，是财务会计的入门课程，主要研究会计的基本理论、基本方法和基本技能，从凭证、账簿到报表的会计核算基本程序与方法。主要包括复式记账法、会计凭证、会计账簿、会计报表及其账务处理程序等基础知识。

第二层次为中级财务会计，主要围绕通用的财务报表的组成要素及编制方法展开，研究一般企业共有的经济业务事项的会计确认、计量、记录及报告。

第三层次为高级财务会计，主要研究中级财务会计没有涵盖的其他经济业务或事项的会计确认、计量、记录及报告。

1.1.2　财务会计的特征

现代会计分为财务会计与管理会计两大分支。管理会计是指在当代市场经济条件下，以强化企业内部经营管理、实现最佳经济效益为最终目的，以现代企业经营活动为对象，通过对财务等信息的深加工和再利用，实现对经济过程的预测、决策、规划、控制、责任考核评价等职能的一个会计分支。其本质是一种侧重于在现代企业内部经营管理中直接发挥作用的会计，同时又是企业管理的重要组成部分。财务会计与管理会计相比较，呈现的主要特征表现在以下几个方面。

1. 财务会计工作目标的外部导向性

财务会计工作的侧重点在于根据日常的业务记录登记账簿，定期编制有关的财务报表，向企业外界有经济利害关系的团体和个人报告企业的财务状况与经营成果。其主要为企业外界服务，从这个意义上说，财务会计又可称为"外部会计"。而管理会计工作的侧重点在于针对企业经营管理遇到的特定问题，进行分析研究，以便向企业内部各级管理人员提供有关价值管理方面的预测、决策、控制、考核信息资料，其主要为企业内部管理服务，从这个意义上讲，管理会计又可称为"内部会计"。

2. 财务会计工作主体的整体性

财务会计的工作主体往往只有一个层次，即主要以整个企业为工作主体。而管理会计的工作主体可分为多个层次，它既可以以整个企业（如投资中心、利润中心）为主体，又可以将企业内部的局部区域或个别部门甚至某一管理环节（如成本中心、费用中心）作为其工作的主体。

3. 财务会计工作时效的报告性

财务会计的作用时效主要在于反映过去，因此，财务会计实质上属于算"呆账"的"报账型会计"。而管理会计的作用时效不仅限于分析过去，而且还在于能动地利用已知的财务会计资料进行预测和规划未来，同时控制现在，从而横跨过去、现在和未来三个时态。管理会计面向未来的作用时效是摆在第一位的，而分析过去是为了更好地指导未来和控制现在。因此，管理会计实质上属于算"活账"的"经营型会计"。

4. 财务会计工作的约束性

财务会计工作必须严格遵循"公认会计原则"或企业会计准则的约束。而管理会计除了考虑管理决策的改进所带来的利益与花费的成本外，不受"公认会计原则"或企业会计准则的完全限制和严格约束，在工作中还可灵活应用其他现代管理科学理论作为指导原则。

财务会计的信息主要是以价值尺度反映的定量资料，对精确度和真实性的要求高，数字必须平衡。而管理会计所涉及的往往属于未来信息，未来期间影响经济活动的不确定因素较多，不要求过于精确，只要求满足及时性和相关性的要求，不影响决策、判断即可。

财务会计按照规定需提供资产负债表、利润表、现金流量表等若干种按规定格式编制的财务报表，企业必须根据账簿记录定期（按年度、季度或月份）编制财务报表，以满足外部使用者的需求。而管理会计提供的报告包括预算、责任报告、专门分析等，其种类与具体形式不受规定限制，只要管理人员认为对决策者有帮助即可，其报告时间可以按年度、季度、月份等定期编制，也可根据实际需要按天、小时不定期编制。

5. 财务会计工作程序的固定性

财务会计必须执行固定的会计循环程序。从填制和审核凭证转换到登记账簿，直至编报财务报告，都必须自觉地按既定的程序处理，而且在通常情况下不得随意变更其工作内容或颠倒工作顺序。因而，其工作具有一定的强制性和程序性。而管理会计工作的程序性较差，没有固定的工作程序可以遵循，有较大的回旋余地，所以，企业可根据自己的实际情况自行设计其管理会计工作流程，不同企业间管理会计工作有较大的差异性。

6. 财务会计工作方法的特殊性

财务会计运用传统的记账、算账等会计方法，一般只涉及初等数学中的简单算术方法。管理会计在此基础上运用许多现代的数学方法，如线性规划、回归分析、概率统计方法等，另外还利用了其他学科（如经济学、统计学、组织行为学等）的一些成果。

7. 财务会计学科体系的成熟性

尽管财务会计工作也需要进一步改革，但就其学科体系的完善程度而言，现在已经达到相对成熟和稳定的地步，形成了通用的会计规范和统一的会计模式。也正是在这个意义上，我们说财务会计具有规范性和统一性。但管理会计学科体系尚不够完整，正处于继续发展和不断完善的过程中，因而它缺乏规范性和统一性。

1.2 财务会计的理论框架

根据我国《企业会计准则——基本准则》的规范，我国构建的是以会计目标、会计假设、财务报表为构成要素，会计信息质量特征、会计确认、会计计量为核心的财务会计理论框架结构。

1.2.1 财务会计的目标

财务会计的目标最终体现在财务报告目标上。财务报告目标通常有受托责任观和决策有用观两种。在受托责任观下，财务报告的目标是反映受托责任的履行情况，会计信息更多地强调可靠性，会计计量主要采用历史成本；在决策有用观下，财务报告的目标是提供经济决策有用的信息，会计信息更多地强调相关性，如果采用其他计量属性能够提供更加相关的信息，会较多地采用除历史成本之外的其他计量属性。

我国企业财务报告的目标是向财务报告使用者提供与企业财务状况、经营成果和现金流量等有关的会计信息，反映企业管理层受托责任履行情况，以便财务报告使用者做出经济决策。

会计信息需求来自企业外部和内部两方面，它们分别是会计信息的外部使用者和内部使用者。会计信息外部使用者主要包括投资者、债权人、政府及其有关部门和社会公众等。会计信息的内部使用者包括董事会、首席执行官（CEO）、首席财务官（CFO）、副董事长（主管信息系统、人力资源、财务等）、经营部门经理、分厂经理、分部经理、生产线主管等。满足投资者的信息需要是企业财务报告编制的首要出发点。将投资者作为企业财务报告的首要使用者，凸显了投资者的地位，体现了保护投资者利益的要求，这是市场经济发展的必然。如果企业在财务报告中提供的会计信息与投资者的决策无关，那么财务报告就失去了其编制的意义。根据投资者决策的有用目标，财务报告所提供的信息应当如实反映企业所拥有或者控制的经济资源、对经济资源的要求权以及经济资源及其要求权的变化情况，如实反映企业的各项收入、费用、利润和损失的金额及其变动情况，如实反映企业各项经营活动、投资活动和筹资活动等所形成的现金流入和现金流出情况等。财务报告所提供的信息应有助于现在的或者潜在的投资者正确、合理地评价企业的资产质量、偿债能力、盈利能力和营运效率等，有助于投资者根据相关会计信息做出理性的投资决策，有助于投资者评估与投资有关的未来现金流量的金额、时间和风险等。

1.2.2 财务会计的基本假设

财务会计的基本假设是对会计核算所处时间、空间环境等所作的合理假定，是企业会计确认、计量和报告的基本前提条件。它是对会计核算的合理设定，是人们对财务会计实践进行长期认识和分析后所做出的合乎事理的判断和推论。我国的《企业会计准则——基本准则》明确了四个基本假设，即会计主体假设、持续经营假设、会计分期假设和货币计量假设。

1. 会计主体假设

会计主体假设是指假设会计所核算的是一个特定的企业或单位的经济活动，而不是漫无边际的空间范围。会计主体是指财务会计为之服务的特定单位，是企业会计确认、计量和报告的空间范围。明确会计主体，才能划定会计所要处理的各项交易或事项的范围，才能将会计主体的交易或者事项与会计主体所有者的交易或者事项、其他会计主体的交易或者事项区分开来。在会计主体假设下，企业应当对其本身发生的交易或事项进行会计确认、计量和报告，反映企业本身所从事的各项生产经营活动和其他相关活动。企业的经济活动独立于企业的投资者。明确会计主体假设是开展会计确认、计量和报告工作的重要前提。

会计主体可以是一个特定的企业，也可以是一个企业的某一特定部分（如分厂、分公司、门市部等），还可以是由若干家企业通过控股关系组织起来的集团公司，甚至可以是一个具有经济业务的特定非营利组织。会计主体不同于法律主体。一般来说，法律主体必然是一个会计主体。例如，一个企业作为一个法律主体，应当建立财务会计系统，独立反映其财务状况、经营成果和现金流量。但是，会计主体不一定是法律主体。例如，在企业集团的情况下，一个母公司拥有若干子公司，母子公司虽然是不同的法律主体，但是母公司对于子公司拥有控制权，为了全面反映企业集团的财务状况、经营成果和现金流量，就有必要将企业集团作为一个会计主体，编制合并财务报表。

2. 持续经营假设

持续经营假设是指会计主体在可预见的未来时期将按照它既定的目标持续不断地经营下去，企业不会面临破产、清算。会计核算应当以企业持续、正常的生产经营活动为前提。从企业经营的存续时间来看，存在两种可能：一种是企业未来可能面临破产清算；另一种是在可预见的将来，企业会持续经营下去。不同的可能性决定了企业采用不同的方法进行核算。为了使会计核算中使用的会计处理方法保持稳定，保证企业会计记录和会计报表真实可靠，《企业会计准则》规定："会计核算应当以企业持续、正常的生产经营活动为前提。"也就是说，企业可以在持续经营的基础上，使用它所拥有的各种资源，依照原来的偿还条件来偿还它所负担的各种债务。

持续经营假设为企业会计方法的选择奠定了基础，主要表现在以下四个方面：第一，企业对资产以其取得时的历史成本计价，而不是按其破产、清算的现行市价计价；第二，企业对固定资产折旧、无形资产摊销，均按预计的折旧年限或者摊销年限合理地处理；第三，企业偿债能力的评价与分析也是基于企业在会计报告期后能够持续经营为前提；第四，由于考虑了持续经营假设，企业会计核算才选择了权责发生制为基础进行会计确认、计量、记录和报告。如果说会计主体假设为会计活动规定了空间范围，那么持续经营假设则为会计的正常活动做出了时间上的规定。

3. 会计分期假设

会计分期假设是指在会计主体和持续经营的基础上，人为地将一个会计主体持续经营的生产经营活动划分为若干个相等的期间。目的是为结算账目和编制会计报表及时地提供有关财务状况和经营成果的会计信息。会计期间分为年度和中期。中期是指短于一个完整的会计年度的报告期间，包括半年度、季度和月度。会计期间按公历起讫日期确定，从 1 月 1 日起至 12 月 31 日，称为一个会计年度。

会计分期假设的目的是为分期结算账目和编制会计报表及时地提供有关财务状况和经营成果的会计信息。会计期间的划分对于确定会计核算程序和方法具有极为重要的作用。由于有了会计期间，所以产生了本期与非本期的区别；由于有了本期与非本期的区别，所以产生了权责发生制和收付实现制，使不同类型的会计主体有了记账的基准。会计核算是建立在权责发生制基础上，因此，会计上需要运用"应计""递延""分配""预计""计提""摊销"等特殊程序来处理一些应付费用、预收收入、预付费用和折旧、摊销等事项。

4. 货币计量假设

货币计量假设是指对所有会计核算的对象都采用同一种货币作为共同的计量尺度，把企业的经营活动和财务成果的数据转化为按统一货币单位反映的信息。

企业在日常的经营活动中，有大量、错综复杂的经济业务，采用的计量方式有货币计量、劳动计量和实物计量。企业为了全面反映生产经营活动，客观上需要一种统一的计量单位作为会计核算的计量尺度。因此，会计核算就必然选择货币作为会计核算的计量单位，以货币形式来反映企业的生产经营活动的全过程。会计确认、计量、记录和报告选择货币为主要计量尺度，是由货币本身属性决定的。只有选择货币尺度进行计量，才能充分反映企业的生产经营情况。

货币计量假设包含了四层含义：第一，会计所计量和反映的经济活动，主要是企业能够用货币计量的方面。第二，不同形态的资产都需要用货币作为统一的计量单位。第三，在存在多种货币间的交易或者存在境内外会计报表间的合并时，应当确定某一种货币作为记账本位币。记账本位币是指企业经营所处的主要经济环境中的货币，并在会计核算中所采用的基本货币单位。第四，货币计量单位在市场经济条件下，是借助于价格来完成的，在会计处理中使用的价格，可以是市场交易中的市价，也可以是评估价、协商价以及内部价格。

货币计量假设有一定的局限性，因为货币本身的"量度"是受货币购买力影响的，而货币的购买力是随时变化的。因此，货币计量假设必须附带币值稳定假设。只有假设货币本身是稳定的，才能保证货币计量在会计核算中的应用性。当出现持续的通货膨胀情况时，这一假设也就失去了真实性和可比性。

上述会计核算的四项基本假设，具有相互依存、相互补充的关系。会计主体确定了会计核算的空间范围。持续经营与会计分期确定了会计核算的时间范围。持续经营解决了资产的计价和费用的分配；会计分期把会计记录定期总结为会计报表。货币计量则为会计核算提供了必要的手段，以人民币作为统一的计量尺度，确定了记账本位币。没有会计主体，就不会有持续经营；没有持续经营，就不会有会计分期；没有货币计量，就不会有现代会计。

1.2.3 财务会计记账基础

会计实务中，有两个会计记账基础：一是权责发生制；二是收付实现制。前者是企业的会计记账基础，后者是非营利单位的会计记账基础。

1. 权责发生制

权责发生制，也称应计制或应收应付制。它是以权利或责任的发生与否为标准，来确认收入和费用的一种会计基础。

权责发生制要求：凡属本期的收入，不管其款项是否收到，都应作为本期的收入；凡属本期应当负担的费用，不管其款项是否付出，都应作为本期费用。反之，凡不应归属本期的收入，即使款项在本期收到，也不作为本期收入；凡不应归属本期的费用，即使款项已经付出，也不能作为本期费用。

权责发生制是与收付实现制对应的一种确认和记账基础，是从时间选择上确定的基础，其核心是根据权责关系的实际发生和影响期间来确认企业的收入和费用。建立在该基础上的会计模式可以正确地将收入与费用相配比，正确地计算企业的经营成果。

企业交易或者事项的发生时间与相关货币收支时间有时并不完全一致。例如，款项已经收到，但销售并未实现；或者款项已经支付，但并不是为本期生产经营活动而发生的。采用权责发生制，其优点是：可以正确反映各个会计期间所实现的收入和为实现收入所应负担的费用，从而可以把各期的收入与其相关的费用、成本相配比，正确确定各期的收益，更加真实、公允地反映特定会计期间的财务状况和经营成果。《企业会计准则》规定，企业在会计确认、计量、记录和报告中应当以权责发生制为基础。

2. 收付实现制

收付实现制是与权责发生制相对应的一种确认和记账基础，也称现金制或现收现付制，它是以收到或支付现金作为确认收入和费用依据的一种方法。

收付实现制要求：凡是在本期收到的款项和支付的费用，不论是否属于本期，都应当作为本期的收入和费用处理；反之，凡本期未收到的收入和未支付的费用，即使应归属本期收入和费用，也不能作为本期的收入和费用。收付实现制下，对于应收、应付、预收、预付等款项均不予以确认。目前，我国的行政单位会计采用收付实现制；事业单位除经营业务采用权责发生制外，其他业务都采用收付实现制。

企业会计核算应当以权责发生制为基础，因此，主要会计报表，如资产负债表、利润表、股东权益变动表等，都必须以权责发生制为基础来编制和披露。但是现金流量表的编制基础却是收付实现制，必须按照收付实现制来确认现金要素和现金流量。

1.2.4 会计信息质量要求

财务会计目标解决了信息使用者需要什么样的信息，在总体上规范了信息的需求量，即在信息提供的"量"上做出了界定。但是合乎需要的信息还有一个"质"的问题，即信息的质量问题。会计信息质量要求是对企业财务会计报告所提供的会计信息质量的基本要求，也是会计信息对其使用者决策有用应当具备的基本质量特征。根据《企业会计准则》规定，企业会计信息质量要求包括可靠性、相关性、可理解性、可比性、实质重于形式、重要性、谨慎性和及时性八个方面。

1. 可靠性

可靠性是指会计信息必须是客观的和可验证的。企业的会计核算应当以实际发生的交易或事项为依据，如实反映其财务状况、经营成果和现金流量。可靠性是会计信息的重要质量特征。一项信息是否可靠则取决于以下三个因素，即真实性、完整性和中立性。

（1）真实性。以实际发生的交易或者事项为依据进行确认、计量，将符合会计要素定义及其确认条件的各会计要素如实反映在财务报表中。

（2）完整性。在符合重要性和成本效益原则的前提下，保证会计信息的完整性，其中包括应当编报的报表及其附注内容等应当保持完整，不能随意遗漏或者减少应予披露的信息。

（3）中立性。财务报告中的会计信息应当是中立的、无偏的。如果企业在财务报告中为了达到事先设定的结果或效果，通过选择或列示有关会计信息以影响决策和判断的，这样的财务报告信息就不是中立的。

2. 相关性

相关性是指企业提供的会计信息应当与会计信息使用者的经济决策需要相关，有助于会计信息使用者对企业过去、现在或者未来的情况做出评价或者预测。相关性的实质就是对会计信息使用者的决策有用性。一项信息是否具有相关性取决于其是否具备预测价值和反馈价值。

如果一项信息能帮助决策者对过去、现在及未来事项的可能结果进行预测，则该项信息具有预测价值。如果一项信息能有助于决策者验证或修正过去的决策和实施方案，即具有反馈价值。信息反馈价值与信息预测价值同时并存，相互影响。验证过去才有助于预测未来；反之，预测就缺乏基础。

在会计核算中坚持相关性，就是要求企业在确认、计量、记录和报告会计信息过程中，充分考虑会计信息使用者的决策模式和信息需求。但是，相关性是以可靠性为基础的，即在会计信息可靠性的基础上，尽可能做到相关性，以满足各类会计信息使用者的决策需要。

3. 可理解性

可理解性又称明晰性，是指企业提供的会计信息应当清晰明了，便于会计信息使用者理解和使用。信息若不能被使用者所了解，即使质量再好，也没有任何用途。可理解性是会计信息有用性的基础。因此，可理解性是衡量会计信息的一个质量标准。

信息是否能被使用者所理解，取决于信息本身是否易懂，也取决于使用者理解信息的能力。会计信息是一种专业性较强的信息，在强调会计信息的可理解性要求的同时，还应假定使用者具有一定的有关企业经营活动和会计方面的知识，并且愿意付出努力去研究这些信息。

4. 可比性

可比性是指企业提供的会计信息应当具有可比性。其具体包括纵向可比性和横向可比性两个方面。

（1）纵向可比性，即同一企业不同时期的会计信息可比。为了便于会计信息使用者了解企业财务状况、经营成果和现金流量的变化趋势，比较企业在不同时期的财务会计信息，全面、客观地评价过去、预测未来，从而做出正确的决策，要求同一企业不同时期发生的相同或者相似的交易或者事项，应当采用一致的会计政策，不得随意变更。如果按照规定或者在会计政策变更后能够提供更为可靠、更为相关的会计信息，可以变更会计政策，但应当在附注中说明。

（2）横向可比性，即不同企业相同会计期间的会计信息可比。为了便于会计信息使用者评价不同企业的财务状况、经营成果和现金流量的变动情况，要求不同企业发生的相同或者相似的交易或者事项，应当采用规定的会计政策，确保会计信息口径一致、相互可比。

5. 实质重于形式

实质重于形式是指企业应当按照交易或者事项的经济实质进行会计确认、计量和报告，不应仅以交易或者事项的法律形式为依据。

企业发生的交易或事项在多数情况下其经济实质和法律形式是一致的，但在有些情况下也会出现不一致。例如，融资租入的固定资产，在租期未满以前，从法律形式上讲，所有权并没有转移给承租人。但是从经济实质上讲，与该项固定资产相关的收益和风险已经转移给承租人，承租人实际上也能行使对该项固定资产的控制，因此承租人应该将其视同自己的固定资产，一并进行管理和计提折旧。遵循实质重于形式原则，体现了对经济实质的尊重，能够保证会计确认、计量的信息与客观经济事实相符。如果企业的会计核算仅按照交易或事项的法律形式进行，而这些形式又没有反映其经济实质和经济现实，那么，其最终结果将不仅不会有利于会计信息使用者的决策，反而会误导会计信息使用者的决策。

6. 重要性

重要性是指企业提供的会计信息应当反映与企业财务状况、经营成果和现金流量等有关的所有重要交易或者事项。

会计信息质量重要性要求企业在会计核算过程中对交易或事项应当区别其重要程度，采用不同的核算方式。对资产、负债、损益等有较大影响，并进而影响财务会计报告使用者据以做出合理判断的重要会计事项，必须按照规定的会计方法和程序予以处理，并在财务会计报告中予以充分、准确的披露；对于次要的会计事项，在不影响会计信息真实性和不至于导致财务会计报告使用者做出错误判断的前提下，可适当简化处理。

之所以强调重要性原则，在很大程度上是考虑会计信息的效用和核算成本之间的比较。强调重要性原则一方面可以提高核算的效益，减少不必要的工作量；另一方面可以使会计信息分清主次，突出重点。对某项会计事项判断其重要性，在很大程度上取决于会计人员的职业判断。但一般来说，重要性可以从质和量两方面进行判断。从性质方面讲，只要该会计事项发生就可能对决策有重大影响时，则属于具有重要性的事项。从数量方面讲，当某一会计事项的发生额达到总资产的一定比例（如5%）时，一般认为其具有重要性。

7. 谨慎性

谨慎性又称为稳健性，是指企业对交易或者事项进行会计确认、计量和报告时应当保持应有的谨慎，不应高估资产或者收益、低估负债或者费用。

在市场经济环境下，企业的生产经营活动面临着许多风险和不确定因素，如应收账款的可回收性、固定资产的使用年限、无形资产的使用年限、售出存货可能发生的退货或返修等。面对这些不确定性因素，企业在做出职业判断时，应当保持应有的谨慎，充分估计到各种风险和损失，既不高估资产或者收入，也不低估负债或者费用。当某项经济业务存在多种不同处理方法时，应当选择不会导致企业虚增资产或盈利的方法，即对收入、费用和损失的确认持谨慎和稳健的态度。

企业在会计核算中，应当遵循谨慎性的要求，对于可能发生的损失和费用，应当加以合理估计，不得压低负债或费用，也不得抬高资产或收益，更不得计提秘密准备。具体地讲，凡是可以预见的损失和费用均应予以确认，而对不确定的收入则不予以确认。会计实务中计提资产减值准备，采用加速折旧法计提固定资产折旧，确认预计负债等都是谨慎性要求的具体体现。但是，企业不能漫无边际、任意使用或歪曲使用谨慎性原则，不能计提秘密准备，否则将会影响会计确认、计量的客观性，造成会计秩序的混乱。

8. 及时性

及时性是指企业对于已经发生的交易或者事项应当及时进行会计确认、计量和报告，不得提前或者延后。

会计信息的价值在于有助于会计信息使用者能够及时做出正确的决策，因此会计信息必须具有时效性。即使是可靠的、相关的、重要的会计信息，如果不能够及时提供并传递到使用者，就失去了时效性，以后再获得该信息，对使用者的效用将大大降低，甚至不再具有实际意义。

及时性原则的具体要求包括：要求及时搜集会计信息，即在经济交易或事项发生后，会计及相关人员应当及时搜集、整理各种原始单据和凭证；要求及时处理会计信息，即按会计准则的规定，及时对经济交易或事项进行确认、计量、记录，及时编制财务会计报告，不得拖延；要求及时传递会计信息，即在国家规定的期限内，及时对外披露财务会计报告及其他应该披露的会计信息，使得各方面的信息使用者能够及时了解企业的情况，以利于他们做出正确决策。

1.2.5　财务会计要素

1. 财务会计要素定义及特征

财务会计要素是会计对象的基本分类，是构成会计客体的基本要素，是会计对象的具体化。财务会计在其核算中必须对交易或者事项按不同的经济特征进行归类，并为每一个类别取一个相应的名称，这就是会计要素。它是财务会计核算的具体内容，也是财务报表的基本项目。我国的《企业会计准则》列示了六类会计要素，即资产、负债、所有者权益、收入、成本费用和利润。按照它们各自反映的内容可分为两类：一类是从静态方面反映企业财务状况的会计要素——资产、负债和所有者权益，它们构成资产负债表的基本框架，所以又称为资产负债表要素；另一类是从动态方面反映企业经营成果的会计要素——收入、成本费用和利润，它们构成利润表的基本框架，因此又称为利润表要素。

（1）资产。资产是企业过去的交易或者事项形成的、由企业拥有或控制的、预期会给企业带来经济利益的资源。资产包括各种财产、债权和其他权利。资产具有以下三个基本特征：

① 资产是由过去的交易或事项所形成的。资产必须是现实资产，而不是预期的资产，即由于过去已经发生的交易或事项所产生的现实资产，未来交易或事项以及未发生的交易或事项不形成现实资产，不得作为资产确认。例如，企业签订一份购销合同，计划购进材料一批，但材料交易尚未发生，不符合资产定义，不能将其确认为存货资产。

② 资产是企业拥有或控制的资源。一般来说，一项资源要作为企业的资产予以确认，对于企业来说，要拥有其所有权，可以按照自己的意愿使用或处置。对于一些特殊方式形成的资产，企业虽然对其不拥有所有权，但是能够被企业实际控制的，也应将其作为企业的资产予以确认，如融资租入固定资产。企业对资产的拥有权或控制权，表明企业能够从该资产中获取经济利益；如果企业既不拥有也不控制该资产所能带来的经济利益，则不能将其作为企业资产予以确认。

③ 资产预期会给企业带来经济利益。预期会给企业带来经济利益，是指直接或者间接导致现金和现金等价物流入企业的潜力。例如，企业采购的原材料、购置的固定资产等可以用于生产经营过程制造商品或者提供劳务，对外出售后收回货款，货款即为企业所获得的经济利益。如果某一项目预期不能给企业带来经济利益，那么就不能将其确认为企业的资产。再如，前期已经确认为资产的项目，如果不能再为企业带来经济利益的，也不能再确认为企业的资产，要将其转为其他会计要素。

（2）负债。负债是指企业过去的交易或者事项形成的、预期会导致经济利益流出企业的现时义务。负债具有以下三个基本特征：

① 负债是企业承担的现时义务。现时义务是指企业在现行条件下已承担的义务。未来发生的交易或者事项形成的义务，不属于现时义务，不应当确认为负债。企业承担的现时义务包括法定义务和推定义务。法定义务是指具有约束力的合同或者法律、法规规定的义务，通常在法律意义上需要强制执行，例如，企业购买原材料形成应付账款、企业向银行贷入款项形成借款、企业按照税法规定应当交纳的税款等，均属于企业承担的法定义务，需要依法予以偿还。推定义务是指根据企业多年来的习惯做法、公开的承诺或者公开宣布的经营政策而导致企业将承担的相关责任，这些责任的承担将使企业履行合理的推定义务。例如，企业承诺的售出商品保修服务就属于推定义务，应当将其确认为一项负债。

② 负债是由过去的交易或者事项形成的。只有过去的交易或者事项才能形成负债，企业将在未来发生的承诺、签订的合同等交易或者事项不形成负债。

③ 负债预期会导致经济利益流出企业，这是负债的本质特征。企业在履行现时义务清偿负债时，导致经济利益流出企业的形式多种多样。例如，用现金形式偿还或以实物偿还；以提供劳务形式偿还；以部分实物资产、部分提供劳务形式偿还；将负债转为资本等。

（3）所有者权益。所有者权益是指企业资产扣除负债后由所有者享有的剩余权益。所有者权益又称为股东权益。所有者权益的来源包括所有者投入的资本、直接计入所有者权益的利得和损失、留存收益等，通常由股本（或实收资本）、资本公积（含股本溢价或资本溢价、其他资本公积）、留存收益（盈余公积和未分配利润）等构成。

① 所有者投入的资本，是指所有者所有投入企业的资本部分，它既包括构成企业注册资本或者股本的金额，即股本（或实收资本），也包括投入资本超过注册资本或股本部分的金额，即资本公积（资本溢价或股本溢价）。

② 直接计入所有者权益的利得和损失，是指不应计入当期损益、会导致所有者权益发生增减变动的、与所有者投入资本或者向所有者分配利润无关的利得或者损失。其中，利得是指由企业非日常活动所形成的、会导致所有者权益增加的、与所有者投入资本无关的经济利益的流入。损失是指由企业非日常活动所发生的、会导致所有者权益减少的、与向所有者分配利润无关的经济利益的流出。

③ 留存收益，是指由企业利润转化而形成、归所有者共有的所有者权益，主要包括盈余公积和未分配利润。盈余公积是企业按规定一定比例从净利润中提取的各种积累资金，它一般又分为法定盈余公积金和任意盈余公积金。未分配利润是指企业进行各种分配以后，留在企业的未指定用途的那部分净利润。

（4）收入。收入是指企业在日常活动中形成的、会导致所有者权益增加的、与所有者投入资本无关的经济利益的总流入。收入有广义和狭义两种理解。广义收入把所有的经营和非经营活动的所得都看成是收入，就是说企业净资产增加的部分都看作收入，包括营业收入、投资收入和营业外收入，以及资产收益等。狭义收入则仅仅把经常的、主体性的经营业务中取得的收入作为收入，即营业收入，主要包括销售商品收入、提供劳务收入、让渡资产使用权收入和建造合同收入。企业营业收入按照主次不同分为主营业务收入和其他业务收入。会计上通常所指的收入是狭义收入，它具有以下三个特征：

① 收入是企业在日常活动中形成的。日常活动是指企业为完成其经营目标所从事的经常性活动以及与之相关的活动。例如，工业企业制造并销售产品、商品流通企业销售商品、保险公司签发保单、安装公司提供安装业务、软件公司为客户开发软件、租赁公司出租资产、咨询公司提供咨询服务等都属于企业的日常活动。明确日常活动是为了将收入与利得区分开来。企业非日常活动形成的经济利益流入不能确认为收入，而应当确认为利得。

② 收入会导致所有者权益增加。与收入相关的经济利益应当导致企业所有者权益的增加，但又不是所有者的投入。不会导致企业所有者权益增加的经济利益流入不符合收入的定义，不能确认为收入。例如，企业向银行借入款项，尽管也导致了经济利益流入企业，但该流入并不导致所有者权益的增加，不应当确认为收入，应当确认为一项负债。

③ 收入是与所有者投入资本无关的经济利益的总流入。收入应当导致经济利益流入企业，从而导致企业资产的增加。例如，企业销售商品，应当收到现金或者有权在未来收到现金，才表明该交易符合收入的定义。但是，并非所有的经济利益流入都是收入，比如投资者投入资本也会导致经济利益流入企业，但它只会增加所有者权益，而不能确认为收入。

（5）费用。费用是指企业在日常活动中发生的、会导致所有者权益减少的、与向所有者分配利润无关的经济利益的总流出。费用也有广义和狭义之分。广义费用认为费用包括各种费用和损失。而狭义的费用只包括为获取营业收入而提供商品或劳务而发生的耗费，也就是说，凡是同提供商品或劳务相联系的耗费才作为费用，狭义费用不包括损失。狭义费用和损失有一点是共同的，即它们都会导致业主权益即资本的减少。所不同的是，狭义费用仅仅指与商品或劳务的提供相联系的耗费，但损失只是一种对收益的纯扣除。会计上通常所指的费用是狭义费用，主要包括生产成本、主营业务成本、其他业务成本、税金及附加、管理费用、销售费用、财务费用。它具有以下三个特征：

① 费用是在日常活动中形成的。费用必须是企业在其日常活动中所形成的，这里的日常活动与收入定义中涉及的日常活动的界定是一致。将费用定义为日常活动形成的，其目的是将其与损失相区别。企业非日常活动所形成的经济利益流出企业不能确认为费用，而应当计入损失。

② 费用会导致所有者权益减少。与费用相关的经济利益流出企业应当会导致所有者权益的减少，不会导致所有者权益减少的经济利益流出企业不符合费用定义，不应当确认为费用。例如，企业用银行存款购买原材料，该购买行为虽然使得企业的经济利益流出，但是并不会导致企业的所有者权益减少，它使得企业的另外一项资产（存货）增加，所以在这种情况下经济利益流出企业就不能确认为费用。

③ 费用是与向所有者分配利润无关的经济利益的总流出。费用的发生应当会导致经济利益流出企业，从而导致资产的减少或者负债的增加（最终也会导致资产的减少）。其表现形式包括现金或者现金等价物的流出，存货、固定资产和无形资产等的流出或者消耗等。虽然企业向所有者分配利润也会导致经济利益流出企业，但是，该经济利益流出企业显然属于所有者权益的抵减项目，不应当确认为费用，应当排除在费用定义之外。

（6）利润。利润是指企业在一定会计期间的经营成果。利润的大小代表了企业的经济效益高低。通常情况下，企业实现了利润，表明企业的所有者权益将增加，业绩得到了提升；企业发生了亏损（利润为负），表明企业的所有者权益将减少，业绩滑坡。利润包括收入减去费用后的净额、直接计入当期利润的利得和损失等。其中收入减去费用后的净额反映的是企业日常活动的业绩。直接计入当期利润的利得和损失，是指应当计入当期损益、最终会引起所有者权益发生增减变动的、与所有者投入资本或者向所有者分配利润无关的利得或者损失。企业应当严格区分收入和利得、费用和损失，以更加全面地反映企业的经营业绩。

利得和损失在会计处理中有两种计入方式：一是直接计入所有者权益的利得和损失，是指不应计入当期损益、会导致所有者权益发生增减变动的、与所有者投入资本或者向所有者分配利润无关的利得或者损失。比如将可供出售金融资产发生公允价值变动，计入其他综合收益，从而导致所有者权益的增加或减少。直接计入所有者权益的利得和损失一般都是通过"其他综合收益"账户进行核算的。二是直接计入当期损益的利得和损失，是指应当计入当期损益、会导致所有者权益发生增减变动的、与所有者投入资本或者向所有者分配利润无关的利得或者损失。比如企业接受的财产捐赠、债务重组收益等计入营业外收入，导致利润的上升，最终导致所有者权益增加；而税收罚款、滞纳金等支出计入营业外支出，导致利润降低，从而减少企业的所有者权益。直接计入当期损益的利得和损失，是通过"营业外收入"和"营业外支出"账户核算的。

2. 财务会计要素确认

会计确认是指会计数据进入会计系统时确定如何进行记录的过程，即将某一会计事项作为资产、负债、所有者权益、收入、费用等会计要素正式加以记录和列入财务报表的过程。会计确认主要解决某一个项目应否确认、如何确认和何时确认三个问题，它包括在会计记录中的初始确认和在会计报表披露中的最终确认。

第一阶段，会计记录中的初始确认。初始确认条件有：有关项目要确认为一项会计要素，必须符合该会计要素的定义；与该项目有关的任何未来经济利益很可能会流入或流出企业，这里的"很可能"表示经济利益流入或流出的可能性在50%以上；该项目具有的成本和价值以及流入或流出的经济利益能够可靠地计量。如果不能可靠计量，确认就没有任何意义了。满足了以上三个条件的项目就能够确认为某一会计要素。

第二阶段，会计报表披露中的最终确认。经过确认和计量后，会计要素必须在财务报表中列示。在报表中列示的条件是：符合会计要素定义和会计要素确认条件的项目，才能列示在报表中。会计最终确认的主要任务是编制和分析财务报表。它有以下几个特点：第一，它的数据来自日常记录；第二，对会计要素的表述既用数字表述，也用文字表述；第三，把账簿记录转化为报表的要素，有一个挑选、分类、汇总或细化的加工过程；第四，在财务报表中的表述，资产负债表和利润表是以权责发生制为基础，现金流量表是以收付实现制为基础。

（1）资产要素的确认条件及列示。符合前述资产定义的资源，在同时满足以下条件时，确认为资产：

① 与该资源有关的经济利益很可能流入企业。

② 该资源的成本或者价值能够可靠地计量。符合资产定义和资产确认条件的项目，应当列入资产负债表；符合资产定义，但不符合资产确认条件的项目，不应当列入资产负债表。

（2）负债要素的确认条件及列示。符合前述负债定义的义务，在同时满足以下条件时，确认为负债：

① 与该义务有关的经济利益很可能流出企业。在实务中，履行义务所需流出的经济利益带有不确定性，尤其是与推定义务相关的经济利益通常需要依赖于大量的估计。因此，负债的

确认应当与经济利益流出的不确定性程度的判断结合起来，如果有确凿证据表明，与现时义务有关的经济利益很可能流出企业，就应当将其作为负债予以确认；反之，如果企业承担了现时义务，但是导致企业经济利益流出的可能性很小，就不符合负债的确认条件，不应将其作为负债予以确认。

② 未来流出的经济利益的金额能够可靠地计量。对于与法定义务有关的经济利益流出金额，通常可以根据合同或者法律规定的金额予以确定，考虑到经济利益流出的金额通常在未来期间，有时未来期间较长，有关金额的计量需要考虑货币时间价值等因素的影响。对于与推定义务有关的经济利益流出金额，企业应当根据履行相关义务所需支出的最佳估计数进行估计，并综合考虑有关货币时间价值、风险等因素的影响。符合负债定义和负债确认条件的项目，应当列入资产负债表；符合负债定义，但不符合负债确认条件的项目，不应当列入资产负债表。

（3）所有者权益要素的确认条件及列示。所有者权益体现的是所有者在企业中的剩余权益，因此，所有者权益的确认主要依赖于其他会计要素，尤其是资产和负债的确认；所有者权益金额的确定也取决于资产和负债的计量。例如，企业接受投资者投入的资产，在该资产符合资产定义且满足确认条件确认为资产后，就相应地符合了所有者权益的确认条件；当该资产的价值能够可靠地计量，所有者权益的金额也就可以确定了。所有者权益项目应当列入资产负债表。

（4）收入的确认条件及列示。企业收入的来源渠道很多，不同收入来源的特征有所不同，其收入确认条件也就存在差异。一般而言，收入只有在经济利益很可能流入从而导致企业资产增加或者负债减少、经济利益的流入额能够可靠计量时才能予以确认。即收入的确认至少符合以下条件：

① 与收入相关的经济利益很可能流入企业。

② 经济利益流入企业的结果会导致资产的增加或者负债的减少。

③ 经济利益的流入额能够可靠计量。符合收入定义和收入确认条件的项目，应当列入利润表。

（5）费用的确认条件及列示。费用的确认除了应当符合费用的定义外，只有在经济利益很可能流出从而导致企业资产减少或者负债增加，且经济利益的流出额能够可靠计量时才能予以确认。因此费用的确认条件是：

① 与费用相关的经济利益很可能流出企业。

② 经济利益流出企业的结果是导致资产的减少或者负债的增加。

③ 经济利益的流出额能够可靠计量。符合费用定义和费用确认条件的项目，应当列入利润表。

企业为生产产品、提供劳务等发生的可归属于产品成本、劳务成本等的费用，应当在确认产品销售收入、劳务收入等时，将已销售产品、已提供劳务的成本等予以确认并计入当期损益。企业发生的支出不产生经济利益的，或者即使能够产生经济利益但不符合或者不再符合资产确认条件的，应当在发生时确认为费用，计入当期损益。

（6）利润的确认条件及列示。利润是收入减去费用再加上利得减去损失后的净额，因此，利润的确认主要依赖于收入和费用以及利得和损失的确认，其金额的确定也主要取决于收入、费用、利得和损失金额的计量。符合利润定义和利润确认条件的项目，应当列入利润表。

3. 财务会计要素计量

所谓会计计量是指将符合确认条件的会计要素登记入账，并列报于财务报表且确定其金额的过程。会计计量与会计确认是密不可分的，没有纯粹的会计确认，也没有纯粹的会计计量，因此，必须将两者结合起来才有意义。计量是一个模式，它由两个要素构成，即计量单位和计量属性。

（1）计量单位。任何计量都必须首先确定采用的计量单位。对会计计量来说，计量必须以货币为计量单位。作为计量单位的货币通常是指某国、某地区的法定货币，如人民币、美元、日元等。在不存在恶性通货膨胀的情况下，一般都以名义货币作为会计的计量单位。名义货币计量的特点是，无论各个时期货币的实际购买力如何发生变动，会计计量都采用固定的货币单位，即假设币值是稳定的。

（2）计量属性。计量属性是指被计量对象的特性或外在表现形式，即被计量对象予以数量化的特征。从某种意义上讲，一种计量模式区别于另一种计量模式的标准就是计量属性。企业应当按照规定的会计计量属性进行计量，确定相关金额。会计计量反映的是会计要素金额的确定基础，主要包括历史成本、重置成本、可变现净值、现值和公允价值等。

① 历史成本。历史成本又称实际成本，是指企业取得或建造某项财产物资时实际支付的现金及现金等价物。在历史成本计量模式下，资产按照其购置时支付的现金或现金等价物的金额，或者是按照购置资产时所付出的对价的公允价值计量。负债按照其因承担现时义务而实际收到的款项或者资产的金额，或者承担现时义务的合同金额，或者按照日常活动中为偿还负债预期需要支付的现金或现金等价物的金额计量。

② 重置成本。重置成本又称现行成本，是指按照当前市场条件，重新取得同样一项资产所需支付的现金或现金等价物金额。在重置成本计量模式下，资产按照现在购买相同或者相似资产所需支付的现金或者现金等价物的金额计量。负债按照现在偿付该项债务所需支付的现金或者现金等价物的金额计量。

③ 可变现净值。可变现净值是指资产在正常经营状态下可带来的现金流入或将要支出的现金流出，又称预期脱手价格。在可变现净值计量模式下，资产按照正常对外销售所能收到现金或现金等价物的金额扣减该资产至完工时估计将要发生的成本、估计的销售费用以及相关税金后的金额计量。

④ 现值。现值是指在正常经营状态下资产所带来的未来现金流入量的现值，减去为取得现金流入所需的现金流出量现值，即对未来现金流量以恰当的折现率进行折现后的价值。在现值计量模式下，资产按照预计从其持续使用和最终处置中所产生的未来净现金流入量的折现金额计量；负债按照预计期限内需要偿还的未来净现金流出量的折现金额计量。该计量属性考虑了货币的时间价值，最能反映资产的经济价值。

⑤ 公允价值。关于公允价值的定义，《企业会计准则——基本准则》（2014 年）第四十二条第五项修改为：在公允价值计量下，资产和负债按照市场参与者在计量日发生的有序交易中，出售资产所能收到或者转移负债所需支付的价格计量。

上述五种计量属性存在着一定关系。在各种会计计量属性中，历史成本通常反映的是资产或负债过去的价值，而重置成本、可变现净值、现值和公允价值通常反映的是资产或者负债的现时成本或者现时价值，是与历史成本相对应的计量属性，但它们之间具有密切联系。一般来说，历史成本可能是过去环境下某项资产或负债的公允价值，而在当前环境下某项资产或负债的公允价值也许就是未来环境下某项资产或负债的历史成本。

1.3 企业会计准则体系

1.3.1 企业会计准则的内涵

财务会计必须严格按照企业会计准则的规范进行核算。会计准则是会计人员从事会计工作的规则和指南，同时也是我国政府管理会计工作的法规。会计准则的内涵主要包括三个方面。

第一，会计准则是反映经济活动、确认产权关系、规范收益分配的会计技术标准，是生成和提供会计信息的重要依据。

第二，会计准则是资本市场的一种重要游戏规则，是实现社会资源优化配置的重要依据。

第三，会计准则是国家社会规范乃至强制性规范的重要组成部分，是政府干预经济活动、规范经济秩序和从事国际交往等的重要手段。

正因如此，世界各国越来越重视会计准则建设并注重发挥其在社会经济活动中的作用。

1.3.2 企业会计准则体系的框架结构

会计准则作为技术规范，有着严密的结构和层次。中国企业会计准则体系由三部分构成：基本准则、具体准则、应用指南，如图1-1所示。

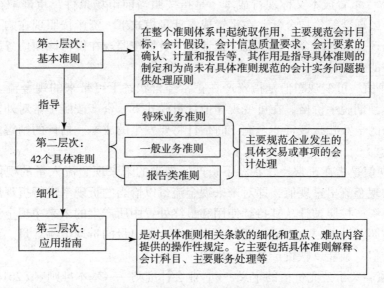

图1-1 企业会计准则体系框架结构

1.3.3 企业会计准则体系的法律地位

我国的会计法规体系包括四个层次。

第一层次，会计法律——由全国人民代表大会常务委员会通过，国家主席签署颁布，如《中华人民共和国会计法》。

第二层次，行政法规——由国务院通过，总理签署颁发，如《企业财务会计报告条例》《总会计师条例》等。

第三层次，部门规章——国务院主管会计的部门即财政部以部长令公布，如会计准则体系中的基本准则。

第四层次，规范性文件——由国务院主管会计的部门即财政部以部门文件形式印发，如具体准则和应用指南。

本章小结

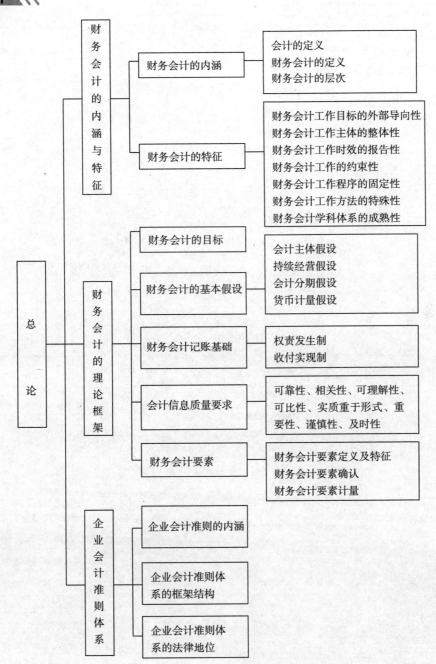

第 2 篇　　资产核算篇

货币资金的核算

1. 理解和熟悉货币资金的内容、内部控制规范及核算方法。
2. 熟悉国家的现金管理制度和银行管理办法。
3. 熟悉银行支付结算办法的内容及具体规定。
4. 熟悉企业的外币业务。

1. 掌握库存现金和银行存款的核算。
2. 掌握银行存款核对及银行存款余额调节表的编制。
3. 掌握其他货币资金的内容及账务处理。
4. 掌握外币业务的会计处理。

2.1 库存现金的核算

2.1.1 库存现金概述

货币资金是指企业的生产经营资金在循环周转过程中，停留在货币形态的资金。它包括现金、银行存款和其他货币资金三个部分。

库存现金通常是指存放于企业财会部门、由出纳人员经管的货币资金。库存现金作为货币资金的重要组成部分，具有如下特征：

① 货币性，指现金具有的货币属性，即它起着交易的媒介、价值衡量的尺度、会计记录货币单位的作用。

② 通用性，指现金可以被企业直接用来支付其各项费用或者偿还其各项债务。

③ 流动性，指现金的使用一般不受任何约定的限制，可以在一定范围内自由流动。

库存现金是企业资产中流动性最强的货币性资产，企业应当严格遵守国家有关现金管理制度，正确进行现金收支的核算，并监督其使用的合法性与合理性。

1. 现金开支范围

《中华人民共和国现金管理暂行条例》（以下简称《现金管理暂行条例》）对现金的使用范围有明确的规定。该条例规定了在银行开立账户的企业可以用现金办理结算的具体经济业务包括以下几个方面：

（1）职工工资、津贴。

（2）个人劳动报酬。

（3）根据国家规定颁发给个人的科学技术、文化艺术、体育等各种奖金。

（4）各种劳保、福利费用以及国家规定的对个人的其他支出。

（5）向个人收购农副产品和其他物资的价款。

（6）出差人员必须随身携带的差旅费。

（7）结算起点以下的零星支出（结算起点为 1 000 元）。

（8）中国人民银行确定需要支付现金的其他支出。

按照我国政府关于《内部会计控制规范——货币资金（试行）》的规定，一个企业必须根据《现金管理暂行条例》规定，结合本单位的实际情况，确定本单位现金的使用范围。不属于现金开支范围的业务应当通过银行办理转账结算。

2. 库存现金的限额

库存现金的限额是指企业根据日常开支的现金需要量提出计划，报开户银行审查，由开户银行根据企业的实际需要和企业距离银行远近情况核定的库存现金的最高额度。为了满足企业日常零星开支所需的现金，企业库存现金应由银行根据企业的实际需要情况核定一个最高的限额，其限额一般要满足一个企业 3~5 天的日常零星开支所需的现金，边远地区和交通不便地区的企业库存现金可多于 5 天，但最多不能超过 15 天的日常零星开支。企业每日的现金结存数不得超过核定的限额，超过的部分应及时送存银行。企业如需要增加或减少库存限额的，应当向开户银行提出申请，由开户银行核定。

3. 禁止坐支现金

坐支现金就是指单位现金收入中直接用于现金开支。开户单位支付现金，可以从本单位库存现金限额中支付或者从开户银行提取，不得从本单位的现金收入中直接用于现金开支（即坐支）。因特殊情况需要坐支现金的，应当事先报经开户银行审查批准，由开户银行核定坐支范围和限额。坐支单位应当定期向开户银行报送坐支金额和使用情况。同时，收支的现金必须及时入账。

4. 库存现金的内部控制制度

（1）企业应建立现金的岗位责任制，明确相关部门和岗位的职责权限，确保办理现金业务的不相容岗位相互分离、制约和监督。出纳人员不得兼任稽核、会计档案保管和收入、支出、费用、债权债务账目的登记工作。

（2）企业办理现金业务，应配备合格的人员，并根据具体情况进行岗位轮换。

（3）企业应建立现金业务的授权批准制度，明确审批人员对现金业务的授权批准方式、权限、程序、责任和相关控制措施，规定经办人员办理现金业务的职责范围和工作要求。

（4）企业应加强银行预留印鉴的管理。财务专用章由专人保管，个人签章由本人或其授权人保管，严禁一人保管支付款项所需的全部印章。

（5）企业应建立收据和发票的领用制度。领用的收据和发票必须登记数量和起讫编号，由领用人员签字，收回收据和发票存根，应由保管人员办理签收手续。对空白收据和发票应定期检查，以防遗失和被盗。

2.1.2　库存现金核算

1. 库存现金序时核算

为了全面和序时地了解和掌握企业现金收支的动态和结存情况，企业必须设置"库存现金日记账"。库存现金日记账是核算和监督现金日常收付结存情况的序时账簿。库存现金日记账的收入栏和付出栏，是根据审核签字后的现金收、付款凭证和从银行提取现金时填制的银行存款付款凭证，按照经济业务发生的时间顺序，由出纳人员逐日逐笔地进行登记的。每日终了，应当在库存现金日记账上计算出当日的现金收入合计额、现金支出合计额和结余额，并将库存现金日记账的账面余额与实际库存现金额进行核对，保证账款相符；月度终了，库存现金日记账的余额应当与库存现金总账的余额进行核对，做到账账相符。

有外币现金的企业，应分别按人民币现金、各种外币现金设置"库存现金日记账"进行序时核算。

2. 库存现金总分类核算

企业应设置"库存现金"账户对库存现金进行总分类核算。库存现金总分类账由不从事出纳工作的会计人员登记，一般采用订本式"三栏式"账簿。月份终了，库存现金总分类账余额与出纳人员登记的库存现金日记账余额应核对相符。

企业要定期或不定期对库存现金进行清查，如发生现金短缺时，应借记"待处理财产损溢——待处理流动资产损溢"账户，贷记"库存现金"账户；反之，如发生现金溢余时，则借记"库存现金"账户，贷记"待处理财产损溢——待处理流动资产损溢"账户。待查明原因，再予以转账。对于短缺的现金，如确定由责任人赔偿时，则借记"其他应收款——某某责任人"账户，贷记"待处理财产损溢——待处理流动资产损溢"账户；如确定应由保险公司赔偿的部分，借记"其他应收款——应收保险赔款"科目，贷记"待处理财产损溢——待处理流动资产损溢"科目；如确定无法查明的其他原因，根据管理权限，经批准后作为盘亏损失处理，借记"管理费用"科目，贷记"待处理财产损溢——待处理流动资产损溢"科目。

对于溢余的现金，属于应支付给有关人员或单位的，应借记"待处理财产损溢——待处理流动资产损溢"科目，贷记"其他应付款——某某人员或单位"科目；属于无法查明原因的现金溢余，经批准后作为盘盈利得处理，借记"待处理财产损溢——待处理流动资产损溢"科目，贷记"营业外收入——盘盈利得"科目。

【例2-1】某公司2019年7月31日，在对现金进行清查时，发现短缺300元。

借：待处理财产损溢——待处理流动资产损溢 300
　　贷：库存现金 300

【例2-2】上述现金短缺，无法查明原因，转入管理费用。

借：管理费用 300
　　贷：待处理财产损溢——待处理流动资产损溢 300

【例2-3】某公司2019年7月31日，在对现金进行清查时，发生溢余100元。

借：库存现金 100
　　贷：待处理财产损溢——待处理流动资产损溢 100

【例2-4】上述现金溢余原因不明，经批准记入"营业外收入"科目。

借：待处理财产损溢——待处理流动资产损溢　　　　　　　　　　　　　　100
　　贷：营业外收入——盘盈利得　　　　　　　　　　　　　　　　　　　　100

2.1.3　备用金的核算

备用金是指企业预付给职工和内部有关单位用作差旅费、零星采购和零星开支，事后需要报销的款项。备用金业务在企业日常的现金收支业务中占有很大的比重，因此，对于备用金的预借和报销，既要有利于企业各项经济业务的正常进行，又要建立必要的手续制度，并认真执行。有关备用金的预借、使用和报销的手续制度基本内容如下：

① 职工预借备用金时，要填写一式三联的"借款单"，说明借款的用途和金额，经本部门和有关领导批准后，方可领取。

② 职工预借备用金的数额应根据实际需要确定，数额较大的借款，应以银行转账的方式解决，防止携带过多的现金。预借的备用金应严格按照规定的用途使用，不得购买私人物资。

③ 职工使用备用金办事完毕，要在规定期限内到财会部门报销，剩余备用金要及时交回，不得拖欠。报销时，应由报销人填写"报销单"并附有关原始凭证，经有关领导审批后方可办理。

1. 备用金的总分类核算

应设置"其他应收款"科目，它是资产类科目，用来核算企业除应收票据、应收账款、预付账款以外的其他各种应收、暂付款项，包括各种赔款、罚款、存储保证金、备用金、应向职工收取的各种垫付款项等。在备用金数额较大或业务较多的企业中，可以将备用金业务从"其他应收款"科目中划分出来，单独设置"备用金"科目进行核算。

2. 备用金的明细分类核算

一般按领取备用金的单位或个人设置"三栏式"或"多栏式"明细账，根据预借和报销凭证进行登记。一般情况下，企业不得"以单代账"，即用借款单的第三联代替明细账，以简化核算手续。

备用金的管理办法一般有两种：一是随借随用，用后报销制度。它适用于不经常使用备用金的单位和个人。二是定额备用金制度。它适用于经常使用备用金的单位和个人。定额备用金制度的特点是对经常使用备用金的部门或车间，分别规定一个备用金定额。按定额拨付现金时，记入"其他应收款"或"备用金"科目的借方和"库存现金"或"银行存款"科目的贷方。报销时，财会部门根据报销单据付款，补足其已使用数额，使备用金仍保持原有的定额数。报销的金额直接记入"库存现金"或"银行存款"科目的贷方和有关科目的借方，不需要通过"其他应收款"或"备用金"科目核算。

【例 2-5】 某公司行政管理部门职工李萍萍，2019 年 7 月 5 日因公出差预借备用金 900元，实际开支 800 元，经审核同意予以报销，剩余现金 100 元交回财会部门。

预借时，应根据审核的借款单填制现金付款凭证，会计分录如下：

借：备用金——李萍萍　　　　　　　　　　　　　　　　　　　　　　　　900
　　贷：库存现金　　　　　　　　　　　　　　　　　　　　　　　　　　900

报销时，应根据审核的报销单填制转账凭证，会计分录如下：

借：管理费用　　　　　　　　　　　　　　　　　　　　　　　　　　　　800
　　贷：备用金——李萍萍　　　　　　　　　　　　　　　　　　　　　　800

剩余现金交回财会部门时，应填制现金收款凭证，会计分录如下：

借：库存现金　　　　　　　　　　　　　　　　　　　　　　　　　　　100
　　贷：备用金——李萍萍　　　　　　　　　　　　　　　　　　　　　　100

【例2-6】某公司会计部门对采购部实行定额备用金制度。根据核定的定额，付给定额备用金5 000元。2019年7月1日，开出现金支票予以支付。

借：备用金——采购部　　　　　　　　　　　　　　　　　　　　　　5 000
　　贷：银行存款　　　　　　　　　　　　　　　　　　　　　　　　　5 000

2019年7月31日，采购部汇总了本月备用金支出数3 500元，并持开支凭证到会计部门报销。会计部门审核以后付给现金，补足定额。

借：管理费用——×××　　　　　　　　　　　　　　　　　　　　　3 500
　　贷：库存现金　　　　　　　　　　　　　　　　　　　　　　　　　3 500

因管理需要，公司决定取消采购部定额备用金制度。2019年8月31日，采购部持尚未报销的开支凭证3 000元和余款2 000元，到会计部门办理报销和交回备用金的手续。

借：管理费用——×××　　　　　　　　　　　　　　　　　　　　　3 000
　　库存现金　　　　　　　　　　　　　　　　　　　　　　　　　　2 000
　　贷：备用金——采购部　　　　　　　　　　　　　　　　　　　　　5 000

上述两种备用金管理办法，其账务处理比较如表2-1所示。

表2-1　两种备用金管理办法账务处理比较

管理办法	预借	报销	注销备用金或其他应收款
随借随用用后报销	借：备用金 　贷：库存现金	借：管理费用 　库存现金 　贷：备用金（或贷：库存现金）	报销时已注销
定额备用金	借：备用金 　贷：库存现金	借：管理费用 　贷：库存现金	借：管理费用 　库存现金 　贷：备用金

2.2　银行存款的核算

2.2.1　银行存款概述

银行存款是企业存放在银行或其他金融机构的货币资金。企业在经营过程中经常与各方面发生往来结算业务，这些结算业务，除少量按现金管理办法规定可以使用现金支付以外，大部分都需要通过银行转账结算方式办理收付款项。

所谓转账结算，是指企业与各方面的经济往来款项，不是采用现金收付，而是按照规定的结算方式，通过银行将款项直接从付款单位账户转账划拨给收款单位账户的一种货币清算行为，也称非现金结算。

1. 银行存款开户的有关规定

银行存款账户分为基本存款账户、一般存款账户、临时存款账户和专用存款账户。基本存款账户是企业办理日常结算和现金收付的账户，即企业银行存款基本结算户。

一般存款账户是存款人因借款或其他结算需要，在基本存款账户开户银行以外的银行营业机构开立的银行结算账户。企业可以通过本账户办理转账结算和现金缴存，但不能办理现金支取。

临时存款账户是企业因临时经营活动需要开立的账户。企业可以通过本账户办理转账结算和根据国家现金管理规定办理现金收付。

专用存款账户是企业因特定需要而开立的账户。

一个企业只能在一家银行开立一个基本账户，不得在同一家银行的几个分支机构开立一般存款账户。企业在银行开立账户后，与其他单位之间的一切收付款项，除有关制度规定可用现金收付的部分外，都必须通过银行办理转账结算。企业在办理存款账户以后，在使用账户时应严格执行银行结算纪律的规定。具体内容包括：合法使用银行账户，不得转借给其他单位或个人使用；不得利用银行账户进行非法活动；不得签发没有资金保证的票据和远期支票，套取银行信用；不得签发、取得和转让没有真实交易和债权债务的票据，套取银行和他人的资金；不准无理拒绝付款、任意占用他人资金；不准违反规定开立和使用账户。

2. 支付结算方式

为了规范全国的银行结算工作以及方便各企业间的国内与国际交易业务，中国人民银行规定了可以使用的各种银行转账结算方式。这些银行转账结算方式有的适用于各企业在国内所从事的各种交易及往来业务，有的适用于国内企业与国外企业间的各种交易及往来业务。

现行国内银行转账结算方式包括银行汇票、商业汇票、银行本票、支票、汇兑、委托收款、异地托收承付七种。这七种结算方式根据结算形式的不同，可以划分为票据结算和支付结算两大类；根据结算地点的不同，可以划分为同城结算方式、异地结算方式和通用结算方式三大类。其中，同城结算方式是指在同一城市范围内各单位或个人之间的经济往来，通过银行办理款项划转的结算方式，具体有支票结算和银行本票。异地结算方式是指不同城镇、不同地区的单位或个人之间的经济往来通过银行办理款项划转的结算方式，具体包括银行汇票、汇兑结算和异地托收承付结算。通用结算方式是指既适用于同一城市范围内的结算，又适用于不同城镇、不同地区的结算，具体包括商业汇票和委托收款，其中商业汇票结算方式又可分为商业承兑汇票和银行承兑汇票。

现行国际结算方式有信用证、托收和汇付。

（1）支票结算方式。

支票是指出票人签发的、委托办理支票存款业务的银行或者其他金融机构，在见票时无条件支付确定的金额给收款人或者持票人的票据。单位和个人在同一票据交换区域的各种款项结算，均可使用支票。从 2007 年 7 月开始，支票可在全国通用。为防范支付风险，异地使用支票的单笔金额上限为 50 万元。该结算方式禁止签发空头支票，若因此银行退票，并按票面金额处以 5% 但不低于 1 000 元的罚款，则持票人有权要求出票人按票面金额的 2% 予以赔偿。支票结算分为现金支票（只能支取现金）、转账支票（只能转账）、普通支票（可支取现金、可转账）三种结算方式。支票的提示付款期自出票日算起为 10 天。支票结算程序如图 2-1 所示。在会计核算中，支票核算账户为"银行存款"账户。

（2）银行本票结算方式。

银行本票是指银行签发的、承诺自己在见票时无条件支付确定的金额给收款人或者持票人的票据。无论单位和个人，在同一票据交换区域支付各种款项，均可使用银行本票。银行本票分为不定额本票和定额本票。不定额本票无金额起点限制，定额本票有1 000元、5 000元、10 000元和50 000元面额。银行本票的提示付款期自出票日起最长不得超过2个月。银行本票见票即付，不予挂失，可以背书转让给被背书人。银行本票结算程序如图2-2所示。在会计核算中，银行本票通过"其他货币资金——银行本票"账户进行核算。

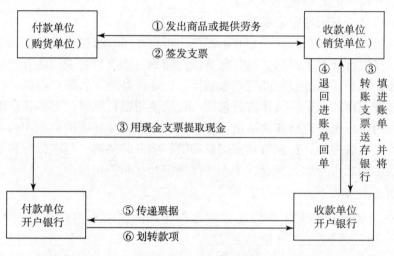

图2-1 支票结算程序

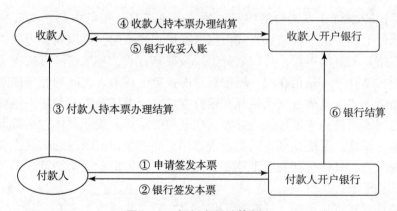

图2-2 银行本票结算程序

（3）银行汇票结算方式。

银行汇票是指汇款人将款项交存当地出票银行，由出票银行签发，并由其在见票时按实际结算的金额无条件支付给收款人或持票人的票据。单位和个人的各种款项结算，均可使用银行汇票。银行汇票的付款期限为自出票日起1个月。超过提示付款期限仍没有获得付款的，持票人在票据权利时效内向出票银行做出说明，并提供本人身份证或单位证明，可持银行汇票和解讫通知向出票银行请求付款。银行汇票结算程序如图2-3所示。银行汇票在会计核算中通过"其他货币资金——银行汇票"账户进行核算。

（4）汇兑结算方式。

汇兑是指汇款人委托银行将其款项支付给收款人的结算方式。企业与异地单位和个人的各种款项的结算，均可使用汇兑结算方式。汇兑分为信汇、电汇两种，由汇款人选择使用。在会计核算中，汇兑核算账户为"银行存款"账户。

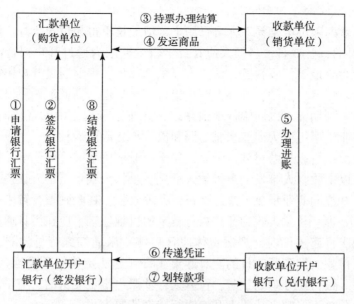

图 2-3　银行汇票结算程序

（5）托收承付结算方式。

托收承付是根据购销合同由收款人发货后委托银行向异地付款人收取款项。并由付款人向银行承诺付款的结算方式。使用托收承付结算方式，必须是国有企业、经营管理好并经开户银行审查同意的城乡集体所有制工业企业。办理托收承付结算的款项，必须是商品交易以及因商品交易而产生的劳务供应款项。代销、寄销、赊销商品的款项，不得办理托收承付结算。托收承付结算的金额起点为 10 000 元。新华书店系统每笔金额起点为 1 000 元。验单付款，期限为 3 天；验货付款，期限为 10 天。托收承付结算方式适用于异地之间的各种款项结算。在会计核算中，托收承付对债权方而言，使用"应收账款"账户；对债务方而言，使用"应付账款"账户。托收承付结算程序如图 2-4 所示。

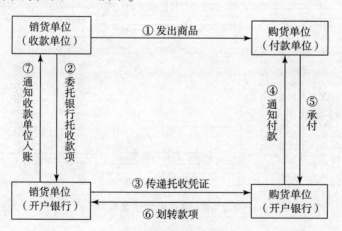

图 2-4　托收承付结算程序

（6）商业汇票结算方式。

商业汇票是指由出票人签发的，委托付款人在指定日期无条件支付确定的金额给收款人或者持票人的票据。这种结算方式要求在银行开立账户的法人以及其他组织之间，必须具有真实的交易关系或债权债务关系，如购买材料、销售商品等业务。这种结算方式同城和异地均可使用。

商业汇票的付款期限可由交易双方自行约定，但最长不得超过 6 个月。商业汇票的提示付款期限为自汇票到期日起 10 日。持票人应在提示付款期限内通过开户银行委托收款或直接向付款人提示付款。对异地委托收款的，持票人可匡算邮程，提前通过开户银行委托收款。持票人超过提示付款期限提示付款的，持票人开户银行不予受理。商业汇票可以背书转让，符合条件的商业汇票在尚未到期前可以向银行申请贴现，并按银行规定的贴现率向银行支付贴现息。按承兑人不同，商业汇票可分为商业承兑汇票和银行承兑汇票两种。

商业承兑汇票由银行以外的付款人承兑，属于商业信用范畴。商业承兑汇票可以由付款人签发并承兑，也可以由收款人签发交由付款人承兑。收款人或者持票人在提示付款期限内应填写委托收款凭证，并连同商业承兑汇票送交银行办理收款。在收到银行转来的收款通知后，就可办理收款的账务处理。付款人收到开户银行转来的付款通知，应在当日通知银行付款。付款人在接到通知日的次日起 3 日内（遇法定休假日顺延）未通知银行付款的，银行视同付款人承诺付款，并应于付款人接到通知日的次日起第 4 日（遇法定休假日顺延）上午开始营业时，将票款划给持票人。银行在办理划款时，付款人存款账户不足支付的，应填制付款人未付票款通知书，连同商业承兑汇票邮寄持票人开户银行转交持票人。

银行承兑汇票由银行承兑，属于银行信用。银行承兑汇票应由在承兑银行开立存款账户的存款人签发。存款人应与承兑银行具有真实的委托付款关系，而且资信状况良好，具有支付汇票金额的可靠资金来源。银行承兑汇票的出票人应于汇票到期前将票款足额交存其开户银行。承兑银行应在汇票到期日或到期日后的见票当日支付票款。承兑银行如存在合法抗辩事由拒绝支付的，应自接到商业汇票的次日起 3 日内，做成拒绝付款证明，连同银行承兑汇票邮寄持票人开户银行转交持票人。如出票人于汇票到期日未能足额交存票款时，承兑银行除凭票向持票人无条件付款外，对出票人尚未支付的汇票金额按照每天万分之五计收利息。在会计核算中，商业汇票对债权方而言，使用"应收票据"账户；对债务方而言，使用"应付票据"账户。商业汇票结算程序如图 2 – 5 所示。

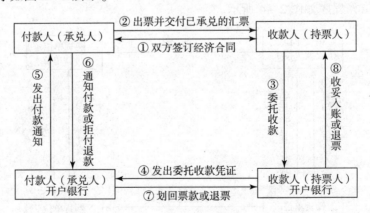

图 2 – 5　商业汇票结算程序

（7）委托收款结算方式。

委托收款是指收款人委托银行向付款人收取款项的结算方式。按银行结算办法的规定，单位和个人凭已承兑商业汇票、债券、存单等付款人债务证明办理款项的结算，均可以使用委托收款结算方式。这种结算方式在同城、异地均可以使用。委托收款结算款项的划回方式，分邮寄和电报两种，由收款人选择使用。收款人委托银行向付款人收取款项时，应填写一式五联的委托收款结算凭证，连同有关债务证明送交银行办理委托收款手续，收款人开户行受理后，应将有关凭证寄交付款单位开户银行并由其审核后通知付款单位。按照规定，付款人未在接到通知日的次日起 3 日内通知银行付款的，视同付款人同意付款，银行应于付款人接到通知日的次日起第 4 日上午开始营业时，将款项划给收款人。银行在办理划款时，付款人存款账户不足支付应付金额时，应通过被委托银行向收款人发出未付款项通知书。按照规定，债务证明留存付款人开户银行的，付款人开户银行应将其债务证明连同未付款项通知书邮寄被委托银行并转交收款人。付款人审查有关债务证明后，对收款人委托收取的款项产生异议，需要拒绝付款的，应在付款期内出具拒付理由书连同有关凭证向银行办理拒绝付款。在会计核算中，委托收款对债权方而言，使用"应收账款"账户，对债务方而言，使用"应付账款"账户。委托收款结算程序如图 2－6 所示。

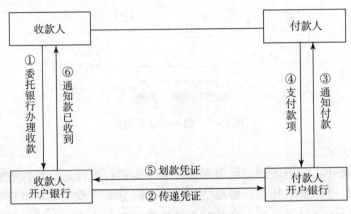

图 2－6　委托收款结算程序

（8）信用证结算方式。

信用证是一种由银行依照客户的要求和指示开立的有条件承诺付款的书面文件。一般为不可撤销的跟单信用证。"不可撤销"是指信用证已经开出，在有效期内未经收益人及有关当事人的同意，开证行不能片面修改和撤销，只要收益人提供的单据符合信用证的规定，开证行必须履行付款的义务。"跟单"是指信用证项下的汇票必须附有货运单据。目前，国际贸易普遍遵循《跟单信用证统一惯例》（即《UCP600》）。《跟单信用证统一惯例》是确保在世界范围内将信用证作为可靠支付手段的准则，已被大多数国家和地区接受和使用。信用证属于银行信用，供销双方的权利和义务都会得到保障，因此，只要双方有合作的意愿，交易是很容易促成的。我国国内企业与国外企业间的贸易基本上都是采用这一结算方式进行结算的。至于国内企业间的贸易，虽然 1997 年我国就制定了《国内信用证结算办法》，但由于国内贸易的特点，利用这种结算方式进行结算的业务还是很少的。

信用证业务涉及六个方面的当事人：① 开证申请人，是指向银行申请开立信用证的人，又称开证人。② 开证行，是指接受开证申请人的委托开立信用证的银行。它承担保证付款的责任。③ 通知行，是指受开证行的委托，将信用证转交出口人的银行。它只证明信用证的真实性，不承担其他义务。④ 受益人，是指信用证上所指定的有权使用该证的人，即出口人或实际供货人。⑤ 议付行，是指愿意买入受益人交来跟单汇票的银行。⑥ 付款银行，是指信用证上指定付款的银行，在多数情况下，付款银行即是开证行。

信用证结算方式的一般收付款程序是：① 开证申请人根据合同填写开证申请书并交纳押金或提供其他保证，请开证行开证；② 开证行根据申请书内容，向受益人开出信用证并寄交出口人所在地通知行；③ 通知行核对印鉴无误后，将信用证交受益人；④ 受益人审核信用证内容与合同规定相符后，按信用证规定装运货物、备妥单据并开出汇票，在信用证有效期内送议付行议付；⑤ 议付行按信用证条款审核无误后，将货款垫付给受益人；⑥ 议付行将汇票和货运单据寄给开证行或其特定的付款行索偿；⑦ 开证行审核单据无误后，付款给议付行；⑧ 开证行通知开证人付款赎单。信用证结算程序见图2-7所示。

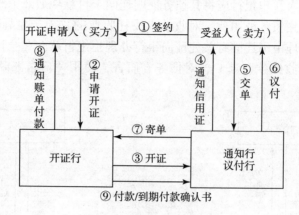

图2-7 信用证结算程序

（9）托收结算方式。

托收是指出口商开立汇票连同货运单据委托出口地银行通过进口地代收银行向进口企业收款的结算方式。托收也称跟单托收，根据交单条件不同分为付款交单和承兑交单。付款交单是指进口商付清货款后才能取得单据，承兑交单是指进口商在承兑汇票后就能取得单据。托收结算程序如图2-8所示。

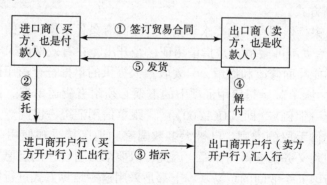

图2-8 托收结算程序

（10）汇付结算方式。

汇付是指交款人按约定的条件和时间通过银行把款项交收款人的结算方式。汇付分为信汇、电汇和票汇。汇付一般可用于预付货款，也可用于支付佣金、赔款和样品费等。汇付结算程序如图2-9所示。

2.2.2 银行存款的核算

1. 银行存款的序时核算

银行存款日记账应由出纳人员登记，账簿的格式与登记方法均与库存现金日记账基本相同。为了及时了解和掌握银行存款的收付动态和余额，银行存款日记账的登记，也应做到日清月结。

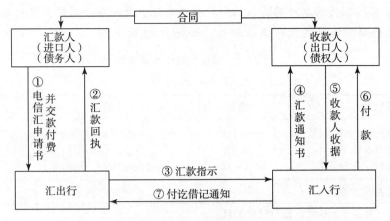

图 2-9 汇付结算程序

2. 银行存款的总分类核算

企业设置"银行存款"总账账户对银行存款进行总分类核算。该账户为资产类账户，借方登记收到的银行存款，贷方登记付出的银行存款，期末余额在借方，反映银行存款的余额。银行存款的总分类账簿由不从事出纳工作的会计人员登记。登记的方法、依据和账簿的格式均与库存现金总账基本相同。

3. 企业银行存款日记账与银行的对账

企业的银行存款日记账应定期与银行对账单核对，至少每月核对一次。核对时，将企业的银行存款日记账与银行对账单逐笔核对，双方余额如果不一致，其原因可能是记账差错，也可能是存在未达账项。如果是记账差错，应立即更正；如果存在未达账项，应按月编制"银行存款余额调节表"来调节。

银行存款余额调节表的编制方法有多种，在实务中，多采用以双方的账面余额为起点，加减各自的未达账项，使双方的余额达到平衡。根据企业银行存款日记账和银行对账单的余额，采用各自加上对方已经收款入账、自己尚未收款入账的款项，减去对方已经付款入账而自己尚未付款入账的款项。其调节公式如下：

企业银行存款日记账余额 + 银行已收而企业未收的款项 - 银行已付而企业未付的款项 = 银行对账单余额 + 企业已收而银行未收的款项 - 企业已付而银行未付的款项

【例 2-7】某企业 2019 年 7 月 31 日银行存款日记账账面余额为 65 778 元，开户银行的对账单所列本企业存款余额为 78 332 元，经逐笔核对，发现存在的未达账项主要有：

（1）7 月 30 日，委托银行收款，金额 5 000 元，银行已收妥入账，但企业尚未收到收款通知。

（2）7 月 30 日，企业为支付职工差旅费开出现金支票一张，计 11 220 元，持票人尚未到银行取款。

（3）7 月 31 日，企业收到购买单位转账支票一张，计 18 854 元，已填制进账单连同转账支票送存银行，但银行尚未入账。

（4）7 月 30 日，企业经济纠纷案败诉，银行代扣违约罚金 2 460 元，企业尚未收到通知而未入账。

（5）7月31日，银行计算企业存款利息17 648元，已记入企业存款账户，企业尚未收到通知而未入账。

（6）7月25日，银行将本公司存入的一笔款项串记至另一家公司账户中，金额5 200元。

根据上述资料编制银行存款余额调节表，如表2-2所示。

表2-2 银行存款余额调节表

2019年7月31日

单位：元

项目	金额	项目	金额
本企业银行存款日记账余额	65 778	银行对账单余额	78 332
加：银行已收、企业未收	22 648	加：企业已收、银行未收	18 854
减：银行已付、企业未付	2 460	减：企业已付、银行未付	11 220
调节后存款余额	85 966	调节后存款余额	85 966

备注：银行串记金额5 200元，银行已经确认。

经过银行存款余额调节表调节后，如果双方的余额相等，则表明双方记账基本正确；若不符，则表示本单位及开户银行的一方或双方存在记账错误，应进一步查明原因，采用正确的方法进行更正。需要注意下列问题：调节后存款余额即为企业实际可动用的银行存款数；企业不应该也不需要根据调节后的余额调整银行存款日记账记录，对于银行已入账而企业尚未入账的未达账项，企业应在收到有关结算凭证后再进行有关账务处理；银行存款余额调节表不能作为记账的原始凭证。

2.3 其他货币资金的核算

2.3.1 其他货币资金概述

其他货币资金是指除库存现金和银行存款以外的货币资金，包括外埠存款、银行汇票存款、银行本票存款、信用证保证金存款、信用卡存款和存出投资款等。

外埠存款是指企业到外地进行临时或零星采购时，汇往采购地银行开立采购专户的款项。银行汇票存款是指企业为取得银行汇票按照规定存入银行的款项。银行本票存款是指企业为取得银行本票按照规定存入银行的款项。信用卡存款是指企业为取得信用卡按照规定存入银行的款项。信用证保证金存款是指企业为取得信用证按照规定存入银行的保证金。存出投资款，是指企业已存入证券公司但尚未购买股票、基金等投资对象的款项。

为了总括地反映企业其他货币资金的增减变动和结存情况，企业应设置"其他货币资金"科目，以进行其他货币资金的总分类核算。同时为了详细反映企业各项其他货币资金的增减变动及结存情况，还应在"其他货币资金"总账科目下按其他货币资金的组成内容不同分设明细科目，并且按外埠存款的开户银行、银行汇票或银行本票的收款单位等设置明细账。

2.3.2 其他货币资金核算

1. 外埠存款的核算

为满足企业临时或零星采购的需要，将款项委托当地银行汇往采购地银行开立采购专户时，借记"其他货币资金"科目，贷记"银行存款"科目；会计部门在收到采购员交来的供应单位的材料账单、货物运单等报销凭证时，借记"原材料""应交税费"等科目，贷记"其他货币资金"科目；采购员在离开采购地时，采购专户如有余额款项，应将剩余的外埠存款转回企业当地银行结算户，会计部门根据银行的收账通知，借记"银行存款"科目，贷记"其他货币资金"科目。

【例 2-8】某公司 2019 年 7 月 5 日因零星采购需要，将款项 100 000 元汇往上海并开立采购专户，会计部门应根据银行转来的回单联，填制记账凭证。

借：其他货币资金——外埠存款　　　　　　　　　　　　　　　　　　100 000
　　贷：银行存款　　　　　　　　　　　　　　　　　　　　　　　　　　100 000

2019 年 7 月 20 日，会计部门收到采购员寄来的采购材料发票等凭证，货物价款 90 400 元，其中应交增值税 10 400 元，材料已经验收入库。会计部门根据相关发票账单进行账务处理。

借：原材料　　　　　　　　　　　　　　　　　　　　　　　　　　　80 000
　　应交税费——应交增值税（进项税额）　　　　　　　　　　　　　10 400
　　贷：其他货币资金——外埠存款　　　　　　　　　　　　　　　　　　90 400

2019 年 7 月 22 日，上海采购业务结束，采购员将剩余采购资金 9 600 元，转回本地银行，会计部门根据银行转来的收款通知进行账务处理。

借：银行存款　　　　　　　　　　　　　　　　　　　　　　　　　　9 600
　　贷：其他货币资金——外埠存款　　　　　　　　　　　　　　　　　　9 600

2. 银行汇票存款的核算

企业要使用银行汇票办理结算时，应填写"银行汇票委托书"，并将相应款项交存银行，取得银行汇票后，根据银行盖章退回的委托书存根联，借记"其他货币资金"科目，贷记"银行存款"科目。企业使用银行汇票后，应根据发票账单及开户银行转来的银行汇票第四联等有关凭证，借记"原材料""应交税费"等科目，贷记"其他货币资金"科目。银行汇票如有多余款项或因超过付款期等原因而退回款项时，借记"银行存款"科目，贷记"其他货币资金"科目。

【例 2-9】2019 年 7 月 10 日，某公司向银行提交"银行汇票委托书"，并交存款项 80 000 元，银行受理后签发银行汇票和解讫通知。会计部门根据"银行汇票委托书"存根联记账进行账务处理。

借：其他货币资金——银行汇票存款　　　　　　　　　　　　　　　80 000
　　贷：银行存款　　　　　　　　　　　　　　　　　　　　　　　　　　80 000

2019 年 7 月 11 日，某公司用银行签发的银行汇票支付采购材料价款 73 450 元，其中应交增值税 8 450 元。企业会计部门根据银行转来的银行汇票第四联及所附发货票账单等凭证进行账务处理。

借：原材料　　　　　　　　　　　　　　　　　　　　　　　　　　　65 000
　　应变税费——应交增值税（进项税额）　　　　　　　　　　　　　8 450
　　贷：其他货币资金——银行汇票存款　　　　　　　　　　　　　　　　73 450

2019 年 7 月 12 日，某公司收到银行退回的多余款项收账通知。

借：银行存款　　　　　　　　　　　　　　　　　　　　　　　　　　6 550
　　贷：其他货币资金——银行汇票存款　　　　　　　　　　　　　　　　6 550

3. 银行本票存款的核算

企业要使用银行本票办理结算时，应填写"银行本票申请书"，并将相应款项交存银行，取得银行本票后，根据银行盖章退回的申请书存根联，借记"其他货币资金"科目，贷记"银行存款"科目。企业付出银行本票后，应根据发票账单等有关凭证，借记"原材料""应交税费"等科目，贷记"其他货币资金"科目。企业因本票超过付款期等原因而要求退款时，应填制一式两联的进账单，连同本票一并交存银行，根据银行盖章退回的进账单第一联，借记"银行存款"科目，贷记"其他货币资金"科目。银行本票存款核算的账务处理与银行汇票存款相比基本相同，只是二者设置的明细科目有所不同。

4. 信用证保证金存款的核算

企业申请使用信用证进行结算时，应向银行交纳保证金，根据银行退回的进账单，借记"其他货币资金"科目，贷记"银行存款"科目。根据开证行交来的信用证来单通知书及有关单据列明的金额，借记"原材料""库存商品""应交税费——应交增值税"等科目，贷记"其他货币资金"科目。

【例2-10】2019年7月5日，某公司因从国外进口货物向银行申请使用国际信用证进行结算，并按规定开出转账支票向银行交纳保证金900 000元，收到盖章退回的进账单第一联。

借：其他货币资金——信用证保证金存款 900 000
　贷：银行存款 900 000

2019年7月25日，某公司收到银行转来的进口货物信用证通知书，根据海关出具的完税凭证，进口货物的成本900 000元，应交增值税143 000元，货物已验收入库。

借：原材料 900 000
　应交税费——应交增值税（进项税额） 143 000
　贷：其他货币资金——信用证保证金存款 900 000
　　银行存款 143 000

5. 信用卡存款的核算

企业申请使用信用卡时，应按规定填制申请表，并连同支票和有关资料一并送交发卡银行，根据银行盖章退回的进账单第一联，借记"其他货币资金"科目，贷记"银行存款"科目。企业用信用卡购物或支付有关费用，借记有关科目，如"管理费用""原材料"等，贷记"其他货币资金"科目。企业信用卡在使用过程中，需要向其账户续存资金的，借记"其他货币资金"科目，贷记"银行存款"科目。

【例2-11】2019年7月3日，某公司因开展经济业务需要向银行申请办理信用卡，开出转账支票一张，金额80 000元，收到进账单第一联和信用卡。

借：其他货币资金——信用卡存款 80 000
　贷：银行存款 80 000

2019年7月16日，某公司用信用卡购买办公用品，支付60 000元。

借：管理费用 60 000
　贷：其他货币资金——信用卡存款 60 000

2019年7月6日，某公司因信用卡账户资金不足，开出转账支票一张以续存资金，金额50 000元。

借：其他货币资金——信用卡存款 50 000

　　　　贷：银行存款　　　　　　　　　　　　　　　　　　　　　　　　　50 000

6. 存出投资款的核算

　　企业在向证券市场进行股票、债券投资时，应向证券公司申请资金账号并划出资金。会计部门应按实际划出的金额，借记"其他货币资金"科目，贷记"银行存款"科目；购买股票、债券时，应按实际支付的金额，借记"交易性金融资产""持有至到期投资"科目等，贷记"其他货币资金"科目。

　　【例 2 - 12】2019 年 7 月 20 日，某公司拟利用闲置资金进行证券投资，向海通证券公司申请资金账号，并开出转账支票划出资金 4 000 000 元存入该账号，以便购买股票、债券等。

　　　　借：其他货币资金——存出投资款　　　　　　　　　　　　　　　 4 000 000
　　　　　　贷：银行存款　　　　　　　　　　　　　　　　　　　　　　 4 000 000

　　2019 年 8 月 10 日，某公司利用证券投资账户从二级市场购买网宿科技股票 90 000 股，每股市价 40.50 元，发生交易费用 1 093 元，作为交易性金融资产。

　　　　借：交易性金融资产　　　　　　　　　　　　　　　　　　　　　 3 645 000
　　　　　　投资收益　　　　　　　　　　　　　　　　　　　　　　　　　　 1 093
　　　　　　贷：其他货币资金——存出投资款　　　　　　　　　　　　　 3 646 093

2.4　外币业务的核算

2.4.1　外币业务概述

　　如果企业有外币业务往来，那么该企业的现金和银行存款中，就可能会包括外币。外币业务主要涉及货币兑换业务。

　　外币业务是指企业以记账本位币以外的货币进行款项收付、往来结算和计价的经济业务。记账本位币是指企业经营所处的主要经济环境中的货币。我国会计法规定，企业通常应选择人民币作为记账本位币。业务收支以人民币以外的货币为主的企业，可以按规定选定其中一种货币作为记账本位币，但是编报的财务会计报告应当折算为人民币。企业记账本位币一经确定，不得随意变更，除非与确定记账本位币相关的企业经营所处的主要经济环境发生重大变化。企业因经营所处的主要经济环境发生重大变化，确需变更记账本位币的，应当采用变更当日即期汇率将所有项目折算为变更后的记账本位币，折算后的金额作为以新的记账本位币计量的历史成本，由于采用同一即期汇率进行折算，不会产生汇兑差额。企业需要提供确凿的证据证明企业经营所处的主要经济环境确实发生了重大变化，并应当在附注中披露变更的理由。

　　企业的外币业务主要包括外币兑换、外币购销、外币借贷、接受外币投资等四种。外币交易的会计处理涉及的主要问题有：记账本位币的确定，外币交易发生日折算汇率的选择及相应的外币交易初始确认的会计处理，资产负债表日及结算日折算汇率的选择及所产生汇兑差额的会计处理。

　　企业发生外币业务，需登记外币金额，并同时折算为记账本位币金额以登记外币账户。外币业务发生时的外币交易，在初始确认时，应采用交易发生时的即期汇率，或者采用系统合理的方法确定的、与交易发生日即期汇率近似的汇率，将外币金额折算为记账本位币金额。

　　即期汇率是指当日中国人民银行公布的人民币外汇牌价的中间价。企业发生的外币兑换业务或涉及外币兑换的交易事项，以交易实际采用的汇率，即银行买入价或卖出价折算。即期汇率近似汇率是"按照系统合理的方法确定的、与交易发生日即期汇率近似的汇率"，通常是指当期平均汇率或加权平均汇率等。通常情况下，企业采用即期汇率进行折算。汇率波动不大的，也可以采用即期汇率近似的汇率折算。买入价是指银行买入其他货币的价格；卖出价是指银行出售其他货币的价格；中间价是指银行买入价和卖出价的平均价。银行的卖出价一般高于买入价，以获取其中的差价。

2.4.2 外币业务的会计核算

1. 外币交易发生日初始确认的会计处理

企业发生外币交易的，应在初始确认时采用交易发生日的即期汇率或即期汇率的近似汇率将外币金额折算为记账本位币金额，按照折算后的记账本位币金额登记有关账户；在登记有关记账本位币账户的同时，按照外币金额登记相应的外币账户。

2. 资产负债表日或结算日的会计处理

资产负债表日，企业应当分别外币货币性项目和外币非货币性项目进行处理。

（1）外币货币性项目。货币性项目是指企业持有的货币和将以固定或可确定金额的货币收取的资产或者偿付的负债。货币性项目分为货币性资产和货币性负债。货币性资产包括现金、银行存款、应收账款、其他应收款、长期应收款等；货币性负债包括应付账款、其他应付款、短期借款、应付债券、长期借款、长期应付款等。

资产负债表日或结算货币性项目时，企业应当采用资产负债表日或结算当日即期汇率折算外币货币性项目，因当日即期汇率与初始确认时或者前一资产负债表日即期汇率不同而产生的汇兑差额，作为财务费用处理，同时调增或调减外币货币性项目的记账本位币金额。

（2）外币非货币性项目。非货币性项目是货币性项目以外的项目，如存货、长期股权投资、交易性金融资产（股票、基金等）、固定资产、无形资产等。

对于以历史成本计量的外币非货币性项目，已在交易发生日按当日即期汇率折算，资产负债表日不应改变其原记账本位币金额，不产生汇兑差额。因为这些项目在取得时已按取得时即期汇率折算，从而构成这些项目的历史成本，如果再按资产负债表日的即期汇率折算，就会导致这些项目价值不断变动，从而使这些项目的折旧、摊销和减值不断地随之变动。这与这些项目的实际情况不符。

对于以成本与可变现净值孰低计量的存货，在以外币购入存货并且该存货在资产负债表日的可变现净值以外币反映的情况下，确定资产负债表日存货价值时应当考虑汇率变动的影响。即先将可变现净值按资产负债表日即期汇率折算为记账本位币金额，再与以记账本位币反映的存货成本进行比较，从而确定该项存货的期末价值。

对于以公允价值计量的外币非货币性项目，期末公允价值以外币反映的，应当先将该外币金额按照公允价值确定当日的即期汇率折算为记账本位币金额，再与原记账本位币金额进行比较。属于交易性金融资产（股票、基金等）的，折算后的记账本位币金额与原记账本位币金额之间的差额应作为公允价值变动损益（含汇率变动），计入当期损益；属于可供出售金融资产的，差额则应计入资本公积。

2.4.3 常规外币业务会计处理举例

1. 外币兑换业务的核算

外币兑换业务，是指企业从银行购入外汇和向银行卖出外汇。企业购入外汇时，一般采用银行当日挂牌卖出价兑换；记入外汇账户时，按照当日的市场汇率中间价折合为记账本位币。同时，兑换所支付的人民币，按照银行的挂牌卖出价折合记账，两者产生的差额，记入"财务费用——汇兑损益"账户。

【例 2 - 13】三明公司记账本位币为人民币，其外币交易采用交易日的即期汇率折算。20×8 年 7 月 20 日，以 20 000 美元向银行兑换人民币，当日银行美元买入价为 1:6.20，当日市场汇率中间价为 1:6.24。

该公司的会计处理如下：

借：银行存款——××银行（人民币）（20 000×6.20）　　　124 000
　　财务费用——汇兑差额　　　　　　　　　　　　　　　　　800
　　贷：银行存款——美元户（USD20 000×6.24）　　　　　　　124 800

2. 接受外币投资的核算

企业收到投资者以外币投入的资本，无论是否有合同约定汇率，均不得采用合同约定汇率和即期汇率的近似汇率折算，而应当采用交易发生日的即期汇率折算。这样，外币投入资本与相应的货币性项目的记账本位币金额相等，不产生外币资本折算差额。需要说明的是，虽然"股本（或实收资本）"账户的金额不能反映股权比例，但并不改变企业分配和清算的约定比例，这一约定比例通常已经包括在合同当中。

【例 2 - 14】三明公司接受华美公司投资，投资合同中没有约定资本折合汇率，合同规定华美公司分次投入外币资本。三明公司记账本位币为人民币，其外币交易采用交易日的即期汇率折算。三明公司第一次收到 8 000 000 美元，当日市场汇率为 1:6.25；第二次收到 6 000 000 美元，当日市场汇率为 1:6.30。

三明公司的会计处理如下：

第一次收到外币投资时，

借：银行存款——美元户（USD8 000 000×6.25）　　　　　50 000 000
　　贷：实收资本　　　　　　　　　　　　　　　　　　　50 000 000

第二次收到外币投资时，

借：银行存款——美元户（USD6 000 000×6.30）　　　　　37 800 000
　　贷：实收资本　　　　　　　　　　　　　　　　　　　37 800 000

3. 外币购销业务的核算

企业发生外币购销业务，以外币进行款项收付、往来结算，应按照兑换日的市场汇率中间价折合为记账本位币。

【例 2 - 15】三明公司系增值税一般纳税人，记账本位币为人民币，其外币交易采用交易日的即期汇率折算。20×8 年 7 月 5 日，三明公司从国外美丽公司购入某原材料，货款 280 000 美元，当日即期汇率为 1:6.30，按照规定应交纳的进口关税为人民币 205 000 元，支付进口增值税为人民币 350 000 元，货款尚未支付，进口关税及增值税已由银行存款支付。

三明公司账务处理为：

借：原材料——××材料（280 000×6.30+205 000）　　　　1 969 000
　　应交税费——应交增值税（进项税额）　　　　　　　　　350 000
　　贷：应付账款——美丽公司（美元）（USD280 000×6.30）　1 764 000
　　　银行存款——××银行（人民币）　　　　　　　　　　555 000

【例 2 - 16】三明公司记账本位币为人民币，外币交易采用交易日的即期汇率折算。20×8

年 7 月 8 日，向国外梅花公司出口商品一批，根据销售合同，货款共计 900 000 美元，当日即期汇率为 1:6.20。假定不考虑增值税等相关税费，货款尚未收到。

三明公司账务处理为：

借：应收账款——梅花公司（美元）（USD900 000×6.20）　　　　5 580 000
　　贷：主营业务收入——出口××商品　　　　　　　　　　　　　　　5 580 000

4. 外币借款业务的核算

企业借入外汇时，按规定的汇率折合为记账本位币，与借入的外币金额同时登记"短期借款"等外币账户。偿还外币借款时，如果以外币银行存款归还借款，则仍按照规定的汇率折合为记账本位币，并登记有关外币账户，产生的汇兑损益计入财务费用。

【例 2－17】三明公司的记账本位币为人民币，其外币交易采用交易日的即期汇率折算。20×8 年 7 月 5 日，从银行借入 300 000 美元，期限为 6 个月，年利率为 5%（等于实际利率），借入的美元暂存银行。借入当日即期汇率为 1:6.32。

三明公司账务处理为：

借：银行存款——××银行（美元）（USD300 000×6.32）　　　　1 896 000
　　贷：短期借款——××银行（美元）（USD300 000×6.32）　　　　　1 896 000

5. 汇兑损益的核算

汇兑损益，是指发生的外币业务折合为记账本位币时，由于发生的时间不同、采用的汇率不同而发生的记账本位币的差额；或者是不同货币兑换，由于两种货币采用的汇率不同而产生的折合为记账本位币的差额。企业经营期间正常发生的汇兑损益，根据产生的业务，一般可划分为四种：在发生以外币计价的交易业务时，因收回或偿付债权、债务而产生的汇兑损益，称为"交易外币汇兑损益"；在发生外币与记账本位币，或一种外币与另一种外币进行兑换时产生的汇兑损益，称为"兑换外币汇兑损益"；在现行汇率制下，会计期末将所有外币性债权、债务和外币性货币资金账户，按期末社会公认的汇率进行调整而产生的汇兑损益，称为"调整外币汇兑损益"；会计期末为了合并会计报表或为了重新修正会计记录和重编会计报表，而把外币计量单位的金额转化为记账本位币计量单位的金额，在此过程中产生的汇兑损益，称为"换算外币汇兑损益"。

由此可见，企业除了日常外币业务需要对汇兑损益进行会计处理外，在资产负债表日或结算货币性项目时，企业还应当采用资产负债表日或结算当日即期汇率折算外币货币性项目，对因当日即期汇率与初始确认时或者前一资产负债表日即期汇率不同而产生的汇兑差额进行会计处理。

【例 2－18】三明公司以人民币作为记账本位币，其外币交易采用交易日的即期汇率折算，按月计算汇兑损益。三明公司在银行开设有美元账户。

三明公司有关外币账户 20×9 年 7 月 31 日的余额如表 2－3 所示。

表 2－3　外币账户余额表

项目	外币账户余额/美元	汇率	人民币账户余额/人民币元
银行存款	900 000	6.23	5 607 000
应收账款	500 000	6.23	3 115 000
应付账款	300 000	6.23	1 869 000

（1）三明公司 20×9 年 8 月发生的有关外币交易或事项如下：

① 8 月 4 日，以人民币向银行买入 200 000 美元。当日即期汇率为 1∶6.24，当日银行美元的卖出价为 1∶6.26。

② 8 月 10 日，从国外购入一批原材料，总价款为 500 000 美元。该原材料已验收入库，货款尚未支付。当日即期汇率为 1∶6.30。另外，以银行存款支付该原材料的进口关税为 600 000 元人民币，增值税为 700 000 元人民币。

③ 8 月 15 日，出口销售一批商品，销售价款为 700 000 美元，货款尚未收到。当日即期汇率为 1∶6.28。假设不考虑相关税费。

④ 8 月 20 日，应收账款 400 000 美元收到，款项已存入银行。当日即期汇率为 1∶6.29。该应收账款系 7 月份出口销售发生的。

⑤ 8 月 31 日，即期汇率为 1∶6.32。

三明公司相关账务处理为：

① 借：银行存款——××银行（美元）（USD200 000×6.24）　　1 248 000
　　　　财务费用——汇兑差额　　　　　　　　　　　　　　　　4 000
　　　贷：银行存款——××银行（人民币）（200 000×6.26）　　　　1 252 000

② 借：原材料——××材料（500 000×6.30+600 000）　　　3 750 000
　　　　应交税费——应交增值税（进项税额）　　　　　　　　700 000
　　　贷：应付账款——××单位（美元）（USD500 000×6.30）　　　3 150 000
　　　　　银行存款——××银行（人民币）　　　　　　　　　　1 300 000

③ 借：应收账款——××单位（美元）（700 000×6.28）　　4 396 000
　　　贷：主营业务收入——出口××商品　　　　　　　　　　　4 396 000

④ 借：银行存款——××银行（美元）（USD400 000×6.29）　　2 516 000
　　　贷：财务费用——汇兑差额　　　　　　　　　　　　　　　24 000
　　　　　应收账款——××单位（美元）（USD400 000×6.23）　　2 492 000

（2）20×9 年 8 月 31 日，计算期末产生的汇兑差额。

① 银行存款美元户余额=900 000+200 000+400 000=1 500 000（美元）

按当日的即期汇率折算为人民币金额=1 500 000×6.32=9 480 000（人民币元）

汇兑差额=9 480 000-（5 607 000+1 248 000+2 516 000）=109 000（人民币元）（汇兑收益）

② 应收账款美元户余额=500 000+700 000-400 000=800 000（美元）

按当日的即期汇率折算为人民币金额=800 000×6.32=5 056 000（人民币元）

汇兑差额=5 056 000-（3 115 000+4 396 000-2 492 000）=37 000（人民币元）（汇兑收益）

③ 应付账款美元户余额=300 000+500 000=800 000（美元）

按当日的即期汇率折算为人民币金额=800 000×6.32=5 056 000（人民币元）

汇兑差额=5 056 000-（1 869 000+3 150 000）=37 000（人民币元）（汇兑损失）

④ 应计入当期损益的汇兑差额=109 000+37 000-37 000=109 000（人民币元）（汇兑收益）

　　借：银行存款——××银行（美元）　　　　　　　　　　　109 000
　　　　应收账款——××单位（美元）　　　　　　　　　　　　37 000
　　　贷：应付账款——××单位（美元）　　　　　　　　　　　　37 000

财务费用——汇兑差额（美元）　　　　　　　　　　　109 000

本章小结

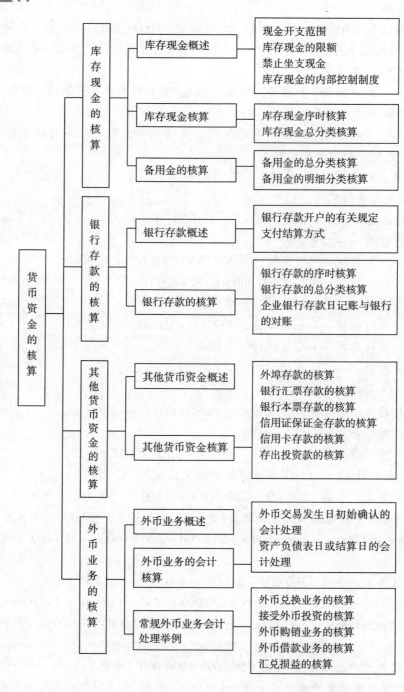

金融资产的核算

1. 理解金融资产的含义及分类，了解金融资产之间重分类的规定。

2. 理解以摊余成本计量的金融资产构成条件，熟练实际利率法下以摊余成本计量的金融资产的会计处理方法。

3. 熟练掌握应收款项的会计实务处理和应收款项减值的计算与会计处理。

4. 理解以公允价值计量且其变动计入其他综合收益的金融资产构成条件极其分类，熟练掌握以公允价值计量且其变动计入其他综合收益的金融资产的会计处理。

5. 理解以公允价值计量且其变动计入当期损益的金融资产的分类，熟练掌握以公允价值计量且其变动计入当期损益的金融资产中股票和债券的会计处理方法。

1. 能运用债权投资、其他债权投资、其他权益工具投资、交易性金融资产的会计处理规则进行会计实务处理。

2. 能利用实际利率的原理与方法计算摊余成本。

3.1　金融资产概述

3.1.1　金融工具的含义

金融工具是指形成一方的金融资产并形成其他方的金融负债或权益工具的合同。金融工具包括金融资产、金融负债和权益工具。其中，合同的形式多种多样，可以是书面的，也可以不采用书面形式。实务中的金融工具合同通常采用书面形式。非合同的资产和负债不属于金融工具。

3.1.2　金融资产的含义

金融资产，是指企业持有的现金、其他方的权益工具以及符合下列条件之一的资产。

（1）从其他方收取现金或其他金融资产的合同权利。例如，企业的银行存款、应收账款、应收票据和贷款等均属于金融资产。预付账款不是金融资产，因其产生的未来经济利益是商品或服务，不是收取现金或其他金融资产的权利。

（2）在潜在有利条件下，与其他方交换金融资产或金融负债的合同权利。例如，企业持有的看涨期权或看跌期权等。

（3）将来须用或可用企业自身权益工具进行结算的非衍生工具合同，且企业根据该合同将收到可变数量的自身权益工具。

（4）将来须用或可用企业自身权益工具进行结算的衍生工具合同，但以固定数量的自身权益工具交换固定金额的现金或其他金融资产的衍生工具合同除外。

3.1.3　金融资产的分类

企业应当根据其管理金融资产的业务模式和金融资产的合同现金流量特征，对金融资产进行合理的分类。金融资产一般划分为以下三类：

（1）以摊余成本计量的金融资产。

（2）以公允价值计量且其变动计入其他综合收益的金融资产。

（3）以公允价值计量且其变动计入当期损益的金融资产。

同时，企业应当结合自身业务特点和风险管理要求，对金融负债进行合理的分类。对金融资产和金融负债的分类一经确定，不得随意变更。

1. 关于企业管理金融资产的业务模式

（1）业务模式评估。

企业管理金融资产的业务模式，是指企业如何管理其金融资产以产生现金流量。业务模式决定企业所管理金融资产现金流量的来源是收取合同现金流量、出售金融资产还是两者兼有。

企业管理金融资产的业务模式，应当以企业关键管理人员决定的对金融资产进行管理的特定业务目标为基础确定，应当以客观事实为依据，不得以按照合理预期不会发生的情形为基础确定。

（2）以收取合同现金流量为目标的业务模式。

在以收取合同现金流量为目标的业务模式下，企业管理金融资产旨在通过在金融资产存续期内收取合同付款来实现现金流量，而不是通过持有并出售金融资产产生整体回报。

【例3－1】甲企业购买了一个贷款组合，且该组合中有包含已发生信用减值的贷款。如果贷款不能按时偿付，甲企业将通过各类方式尽可能实现合同现金流量，例如通过邮件、电话或其他方法与借款人联系催收。同时，甲企业签订了一项利率互换合同，将贷款组合的利率由浮动利率转换为固定利率。

本例中，甲企业管理该贷款组合的业务模式是以收取合同现金流量为目标。即使甲企业预期无法收取全部合同现金流量（部分贷款已发生信用减值），但并不影响其业务模式。此外，该公司签订利率互换合同也不影响贷款组合的业务模式。

（3）以收取合同现金流量和出售金融资产为目标的业务模式。

在以收取合同现金流量和出售金融资产为目标的业务模式下，企业的关键管理人员认为收取合同现金流量和出售金融资产对于实现其管理目标而言都是不可或缺的。例如，企业的目标是管理日常流动性需求，同时维持特定的收益率，或将金融资产的存续期与相关负债的存续期进行匹配。

【例 3 - 2】甲银行持有金融资产组合以满足其每日流动性需求。甲银行为了降低其管理流动性需求的成本，高度关注该金融资产组合的回报。组合回报包括收取的合同付款和出售金融资产的利得或损失。

本例中，甲银行管理该金融资产组合的业务模式以收取合同现金流量和出售金融资产为目标。

（4）其他业务模式。

如果企业管理金融资产的业务模式，不是以收取合同现金流量为目标，也不是既以收取合同现金流量又出售金融资产来实现其目标，该金融资产应当分类为以公允价值计量且其变动计入当期损益的金融资产。

2. 关于金融资产的合同现金流量特征

金融资产的合同现金流量特征，是指金融工具合同约定的、反映相关金融资产经济特征的现金流量属性，企业分类为以摊余成本计量的金融资产和以公允价值计量且其变动计入其他综合收益的金融资产，其合同现金流量特征应当与基本借贷安排相一致。即相关金融资产在特定日期产生的合同现金流量仅为对本金和以未偿付本金金额为基础的利息的支付。

本金是指金融资产在初始确认时的公允价值，本金金额可能因提前还款等原因在金融资产的存续期内发生变动；利息包括对货币时间价值、与特定时期未偿付本金金额相关的信用风险，以及其他基本借贷风险、成本和利润的对价。

【例 3 - 3】工具 A 是一项具有固定到期日的债券。本金及未偿付本金金额之利息的支付与发行该工具所用货币的通货膨胀指数挂钩。与通货膨胀挂钩未利用杠杆，并且对本金进行保护。

本例中，合同现金流量仅为本金及未偿付本金金额之利息的支付。本金及未偿付本金金额之利息的支付通过与非杠杆的通货膨胀指数挂钩，而将货币的时间价值重设为当前水平。换言之，该金融工具的利率反映的是"真实的"利率。因此，利息金额是未偿付本金金额的货币时间价值的对价。

然而，如果利息支付额与涉及债务人业绩的另一变量（如债务人的净收益）挂钩，则合同现金流量就不是本金及未偿付本金金额之利息的支付。

3.1.4　金融资产的重分类

企业改变其管理金融资产的业务模式时，应当按照规定对所有受影响的相关金融资产进行重分类。企业对所有金融负债均不得进行重分类。所以，金融资产（即非衍生债权资产）可以在以摊余成本计量、以公允价值计量且其变动计入其他综合收益和以公允价值计量且其变动计入当期损益之间进行重分类。

企业对金融资产进行重分类，应当自重分类日起采用未来适用法进行相关会计处理，不得对以前已经确认的利得、损失（包括减值损失或利得）或利息进行追溯调整。重分类日，是指导致企业对金融资产进行重分类的业务模式发生变更后的首个报告期间的第一天。金融资产的分类如图 3 - 1 所示。

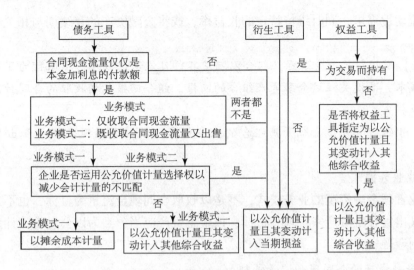

图 3-1 金融资产的分类

3.2 以摊余成本计量的金融资产的核算

3.2.1 以摊余成本计量的金融资产的含义

金融资产同时符合下列条件的，应当分类为以摊余成本计量的金融资产。

（1）企业管理该金融资产的业务模式是以收取合同现金流量为目标。

（2）该金融资产的合同条款规定，在特定日期产生的现金流量，仅为对本金和以未偿付本金金额为基础的利息的支付。

企业一般应当设置"银行存款""贷款""应收账款""债权投资"等科目核算分类为以摊余成本计量的金融资产。

债权投资，是指企业取得该金融资产是以收取合同现金流量为目标进行业务管理，并根据该金融资产合同条款规定的，仅以获取特定日期的本金和以未偿付本金金额为基础的利息的支付为结果的债权投资。

本节主要介绍以摊余成本计量的金融资产中的债权投资，应收账款等金融资产在下一节介绍。

3.2.2 债权投资会计处理规则

企业应当设置"债权投资"科目核算其债权投资的摊余成本。该科目根据持债权投资的类别，分别设置"成本""利息调整""应计利息"进行明细核算。其中"债权投资——成本"反映债权投资中金融资产的面值；"债权投资——利息调整"反映债权投资的初始入账价值与面值的差额，以及按照实际利率法摊销后该差额的摊余金额；"债权投资——应计利息"反映企业持有的到期一次还本付息的债权投资期间计提应计未收的利息。

1. 初始入账时会计处理

企业初始确认债权投资，应当按照公允价值计量，相关交易费用应当计入初始确认金额。企业取得的债权投资，应按该债券的面值，借记"债权投资——成本"科目；按支付的价款中包含的已到付息期但尚未领取的利息，借记"应收利息"科目；按投资时实际支付全部代价（交易价格和交易费用之和）的金额，贷记"银行存款"等科目。上述账户借贷方之间如有差额，则该差额借记或贷记"债权投资——利息调整"科目。

交易费用，是指可直接归属于购买、发行或处置金融工具的增量费用。增量费用是指企业没有发生购买、发行或处置相关金融工具的情形就不会发生的费用，包括支付给代理机构、咨询公司、券商、证券交易所、政府有关部门等的手续费、佣金、相关税费以及其他必要支出，不包括债券溢价、折价、融资费用、内部管理成本和持有成本等与交易不直接相关的费用。

企业取得金融资产所支付的价款中包含的已宣告但尚未发放的债券利息或现金股利，应当单独确认为应收项目进行处理。

2. 持有期间利息收入会计处理

在持有期间应当按照摊余成本和实际利率法进行后续会计处理。

实际利率法，是指计算金融资产或金融负债的摊余成本以及将利息收入或利息费用分摊计入各会计期间的方法。

实际利率，是指将金融资产或金融负债在预计存续期的估计未来现金流量，折现为该金融资产账面余额或该金融负债摊余成本所使用的利率。在确定实际利率时，应当在考虑金融资产或金融负债所有合同条款（如提前还款、展期、看涨期权或其他类似期权等）的基础上估计预期现金流量，但不应当考虑预期信用损失。

经信用调整的实际利率，是指将购入或源生的已发生信用减值的金融资产在预计存续期的估计未来现金流量，折现为该金融资产摊余成本的利率。在确定经信用调整的实际利率时，应当在考虑金融资产的所有合同条款（例如提前还款、展期、看涨期权或其他类似期权等）以及初始预期信用损失的基础上估计预期现金流量。摊余成本，是指按照实际利率法计算的该金融资产的理论价值。

金融资产的摊余成本，应当以该金融资产的初始确认金额经下列调整后的结果确定：

① 扣除已偿还的本金。

② 加上或减去采用实际利率法将该初始确认金额与到期日金额之间的差额进行摊销形成的累计摊销额。

③ 扣除累计计提的损失准备。

摊余成本＝初始入账价值±利息调整累计摊销额＋应计利息（一次还本付息）－减值准备

　　　　＝面值±利息调整摊余金额＋应计利息（一次还本付息）－减值准备

　　　　＝"成本"科目±"利息调整"科目＋"应计利息"科目－减值准备

企业应当按照实际利率法确认利息收入。

对于分期付息、到期一次还本的债券投资，应于资产负债表日按照票面利率计算确定的应收未收利息，借记"应收利息"科目；按债权投资摊余成本和实际利率计算确定的利息收入，贷记"投资收益"；按其差额，借记或贷记"债权投资——利息调整"科目。

对于一次还本付息的债券投资，应于资产负债表日按照票面利率计算确定的应收未收利息，借记"债权投资——应计利息"科目；按债权投资摊余成本和实际利率计算确定的利息收入，贷记"投资收益"；按其差额，借记或贷记"债权投资——利息调整"科目。

利息收入＝金融资产账面余额（没有扣除减值准备前的金额）×实际利率

利息收入（投资收益）＝摊余成本×实际利率

应收利息（应计利息）＝面值（到期日金额）×票面利率

利息调整摊销额＝利息收入－应收利息

注：最后一年的利息调整摊销额应该等于利息调整的最后余额。

3. 处置的会计处理

处置债权投资，应将处置所取得的款项与该投资的账面价值之间的差额确认为投资收益。应按实际收到的金额，借记"银行存款"等科目；按其账面余额，以相反方向登记"债权投资——成本""债权投资——利息调整""债权投资——应计利息"科目；按其差额，贷记或借记"投资收益"科目。已计提减值准备的，还应同时结转减值准备。

4. 债权投资的减值会计处理

债权投资的账面价值高于预计未来现金流量现值的，企业应当将该债权投资的账面价值减记至预计未来现金流量现值，将减记的金额作为资产减值损失进行会计处理，借记"资产减值损失"科目，贷记"债权投资损失准备"科目。

已计提减值准备的债权投资价值以后又得以恢复的，应当在原已计提的减值准备金额内予以转回。转回的金额计入当期损益。

5. 债权投资重分类的会计处理

企业改变其管理金融资产的业务模式时，应当按照企业会计准则的规定对所有受影响的相关金融资产进行重分类。企业对金融资产进行重分类，应当自重分类日起采用未来适用法进行相关会计处理，不得对以前已经确认的利得、损失（包括减值损失或利得）或利息进行追溯调整。

企业将一项以摊余成本计量的金融资产重分类为以公允价值计量且其变动计入当期损益的金融资产的，应当按照该资产在重分类日的公允价值进行计量。原账面价值与公允价值之间的差额计入当期损益。

企业将一项以摊余成本计量的金融资产重分类为以公允价值计量且其变动计入其他综合收益的金融资产的，应当按照该金融资产在重分类日的公允价值进行计量。原账面价值与公允价值之间的差额计入其他综合收益。该金融资产重分类不影响其实际利率和预期信用损失的计量。

3.2.3 实务处理

【例 3－4】2018 年 1 月 1 日，甲公司购入阪玖公司分期付息、到期还本的债券 125 000 份，支付价款 1 000 万元（含交易费用）。该债券系阪玖公司于 2018 年 1 月 1 日发行，每张债券面值为 100 元，期限为 5 年，票面年利率为 4.72%，实际利率为 10%，每年年初支付上年度利息。合同约定，该债券的发行方在遇到特定情况时可以将债券赎回，且不需要为提前赎回支付额外款项。甲公司在购买该债券时，预计发行方不会提前赎回。甲公司根据其管理该债券的业务模式和该债券的合同现金流量特征，将该债券分类为以摊余成本计量的金融资产。

（1）取得时。

借：债权投资——成本   12 500 000

    贷：银行存款   10 000 000

        债权投资——利息调整   2 500 000

（2）2018 年 12 月 31 日，计算利息收入。

摊余成本 = "成本" ± "利息调整" = 1 250 - 250 = 1 000（万元）

投资收益 = 1 000 × 10% = 100（万元）

应收利息 = 1 250 × 4.72% = 59（万元）

利息调整摊销额 = 100 - 59 = 41（万元）

借：应收利息　　　　　　　　　　　　　　　　　590 000
　　债权投资——利息调整　　　　　　　　　　　410 000
　　　贷：投资收益　　　　　　　　　　　　　　　　　1 000 000

（3）2019 年年初，收到利息。

借：银行存款　　　　　　　　　　　　　　　　　590 000
　　　贷：应收利息　　　　　　　　　　　　　　　　　590 000

（4）2019 年 12 月 31 日，计算利息收入。

摊余成本 = "成本" ± "利息调整" = 1 250 - 250 + 41 = 1 041（万元）

投资收益 = 1 041 × 10% = 104（万元）

应收利息 = 1 250 × 4.72% = 59（万元）

利息调整摊销额 = 104 - 59 = 45（万元）

借：应收利息　　　　　　　　　　　　　　　　　590 000
　　债权投资——利息调整　　　　　　　　　　　450 000
　　　贷：投资收益　　　　　　　　　　　　　　　　　1 040 000

（5）2020 年年初，收到利息。

借：银行存款　　　　　　　　　　　　　　　　　590 000
　　　贷：应收利息　　　　　　　　　　　　　　　　　590 000

（6）2020 年 12 月 31 日，计算利息收入。

摊余成本 = "成本" ± "利息调整" = 1 250 - 250 + 41 + 45 = 1 086（万元）

投资收益 = 1 086 × 10% = 109（万元）

应收利息 = 1 250 × 4.72% = 59（万元）

利息调整摊销额 = 109 - 59 = 50（万元）

借：应收利息　　　　　　　　　　　　　　　　　590 000
　　债权投资——利息调整　　　　　　　　　　　500 000
　　　贷：投资收益　　　　　　　　　　　　　　　　　1 090 000

（7）2021 年年初，收到利息。

借：银行存款　　　　　　　　　　　　　　　　　590 000
　　　贷：应收利息　　　　　　　　　　　　　　　　　590 000

（8）2021 年 12 月 31 日，计算利息收入。

摊余成本 = "成本" ± "利息调整" = 1 250 - 250 + 41 + 45 + 50 = 1 136（万元）

投资收益 = 1 136 × 10% = 114（万元）

应收利息 = 1 250 × 4.72% = 59（万元）

利息调整摊销额 = 114 - 59 = 55（万元）

借：应收利息　　　　　　　　　　　　　　　　　590 000
　　债权投资——利息调整　　　　　　　　　　　550 000

贷：投资收益 1 140 000

（9）2022 年年初，收到利息。

借：银行存款 590 000

　　贷：应收利息 590 000

（10）2022 年 12 月 31 日，确认甲公司债券实际利息收入、收到债券利息和本金。

利息调整摊销额 = 250 - 41 - 45 - 50 - 55 = 59（万元）

应收利息 = 1 250 × 4.72% = 59（万元）

投资收益 = 59 + 59 = 118（万元）

借：应收利息 590 000

　　债权投资——利息调整 590 000

　　贷：投资收益 1 180 000

借：银行存款 590 000

　　贷：应收利息 590 000

借：银行存款 12 500 000

　　贷：债权投资——成本 12 500 000

投资收益计算如表 3 - 1 所示。

表 3 - 1　甲公司该债券投资收益计算　　　　单位：万元

年份	期初摊余成本（A）	实际利息收入（$B = A \times 10\%$）	现金流入（C）	期末摊余成本（$D = A + B - C$）
2018 年	1 000	100	59	1 041
2019 年	1 041	104	59	1 086
2020 年	1 086	109	59	1 136
2021 年	1 136	114 [*]	59	1 191
2022 年	1 191	118 [**]	1 309	0

[*] 本题简化处理计算结果保留以万元为单位的整数。

[**] 最后一年的实际利息收入为倒挤算法。

【例 3 - 5】东北重工公司 2018 年 1 月 1 日购入中原轻工公司当天发行的 5 年期债券投资，按照金融资产业务管理模式和流量特征，将其确认为以摊余成本计量的金融资产，投入的债券面值总额为 1 000 000 元，票面利率为 10%，每半年付息一次，付息日为 6 月 30 日和 12 月 31 日，到期一次还本。东北重工实际支付价款和交易费用共计 1 207 000 元。债券每半年的实际利率为 2.62%。

（1）取得时。

借：债权投资——成本 1 000 000

　　　　　——利息调整 207 000

　　贷：银行存款 1 207 000

（2）持有期间利息收入的计算和处理。

投资收益计算如表 3 - 2 所示。

表 3 - 2　投资收益计算　　　　　　　　　　　单位：元

日期	期初摊余成本④	票面利息额（现金流入）①	实际利息收入②	视同还本金额③	期末摊余成本⑤ = 期初摊余成本④ - ③
		借：应收利息 = 面值 × 票面利率	贷：投资收益 = 摊余成本 × 实际利率	贷：债权投资——利息调整 = ① - ②	
2018 - 01 - 01					1 207 000
2018 - 06 - 30	1 207 000	50 000	31 623.40	18 376.60	1 188 623.40
2018 - 12 - 31	1 188 625	50 000	31 141.98	18 858.03	1 169 766.98
2019 - 06 - 30	1 169 769	50 000	30 647.95	19 352.05	1 150 416.95
2019 - 12 - 31	1 150 418	50 000	30 140.95	19 859.05	1 130 558.95
2020 - 06 - 30	1 130 561	50 000	29 620.70	20 379.30	1 110 181.70
2020 - 12 - 31	1 110 183	50 000	29 086.79	20 913.21	1 089 269.79
2021 - 06 - 30	1 089 271	50 000	28 538.90	21 461.10	1 067 809.90
2021 - 12 - 31	1 067 812	50 000	27 976.67	22 023.33	1 045 788.67
2022 - 06 - 30	1 045 790	50 000	27 399.70	22 600.30	1 023 189.70
2022 - 12 - 31	1 023 191	50 000	26 809.00 *	23 191.00	1 000 000.00
合计		500 000	293 000	207 000	—

* 尾数调整

第一次计算投资收益时和收到利息。

借：应收利息　　　　　　　　　　　　　　　　　　　　　　　50 000
　　贷：投资收益　　　　　　　　　　　　　　　　　　　　　　31 623.40
　　　　债权投资——利息调整　　　　　　　　　　　　　　　　18 376.60
借：银行存款　　　　　　　　　　　　　　　　　　　　　　　50 000
　　贷：应收利息　　　　　　　　　　　　　　　　　　　　　　50 000

剩余期间比照上述会计分录处理。

（3）一次性收回本金。

借：银行存款　　　　　　　　　　　　　　　　　　　　　　1 000 000
　　贷：债权投资——成本　　　　　　　　　　　　　　　　　1 000 000

【例 3 - 6】2018 年 1 月 1 日，秦明公司支付价款 1 000 000 元（含交易费用）从上海证券交易所购入江南公司同日发行的 5 年期到期一次还本付息债券 12 500 份，债券面值为 1 250 000 元，票面年利率为 4.72%，实际利率 9.05%。秦明公司按照金融资产业务管理模式和流量特征，将其确认为以摊余成本计量的金融资产。

（1）购入债券。

借：债权投资——成本　　　　　　　　　　　　　　　　　　1 250 000
　　贷：银行存款　　　　　　　　　　　　　　　　　　　　　1 000 000
　　　　债权投资——利息调整　　　　　　　　　　　　　　　　250 000

（2）持有期间利息收入的计算和处理，如表 3 - 3 所示。

表 3－3 投资收益计算   单位：元

日期	期初摊余成本④	票面利息额（现金流入）① 借：应收利息＝面值×票面利率	实际利息收入② 贷：投资收益＝摊余成本×实际利率	视同还本金额③ 借：债权投资——利息调整＝②－①	期末摊余成本⑤＝期初摊余成本④＋③＋①
2018－01－01					1 000 000
2018－12－31	1 000 000	59 000	90 500	31 500	1 090 500
2019－12－31	1 090 500	59 000	98 690.25	39 690.25	1 189 190.25
2020－12－31	1 189 190.25	59 000	107 621.72	48 621.72	1 296 811.97
2021－12－31	1 296 811.97	59 000	117 361.48	58 361.48	1 414 173.45
2022－12－31	1 414 173.45	59 000	130 826.55	71 826.55*	1 250 000
合计		295 000	545 000		—

*尾数调整

2018 年 12 月 31 日，确认债券实际利息收入

借：债权投资——应计利息   59 000
　　　　　　——利息调整   31 500
　　贷：投资收益   90 500

2019—2022 年期间比照上述会计分录处理。

（3）2022 年 12 月 31 日，确认债券实际利息收入、收回债券本金和票面利息。

借：债权投资——应计利息   59 000
　　　　　　——利息调整   71 826.55
　　贷：投资收益   130 826.55
借：银行存款   1 545 000
　　贷：债权投资——成本   1 250 000
　　　　　　　　——应计利息   295 000

【例 3－7】承【例 3－6】假定秦明公司经过计算，发现所持有的江南公司债券在 2019 年 12 月 31 日的现值为 1 100 000 元，债券在 2019 年 12 月 31 日账面价值为 1 189 190.25 元。

减值金额＝1 189 190.25－1 100 000＝89 190.25（元）

借：资产减值损失   89 190.25
　　贷：债权投资损失准备   89 190.25

【例 3－8】2018 年 5 月 20 日，华联公司将 2018 年 1 月 1 日购入的面值 200 000 元，每年 12 月 31 日付息的光辉公司债券全部出售，实际收到出售价款 206 000 元，该债券的利息调整金额为贷方余额 3 600 元。

借：银行存款   206 000
　　债权投资——利息调整   3 600
　　贷：债权投资——成本   200 000
　　　　投资收益   9 600

【例 3-9】2018 年 1 月 1 日，北方电器公司从深圳证券交易所购入金都实业公司债券 100 000 份，支付价款 11 000 000 元，债券票面价值总额为 10 000 000 元，剩余期限为 5 年，票面年利率为 8%，于年末支付本年度债券利息；北方电器公司根据金融资产业务管理模式和流量特征，将其划分为以摊余成本计量的金融资产。

2019 年 7 月 1 日，北方电器公司为解决资金紧张问题，通过深圳证券交易所按每张债券 101 元出售金都实业公司债券 20 000 份。当日，每份金都实业公司债券的公允价值为 101 元、摊余成本为 100 元。

（1）2019 年 7 月 1 日，出售金都实业公司债券 20 000 份。

借：银行存款　　　　　　　　　　　　　　　　　　　　　　　　2 020 000

　　贷：债权投资——成本、利息调整　　　　　　　　　　　　　　2 000 000

　　　　投资收益——金都实业公司债券　　　　　　　　　　　　　　　20 000

（2）假设一：2019 年 7 月 1 日，北方电器公司将剩余的 80 000 份金都实业公司债券重分类为以公允价值计量且其变动计入其他综合收益的金融资产。

借：其他债权投资——成本　　　　　　　　　　　　　　　　　　8 080 000

　　贷：债权投资——成本、利息调整　　　　　　　　　　　　　　8 000 000

　　　　其他综合收益　　　　　　　　　　　　　　　　　　　　　　80 000

（3）假设二：2019 年 7 月 1 日，北方电器公司将剩余的 80 000 份金都实业公司债券重分类为以公允价值计量且其变动计入当期损益的金融资产。

借：交易性金融资产——成本　　　　　　　　　　　　　　　　　8 080 000

　　贷：债权投资——成本、利息调整　　　　　　　　　　　　　　8 000 000

　　　　投资收益　　　　　　　　　　　　　　　　　　　　　　　　80 000

3.3　应收款项的核算

3.3.1　应收账款

企业设置"应收账款"科目，核算包括销售货物或提供劳务从购货方或接受劳务方应收的合同或协议价款（不公允的除外）、增值税销项税额，以及代购货单位垫付的包装费、运杂费等。该科目的借方余额，反映企业尚未收回的应收账款。

1. 应收账款的一般核算

企业记录应收账款时，按应收金额，借记"应收账款"科目，按确认的营业收入，贷记"主营业务收入"等科目。收回款项时，借记"银行存款"等科目，贷记"应收账款"科目。涉及增值税销项税额的还应进行相应的处理。企业代购货单位垫付包装费、运杂费，应借记"应收账款"科目，贷记"银行存款"科目。

【例 3-10】正明商贸公司采用托收承付结算方式向金博实业公司销售商品一批，货款 300 000 元，增值税税额 39 000 元，以银行存款代垫运杂费 6 000 元，已办理托收手续。

（1）销售时。

借：应收账款　　　　　　　　　　　　　　　　　　　　　　　　　345 000

　　贷：主营业务收入　　　　　　　　　　　　　　　　　　　　　　300 000

　　　　应交税费——应交增值税（销项税额）　　　　　　　　　　　　39 000

银行存款		6 000

（2）实际收到款项时。

借：银行存款　　　　　　　　　　　　　　　　　　345 000

　　贷：应收账款　　　　　　　　　　　　　　　　　345 000

2. 商业折扣的会计处理

商业折扣就是大家所熟悉的"打折销售"，是指企业为促进商品销售而在商品标价上给予的价格扣除。会计环节所处理的实际结算金额本身已经是扣除商业折扣后的实际成交价款。因而不影响销售商品收入的计量，也就是说不要专门对商业折扣进行会计处理。

【例3-11】咸龙公司销售商品售价为100万元，增值税税率13%，商业折扣10%。

营业收入=100×（1-10%）=90（万元）

借：应收账款　　　　　　　　　　　　　　　　　1 017 000

　　贷：主营业务收入　　　　　　　　　　　　　　900 000

　　　　应交税费——应交增值税（销项税额）　　117 000

3. 现金折扣的会计处理

现金折扣，又称销售折扣，是为敦促顾客尽早付清货款而提供的一种价格优惠。销售商品涉及现金折扣的，应当不能扣除现金折扣的金额作为应收账款的入账价值，现金折扣在实际发生时记入"财务费用"科目。

【例3-12】潮人时装公司2019年4月1日向雪人商贸公司销售一批夏装，不含税售价为10 000 000元，增值税税额为1 300 000元。为了使货款尽快到账，潮人时装公司给出的现金折扣条款为"2/10，1/20，N/30"。

（1）销售成立时的会计分录。

借：应收账款　　　　　　　　　　　　　　　　11 300 000

　　贷：主营业务收入　　　　　　　　　　　　10 000 000

　　　　应交税费——应交增值税（销项税额）　1 300 000

（2）假设雪人商贸公司于10日内支付了全部价款时的会计分录。

借：银行存款　　　　　　　　　　　　　　　　11 074 000

　　财务费用　　　　　　　　　　　　　　　　　　226 000

　　贷：应收账款　　　　　　　　　　　　　　11 300 000

（3）假设雪人商贸公司于10日后、20日内支付了全部价款时的会计分录。

借：银行存款　　　　　　　　　　　　　　　　11 187 000

　　财务费用　　　　　　　　　　　　　　　　　　113 000

　　贷：应收账款　　　　　　　　　　　　　　11 300 000

（4）假设雪人公司于20日后、30日内支付了全部价款时的会计分录。

借：银行存款　　　　　　　　　　　　　　　　11 300 000

　　贷：应收账款　　　　　　　　　　　　　　11 300 000

3.3.2　应收票据

企业设"应收票据"科目核算企业因销售商品、提供劳务等而收到的商业汇票（包括银行承兑汇票和商业承兑汇票）。该科目期末借方余额，反映企业持有的商业汇票的票面金额。

1. 接受商业汇票和收款时的会计处理

企业因销售商品、提供劳务等而收到开出、承兑的商业汇票，按商业汇票的票面金额，借记"应收票据"科目，按确认的营业收入，贷记"主营业务收入"等科目。涉及增值税销项税额的，还应进行相应的处理。商业汇票到期，应按实际收到的金额，借记"银行存款"科目，按商业汇票的票面金额，贷记"应收票据"科目。

【例 3-13】立信实业股份公司销售一批商品给正明商贸股份公司，货已发出，增值税专用发票上注明的商品价款为 200 000 元，增值税税额为 26 000 元。立信实业股份公司当日收到正明商贸股份公司签发的不带息商业承兑汇票一张。

（1）销售实现，收到票据。

借：应收票据　　　　　　　　　　　　　　　　　　　　　　226 000
　　贷：主营业务收入　　　　　　　　　　　　　　　　　　　200 000
　　　　应交税费——应交增值税（销项税额）　　　　　　　　 26 000

（2）以下分别设计不同情形阐释相应的会计处理。

A. 应收票据到期，立信实业股份公司收回款项 226 000 元，存入银行。

借：银行存款　　　　　　　　　　　　　　　　　　　　　　226 000
　　贷：应收票据　　　　　　　　　　　　　　　　　　　　　226 000

B. 应收票据到期，正明商贸股份公司无力偿还票款，立信实业股份公司将到期票据的票面金额转入"应收账款"科目。

借：应收账款　　　　　　　　　　　　　　　　　　　　　　226 000
　　贷：应收票据　　　　　　　　　　　　　　　　　　　　　226 000

2. 商业汇票贴现时的会计处理

持未到期的商业汇票向银行贴现，应按实际收到的金额（即减去贴现息后的净额），借记"银行存款"等科目，按贴现息部分，借记"财务费用"等科目，按商业汇票的票面金额，贷记"应收票据"科目。

【例 3-14】承【例 3-13】应收票据到期前，立信实业股份公司因急需资金，持商业汇票向银行贴现，贴现利息为 4 000 元。

借：银行存款　　　　　　　　　　　　　　　　　　　　　　222 000
　　财务费用　　　　　　　　　　　　　　　　　　　　　　　4 000
　　贷：应收票据　　　　　　　　　　　　　　　　　　　　　226 000

3. 商业汇票背书的会计处理

将持有的商业汇票背书转让以取得所需物资，按应计入取得物资成本的金额，借记"材料采购"或"原材料""库存商品"等科目，按商业汇票的票面金额，贷记"应收票据"科目，如有差额，借记或贷记"银行存款"等科目。涉及增值税进项税额的，还应进行相应的处理。

3.3.3　预付账款

企业设"预付账款"科目核算企业依照合同约定预付的款项。该科目可按供货单位进行明细核算。该科目期末的借方余额，反映企业预付的款项。

企业购货而预付的款项，借记"预付款项"科目，贷记"银行存款"等科目。收到所购物资，按购入物资的成本，借记相关科目，贷记"预付账款"科目。补付款项，借记"预付账款"科目，贷记"银行存款"等科目；退回多付款项做相反的会计分录。涉及增值税还需要进行相应的处理。

【例 3 – 15】苏菲商贸有限公司向邦德实业股份公司支付预付账款 200 万元。邦德实业股份公司发货，开出的增值税专用发票上注明的价税合计为 452 万元。苏菲商贸有限公司补付 252 万元。

借：预付账款	2 000 000	
贷：银行存款		2 000 000
借：库存商品	4 000 000	
应交税费——应交增值税（进项税额）	520 000	
贷：预付账款		2 000 000
银行存款		2 520 000

3.3.4 其他应收款

企业设置"其他应收款"核算除应收票据、应收账款、预付账款以外的其他各种应收及暂付款项。其主要内容包括：应收的各种赔款、罚款，如因企业财产等遭受意外损失而应向有关保险公司收取的赔款等；应收的出租包装物租金；应向职工收取的各种垫付款项，如为职工垫付的水电费，应由职工负担的医药费、房租费等；存出保证金，如租入包装物支付的押金；其他各种应收、暂付款项；各部门使用的备用金；预付职工的差旅费等。

企业发生以上各种应收、暂付款项时，借记"其他应收款"科目，贷记"银行存款""库存现金"等科目；收回或转销该债权时，借记"库存现金""银行存款"等科目，贷记"其他应收款"科目。该科目期末借方余额，反映企业尚未收回的其他应收款。

【例 3 – 16】联志公司以银行存款替副总经理垫付应由其个人负担的医疗费 5 000 元，拟从其工资中扣回。

（1）垫支时。

借：其他应收款	5 000	
贷：银行存款		5 000

（2）扣款时。

借：应付职工薪酬	5 000	
贷：其他应收款		5 000

【例 3 – 17】联志公司租入包装物一批，以银行存款向出租方支付押金 10 000 元。期满后退回包装物押金存入银行。

（1）支付时。

借：其他应收款	10 000	
贷：银行存款		10 000

（2）收回时。

借：银行存款	10 000	
贷：其他应收款		10 000

3.3.5 应收款项减值

企业设"坏账准备"科目核算企业各种应收款项的坏账准备。该科目可按应收款项的类别进行明细核算。该科目的贷方登记当期计提的坏账准备金额和收回前期已发生坏账的金额，借方登记实际发生的坏账损失金额和冲减的坏账准备金额，该科目的期末贷方余额，反映企业已计提但尚未转销的坏账准备。

企业设"资产减值损失"科目核算其计提各项资产减值准备所形成的损失。该科目可按照资产减值损失的项目进行明细核算。该科目借方登记发生额（增加数），贷方登记结转额（减少数）。期末结转后，该科目无余额。

资产负债表日，应收款项发生减值的，按应减记的金额，借记"资产减值损失"科目，贷记"坏账准备"科目。以后期间，如果当期应计提坏账准备大于期初账面余额，则应按其差额计提；如果应计提的坏账准备小于期初账面余额，则应按差额冲减已提坏账准备。

对于确实无法收回的应收款项，按管理权限报经批准后作为坏账。转销应收款项时，借记"坏账准备"科目，贷记"应收账款""应收票据""预付账款""其他应收款"等科目。

以前期间已转销的应收款项以后又收回时，应按实际收回的金额，借记"应收账款""应收票据""预付账款""其他应收款"等科目，贷记"坏账准备"科目；同时，借记"银行存款"科目，贷记"应收账款""应收票据""预付账款""其他应收款"等科目。

下面以应收账款为例阐述坏账准备的实务处理。

【例3-18】正明商贸股份公司从2018年开始计提坏账准备。2018年年末应收账款余额为1 200 000元，各个单项金额均非重大。按照以前年度的实际损失率确定坏账准备的计提比例为5‰。

（1）当年的坏账准备提取额＝1 200 000×5‰＝6 000（元）。

借：资产减值损失　　　　　　　　　　　　　　　　　　　　　　　　　　　6 000
　　贷：坏账准备　　　　　　　　　　　　　　　　　　　　　　　　　　　　　6 000

（2）2019年9月，企业发现有1 600元的应收账款无法收回，经批准后进行会计处理。

借：坏账准备　　　　　　　　　　　　　　　　　　　　　　　　　　　　　1 600
　　贷：应收账款　　　　　　　　　　　　　　　　　　　　　　　　　　　　　1 600

（3）2019年12月31日，企业应收账款余额为1 440 000元。按当年年末应收账款余额应计提的坏账准备金额为1 440 000×5‰＝7 200（元）。这是2019年年末坏账准备的应有余额。而在年末计提坏账准备前，"坏账准备"科目的贷方余额为6 000－1 600＝4 400（元）。所以，2019年度应补提的坏账准备金额为7 200－4 400＝2 800（元）。

借：资产减值损失　　　　　　　　　　　　　　　　　　　　　　　　　　　2 800
　　贷：坏账准备　　　　　　　　　　　　　　　　　　　　　　　　　　　　　2 800

（4）2020年6月，接银行通知，企业上年度已冲销的1 600元坏账又收回，款项已存入银行。有关账务处理如下：

借：应收账款　　　　　　　　　　　　　　　　　　　　　　　　　　　　　1 600
　　贷：坏账准备　　　　　　　　　　　　　　　　　　　　　　　　　　　　　1 600
借：银行存款　　　　　　　　　　　　　　　　　　　　　　　　　　　　　1 600
　　贷：应收账款　　　　　　　　　　　　　　　　　　　　　　　　　　　　　1 600

（5）2020年12月31日，企业应收账款余额为1 300 000元。按当年年末应收账款余额应计提的坏账准备金额为1 300 000×5‰＝6 500（元）。这是2020年年末坏账准备的应有余额。而在年末计提坏账准备前，"坏账准备"科目的贷方余额为7 200＋1 600＝8 800（元）。所以，2020年度应冲减已计提的坏账准备金额为8 800－6 500＝2 300（元）。

借：坏账准备   2300

  贷：资产减值损失   2 300

3.4 以公允价值计量且其变动计入其他综合收益的金融资产的核算

3.4.1 以公允价值计量且其变动计入其他综合收益的金融资产含义

金融资产同时符合下列条件的，应当分类为以公允价值计量且其变动计入其他综合收益的金融资产：

（1）企业管理该金融资产的业务模式既以收取合同现金流量为目标又以出售该金融资产为目标。

（2）该金融资产的合同条款规定，在特定日期产生的现金流量，仅为对本金和以未偿付本金金额为基础的利息的支付。

企业应当设置"其他债权投资"科目核算分类为以公允价值计量且其变动计入其他综合收益的金融资产。

在初始确认时，企业可以将非交易性权益工具投资指定为以公允价值计量且其变动计入其他综合收益的金融资产，并确认股利收入。该指定一经做出，不得撤销。也就是说，初始确认时，企业可基于单项非交易性权益工具投资，将其指定为以公允价值计量且其变动计入其他综合收益的金融资产，其公允价值的后续变动计入其他综合收益，不需计提减值准备。除了获得的股利（明确代表投资成本部分收回的股利除外）计入当期损益外，其他相关的利得和损失（包括汇兑损益）均应当计入其他综合收益，且后续不得转入当期损益。当金融资产终止确认时，之前计入其他综合收益的累计利得或损失应当从其他综合收益中转出，计入留存收益。

需要注意的是，企业在非同一控制下的企业合并中确认的或有对价构成金融资产的，该金融资产应当分类为以公允价值计量且其变动计入当期损益的金融资产，不得指定为以公允价值计量且其变动计入其他综合收益的金融资产。

企业应当设置"其他权益工具投资"科目核算指定为以公允价值计量且其变动计入其他综合收益的金融资产。

因此，以公允价值计量且其变动计入其他综合收益的金融资产，是指初始确认时即被指定为以公允价值计量且其变动计入其他综合收益的金融资产权益工具投资，以及企业取得该金融资产不仅以收取合同现金流量又以出售该金融资产为目标进行业务管理，并根据该金融资产合同条款规定的，仅以获取特定日期的本金和以未偿付本金金额为基础的利息的支付为结果的债权投资。

3.4.2 其他债权投资会计处理规则

企业应当设置"其他债权投资"科目核算以公允价值计量且其变动计入其他综合收益的金融资产中债权投资的公允价值。该科目根据持债券投资的类别，分别设置"成本""利息调整""应计利息""公允价值变动"进行明细核算。

1. 初始入账时会计处理

企业初始确认其他债权投资，应当按照公允价值计量，相关交易费用应当计入初始确认金额。取得时，应按该债券的面值，借记"其他债权投资——成本"科目，按支付的价款中包含的已到付息期但尚未领取的利息，借记"应收利息"科目，按投资时实际支付全部代价

（交易价格和交易费用之和）的金额，贷记"银行存款"等科目，上述账户借贷方之间如有差额，则该差额借记或贷记"其他债权投资——利息调整"科目。

2. 持有期间利息收入会计处理

在持有期间应当按照摊余成本和实际利率法进行后续会计处理。

实际利率法，是指计算金融资产或金融负债的摊余成本以及将利息收入或利息费用分摊计入各会计期间的方法。

实际利率，是指将金融资产或金融负债在预计存续期的估计未来现金流量，折现为该金融资产账面余额或该金融负债摊余成本所使用的利率。在确定实际利率时，应当在考虑金融资产或金融负债所有合同条款（如提前还款、展期、看涨期权或其他类似期权等）的基础上估计预期现金流量，但不应当考虑预期信用损失。

经信用调整的实际利率，是指将购入或源生的已发生信用减值的金融资产在预计存续期的估计未来现金流量，折现为该金融资产摊余成本的利率。在确定经信用调整的实际利率时，应当在考虑金融资产的所有合同条款（例如提前还款、展期、看涨期权或其他类似期权等）以及初始预期信用损失的基础上估计预期现金流量。摊余成本，是指按照实际利率法计算的该金融资产的理论价值。

金融资产的摊余成本，应当以该金融资产的初始确认金额经下列调整后的结果确定：

① 扣除已偿还的本金。

② 加上或减去采用实际利率法将该初始确认金额与到期日金额之间的差额进行摊销形成的累计摊销额。

③ 扣除累计计提的损失准备。

摊余成本 = 初始入账价值 ± 利息调整累计摊销额 + 应计利息（一次还本付息）– 减值准备

　　　　 = 面值 ± 利息调整摊余金额 + 应计利息（一次还本付息）– 减值准备

　　　　 = "成本"科目 ± "利息调整"科目 + "应计利息"科目 – 减值准备

企业应当按照实际利率法确认利息收入。

对于分期付息、到期一次还本的债权投资，应于资产负债表日按照票面利率计算确定的应收未收利息，借记"应收利息"科目，按其他债权投资摊余成本和实际利率计算确定的利息收入，贷记"投资收益"，按其差额，借记或贷记"其他债权投资——利息调整"科目。

对于一次还本付息的债券投资，应于资产负债表日按照票面利率计算确定的应收未收利息，借记"其他债权投资——应计利息"科目，按其他债权投资摊余成本和实际利率计算确定的利息收入，贷记"投资收益"，按其差额，借记或贷记"其他债权投资——利息调整"科目。

利息收入 = 金融资产账面余额（没有扣除减值准备前的金额）× 实际利率

利息收入（投资收益）= 摊余成本 × 实际利率

应收利息（应计利息）= 面值（到期日金额）× 票面利率

利息调整摊销额 = 利息收入 – 应收利息

注：最后一年的利息调整摊销额应该等于利息调整的最后余额。

3. 期末公允价值变动时会计处理

资产负债表日，其他债权投资的公允价值高于其账面余额时，应按两者之间的差额，调增其他债权投资的账面余额，借记"其他债权投资——公允价值变动"科目，贷记"其他综合收益"科目；其他债权投资的公允价值低于其账面余额时，应按两者之间的差额，调减其他债权投资的账面余额，借记"其他综合收益"科目，贷记"其他权益工具投资——公允价值变动"科目。

4. 处置时会计处理

处置其他债权投资时，应将取得的价款与该金融资产账面价值之间的差额，计入投资收益，应按实际收到的金额，借记"银行存款"等科目；按该金融资产的账面余额，注销（即以相反的方向记录）"其他债权投资——成本""其他债权投资——公允价值变动"科目；按其差额，贷记或借记"投资收益"科目。同时，将原记载于该金融资产持有期间的公允价值变动转出，借记或贷记"其他综合收益"科目，贷记或借记"投资收益"科目。

3.4.3　其他债权投资实务处理

【例3-19】2018年1月1日，甲公司支付价款1 000万元（含交易费用）从上海证券交易所购入A公司同日发行的5年期公司债券12 500份，债券票面价值总额为1 250万元，票面年利率为4.72%，实际利率为10%，于年末支付本年度债券利息（即每年利息为59万元），本金在债券到期时一次偿还。合同约定，该债券的发行方在遇到特定情况时可以将债券赎回，且不需要为提前赎回支付额外款项。甲公司在购买该债券时，预计发行方不会提前赎回，甲公司根据其管理该债券的业务模式和该债券的合同现金流量特征，将该债券分类为以公允价值计量且其变动计入其他综合收益的金融资产。

其他资料如下：

(1) 2018年12月31日，A公司债券的公允价值为1 200万元（不含利息）。

(2) 2019年12月31日，A公司债券的公允价值为1 300万元（不含利息）。

(3) 2020年12月31日，A公司债券的公允价值为1 250万元（不含利息）。

(4) 2021年12月31日，A公司债券的公允价值为1 200万元（不含利息）。

(5) 2022年1月20日，通过上海证券交易所出售了A公司债券12 500份，取得价款1 260万元。

甲公司投资收益计算如表3-4所示。

表3-4　甲公司投资收益计算　　　　　　　　　单位：万元

日　期	现金流入 (A)	实际利息收入 $(B=$ 期初 $D\times 10\%)$	已收回的本金 $(C=A-B)$	摊余成本余额 $(D=$ 期初 $D-C)$	公允价值 (E)	公允价值变动额 $(F=E-D-$ 期初 $G)$	公允价值变动累计金额 $(G=$ 期初 $G+F)$
2018年1月1日				1 000	1 000	0	0
2018年12月31日	59	100	-41	1 041	1 200	159	159
2019年12月31日	59	104	-45	1 086	1 300	55	214
2020年12月31日	59	109	-50	1 136	1 250	-100	114
2021年12月31日	59	114	-55	1 191	1 200	-105	9
2022年1月20日	0	69*	-69	1 260	1 260	-9	0
小计	236	496	-260				
2022年1月20日	1 260	—	1 260	0			
合计	1 496	496	1 000	0			

*尾差调整。

甲公司的有关账务处理如下：

（1）2018 年 1 月 1 日，购入 A 公司债券。

借：其他债权投资——成本　　　　　　　　　　　　　　　　　12 500 000

　　贷：银行存款　　　　　　　　　　　　　　　　　　　　　　10 000 000

　　　　其他债权投资——利息调整　　　　　　　　　　　　　　 2 500 000

（2）2018 年 12 月 31 日，确认 A 公司债券实际利息收入、公允价值变动，收到债券利息。

借：应收利息　　　　　　　　　　　　　　　　　　　　　　　　 590 000

　　其他债权投资——利息调整　　　　　　　　　　　　　　　　 410 000

　　贷：投资收益　　　　　　　　　　　　　　　　　　　　　　 1 000 000

借：银行存款　　　　　　　　　　　　　　　　　　　　　　　　 590 000

　　贷：应收利息　　　　　　　　　　　　　　　　　　　　　　　 590 000

借：其他债权投资——公允价值变动　　　　　　　　　　　　　 1 590 000

　　贷：其他综合收益——其他债权投资公允价值变动　　　　　　 1 590 000

（3）2019 年 12 月 31 日，确认 A 公司债券实际利息收入、公允价值变动，收到债券利息。

借：应收利息　　　　　　　　　　　　　　　　　　　　　　　　 590 000

　　其他债权投资——利息调整　　　　　　　　　　　　　　　　 450 000

　　贷：投资收益　　　　　　　　　　　　　　　　　　　　　　 1 040 000

借：银行存款　　　　　　　　　　　　　　　　　　　　　　　　 590 000

　　贷：应收利息　　　　　　　　　　　　　　　　　　　　　　　 590 000

借：其他债权投资——公允价值变动　　　　　　　　　　　　　　 550 000

　　贷：其他综合收益——其他债权投资公允价值变动　　　　　　　 550 000

（4）2020 年 12 月 31 日，确认 A 公司债券实际利息收入、公允价值变动，收到债券利息。

借：应收利息　　　　　　　　　　　　　　　　　　　　　　　　 590 000

　　其他债权投资——利息调整　　　　　　　　　　　　　　　　 500 000

　　贷：投资收益　　　　　　　　　　　　　　　　　　　　　　 1 090 000

借：银行存款　　　　　　　　　　　　　　　　　　　　　　　　 590 000

　　贷：应收利息　　　　　　　　　　　　　　　　　　　　　　　 590 000

借：其他综合收益——其他债权投资公允价值变动　　　　　　　 1 000 000

　　贷：其他债权投资——公允价值变动　　　　　　　　　　　　 1 000 000

（5）2021 年 12 月 31 日，确认 A 公司债券实际利息收入、公允价值变动，收到债券利息。

借：应收利息　　　　　　　　　　　　　　　　　　　　　　　　 590 000

　　其他债权投资——利息调整　　　　　　　　　　　　　　　　 550 000

　　贷：投资收益　　　　　　　　　　　　　　　　　　　　　　 1 140 000

借：银行存款　　　　　　　　　　　　　　　　　　　　　　　　 590 000

　　贷：应收利息　　　　　　　　　　　　　　　　　　　　　　　 590 000

借：其他综合收益——其他债权投资公允价值变动　　　　　　　 1 050 000

　　贷：其他债权投资——公允价值变动　　　　　　　　　　　　 1 050 000

（6）2020 年 1 月 20 日，确认出售 A 公司债券实现的损益。

利息调整 = 2 500 000 - 410 000 - 450 000 - 500 000 - 550 000 = 590 000（元）

借：银行存款　　　　　　　　　　　　　　　　　　　　　　　 12 600 000

　　　　　　　其他债权投资——利息调整　　　　　　　　　　　　　590 000
　　　　　　贷：其他债权投资——成本　　　　　　　　　　　　12 500 000
　　　　　　　　　　　　——公允价值变动　　　　　　　　　　　　90 000
　　　　　　　　投资收益　　　　　　　　　　　　　　　　　　　600 000
　　　借：其他综合收益——其他债权投资公允价值变动　　　　　　　90 000
　　　　　　贷：投资收益　　　　　　　　　　　　　　　　　　　　90 000

3.4.4　其他权益工具投资会计处理规则

企业设置"其他权益工具投资"科目进行核算。该科目按投资对象的类别和品种设置"成本""公允价值变动"等明细科目进行核算。该科目期末余额在借方，反映其他权益工具投资的公允价值。

1. 初始入账时会计处理

企业购买权益工具并指定为以公允价值计量且其变动计入其他综合收益的金融资产形成其他权益工具投资的，按其公允价值和相关交易费用，借记"其他权益工具投资——成本"科目，按已宣告但尚未发放的现金股利，借记"应收股利"科目，按实际支付的金额，贷记"银行存款"科目。

2. 持有期间股利的会计处理

其他权益工具投资持有期间被投资企业宣告发放的现金股利，借记"应收股利"，贷记"投资收益"科目。实际收到初始入账和持有期间确认的股利，借记"银行存款"科目，贷记"应收股利"科目。

3. 期末公允价值变动时会计处理

资产负债表日，其他权益工具投资的公允价值高于其账面余额时，应按两者之间的差额，调增其他权益工具投资的账面余额，借记"其他权益工具投资——公允价值变动"科目，贷记"其他综合收益"科目；其他权益工具投资的公允价值低于其账面余额时，应按两者之间的差额，调减其他权益工具投资的账面余额，借记"其他综合收益"科目，贷记"其他权益工具投资——公允价值变动"科目。

4. 处置时会计处理

处置其他权益工具投资时，应将取得的价款与该金融资产账面价值之间的差额，计入留存收益，应按实际收到的金额，借记"银行存款"等科目；按该金融资产的账面余额，注销（即以相反的方向记录）"其他权益工具投资——成本""其他权益工具投资——公允价值变动"科目；按其差额，贷记或借记"盈余公积""利润分配——未分配利润"科目，同时，将原记载于该金融资产持有期间的公允价值变动转出，借记或贷记"其他综合收益"科目，贷记或借记"盈余公积""利润分配——未分配利润"科目。

3.4.5　其他权益工具投资实务处理

【例3-20】红星股份有限公司2018年3月10日以每股15元的价格（其中包括已宣告但尚未发放的现金股利0.4元）购进B公司股票20万股。购买该股票支付的手续费等20 000元。红星公司将购入的B公司股票指定为以公允价值计量且其变动计入其他综合收益的非交易性权益工具投资。

（1）取得时。

其他权益工具投资成本 =（15 − 0.4）× 200 000 + 20 000 = 2 940 000（元）

每股成本 = 2 940 000 ÷ 200 000 = 14.7（元/股）

借：其他权益工具投资——成本　　　　　　　　　　　　　　　　　2 940 000
　　应收股利　　　　　　　　　　　　　　　　　　　　　　　　　　80 000
　　　贷：银行存款　　　　　　　　　　　　　　　　　　　　　　　　　3 020 000

（2）2018 年 3 月 20 日，红星公司收到 B 公司原宣告的现金股利 80 000 元。

借：银行存款　　　　　　　　　　　　　　　　　　　　　　　　　　80 000
　　　贷：应收股利　　　　　　　　　　　　　　　　　　　　　　　　　　80 000

（3）2018 年 6 月 30 日，B 公司股票的市价为每股 15 元。

公允价值变动金额 = 15 × 200 000 − 2 940 000 = 60 000

借：其他权益工具投资——公允价值变动　　　　　　　　　　　　　　60 000
　　　贷：其他综合收益——其他权益工具投资公允价值变动　　　　　　　　60 000

（4）2018 年 12 月 31 日，B 公司股票的市价为每股 14 元。

公允价值变动 = 14 × 200 000 − 15 × 200 000 = −200 000（元）

借：其他综合收益——其他权益工具投资公允价值变动　　　　　　　200 000
　　　贷：其他权益工具投资——公允价值变动　　　　　　　　　　　　　200 000

（5）2019 年 3 月 10 日，B 公司宣告发放 2018 年度的现金股利每股 0.6 元。

应收取股利金额 = 200 000 × 0.6 = 120 000（元）

借：应收股利　　　　　　　　　　　　　　　　　　　　　　　　　120 000
　　　贷：投资收益　　　　　　　　　　　　　　　　　　　　　　　　　120 000

（6）2019 年 3 月 20 日，红星公司收到上述股利。

借：银行存款　　　　　　　　　　　　　　　　　　　　　　　　　120 000
　　　贷：应收股利　　　　　　　　　　　　　　　　　　　　　　　　　120 000

（7）2019 年 4 月 1 日，红星公司将所持有的 B 公司股票以每股 17.5 元的价格全部售出，取得价款 3 500 000 元。

借：银行存款　　　　　　　　　　　　　　　　　　　　　　　　3 500 000
　　其他权益工具投资——公允价值变动　　　　　　　　　　　　　140 000
　　　贷：其他权益工具投资——成本　　　　　　　　　　　　　　　　2 940 000
　　　　盈余公积——法定盈余公积　　　　　　　　　　　　　　　　　70 000
　　　　利润分配——未分配利润　　　　　　　　　　　　　　　　　630 000

同时：

借：盈余公积——法定盈余公积　　　　　　　　　　　　　　　　　14 000
　　利润分配——未分配利润　　　　　　　　　　　　　　　　　　126 000
　　　贷：其他综合收益——其他权益工具投资公允价值变动　　　　　　　140 000

3.5　以公允价值计量且其变动计入当期损益的金融资产的核算

3.5.1　以公允价值计量且其变动计入当期损益的金融资产的含义

按照前述章节分类为以摊余成本计量的金融资产和以公允价值计量且其变动计入其他综合

收益的金融资产之外的金融资产，企业应当将其分类为以公允价值计量且其变动计入当期损益的金融资产。

企业在非同一控制下的企业合并中确认的或有对价构成金融资产的，该金融资产应当分类为以公允价值计量且其变动计入当期损益的金融资产，不得指定为以公允价值计量且其变动计入其他综合收益的金融资产。

在初始确认时，如果能够消除或显著减少会计错配，企业可以将金融资产指定为以公允价值计量且其变动计入当期损益的金融资产。该指定一经做出，不得撤销。

企业应当设置"交易性金融资产"科目核算以公允价值计量且其变动计入当期损益的金融资产。企业持有的直接指定为以公允价值计量且其变动计入当期损益的金融资产，也在本科目核算。

3.5.2 交易性金融资产的会计处理规则

企业应设置"交易性金融资产"科目，核算除以摊余成本计量和以公允价值计量且其变动计入其他综合收益以外的债券投资、股票投资、基金投资等交易性金融资产的公允价值。分别设置"成本""公允价值变动"进行明细核算。其中，"交易性金融资产——成本"科目反映交易性金融资产的初始入账金额；"交易性金融资产——公允价值变动"反映交易性金融资产持有期间的公允价值发生变动的金额。该科目期末借方余额，反映企业持有此项交易性金融资产的公允价值。

1. 初始入账时会计处理

交易性金融资产应当按照取得时的公允价值，借记"交易性金融资产——成本"科目，按发生相关交易费用，借记"投资收益"科目，按照价款中包含的已宣告但尚未发放的现金股利或已到付息期但尚未领取的债券利息，借记"应收股利"或"应收利息"科目，按实际支付的金额，贷记"银行存款"等科目。其中，相关交易费用，是指可直接归属于购买、发行或处置金融工具的增量费用。增量费用是指企业没有发生购买、发行或处置相关金融工具的情形就不会发生的费用，包括支付给代理机构、咨询公司、券商、证券交易所、政府有关部门等的手续费、佣金、相关税费以及其他必要支出，不包括债券溢价、折价、融资费用、内部管理成本和持有成本等与交易不直接相关的费用。例如，企业为发行金融工具所发生的差旅费等，不属于交易费用。

2. 持有期间股利和利息的会计处理

交易性金融资产持有期间被投资企业宣告发放的现金股利，或者在资产负债表日按分期付息、到期一次还本的债券以票面利率计算的利息，借记"应收股利"或"应收利息"科目，贷记"投资收益"科目。实际收到初始入账和持有期间确认的股利和利息时，借记"银行存款"科目，贷记"应收股利"或"应收利息"科目。

3. 期末公允价值变动时会计处理

资产负债表日，交易性金融资产的公允价值高于其账面余额时，应按两者之间的差额，调增交易性金融资产的账面余额，借记"交易性金融资产——公允价值变动"科目，贷记"公允价值变动损益"科目；交易性金融资产的公允价值低于其账面余额时，应按两者之间的差额，调减交易性金融资产的账面余额，借记"公允价值变动损益"科目，贷记"交易性金融资产——公允价值变动"科目。

4. 处置时会计处理

处置交易性金融资产时，应将取得的价款与该金融资产账面价值之间的差额，计入投资收益，应按实际收到的金额，借记"银行存款"等科目；按该金融资产的账面余额，注销（即以相反的方向记录）"交易性金融资产——成本""交易性金融资产——公允价值变动"科目；按其差额，贷记或借记"投资收益"科目。同时，将原记载于该金融资产持有期间的公允价值变动转出，借记或贷记"公允价值变动损益"科目，贷记或借记"投资收益"科目。

3.5.3　实务处理

【例 3 - 21】2018 年 3 月 12 日，天逸公司用银行存款从证券市场购入东方公司股票10 000股，每股市价 8 元，另支付交易费用 5 000 元，天逸公司将其划分为交易性金融资产进行核算。

（1）取得时。

借：交易性金融资产——成本　　　　　　　　　　　　　　80 000
　　投资收益　　　　　　　　　　　　　　　　　　　　　5 000
　　　贷：银行存款　　　　　　　　　　　　　　　　　　　　85 000

（2）2018 年 4 月 16 日，出售所持有的全部股票，每股售价 10 元。

借：银行存款　　　　　　　　　　　　　　　　　　　100 000
　　贷：交易性金融资产——成本　　　　　　　　　　　　　80 000
　　　　投资收益　　　　　　　　　　　　　　　　　　　20 000

【例 3 - 22】2018 年 3 月初，名盛公司用银行存款在证券市场上购入拟短期持有的京品公司股票 2 万股，每股成交价为 100 元，包含购入前已宣告但未发放的现金股利为每股 1 元。另发生交易费用 300 元。

（1）取得时。

借：交易性金融资产——成本　　　　　　　　　　　　1 980 000
　　投资收益　　　　　　　　　　　　　　　　　　　　　300
　　应收股利　　　　　　　　　　　　　　　　　　　　20 000
　　　贷：银行存款　　　　　　　　　　　　　　　　　2 000 300

（2）2018 年 3 月中旬收到上述已宣告发放的现金股利。

借：银行存款　　　　　　　　　　　　　　　　　　　20 000
　　贷：应收股利　　　　　　　　　　　　　　　　　　　20 000

（3）2018 年 6 月 30 日，京品公司股票每股市价为 90 元。

公允价值变动金额 = 90 × 20 000 − 1 980 000 = − 180 000（元）

借：公允价值变动损益　　　　　　　　　　　　　　　180 000
　　贷：交易性金融资产——公允价值变动　　　　　　　　　180 000

（4）2018 年 12 月 31 日，京品公司股票每股市价为 95 元。

公允价值变动金额 = 95 × 20 000 − 90 × 20 000 = 100 000（元）

借：交易性金融资产——公允价值变动　　　　　　　　　100 000
　　贷：公允价值变动损益　　　　　　　　　　　　　　　100 000

（5）2019 年 1 月初，京品公司宣告每股派发现金股利 0.5 元。

应确认股利金额 = 0.5 × 20 000 = 10 000（元）

借：应收股利　　　　　　　　　　　　　　　　　　　10 000
　　贷：投资收益　　　　　　　　　　　　　　　　　　　10 000

（6）2019 年 1 月中旬，收到京品公司派发现金股利。

借：银行存款　　　　　　　　　　　　　　　　　　　10 000

　　　　贷：应收股利　　　　　　　　　　　　　　　　　　　　　　　　　10 000

（7）2019 年 2 月初，名盛公司将股票以每股 120 元价格全部出售。

实际收到款项 = 120 × 20 000 = 2 400 000（元）

公允价值变动科目余额 = − 180 000 + 100 000 = − 80 000（元）

借：银行存款　　　　　　　　　　　　　　　　　　　　　　　　　2 400 000

　　交易性金融资产——公允价值变动　　　　　　　　　　　　　　　　 80 000

　　　　贷：交易性金融资产——成本　　　　　　　　　　　　　　　　1 980 000

　　　　　　投资收益　　　　　　　　　　　　　　　　　　　　　　　 500 000

同时，将原计入的公允价值变动损益转到投资收益账户。

借：投资收益　　　　　　　　　　　　　　　　　　　　　　　　　　 80 000

　　　　贷：公允价值变动损益　　　　　　　　　　　　　　　　　　　 80 000

【例 3 - 23】2018 年 1 月初，名盛公司从二级市场购入京品公司债券，支付价款合计 2 060 000 元，其中，已到付息期但尚未领取的利息 40 000 元，交易费用 20 000 元。该债券面值 2 000 000 元，剩余期限为 3 年，票面年利率为 4%，每半年末付息一次。名盛公司将其划分为交易性金融资产。

（1）取得时。

借：交易性金融资产——成本　　　　　　　　　　　　　　　　　　　2 000 000

　　应收利息　　　　　　　　　　　　　　　　　　　　　　　　　　 40 000

　　投资收益　　　　　　　　　　　　　　　　　　　　　　　　　　 20 000

　　　　贷：银行存款　　　　　　　　　　　　　　　　　　　　　　　2 060 000

（2）2018 年 1 月中旬，收到债券利息。

借：银行存款　　　　　　　　　　　　　　　　　　　　　　　　　　 40 000

　　　　贷：应收利息　　　　　　　　　　　　　　　　　　　　　　　 40 000

（3）2018 年 6 月 30 日，债券的公允价值为 2 300 000 元。

公允价值变动金额 2 300 000 − 2 000 000 = 300 000（元）

借：交易性金融资产——公允价值变动　　　　　　　　　　　　　　　 300 000

　　　　贷：公允价值变动损益　　　　　　　　　　　　　　　　　　　 300 000

计提上半年利息 = 2 000 000 × 4% ÷ 2 = 40 000（元）

借：应收利息　　　　　　　　　　　　　　　　　　　　　　　　　　 40 000

　　　　贷：投资收益　　　　　　　　　　　　　　　　　　　　　　　 40 000

（4）2018 年 7 月 10 日，收到债券上半年利息。

借：银行存款　　　　　　　　　　　　　　　　　　　　　　　　　　 40 000

　　　　贷：应收利息　　　　　　　　　　　　　　　　　　　　　　　 40 000

（5）2018 年 12 月 31 日，京品公司债券的公允价值为 2 200 000 元。

债券公允价值变动 = 2 200 000 − 2 300 000 = − 100 000（元）

借：公允价值变动损益　　　　　　　　　　　　　　　　　　　　　　 100 000

　　　　贷：交易性金融资产——公允价值变动　　　　　　　　　　　　 100 000

计提下半年利息 = 2 000 000 × 4% ÷ 2 = 40 000（元）

借：应收利息　　　　　　　　　　　　　　　　　　　　　　　　　　 40 000

　　　　贷：投资收益　　　　　　　　　　　　　　　　　　　　　　　 40 000

（6）2019 年 1 月初，收到下半年利息。

借：银行存款　　　　　　　　　　　　　　　　　　　　　　　　　　 40 000

　　　　贷：应收利息　　　　　　　　　　　　　　　　　　　　　　　 40 000

（7）2019 年 3 月 20 日，通过二级市场出售京品公司债券，取得价款 2 380 000 元，另支付交易费用 20 000 元。

实际取得债券的价款 = 2 380 000 − 20 000 = 2 360 000（元）

债券持有期间公允价值变动金额 = 300 000 − 100 000 = 200 000（元）

借：银行存款　　　　　　　　　　　　　　　　　　　　　　2 360 000

　　贷：交易性金融资产——成本　　　　　　　　　　　　　　　　　2 000 000

　　　　　　　　　　——公允价值变动　　　　　　　　　　　　　　200 000

　　　　投资收益　　　　　　　　　　　　　　　　　　　　　　　160 000

同时，将原计入的公允价值变动损益转到投资收益账户。

借：公允价值变动损益　　　　　　　　　　　　　　　　　　200 000

　　贷：投资收益　　　　　　　　　　　　　　　　　　　　　　　200 000

本章小结 ≫≫

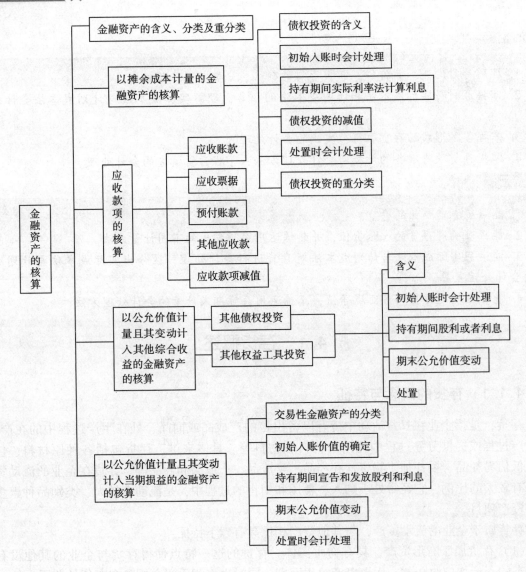

存货的核算

1. 理解存货的概念、特征，掌握存货的确认、分类与入账价值。
2. 掌握原材料实际成本法和计划成本法的核算，理解实际成本法与计划成本法会计处理差异。
3. 掌握各种形式的存货取得、发出的会计处理。
4. 掌握存货跌价准备的计提与会计处理方法，掌握存货清查的会计处理。

1. 能准确界定企业的存货。
2. 能正确确定存货的入账价值，并熟练运用存货发出的不同计量方法。
3. 能运用实际成本法与计划成本法对存货进行会计处理，区分出实际成本法与计划成本法的会计处理差异。
4. 能合理确定存货的可变现净值，正确运用存货期末计量的会计处理方法。

4.1 存货概述

4.1.1 存货的概念与特征

存货，是指企业在日常活动中持有以备出售的产成品或商品、处在生产过程中的在产品、在生产过程或提供劳务过程中耗用的材料和物料等。具体来讲，存货包括各种原材料、包装物、低值易耗品、委托加工物资、在产品、半成品、产成品和商品等。存货在企业的流动资产中占有较大的比例，它经常处于购入、耗用和销售的过程中，是流动性较大、类别品种繁多的一种资产项目。

存货属于企业的流动资产，与其他资产相比具有以下特征：

（1）存货属于有形资产，具有物质实体。存货的这一特点使得存货与企业的其他没有实物形态的资产如应收账款、无形资产等相区别，同时也将货币资金排除在存货的范围之外。

（2）存货具有较强的流动性。存货通常都将在一年或超过一年的一个营业周期内被销售或耗用，具有较强的变现能力和明显的流动性。

（3）存货属于一种非货币性资产，存在价值减损的可能性。在正常情况下，存货能够正常地销售或耗用而转化成货币资金或其他资产，但存货长期不耗用或不销售时，就有可能变为积压物资或降价销售，从而给企业造成损失。

（4）存货以在正常生产经营过程中被销售或耗用为目的而取得。企业持有存货的目的在于准备在正常经营过程中予以出售（如商品等），或者将在生产或提供劳务过程中耗用、制成产成品后再予以出售（如原材料等），或者仍然处在生产过程中的在产品等。

4.1.2　存货的确认条件

企业在确认某项资产是否作为存货时，首先要视其是否符合存货的定义，在此前提下，应当同时满足存货确认的两个条件：一是与该存货有关的经济利益很可能流入企业；二是该存货的成本能够可靠地计量。

通常，随着存货实物的交付，存货所有权也会随之转移。而随着存货所有权的转移，所有权上的主要风险和报酬也会一并转移。此时，一般可以同时满足存货确认的两个条件。因此，存货确认的一个基本标志就是，企业是否拥有某项存货的法定所有权。在会计期末，凡企业拥有法定所有权的货物，无论存放在何处，通常都应包括在本企业的存货中；而尚未取得法定所有权或者已将法定所有权转移给其他企业的货物，即使存放在本企业，也不应包括在本企业的存货之中。但必须注意，存货的交易方式是多种多样的，在有些情况下，存货实物的交付、所有权的转移、所有权上主要风险和报酬的转移可能并不同步。因此，存货的确认也不能一概而论。一般来说，存货包括下列三类有形资产：

（1）在日常生产经营过程中持有以备出售的存货，如工业企业的库存产成品、商品流通企业的库存商品等，但特种储备及国家指令专项储备的资产不属于存货范围。

（2）为了最终出售目前尚处于生产过程中的存货，如委托加工物资、工业企业的在产品和自制半成品等。

（3）为了生产或提供劳务以备消耗的存货，如工业企业的各种库存材料等。但是为建造固定资产等工程所储备的各种材料，虽然具有存货的某些特征，但它们并不处于企业生产经营过程中的阶段，也不属于为生产产品而储备的资产，自然不能包括在存货的范围之中。

关于存货确认需要说明以下几点：

（1）关于代销商品。代销商品是指一方委托另一方代其销售商品。从商品所有权的转移来分析，代销商品在出售以前所有权属于委托方，受托方只是代对方销售商品。因此，代销商品应作为委托方的存货处理。但为了使受托方加强对代销商品的核算和管理，实务会计处理中也要求受托方对其受托代销商品纳入账内核算。

（2）关于在途商品。对于销售方按销售合同、协议规定已经确认销售（如已收到货款等），而尚未发运给购货方的商品，应作为购货方的存货而不应再作为销货方的存货；对于购货方已经收到商品但尚未收到销货方结算发票等的商品，购货方应作为其存货处理；对于购货方已经确认购进（如已付款等）但尚未到达入库的在途商品，购货方也应将其作为存货处理。

（3）关于购货约定。对于约定未来购入的商品，由于企业并没有实际的购货行为发生，因此，不作为企业的存货，也不确认有关的负债和费用。

4.1.3　存货的分类

为了正确地进行存货的核算和管理，在会计上必须对存货进行科学的分类，以便按不同的类别采用不同的方法核算。

1. 按存货的经济内容分类

按经济内容的不同，存货可分为以下几类：

（1）原材料。原材料是指企业用于生产产品并构成产品实体的原料及主要材料，以及外购的供生产使用但不构成产品实体的辅助性材料等。包括原料及主要材料、辅助材料、外购半成品（外构件）、修理用备件（备品备件）、燃料和包装材料等。

（2）周转材料。周转材料是指企业能够多次使用、逐渐转移其价值但仍能保持其原有形态、未确认为固定资产的材料，包括低值易耗品、包装物，以及企业（建造承包商）的钢模板、木模板、脚手架等。其中，低值易耗品是指不能作为固定资产管理的各种用具物品，如各种工具、管理用具、玻璃器皿，以及在生产经营过程中周转使用的包装容器等。包装物是指为了包装本企业的产品而储备的桶、箱、罐、袋、瓶等各种包装容器。

（3）在产品。在产品是指企业尚未完成全部生产过程，或虽完成全部生产过程但尚未验收入库，不能对外销售的产品。

（4）自制半成品。自制半成品是指已经完成一定的生产过程并验收合格交付半成品库，但尚未最终制造完成，仍需继续加工的中间产品。

（5）产成品。产成品是指企业已经完成了全部生产过程，并已验收入库，可以对外销售的产品。

（6）商品。商品是指商品流通企业的商品，包括外购或委托加工完成验收入库用于销售的各种商品。

2. 按存放地点不同分类

按存放地点不同，存货可分为以下几类：

（1）库存存货。库存存货是指存放于企业仓库的各种存货。

（2）在途存货。在途存货是指企业向外单位购买的但尚未运达企业或已运达企业但尚未验收入库的存货。

（3）加工中存货。加工中存货是指正处在生产线上加工的存货。

（4）委托加工中的存货。委托加工中的存货是指企业为了某种目的已经发往外单位委托其代为加工的存货。

（5）委托代销存货。委托代销存货指企业委托外单位代为销售的存货。

企业性质不同，存货的类别也不同。制造企业以原材料、委托加工物资、包装物和低值易耗品、在产品及自制半成品和产成品为主；商品流通企业存货以商品、材料物资、低值易耗品、包装物等为主；服务性企业，如旅行社、饭店、宾馆、游乐场所、美容美发、照相、修理、中介机构等，只有物料用品、办公用品和家具等。

4.1.4 存货的初始计量

存货应当按照成本进行初始计量。存货成本包括采购成本、加工成本和其他成本。企业取得的途径不同，其存货成本构成的内容也不同。

1. 外购的存货

原材料、商品、低值易耗品等通过购买而取得的存货的初始成本由采购成本构成。存货的采购成本，包括购买价款、相关税费、运输费、装卸费、保险费以及其他可归属于存货采购成本的费用。

（1）购买价款，是指企业购入材料或商品的发票账单上列明的价款，但不包括按规定可以抵扣的增值税进项税额。

（2）相关税费，是指企业购买、自制或委托加工存货所发生的消费税、资源税和不能从增值税销项税额中抵扣的进项税额等。

（3）其他可归属于存货采购成本的费用，即采购成本中除上述各项以外的可归属于存货采购成本的费用，如在存货采购过程中发生的仓储费、包装费、运输途中的合理损耗、入库前的挑选整理费用等。这些费用能分清负担对象的，应直接计入存货的采购成本；不能分清负担对象的，应选择合理的分配方法，分配计入有关存货的采购成本。分配方法通常包括按所购存货的重量或采购价格的比例进行分配。

商品流通企业在采购商品过程中发生的运输费、装卸费、保险费以及其他可归属于存货采购成本的费用等，应当计入存货的采购成本，也可以先进行归集，期末再根据所购商品的存销情况进行分摊。对于已售商品的进货费用，计入当期损益（主营业务成本）；对于未售商品的进货费用，计入期末存货成本。企业采购商品的进货费用金额较小的，可以在发生时直接计入当期损益（主营业务成本）。

2. 自制的存货

自行生产的存货的初始成本包括投入的原材料或半成品、直接人工和按照一定方式分配的制造费用。其中，制造费用是指企业为生产产品和提供劳务而发生的各项间接费用，包括企业生产部门（如生产车间）管理人员的薪酬、折旧费、办公费、水电费、机物料消耗、劳动保护费、季节性和修理期间的停工损失等。

3. 委托加工的存货

委托外单位加工的存货成本包括加工过程中所消耗的原材料或半成品的实际成本、委托加工费用，以及往返过程中所发生的包装费、运输费、装卸费和保险费等费用及按规定应计入成本的税费。

4. 投资者投入的存货

投资者投入的存货，按照投资合同或协议约定的价值作为实际成本，但合同或协议约定价值不公允的除外。在投资合同或协议约定价值不公允的情况下，按照该项存货的公允价值作为其实际成本。

5. 接受捐赠的存货

接受捐赠的存货，按以下规定确认存货的实际成本：

（1）捐赠方提供了有关凭据（如发票、报关单、有关协议）的，按凭据上标明的金额加上应支付的相关税费，作为实际成本。

（2）如果捐赠方没有提供有关凭据的，则按以下顺序确定其实际成本：同类或类似存货存在活跃市场的，按同类或类似存货的市场价格估计的金额，加上应支付的相关税费，作为实际成本；同类或类似存货不存在活跃市场的，按接受捐赠的存货的预计未来现金流量现值，作为实际成本。

6. 盘盈的存货

盘盈的存货应按其重置成本作为入账价值，并通过"待处理财产损溢"账户进行账务处理，按管理权限报经批准后冲减当期管理费用。

除上述取得方式外，还有通过债务重组取得的存货、以非货币性交易换入的存货等，以这些方式取得的存货，其初始计量将在《高级财务会计实务》中讲述，此处不再赘述。

4.2 实际成本法下原材料的核算

存货的日常核算，可以按照实际成本核算，也可以按照计划成本核算。当存货按照实际成本核算时，从存货的收发凭证到明细分类账和总分类账，均按照其实际成本计价。实际成本法，一般适用于规模较小、存货品种简单、采购业务不多的企业。

4.2.1 实际成本法下原材料核算的账户设置

原材料取得时，应设置和使用"原材料"和"在途物资"等账户。

"原材料"账户，核算企业库存各种材料的实际成本。借方登记收入原材料的实际成本，贷方登记发出原材料的实际成本。期末借方余额表示库存原材料的实际成本。该账户可以按照材料保管地点、材料的类别、品种和规格等种类进行明细核算。

"在途物资"账户，核算企业已付款或已开出承兑商业汇票，但尚未收到或已经收到但尚未验收入库的原材料的实际成本。借方登记尚未入库材料的实际成本，贷方登记已验收入库材料的实际成本。期末借方余额反映在途材料的实际成本。该账户可以按照供应单位来进行明细核算。

4.2.2 实际成本法下原材料取得的核算

1. 外购原材料的核算

企业取得原材料的主要方式是外购。外购原材料时，由于结算方式和采购地点的不同，材料入库和货款的支付在时间上不完全一致，因而，其账务处理也有所不同，主要有以下几种情况：

（1）材料到达企业并验收入库，同时货款已经支付。

对于发票账单与材料同时到达的采购业务，企业在支付货款或开出承兑商业汇票，材料验收入库后，根据发票账单等结算凭证确定的材料成本，借记"原材料"账户，根据取得的增值税专用发票上注明的增值税税额，借记"应交税费——应交增值税（进项税额）"账户（是指一般纳税人，下同，对于小规模纳税人该进项增值税不单独核算，应计入材料的成本），按照实际支付的款项或应付票据面值，贷记"银行存款""应付票据"等账户。

【例4-1】A公司是增值税一般纳税人，2019年8月5日，从同城购入甲材料2 000千克，单价3.9元，计7 800元，增值税税额为1 014元。原材料已验收入库，并取得增值税专用发票，同时开出转账支票支付货款及增值税款。

A公司的账务处理如下：

借：原材料——甲材料   7 800

  应交税费——应交增值税（进项税额）   1 014

   贷：银行存款   8 814

（2）结算凭证已到，货款已付，材料尚未验收入库。

对于已经付款或已开出承兑商业汇票，但材料尚未到达或已到达但尚未验收入库的采购业务，企业应根据发票账单等结算凭证，借记"在途物资""应交税费——应交增值税（进项税

第 4 章　存货的核算 71

额)"账户,贷记"银行存款""应付票据"等账户;待材料到达、验收入库后,再借记"原材料"账户,贷记"在途物资"账户。

【例 4-2】20×9 年 8 月 20 日,A 公司从 B 公司购买甲材料 3 000 千克,单价 4 元,计12 000 元,增值税税额为 1 560 元;同时,B 公司代垫运费为 2 000 元,增值税税额为 180 元。已收到增值税专用发票和货物运输业增值税专用发票等结算单据,货款已经支付,但材料尚未运到。23 日收到仓库转来的验收单,甲材料如数验收入库。

A 公司的账务处理如下:

增值税进项税额 = 1 560 + 180 = 1 740(元)

原材料采购成本 = 12 000 + 2 000 = 14 000(元)

① 20 日,支付货款。

借:在途物资——B 公司　14 000

　　应交税费——应交增值税(进项税额)　1 740

　　贷:银行存款　15 740

② 23 日,材料验收入库。

借:原材料——甲材料　14 000

　　贷:在途物资——B 公司　14 000

(3)材料已验收入库,货款尚未支付。

对于材料已经到达并验收入库,但发票账单等结算凭证未到,货款尚未支付的采购业务,如果这类业务发生在本月中,可暂不作账务处理,等到相关凭证到达后,根据材料和结算凭证到达的情况再作账务处理。如果到月末,相关的结算凭证仍未到达,为了正确、全面地反映存货及负债情况,企业应按照合同价格或者类似材料的市场价格等暂估入账,但不暂估增值税金,应借记"原材料"账户,贷记"应付账款"账户,下月初用红字做同样的记账凭证予以冲回,待结算凭证到达时按正常程序进行账务处理。

【例 4-3】承上例资料,假定 A 公司已经将该批甲材料验收入库,但直至 8 月末,仍未收到有关的结算凭证。8 月末,按照合同价格暂估价入账,估计其价值为 12 000 元。

A 公司的账务处理如下:

① 8 月末,估价入账。

借:原材料——甲材料　12 000

　　贷:应付账款——暂估应付账款　12 000

② 9 月初,红字冲回。

借:原材料——甲材料　12 000

　　贷:应付账款——暂估应付账款　12 000

(4)采用预付货款方式购进。

在采用预付货款方式购进材料的情况下,企业应在预付货款时,按实际预付的金额,借记"预付账款"账户,贷记"银行存款"账户。已经预付货款的材料验收入库后,根据发票账单所列明的价款及增值税专用发票上注明的增值税税额,借记"原材料""应交税费——应交增值税(进项税额)"等账户,贷记"预付账款"等账户。当预付货款不足补付时,借记"预付账款"账户,贷记"银行存款"账户;当预付货款多于所需货款退回时,借记"银行存款"账户,贷记"预付账款"账户。

【例 4-4】20×9 年 10 月 20 日,A 公司按照购货合同约定,向 B 公司预付购买甲材料的货款20 000元。10月25日，收到B公司发来甲材料和增值税专用发票，材料货款20 000元，增值税税额2 600元。A公司随即补付了相关款项。

A公司的账务处理如下：

① 预付款项。

借：预付账款——B公司   20 000

    贷：银行存款   20 000

② 收到材料。

借：原材料——甲材料   20 000

    应交税费——应交增值税（进项税额）   2 600

    贷：预付账款——B公司   22 600

③ 补付货款。

借：预付账款——B公司   2 600

    贷：银行存款   2 600

（5）采购中发生的短缺和毁损。

对于采购过程中发生的物资毁损、短缺等，应及时查明原因，区别情况进行会计处理。

① 运输途中的合理损耗，应计入有关存货的采购成本。

② 属于供应单位、运输单位或其他过失人的责任造成的存货短缺，应由责任人补足存货或赔偿货款，不计入存货的采购成本。如果是其他无法收回的损失，报经批准，计入"管理费用"账户。

③ 属于自然灾害或意外事故等非常原因造成的存货毁损，报经批准，将扣除保险公司和过失人赔偿款后的净损失，计入"营业外支出——非常损失"账户。

尚待查明原因的短缺存货，先将其成本转入"待处理财产损溢——待处理流动资产损溢"账户核算；待查明原因后，再按上述要求进行会计处理。上列短缺存货涉及增值税的，还应进行相应的账务处理。

【例4-5】20×9年8月20日，A公司从C公司购进乙材料2 000件，单价80元，增值税专用发票上注明货款160 000元，增值税税款为20 800元，上述款项已通过银行转账支付。8月24日，原材料到达，验收入库发现短缺50件，原因待查。

A公司的账务处理如下：

① 8月20日，支付货款。

借：在途物资——C公司   160 000

    应交税费——应交增值税（进项税额）   20 800

    贷：银行存款   180 800

② 8月24日，验收入库。

借：原材料——乙材料   156 000

    待处理财产损溢——待处理流动资产损溢   4 000

    贷：在途物资——C公司   160 000

③ 材料短缺的原因查明，进行相应的账务处理。

a）假定短缺的材料属于运输途中的合理损耗。

借：原材料——乙材料   4 000

    贷：待处理财产损溢——待处理流动资产损溢   4 000

b）假定短缺的材料为 C 公司发货时少发，经协商，由其补足材料。

借：应付账款——C 公司　　　　　　　　　　　　　　　　　4 000
　　贷：待处理财产损溢——待处理流动资产损溢　　　　　　　　　4 000

收到 C 公司补发的材料时，

借：原材料——乙材料　　　　　　　　　　　　　　　　　　4 000
　　贷：应付账款——C 公司　　　　　　　　　　　　　　　　　4 000

c）假定短缺的材料为运输单位责任造成，经协商，由其全额赔偿。

借：其他应收款——××运输单位　　　　　　　　　　　　　4 520
　　贷：待处理财产损溢——待处理流动资产损溢　　　　　　　　　4 000
　　　　应交税费——应交增值税（进项税额转出）　　　　　　　　520

收到运输单位赔偿款时，

借：银行存款　　　　　　　　　　　　　　　　　　　　　　4 520
　　贷：其他应收款——××运输单位　　　　　　　　　　　　　4 520

2. 自制原材料的核算

企业自制并已验收入库的原材料，应按实际成本，借记"原材料"账户，贷记"生产成本"账户；企业从生产中回收的废料，应根据废料交库单估价入账，借记"原材料"账户，贷记"生产成本"等有关账户。

【例 4-6】20×9 年 8 月 31 日，A 公司辅助生产车间自制一批丙材料完工入库，数量 50千克，实际总成本 1 000 元。A 公司的账务处理如下：

借：原材料——丙材料　　　　　　　　　　　　　　　　　1 000
　　贷：生产成本——辅助生产成本　　　　　　　　　　　　　　1 000

3. 投资者投入原材料的核算

企业收到投资者投入的材料，应当按照投资合同或协议约定的价值（合同或协议约定价值不公允的除外），借记"原材料"账户，按照发票上标明的增值税税额，借记"应交税费——应交增值税（进项税额）"账户，按确定的出资额贷记"实收资本"（或"股本"）账户，按其差额贷记"资本公积"账户。

【例 4-7】2019 年 1 月 1 日，A 公司收到 B 公司投入的原材料一批，收到的专用发票上注明的增值税进项税额为 24 000 元，双方确认的价值为 150 000 元；A 为股份有限公司，其股本总额为 1 000 000 元，B 公司占 10%。A 公司的账务处理如下：

借：原材料　　　　　　　　　　　　　　　　　　　　　150 000
　　应交税费——应交增值税（进项税额）　　　　　　　　　　24 000
　　贷：股本——B 公司　　　　　　　　　　　　　　　　　100 000
　　　　资本公积——股本溢价　　　　　　　　　　　　　　　74 000

4.2.3　实际成本法下原材料发出的核算

1. 发出存货的计价方法

我国企业会计准则规定，企业应当采用先进先出法、加权平均法或个别计价法确定发出存货的实际成本。对于性质和用途相似的存货，应当采用相同的计算方法确定发出存货的成本。对于不能替代使用的存货、为特定项目专门购入或制造的存货以及提供的劳务，通常采用个别计价法确定发出存货的成本。企业不得采用后进先出法确定发出存货的成本。存货发出的计价方法一经确定后，不得随意变更。

以表4-1某企业2018年10月有关甲材料的收发情况为例，分别介绍以上几种方法。

表4-1　甲材料收支情况

日期	摘要	购进		发出/件
		数量/件	单价/（元·件⁻¹）	
10月1日	期初	300	5	
10月5日	购入	400	5.1	
10月15日	发出			550
10月18日	购入	500	5.05	
10月20日	发出			350
10月25日	购入	100	5.09	

（1）先进先出法。

先进先出法是以先购入的存货先发出这一存货成本流转假设为前提，对先发出的存货按先入库的存货单位成本计价，后发出的存货按后入库的存货单位成本计价，据以确定本期发出存货和期末结存存货成本的一种方法。

【例4-8】以甲材料为例，在材料明细账中按先进先出法计算发出存货和期末存货的成本，如表4-2所示。

表4-2　甲材料明细账（先进先出法）

材料名称：甲材料　　　　　　　　　数量单位：件　　　　　　　　　金额单位：元

日期		摘要	收入			发出			结存		
月	日		数量	单价	金额	数量	单价	金额	数量	单价	金额
10	1	期初							300	5	1 500
10	5	购入	400	5.1	2 040				300 400	5 5.1	1 500 2 040
10	15	发出				300 250	5 5.1	1 500 1 275	150	5.1	765
10	18	购入	500	5.05	2 525				150 500	5.1 5.05	765 2 525
10	20	发出				150 200	5.1 5.05	765 1 010	300	5.05	1 515
10	25	购入	100	5.09	509				300 100	5.05 5.09	1 515 509
10	31	本月合计	1 000		5 074	900		4 550	300 100	5.05 5.09	1 515 509

采用先进先出法，期末存货按最近的单位成本计价，其价值接近于市场价格，并能随时结转发出存货的实际成本。但每次发出存货要根据先入库的单价计算，工作量比较大，一般适用

于收发存货次数不多的情况。当物价上涨时，采用先进先出法会高估企业当期利润和库存存货价值；反之，会低估企业当期利润和库存存货价值。

（2）加权平均法。

加权平均法包括月末一次加权平均法和移动加权平均法。

① 月末一次加权平均法。

月末一次加权平均法，是指以本月全部进货数量加月初存货数量作为权数，一次性地计算本月月初存货与全月收入存货的加权平均单位成本，从而确定发出存货与库存存货成本的一种计价方法。其计算公式如下：

$$加权平均单位成本 = \frac{月初结存存货成本 + 本期收入存货成本}{月初结存存货数量 + 本期收入存货数量}$$

$$月末库存存货成本 = 月末库存存货数量 \times 加权平均单位成本$$

$$本月发出存货成本 = 本月发出存货数量 \times 加权平均单位成本$$

在实务中，由于在计算加权平均单位成本时往往不能除尽，因而先按加权平均单位成本计算月末库存存货成本，然后倒减出本月发出存货成本，将计算尾差挤入发出存货成本。

$$本月发出存货成本 = 月初结存存货成本 + 本期收入存货成本 - 月末库存存货成本$$

【例 4-9】仍以上例甲材料为例，其计算方法如表 4-3 所示。

表 4-3　甲材料明细账（加权平均法）

材料名称：甲材料　　　　　　　　数量单位：件　　　　　　　金额单位：元

| 日期 | | 摘要 | 收入 | | | 发出 | | | 结存 | | |
月	日		数量	单价	金额	数量	单价	金额	数量	单价	金额
10	1	期初							300	5	1 500
10	5	购入	400	5.1	2 040				700		
10	15	发出				550			150		
10	18	购入	500	5.05	2 525				650		
10	20	发出				350			300		
10	25	购入	100	5.09	509				400		
10	31	本月合计	1 000		5 074	900		4 550	400	5.06	2 024

采用月末一次加权平均法计算其存货成本如下：

甲材料加权平均单位成本 =（1 500 + 5 074）÷（300 + 1 000）= 5.06（元/件）

月末库存甲材料成本 = 400 × 5.06 = 2 024（元）

本月发出甲材料成本 = 1 500 + 5 074 - 2 024 = 4 550（元）

采用月末一次加权平均法，只需在期末计算一次加权平均单价，手续简便，便于操作。但是，月末一次加权平均法平时无法从账上提供发出和结存存货的单价和金额，因而不利于对存货的管理。

② 移动加权平均法。

移动加权平均法亦称移动平均法。这种方法是指每一次存货入库后，都要以新入库存货的数量和原库存存货数量作为权数，计算加权平均单位成本，并作为下次发出存货的单位成本。

其计算公式如下：

$$移动加权平均单位成本 = \frac{结存存货成本 + 本批购进存货成本}{结存存货数量 + 本批购进存货数量}$$

【例4-10】仍以上例甲材料为例，其计算方法如表4-4所示。

表4-4　甲材料明细账（移动加权平均法）

材料名称：甲材料　　　　　　　　　　数量单位：件　　　　　　　　　　金额单位：元

日期		摘要	收入			发出			结存		
月	日		数量	单价	金额	数量	单价	金额	数量	单价	金额
10	1	期初							300	5	1 500
10	5	购入	400	5.1	2 040				700	5.06	3 540
10	15	发出				550		2 781	150	5.06	759
10	18	购入	500	5.05	2 525				650	5.05	3 284
10	20	发出				350		1 769	300	5.05	1 515
10	25	购入	100	5.09	509				400	5.06	2 024
10	31	本月合计	1 000		5 074	900		4 550	400	5.06	2 024

（注：以上计算保留两位小数，将结存存货成本尾数差，倒挤计入发出存货成本）

10月5日进货后甲材料加权平均单位成本 =（1 500 + 2 040）÷（300 + 400）
　　　　　　　　　　　　　　　　　= 5.06（元/件）

10月15日结存甲材料成本 = 150 × 5.06 = 759（元）

10月15日发出甲材料成本 = 3 540 - 759 = 2 781（元）

10月18日进货后甲材料加权平均单位成本 =（759 + 2 525）÷（150 + 500）
　　　　　　　　　　　　　　　　　= 5.05（元/件）

以下日期进出存货成本的计算省略，计算方法同上。

采用移动加权平均法，每次收到存货都要重新计算其加权平均单位成本，有利于及时掌握发出存货和库存存货成本，为存货管理提供所需信息，但是计算工作比较繁重。

（3）个别计价法。

个别计价法，又称分批实际法，是假定存货的成本流动与实物流动完全一致，按照各种存货，逐一辨认各批发出存货和期末存货所属的购进批别或生产批别，分别按其购入或生产时所确定的单位成本作为计算各批发出存货和期末存货成本的方法。

【例4-11】仍以上例甲材料为例，假定经确认，该企业10月15日发出的550件甲材料中，400件是10月5日购入的，150件是期初结存的；10月20日发出的350件甲材料是10月18日购入的。按个别计价法计算：

10月发出材料总成本 = 150 × 5 + 400 × 5.1 + 350 × 5.05 = 4 557.5（元）

10月末结存材料总成本 = 150 × 5 + 150 × 5.05 + 100 × 5.09 = 2 016.5（元）

个别计价法的特点是成本流转与实物流转完全一致，是所有计价方法中最准确的一种，但这种方法的前提是需要对发出和结存存货的批次进行具体认定，实务操作的工作量繁重。适用于一般不能替代使用的存货，以及为特定项目专门购入或制造的存货及提供劳务的成本等，如房产、船舶、飞机、珠宝、名画等贵重物品。

2. 原材料发出的核算

根据"领料单"或"限额领料单""领料登记簿"或"发出材料汇总表"填制发出材料的记账凭证，进而登记原材料明细账。企业发出的材料，根据不同的用途，按照实际成本，分别借记"生产成本""制造费用""管理费用"等账户，贷记"原材料"账户。

【例 4-12】根据表 4-3，该企业 10 月份发出甲材料共计 4 550 元，其中，用于制造产品 3 000 元，车间领用 1 000 元，管理部门领用 550 元。

该企业的账务处理如下：

借：生产成本　　　　　　　　　　　　　　　　　　　　　　　　3 000
　　制造费用　　　　　　　　　　　　　　　　　　　　　　　　1 000
　　管理费用　　　　　　　　　　　　　　　　　　　　　　　　 550
　　贷：原材料——甲材料　　　　　　　　　　　　　　　　　　　　　4 550

4.3　计划成本法下原材料的核算

计划成本法是指企业存货的收入、发出和结存均按照预先制订的计划成本计价，实际成本和计划成本之间的差额单独进行核算的一种方法。存货按计划成本法进行核算，要求从存货的收发凭证到明细分类账和总分类账，全部按计划成本计价。计划成本法一般适用于存货品种繁多、收发频繁的企业。

4.3.1　计划成本下原材料核算的账户设置

在按计划成本计价时，企业应设置"原材料""材料采购""材料成本差异"账户。

"原材料"账户用来核算库存原材料的计划成本。该账户属于资产类账户，借方反映企业验收入库的原材料的计划成本，贷方反映发出原材料的计划成本。期末余额反映库存原材料的计划成本。

"材料采购"账户用来归集核算企业购入原材料的实际采购成本。该账户属于资产类账户，借方反映外购材料的实际成本和转出的实际成本低于计划成本的节约额，贷方反映验收入库材料的计划成本和转出的实际成本高于计划成本的超支额。期末借方余额反映尚未验收入库材料的实际成本。该账户应该按照供应单位和材料品种设置明细账，进行明细核算。

"材料成本差异"账户用来核算材料实际成本和计划成本间的差异。该账户借方登记入库材料实际成本大于计划成本的超支差异，贷方登记入库材料实际成本小于计划成本的节约差异和发出材料应负担的成本差异，其中，分摊超支差异用蓝字登记，分摊节约差异用红字登记。该账户从经济内容上来划分属于资产类账户，但从结构和用途上来划分又属于调整账户。期末借方余额反映各种库存材料的超支差异，期末贷方余额反映各种库存材料的节约差异。

4.3.2　计划成本下原材料取得的核算

1. 外购原材料的核算

企业采购材料，发生采购材料的实际成本时，借记"材料采购"账户，按增值税专用发票上注明的增值税税额，借记"应交税费——应交增值税（进项税额）"账户，按实际结算的价款，贷记"银行存款""应付账款""应付票据"等账户；材料验收入库时，按入库材料的计划成本，借记"原材料"账户，贷记"材料采购"账户；实际成本与计划成本的差异额，转入"材料成本差异"账户。

企业按计划成本法进行原材料收入的核算，和采用实际成本法一样，由于采用的结算方式不同及采购地点远近等原因，会出现材料实物到达企业的时间和发票等结算凭证到达企业的时间不一致，因此会出现各种不同情况的账务处理。下面说明不同情况下的账务处理。

（1）材料到达企业并验收入库，同时货款已经支付。

【例 4-13】以【例 4-1】作为资料，假设其他条件不变，甲材料的单位计划成本 4 元。A 公司的账务处理如下：

```
借：材料采购——甲材料                              7 800
    应交税费——应交增值税（进项税额）              1 014
    贷：银行存款                                       8 814
借：原材料——甲材料                                8 000
    贷：材料采购——甲材料                              8 000
同时，
借：材料采购——甲材料                                200
    贷：材料成本差异                                    200
```

需要说明的是，在结转入库材料的成本差异时，可以随着业务一起结转，或简化核算，也可以到期末时汇总结转本期所有入库材料的成本差异。

（2）结算凭证已到，货款已付，材料尚未验收入库。

【例 4-14】以【例 4-2】作为资料，假设其他条件不变，甲材料的单位计划成本 4 元。A 公司的账务处理如下：

① 20 日支付货款时。

```
借：材料采购——甲材料                             14 000
    应交税费——应交增值税（进项税额）              1 740
    贷：银行存款                                      15 740
```

② 23 日材料验收入库时。

```
借：原材料——甲材料                               12 000
    贷：材料采购——甲材料                             12 000
同时，
借：材料成本差异                                   2 000
    贷：材料采购——甲材料                              2 000
```

（3）材料已验收入库，货款尚未支付。

【例 4-15】以【例 4-3】作为资料，假设其他条件不变，甲材料的单位计划成本 4 元。A 公司的账务处理如下：

① 8 月末，按计划成本暂估入账。

```
借：原材料——甲材料                               12 000
    贷：应付账款——暂估应付账款                       12 000
```

② 9 月初，红字冲回时。

```
借：原材料——甲材料                               12 000

    贷：应付账款——暂估应付账款                       12 000
```

（4）采购中发生的短缺和毁损。

购进原材料短缺或毁损的账务处理，与前述材料采用的实际成本法基本相同，只是在材料验收入库时，按照计划成本，借记"原材料"账户，贷记"材料采购"账户；平时或月终结转材料成本差异时，借记或贷记"材料成本差异"账户，贷记或借记"材料采购"账户。

【例4-16】B公司外购一批材料，共200千克，单价100元，共计20 000元，增值税税额2 600元，同时，支付运费2 000元及增值税税额180元。已收到增值税专用发票和货物运输业增值税专用发票等结算单据，货款已经支付，但材料尚未运到。B公司的账务处理如下：

```
借：材料采购                                        22 000
    应交税费——应交增值税（进项税额）                 2 780
    贷：银行存款                                             24 780
```

【例4-17】上述材料验收入库，实收192千克，损耗8千克，经查，合理损耗2千克，运输不当损耗6千克。该材料计划单价105元。B公司的账务处理如下：

```
借：原材料                                          20 160
    贷：材料采购                                           20 160
借：材料成本差异                                     1 180
    贷：材料采购                                            1 180
借：其他应收款——运输单位                            743.4
    贷：材料采购                                              660
        应交税费——应交增值税（进项税转出）                  83.4
```

2. 其他方式取得原材料的核算

其他方式取得原材料的账务处理包括自制原材料、委托加工原材料、接受捐赠原材料、接受投资人投入原材料、以债务重组方式取得原材料、通过非货币性交易取得原材料和盘盈原材料等。

对上述情况下收到的原材料除在验收入库时，应按其各自的计划成本，借记"原材料"账户，而将其材料成本差异，借记或贷记"材料成本差异"账户外，其他均与按实际成本计价的核算相同。

【例4-18】某企业生产加工一批甲材料10 000千克，已全部验收入库，实际成本20 000元，计划单位成本为1.9元/千克。该企业的账务处理如下：

```
借：原材料——甲材料                                 19 000
    贷：生产成本                                           19 000
同时结转材料成本差异。
借：材料成本差异                                      1 000
    贷：生产成本                                            1 000
```

4.3.3　计划成本法下原材料发出的核算

在计划成本计价方式下，材料发出时，由财会部门根据签收的"领料单""限额领料单"或"领料登记表"，按用途进行分类汇总，期末编制出汇总表，作为登记总账的依据。但是，由于发料凭证均是按计划成本计价，这就需要根据材料成本差异率，计算发出材料应分摊的成本差异，将计划成本调整为实际成本。

材料成本差异率是材料成本差异额和材料计划成本的比率。一般情况下，企业应按成本差异率将材料成本差异总额在发出材料和期末库存材料之间分摊。计算成本差异率的方法通常有两种：

（1）月初材料成本差异率。

月初材料成本差异率是指月初材料成本差异额和月初材料计划成本的比率，据以反映结存材料的成本差异情况，其计算公式如下：

$$月初材料成本差异率 = \frac{月初结存材料成本差异额}{月初结存材料计划成本} \times 100\%$$

（2）本月材料成本差异率。

本月材料成本差异率是指本月累计材料成本差异额和本月累计材料计划成本的比率，据以反映累计材料成本差异情况，其计算公式如下：

$$本月材料成本差异率 = \frac{月初结存材料成本差异额 + 本月收入材料成本差异额}{月初结存材料计划成本 + 本月收入材料计划成本} \times 100\%$$

需要说明的是，本月收入材料的计划成本中不包括暂估入账的材料的计划成本。上述两种不同差异率各有其特定的适用范围，企业应根据实际情况选择其中一种方法。计算方法一经确定，不得随意变动，如果确需要变更，需要在会计报表附注中做出说明。

$$发出材料应负担的成本差异 = 发出材料的计划成本 \times 材料成本差异率$$
$$发出材料的实际成本 = 发出材料的计划成本 \pm 发出材料应负担的成本差异$$

【例4-19】A公司为一般纳税人，采用计划成本核算原材料。20×8年6月，"原材料——甲材料"账户的期初借方余额为27 000元，"材料成本差异"账户期初贷方余额为2 700元，原材料计划单位成本为3元；6月3日，购入甲材料7 000千克，实际购货成本为20 000元；6月12日，购入甲材料3 000千克，实际购货成本为10 000元；6月20日，购入甲材料10 000千克，实际购货成本为35 000元；本月发出甲材料20 000千克用于生产产品。A公司的账务处理如下：

① 按月初材料成本差异率计算的差异额。

$$月初材料成本差异率 = \frac{-2\ 700}{27\ 000} \times 100\% = -10\%$$

发出材料应负担的差异额 = 20 000 × 3 × （-10%）= -6 000（元）

本月发出材料的实际成本 = 60 000 - 6 000 = 54 000（元）

借：生产成本   60 000
  贷：原材料   60 000

借：生产成本   6 000
  贷：材料成本差异   6 000

② 按本月材料成本差异率计算的差异额。

本月材料成本差异率

$$= \frac{（-2\ 700）+ [（20\ 000-21\ 000）+（10\ 000-9\ 000）+（35\ 000-30\ 000）]}{27\ 000+（21\ 000+9\ 000+30\ 000）} \times 100\%$$

$$= 2.64\%$$

发出材料应负担的差异额 = 20 000 × 3 × 2.64% = 1 584（元）

本月发出材料的实际成本 = 60 000 + 1 584 = 61 584（元）

借：生产成本   60 000
  贷：原材料   60 000

借：生产成本　　　　　　　　　　　　　　　　　　　　　　　　　　1 584
　　贷：材料成本差异　　　　　　　　　　　　　　　　　　　　　　　　　1 584

上例说明：不同的材料成本差异率对发出材料实际成本的影响是不同的。因此，企业在选择材料成本差异率时应根据企业的实际情况慎重选择，否则会影响成本核算资料的真实性。

经过材料成本差异的分配，本月发出材料应分配的成本差异从"材料成本差异"账户转出之后，属于月末库存材料应分配的成本差异仍保留在"材料成本差异"账户内，作为库存材料的调整项目。编制资产负债表时，存货项目中的材料，应当列示加（减）材料成本差异后的实际成本。

4.4　其他存货的核算

4.4.1　库存商品的核算

1. 库存商品的概述

库存商品是指库存的外购商品、自制商品产品、存放在门市部准备出售的商品，发出展览的商品以及寄存在外或存放在仓库的商品等。

对于企业自有的库存商品，一般通过"库存商品"等账户进行核算。其中，工业企业的库存商品主要是指产成品，商品流通企业的库存商品主要是指外购或委托加工完成验收入库用于销售的各种商品。生产性企业生产的商品也可以单独设置"产成品"账户进行核算。

企业应设置"库存商品"账户，核算各种库存商品的实际成本（或进价）或计划成本（或售价）。库存商品增加记借方，库存商品减少记贷方，余额在借方，反映期末库存商品的成本（实际成本或计划成本）。此外，工业企业接受外来原材料加工制造的待制品和为外单位修理的待修品，在制造和修理完成验收入库后，视同企业的产品，在"库存商品"账户核算；可以降价出售的不合格品，也在"库存商品"账户核算，但应当与合格商品分开记账。

2. 库存商品的核算

（1）产成品的核算。

① 产成品验收入库的会计处理。

对于产成品采用实际成本核算的企业，当产成品生产完工并验收入库时，应按实际成本借记"库存商品"，贷记"生产成本"；对于产成品采用计划成本核算的企业，当产成品生产完成并验收入库时，应按计划成本借记"库存商品"，按实际成本贷记"生产成本"，按两者差额借记或贷记"材料成本差异"。

【例 4-20】A 公司本月验收入库丁产品 300 件，实际单位成本 50 元，计 15 000 元；丙产品 500 件，实际单位成本 20 元，计 10 000 元。A 公司的账务处理如下：

借：库存商品——丁产品　　　　　　　　　　　　　　　　　　　　　15 000
　　　　　　　——丙产品　　　　　　　　　　　　　　　　　　　　　10 000
　　贷：生产成本——丁产品　　　　　　　　　　　　　　　　　　　　　15 000
　　　　　　　　——丙产品　　　　　　　　　　　　　　　　　　　　　10 000

② 产成品发出的会计处理。

产成品的发出主要指对外销售，其次还可用于在建工程、对外投资等。企业应根据发出产成品的用途，记入相关的账户。如果用于对外销售或对外投资时，则借记"主营业务成本"

账户，贷记"库存商品"账户；如果用于在建工程，则借记"在建工程"账户，贷记"库存商品"账户。

【例 4 - 21】企业本月发出丁成品 200 件，其中对外销售 150 件，工程领用 50 件，单位成本 50 元。编制如下会计分录：

借：主营业务成本   7 500

   在建工程   2 500

  贷：库存商品——丁产品   10 000

（2）商品的核算。

商品流通企业的商品一般以"库存商品"账户进行核算。库存商品的核算方法主要包括数量进价金额核算法、数量售价金额核算法、售价金额核算法和进价金额核算法。本教材仅简单介绍数量进价核算法和售价金额核算法。

① 数量进价金额核算法。

数量进价金额核算法，是指同时以数量和进价金额反映商品增减变动及结存情况的核算方法。这种方法一般适用于批发企业的批发商品及采购的农副产品等。其商品收发的核算可参照原材料按实际成本计价的核算。

商品批发企业发出商品的实际成本，可以采用先进先出法、加权平均法或个别计价法计算确定，还可用毛利率法等计算发出商品和期末库存商品的成本。

毛利率法是根据本期商品销售净额乘以上期实际（或本月计划）毛利率，推算出本期销售毛利，进而推算商品销售成本的一种方法。其计算公式如下：

$$毛利率 = 销售毛利 \div 销售净额 \times 100\%$$

$$销售净额 = 商品销售收入 - 销售折让和销售退回$$

$$销售毛利 = 销售净额 \times 毛利率$$

$$销售成本 = 销售净额 - 销售毛利$$

$$期末存货成本 = 期初存货成本 + 本期收入存货成本 - 本期销售成本$$

【例 4 - 22】某批发公司 20 × 9 年 6 月初 A 类商品库存 50 000 元，本月购进 80 000 元，本月销售收入 111 000 元，发生的销售退回和销售折让为 1 000 元，上月该类商品的毛利率为 20%，本月已销售商品和库存商品的成本计算如下：

本月销售净额 = 111 000 - 1 000 = 110 000 （元）

销售毛利 = 110 000 × 20% = 22 000 （元）

本月销售成本 = 110 000 - 22 000 = 88 000 （元）

期末库存商品成本 = 50 000 + 80 000 - 88 000 = 42 000 （元）

采用毛利率法计算本期销售成本和期末存货成本，一般适用于商业批发企业。采用这种方法，商品销售成本按商品大类销售额计算，计算手续简便，但计算的结果往往不够准确。

② 售价金额核算法。

售价金额核算法是存货的一种简化核算方法，通过设置"商品进销差价"账户，将平时商品的购进、储存、销售均按售价记账，售价与进价的差额记入"商品进销差价"账户，期末计算进销差价率和本期已售商品应分摊的进销差价，并据以调整本期销售成本。

在售价金额核算法下，"库存商品"账户按商品售价（含税）登记，其进销差价在"商品进销差价"账户中登记。购入商品验收入库时，按商品的售价（含税）借记"库存商品"账户，按商品的进价贷记"物资采购"账户；按商品的进销差价，贷记"商品进销差价"账户。

当对外销售商品时，按售价（含税）反映商品销售收入，借记"库存现金""银行存款"等账户，贷记"主营业务收入"账户；结转商品销售成本时，按售价（含税）转销库存商品，借记"主营业务成本"账户，贷记"库存商品"账户；月终应调整已销商品增值税销项税额，同时还应结转应分摊的商品进销差价，借记"商品进销差价"账户，贷记"主营业务成本"账户。

【例 4-23】某商品零售企业为一般纳税人，商品售价均为含税价。6 月 1 日购进某商品一批，进价 50 000 元，增值税税额 6 500 元，商品验收入库。已收到增值税专用发票等结算单据，货款用银行存款支付。该批商品含税售价为 90 400 元。

企业的账务处理如下：

1 日，购进该商品支付货款时，

借：物资采购　　　　　　　　　　　　　　　　　　　50 000
　　应交税费——应交增值税（进项税额）　　　　　　 6 500
　　　贷：银行存款　　　　　　　　　　　　　　　　　　　 56 500

验收入库时，

借：库存商品　　　　　　　　　　　　　　　　　　　90 400
　　贷：物资采购　　　　　　　　　　　　　　　　　　　 50 000
　　　　商品进销差价　　　　　　　　　　　　　　　　　 40 400

6 月 10 日，销售该批商品一批，货款 20 000 元，增值税 2 600 元，款项已收存银行。结转该批已销商品成本。月末结转该批商品进销差价额为 10 100 元。

借：银行存款　　　　　　　　　　　　　　　　　　　22 600
　　贷：主营业务收入　　　　　　　　　　　　　　　　　 20 000
　　　　应交税费——应交增值税（销项税额）　　　　　　 2 600

同时按售价（含税）转销库存商品，结转商品销售成本。

借：主营业务成本　　　　　　　　　　　　　　　　　22 600
　　贷：库存商品　　　　　　　　　　　　　　　　　　　 22 600

月末结转进销差价。

借：商品进销差价　　　　　　　　　　　　　　　　　10 100
　　贷：主营业务成本　　　　　　　　　　　　　　　　　 10 100

售价金额核算法常用于商品零售企业，如百货公司、超市等。采用该方法结转成本比其他计算结转方法简便。在会计期末编制资产负债表时，存货项目中的商品存货部分，应根据"库存商品"账户的期末余额扣除"商品进销差价"账户的期末余额，按其差额列示。

4.4.2　委托加工物资的核算

1. 委托加工物资的概述

委托加工物资是指企业委托外单位加工的各种材料、商品等物资。委托外单位加工完成的存货，以实际耗用的原材料或者半成品、加工费、运输费、装卸费等费用以及按规定应计入成本的税金，作为实际成本。其在会计处理上主要包括拨付加工物资、支付加工费用和税金、收回加工物资和剩余物资等几个环节。

2. 委托加工物资的核算

企业应设置"委托加工物资"账户核算企业委托外单位加工的各种物资实际成本。企业发出材料时，应按其实际成本，借记"委托加工物资"账户，贷记"原材料""库存商品"等账户；支付加工费和增值税时，借记"委托加工物资""应交税费——应交增值税（进项税额）"账户，贷记"银行存款"等账户；需要交纳消费税的委托加工物资，收回后直接用于销售的，应将受托方代收代交的消费税计入委托加工物资成本，借记"委托加工物资"账户，贷记"应付账款""银行存款"等账户；收回后用于连续生产应税消费品的，按规定应予抵扣的受托方代收代交的消费税，借记"应交税费——应交消费税"账户，贷记"应付账款""银行存款"等账户。加工完成验收入库的材料和剩余材料，应按其实际成本，借记"原材料"账户，贷记"委托加工物资"账户。

"委托加工物资"账户可根据管理需要按加工合同、受托加工单位以及加工物资的品种等进行明细核算。

【例4-24】A公司委托B公司加工材料一批（属于应税消费品）。原材料成本为10 000元，支付的加工费为8 000元（不含增值税），消费税税率为10%，材料加工完成并已验收入库，加工费用等已经支付。双方适用的增值税税率为13%。

A公司按实际成本核算原材料，有关账务处理如下：

（1）发出委托加工材料。

借：委托加工物资——B公司　　　　　　　　　　　　　　　　　10 000
　　贷：原材料　　　　　　　　　　　　　　　　　　　　　　　　　10 000

（2）支付加工费和税金。

消费税组成计税价格=（10 000 + 8 000）÷（1 - 10%）=20 000（元）

受托方代收代交的消费税税额=20 000×10%=2 000（元）

应交增值税税额=8 000×13%=1 040（元）

① A公司收回加工后的材料用于连续生产应税消费品。

借：委托加工物资——B公司　　　　　　　　　　　　　　　　　8 000
　　应交税费——应交增值税（进项税额）　　　　　　　　　　　1 040
　　　　　　　——应交消费税　　　　　　　　　　　　　　　　2 000
　　贷：银行存款　　　　　　　　　　　　　　　　　　　　　　11 040

② A公司收回加工后的材料直接用于销售。

借：委托加工物资——B公司　　　　　　　　　　　　　　　　　10 000
　　应交税费——应交增值税（进项税额）　　　　　　　　　　　1 040
　　贷：银行存款　　　　　　　　　　　　　　　　　　　　　　11 040

（3）加工完成，收回委托加工材料。

① A公司收回加工后的材料用于连续生产应税消费品。

借：原材料　　　　　　　　　　　　　　　　　　　　　　　　18 000
　　贷：委托加工物资——B公司　　　　　　　　　　　　　　　　18 000

② A公司收回加工后的材料直接用于销售。

借：库存商品　　　　　　　　　　　　　　　　　　　　　　　20 000
　　贷：委托加工物资——B公司　　　　　　　　　　　　　　　　20 000

4.4.3　包装物的核算

1. 包装物的概述

包装物是指为包装本企业产品而储备的各种包装容器，如桶、瓶、袋、箱等，主要作用是盛装、装潢产品或商品。一般包括：生产过程中用于包装产品作为产品组成部分的包装物、随同商品出售而不单独计价的包装物、随同商品出售而单独计价的包装物、出租或出借给购买单位使用的包装物。

但是，下列包装物在会计上不作为包装物存货进行核算：一是各种包装材料，如纸、绳、铁丝、铁皮等，其应放在"原材料"账户内核算；二是在企业生产经营过程中用于储存和保管商品、材料而不对外出售、出租或出借的包装物，如企业在经营过程中周转使用的包装容器，应按使用年限长短，分别在固定资产或低值易耗品中核算。

2. 包装物的核算

包装物的核算既可按实际成本核算，也可按计划成本核算。企业应设置"周转材料——包装物"账户核算企业库存的各种包装物的实际成本或计划成本。该账户借方登记购入、自制、委托外单位加工完成验收入库包装物的成本，贷方登记发出包装物的成本。期末余额反映企业库存未用包装物的成本和在用包装物的摊余价值。该账户可按包装物的种类进行明细核算。

（1）包装物取得的核算。

企业购入、自制、委托外单位加工完成验收入库的包装物，通过"周转材料——包装物"账户核算，核算方法比照前述原材料的会计核算进行相关账务处理。

（2）包装物发出的核算。

企业发出的包装物应视其具体使用情况而采取不同的核算方法。

① 生产领用的包装物。

企业生产部门领用的包装物，构成产品的组成部分，因此应将包装物的成本计入产品生产成本，借记"生产成本"等账户，贷记"周转材料——包装物"账户。

② 随同商品出售单独计价的包装物。

对随同商品出售并单独计价的包装物，出售时视同销售材料处理，单独反映其销售收入和销售成本，即按取得的收入，借记"银行存款"等账户，贷记"其他业务收入""应交税费——应交增值税（销项税额）"账户，同时结转包装物的实际成本，借记"其他业务成本"账户，贷记"周转材料——包装物"账户。

【例 4-25】A 公司本月销售包装物实际成本为 50 000 元，该包装物单独计价，出售的收入为 60 000 元，增值税税额为 9 600 元，收到转账支票存入银行。账务处理如下：

借：银行存款　　　　　　　　　　　　　　　　　　　　　　　69 600
　　贷：其他业务收入　　　　　　　　　　　　　　　　　　　60 000
　　　　应交税费——应交增值税（销项税额）　　　　　　　　　9 600
结转销售成本时，
借：其他业务成本　　　　　　　　　　　　　　　　　　　　　50 000
　　贷：周转材料——包装物　　　　　　　　　　　　　　　　50 000

③ 随同商品出售不单独计价的包装物。

随同商品出售但不单独计价的包装物，应在发出包装物时，按其实际成本借记"销售费用"账户，贷记"周转材料——包装物"账户。

【例 4-26】假设【例 4-25】领用的包装物不单独计价，则账务处理如下：

借：销售费用　　　　　　　　　　　　　　　　　　　　　　　50 000
　　贷：周转材料——包装物　　　　　　　　　　　　　　　　50 000

④ 出租、出借的包装物。

出租、出借包装物一般是企业对外销售产品时提供给购物单位的配套服务。出租、出借包装物，在第一次领用新包装物时，按出租、出借包装物的实际成本，借记"其他业务成本"（出租包装物）、"销售费用"（出借包装物）账户，贷记"周转材料——包装物"账户。对于出租包装物收取的租金，借记"银行存款"账户，贷记"其他业务收入"账户。

出租、出借包装物频繁且数量多、金额大的企业，出租、出借包装物的成本，也可以采取"五五摊销法"进行核算。"五五摊销法"的具体运用在低值易耗品核算中详述。

【例4-27】A公司20×8年5月1日出租包装物一批，计划成本为50 000元，材料成本差异率为1%，收取押金55 000元，每月租金收入5 000元，存入银行；经过一段时间后，退还对方押金，同时包装物报废，收回残料3 000元。（假设不考虑其他相关税费），采用一次摊销法的账务处理如下：

① 领用时结转成本。

借：其他业务成本——出租包装物   50 500

  贷：周转材料——包装物   50 000

      材料成本差异——包装物   500

② 收到押金。

借：银行存款   55 000

  贷：其他应付款   55 000

③ 收到租金。

借：银行存款   5 000

  贷：其他业务收入   5 000

④ 退还押金。

借：其他应付款   55 000

  贷：银行存款   55 000

⑤ 包装物报废。

借：原材料   3 000

  贷：其他业务成本——出租包装物   3 000

4.4.4 低值易耗品的核算

1. 低值易耗品的概述

低值易耗品，是指企业在业务经营过程中所必需的单项价值比较低或使用年限比较短，不能作为固定资产核算的物质设备和劳动资料等各种用具物品，如工具、管理用具、玻璃器皿、劳动用具以及在企业生产经营过程中周转使用的包装容器等。这些物资设备在经营过程中可以多次使用，其价值随其磨损程度逐渐转移到有关的成本或费用中去。就其性质来看，低值易耗品是可以多次使用但不改变原有实物形态的劳动资料，具有固定资产的特性。

2. 低值易耗品的核算

低值易耗品也属于企业周转材料，为了加强对低值易耗品的管理和核算，企业应设置"周转材料——低值易耗品"账户进行核算。该账户核算企业库存的低值易耗品的实际成本或计划成本。该账户的结构可以参考"周转材料——包装物"，这里不再赘述。

（1）低值易耗品取得的核算。

企业购入、自制、委托外单位加工完成验收入库的低值易耗品，通过"周转材料——低值易耗品"账户核算，核算方法比照前述原材料的会计核算进行相关账务处理。

（2）低值易耗品发出的核算。

低值易耗品发出的摊销方法同样有一次摊销法和五五摊销法两种，其账务处理如下：

一次摊销法，即在领用时应将其全部价值摊入有关的成本费用。领用低值易耗品时，借记"制造费用""管理费用""其他业务成本"等账户，贷记"周转材料——低值易耗品"账户；报废时，将报废低值易耗品的残料价值作为当月低值易耗品摊销额的减少，冲减有关的成本费用，借记"原材料"等账户，贷记"制造费用""管理费用"和"其他业务成本"等账户。

【例4-28】A公司行政管理部门20×9年5月领用管理用具一批，该管理用具的实际成本2 000元，采用一次摊销法进行摊销。根据有关低值易耗品领用凭证，A公司的账务处理如下：

借：管理费用　　　　　　　　　　　　　　　　　　　　　　2 000

　　贷：周转材料——低值易耗品　　　　　　　　　　　　　　　　　2 000

五五摊销法，即是指低值易耗品在领用时先摊销其价值的一半，在报废时再摊销其价值的另一半。采用五五摊销法时，一般需要在"周转材料——低值易耗品"账户下分别设置"在库""在用"和"摊销"三个明细账户进行核算。

【例4-29】A公司生产车间于20×9年5月领用一般用具一批，实际成本8 000元，采用五五摊销法摊销；该批用具于12月底报废，报废时残料计价300元交材料库。根据有关低值易耗品领用和报废凭证，A公司的账务处理如下：

①5月领用时。

借：周转材料——低值易耗品——在用　　　　　　　　　　　8 000

　　贷：周转材料——低值易耗品——在库　　　　　　　　　　　　　8 000

同时摊销50%。

借：制造费用　　　　　　　　　　　　　　　　　　　　　　4 000

　　贷：周转材料——低值易耗品——摊销　　　　　　　　　　　　　4 000

②12月经批准报废时，按其全部成本再摊销50%。

借：制造费用　　　　　　　　　　　　　　　　　　　　　　4 000

　　贷：周转材料——低值易耗品——摊销　　　　　　　　　　　　　4 000

同时冲销已报废低值易耗品留存在其明细账上的在用数和摊销数。

借：周转材料——低值易耗品——摊销　　　　　　　　　　　8 000

　　贷：周转材料——低值易耗品——在用　　　　　　　　　　　　　8 000

报废的残料回收入库。

借：原材料　　　　　　　　　　　　　　　　　　　　　　　300

　　贷：制造费用　　　　　　　　　　　　　　　　　　　　　　　300

对在用低值易耗品以及使用部门退回仓库的低值易耗品，应加强管理，并在备查账簿上进行登记。

4.5　存货的期末计量

4.5.1　存货期末计量原则

资产负债表日，存货应当按照成本与可变现净值孰低计量。资产负债表日，当存货成本低于可变现净值时，存货按成本计量；当存货成本高于其可变现净值时，应当计提存货跌价准备，计入当期损益。其中，可变现净值，是指在日常活动中，存货的估计售价减去至完工时估计将要发生的成本、估计的销售费用以及相关税费后的金额；存货成本，是指期末存货的实际成本。如果企业在存货成本的日常核算中采用计划成本法、售价金额核算法等简化核算方法，则成本应为经调整后的实际成本。企业应以确凿证据为基础计算确定存货的可变现净值。

4.5.2 可变现净值的确定

企业确定存货的可变现净值，应当以取得的确凿证据为基础，并且考虑持有存货的目的、资产负债表日后事项的影响等因素。具体来说，企业应区别以下几种情况确定存货的可变现净值。

1. 没有销售合同约定而持有的将直接用于出售的商品存货

产成品、商品等直接用于出售的商品存货，没有销售合同约定的，其可变现净值应当为在正常生产经营过程中，产成品或商品的一般销售价格（即市场销售价格）减去估计的销售费用和相关税费等后的金额。

【例4-30】20×9年12月31日，甲公司生产的A产品的成本为45 000元，数量为10件，单位成本为4 500元/件。20×9年12月31日，A产品的市场销售价格（不含增值税）为5 000元/件。甲公司没有签订有关A产品的销售合同。

A产品的可变现净值 = 5 000 × 10 = 50 000（元）

A产品的成本 = 4 500 × 10 = 45 000（元）

因为成本低于可变现净值，所以，该存货应按45 000元列示于20×9年12月31日资产负债表的存货项目中。

若该例A产品的成本为52 000元，则成本大于可变现净值，则该存货应按50 000元列示于20×9年12月31日资产负债表的存货项目中。

2. 为执行销售合同或者劳务合同而持有的存货

这类存货的可变现净值应当以合同价格减去估计的销售费用和相关税费等后的金额确定。

（1）销售合同或者劳务合同订购的数量大于或等于企业持有的存货数量。

这种情况下，与该项销售合同直接相关的存货的可变现净值，应当以合同价格为计量基础。即如果企业就其产成品或商品签订了销售合同，则该批产成品或商品的可变现净值应当以合同价格作为计量基础；如果企业销售合同所规定的标的物尚未生产出来，但持有专门用于该标的物生产的材料，其可变现净值也应当以合同价格作为计量基础。

【例4-31】20×8年8月10日，甲公司与乙公司签订了一份不可撤销的销售合同，双方约定，20×9年2月15日，甲公司应按5 100元/件的价格向乙公司提供A产品10件。20×8年12月31日，甲公司A产品的成本为36 000元，数量为8件，单位成本为4 500元。20×8年12月31日，A产品的市场销售价格为5 000元/件。

根据甲公司与乙公司签订的销售合同，甲公司该批A产品的销售价格已由销售合同约定，并且其库存数量小于销售合同订购的数量。

A产品的可变现净值 = 5 100 × 8 = 40 800（元）

A产品的成本 = 4 500 × 8 = 36 000（元）

因为成本低于可变现净值，所以，该存货应按36 000元列示于20×8年12月31日资产负债表的存货项目中。

（2）销售合同或者劳务合同订购的数量小于企业持有的存货数量。

这种情形，应分别确定其可变现净值，并与其相对应的成本进行比较，分别确定存货跌价准备的计提或转回金额。超出合同部分的存货的可变现净值，应当以一般销售价格为基础计算。

【例 4 - 32】20×8 年 9 月 10 日，甲公司与丁公司签订了一份不可撤销的销售合同，双方约定，20×9 年 2 月 15 日，甲公司应按 4 800 元/件的价格向丁公司提供 A 产品 10 件。20×8 年 12 月 31 日，甲公司 A 产品的成本为 54 000 元，数量为 12 件，单位成本为 4 500 元。20×8 年 12 月 31 日，A 产品的市场销售价格为 5 000 元/件。

① 有销售合同约定数量 10 件的 A 产品的可变现净值 = 4 800 × 10 = 48 000（元）

有销售合同约定数量 10 件的 A 产品的成本 = 4 500 × 10 = 45 000（元）

有销售合同约定数量 10 件的 A 产品的成本小于可变现净值，按成本计量。

② 无销售合同约定数量 2 件的 A 产品的可变现净值 = 5 000 × 2 = 10 000（元）

无销售合同约定数量 2 件的 A 产品的成本 = 4 500 × 2 = 9 000（元）

无销售合同约定数量 2 件的 A 产品的成本小于可变现净值，也按成本计量。

3. 用于出售的材料等

用于出售的材料等，应当以市场价格减去估计的销售费用和相关税费等后的金额作为其可变现净值。这里的市场价格是指材料等的市场销售价格。

【例 4 - 33】20×8 年，乙公司为减少不必要的损失，决定将原材料中专门用于生产某产品的外购原材料——钢材全部出售，20×8 年 12 月 31 日，其成本为 700 000 元，数量为 10 吨。根据市场调查，此种钢材的市场销售价格（不含增值税）为 50 000 元/吨，同时销售这 10 吨钢材可能发生销售费用及税金 50 000 元。

钢材的可变现净值 = 50 000 × 10 - 50 000 = 450 000（元）

钢材的成本 = 700 000（元）

该钢材的成本大于可变现净值，因此，该存货应按 450 000 元列示于 20×8 年 12 月 31 日资产负债表的存货项目中。

4. 需要经过进一步加工的材料存货

用于生产的原材料、在产品、委托加工材料等需要经过加工的材料存货，其可变现净值应以其生产的产成品的可变现净值与该产成品的成本进行比较。

（1）生产出的产成品的可变现净值若高于其成本，则该材料应当按照其成本计量。

【例 4 - 34】20×9 年 12 月 31 日，甲公司库存原材料——A 材料的成本为 150 000 元，市场销售价格总额（不含增值税）为 140 000 元，假设不发生其他购买费用；用 A 材料生产的产成品——B 产品的可变现净值高于成本。

由于用 A 材料生产的产成品——B 产品的可变现净值高于成本，即用该原材料生产的最终产品此时并没有发生价值减损，因此，A 材料的成本即使已高于市场价格，仍按其原成本 150 000 元列示在甲公司 20×9 年 12 月 31 日资产负债表的存货项目之中。

（2）材料价格的下降若表明以其生产的产成品的可变现净值低于成本，则该材料应当按可变现净值计量。其可变现净值为在正常生产经营过程中，以该材料所生产的产成品的估计售价减去至完工时估计将要发生的成本、估计的销售费用以及相关税费后的金额。

【例 4 - 35】20×9 年 12 月 31 日，甲公司库存原材料——钢材的成本为 60 000 元，可用于生产 1 件 C 产品，材料相对应的市场销售价格为 55 000 元，假设不发生其他购买费用。由于钢材的市场销售价格下降，用钢材作为原材料生产的C产品的市场销售价格由150 000元下降为135 000元，但其生产成本仍为140 000元，其中将该批钢材加工成C产品尚需投入80 000元人工及制造费用，估计销售费用及税金为5 000元。

根据上述资料，可按以下步骤确定该批钢材的账面价值：

① 计算用该原材料所生产的产成品的可变现净值。

C产品的可变现净值=C产品估计售价－估计销售费用及税金

=135 000－5 000=130 000（元）

② 将用该原材料所生产的产成品的可变现净值与其成本进行比较。

C产品的可变现净值130 000元小于其成本140 000元，即钢材价格的下降和C产品销售价格的下降表明C产品的可变现净值低于其成本，因此该批钢材应当按可变现净值计量。

③ 计算该批钢材的可变现净值，并确定其期末价值。

该批钢材的可变现净值=C产品的估计售价－将该批钢材加工成C产品尚需投入的成本－估计销售费用及税金=135 000－80 000－5 000=50 000（元）

该批钢材的可变现净值50 000元小于其成本60 000元，因此该批钢材的期末价值应为其可变现净值50 000元，即该批钢材应按50 000元列示在20×9年12月31日资产负债表的存货项目之中。

4.5.3　计提存货跌价准备的核算

企业应当定期或至少每年度终了对存货进行全面清查，如由于存货遭受毁损、全部或部分陈旧过时或销售价格低于成本等原因，使存货成本高于可变现净值的，应按可变现净值低于成本的差额，计提存货跌价准备。

1. 存货的可变现净值低于成本情形的判断

存货存在下列情况之一的，通常表明存货的可变现净值低于成本：

（1）该存货的市场价格持续下跌，并且在可预见的未来无回升的希望。

（2）企业使用该项原材料生产的产品的成本大于产品的销售价格。

（3）企业因产品更新换代，原有库存原材料已不适应新产品的需要，而该原材料的市场价格又低于其账面成本。

（4）因企业所提供的商品或劳务过时或消费者偏好改变而使市场的需求发生变化，导致市场价格逐渐下跌。

（5）其他足以证明该项存货实质上已经发生减值的情形。

2. 存货的可变现净值为零情形的判断

存货存在下列情形之一的，通常表明存货的可变现净值为零：

（1）已霉烂变质的存货。

（2）已过期且无转让价值的存货。

（3）生产中已不再需要，并且已无使用价值和转让价值的存货。

（4）其他足以证明已无使用价值和转让价值的存货。

3. 计提存货跌价准备的方法

资产负债表日，存货的可变现净值若低于成本，则企业应当计提存货跌价准备。

（1）按照单个存货项目计提存货跌价准备。

企业通常应当按照单个存货项目计提存货跌价准备，即资产负债表日，企业将每个存货项目的成本与其可变现净值逐一进行比较，按较低者计量存货。其中可变现净值低于成本的，两者的差额即为应计提的存货跌价准备。

（2）按照存货类别计提存货跌价准备。

对于数量繁多、单价较低的存货，可以按照存货类别计提存货跌价准备，即将存货类别的成本总额与可变现净值的总额进行比较，每个存货类别均取较低者确定该类存货的价值。

（3）合并计提存货跌价准备。

存货具有相同或类似最终用途或目的，并在同一地区生产和销售，意味着存货所处的经济环境、法律环境、市场环境等相同，具有相同的风险和报酬。因此，与在同一地区生产和销售的产品系列相关、具有相同或类似最终用途或目的，且难以与其他项目分开计量的存货，可以合并计提存货跌价准备。

4. 存货跌价准备的核算

（1）存货跌价准备的账户设置。

企业计提存货跌价准备，应当设置"存货跌价准备"账户和"资产减值损失"账户核算。

"存货跌价准备"账户是存货的备抵账户，其贷方登记计提的存货跌价准备，借方登记发出存货应转出的减值准备及冲减恢复的存货跌价准备。期末余额在贷方，反映企业已计提的但尚未转销的存货跌价准备。

"资产减值损失"账户属于损益类账户，其借方登记企业计提的存货跌价准备的数额，贷方登记企业转回的存货跌价准备的数额，期末应将本账户余额转入"本年利润"账户，结转后本账户无余额。

（2）存货跌价准备的账务处理。

资产负债表日，企业首次计提存货跌价准备时，应按存货可变现净值低于其成本的差额，借记"资产减值损失"账户，贷记"存货跌价准备"账户；以后各期，应当重新确认存货的可变现净值，根据成本与可变现净值计算出"存货跌价准备"账户应有的余额，然后与"存货跌价准备"账户已有的余额进行比较，若应提取数大于已提取数，应予补提，借记"资产减值损失"账户，贷记"存货跌价准备"账户；若以前减记存货价值的影响因素已经消失，减记的金额应当予以恢复，并在原已计提的存货跌价准备金额内转回，转回的金额计入当期损益，借记"存货跌价准备"账户，贷记"资产减值损失"账户。发出存货结转其已计提的存货跌价准备，应借记"存货跌价准备"账户，贷记"主营业务成本""生产成本"等账户。

【例 4－36】甲公司按照单项存货计提存货跌价准备。假设 2018 年年末存货的账面余额为 50 000 元，预计可变现净值为 46 000 元，"存货跌价准备"账户余额为 0。此例假设在以下年度该存货的种类、数量、账面余额和已计提的存货跌价准备均未发生变化。

① 甲公司 2018 年年末应计提的存货跌价准备为 4 000 元，其相关账务处理如下：

借：资产减值损失　　　　　　　　　　　　　　　　　　　　　　　4 000
　　贷：存货跌价准备　　　　　　　　　　　　　　　　　　　　　　　　4 000

② 假设 2019 年年末该存货预计可变现净值 40 000 元，则应补提存货跌价准备为 6 000 元。

借：资产减值损失　　　　　　　　　　　　　　　　　　　　　　　6 000
　　贷：存货跌价准备　　　　　　　　　　　　　　　　　　　　　　　　6 000

③ 假设 2020 年年末该存货的可变现净值有所恢复，预计可变现净值为 48 000 元，则应冲减计提的存货跌价准备 8 000 元。

借：存货跌价准备　　　　　　　　　　　　　　　　　　　8 000
　　贷：资产减值损失　　　　　　　　　　　　　　　　　　　　　　8 000

④ 假设 2021 年年末该存货的可变现净值进一步恢复，预计可变现净值为 51 000 元，则应冲减计提的存货跌价准备 2 000 元（以以前已入账的减少数为限）。

借：存货跌价准备　　　　　　　　　　　　　　　　　　　2 000
　　贷：资产减值损失　　　　　　　　　　　　　　　　　　　　　　2 000

需要注意的是，导致存货跌价准备转回的是以前减计存货价值的影响因素的消失，而不是在当期造成存货可变现净值高于其成本的其他影响因素。如果本期导致存货可变现净值高于其成本的影响因素不是以前减计该存货价值的影响因素，则不允许将该存货跌价准备转回。

（3）存货跌价准备的结转。

企业计提了存货跌价准备，如果其中有部分存货已经销售，则企业在结转销售成本时，应同时结转对其已计提的存货跌价准备。对于因债务重组、非货币性资产交换转出的存货，也应同时结转已计提的存货跌价准备。如果按存货类别计提存货跌价准备的，应当按照发生销售、债务重组、非货币性资产交换等而转出存货的成本占该存货未转出前该类别存货成本的比例结转相应的存货跌价准备。

【例 4 - 37】20 ×9 年，甲公司库存 A 产品 5 件，每件成本为 4 000 元，已经计提的存货跌价准备合计为 6 000 元。20 ×9 年，甲公司将库存的 5 件产品全部以每件 5 000 元的价格售出，适用的增值税税率为 13%，货款未收到。

甲公司的相关账务处理如下：

借：应收账款　　　　　　　　　　　　　　　　　　　　28 250
　　贷：主营业务收入——A 产品　　　　　　　　　　　　　　　25 000
　　　　应交税费——应交增值税（销项税额）　　　　　　　　　3 250
借：主营业务成本——A 产品　　　　　　　　　　　　　14 000
　　存货跌价准备——A 产品　　　　　　　　　　　　　6 000
　　贷：库存商品——A 产品　　　　　　　　　　　　　　　　20 000

4.6　存货清查

4.6.1　存货清查的概述

存货清查，是指通过对存货的实地盘点，确定存货的实有数量，并与账面资料核对，从而确定存货实有数与账面数是否相符的一种专门方法。

一般来说，企业的存货应当定期盘点，每年至少盘点一次。盘点结果如果与账面记录不符，应于期末前查明原因，并根据企业的管理权限，经股东大会或董事会等类似机构批准后，在期末结账前处理完毕。如在期末结账前未处理完毕，应在对外提供财务会计报告时先进行处理，并在会计报表附注中做出说明，如果其后批准的金额与已处理的金额不一致，应按其差额调整会计报表相关项目的年初数。

存货清查的内容一般包括：核对存货的账存数和实存数；查明盘盈（实际结存数量大于账

面结存数量）、盘亏（实际结存数量小于账面结存数量）存货的品种、规格和数量；查明贬值、毁损（非常性事项造成的存货损失）、积压呆滞存货的品种、规格和数量。

4.6.2　存货清查的核算

为了核算企业在财产清查中查明的各种财产物资的盘盈、盘亏和毁损，企业应设置"待处理财产损溢"账户。该账户借方登记发生的各种财产物资的盘亏金额和批准转销的盘盈金额，贷方登记发生的各种财产物资（不包括固定资产）的盘盈金额和批准转销的盘亏金额。企业的财产损溢（盘盈、盘亏）应查明原因，在期末结账前结转完毕，结转后本账户应无余额。该账户下设置"待处理流动资产损溢"和"待处理非流动资产损溢"两个明细账户，存货的盘盈、盘亏和毁损，通过"待处理流动资产损溢"明细账户核算。

企业进行存货清查盘点，应当编制"存货盘存报告单"，并将其作为存货清查的原始凭证。经过存货盘存记录的实存数与存货的账面记录核对，对于盘盈、盘亏的存货记入"待处理财产损溢"账户，待查明原因后进行处理。

1. 存货盘盈的核算

存货盘盈，主要是由于存货的收发计量或核算上的误差所造成的。发生存货盘盈，应及时办理存货的调账手续，借记"原材料""库存商品"等账户，贷记"待处理财产损溢——待处理流动资产损溢"账户。经有关部门批准后，冲减当期管理费用，借记"待处理财产损溢——待处理流动资产损溢"账户，贷记"管理费用"账户。

【例 4 - 38】甲公司对原材料进行盘点，发现盘盈 A 材料 100 千克，实际单位成本 5 元。经查，属于材料收发计量方面的错误。甲公司的账务处理如下：

批准处理前，

借：原材料　　　　　　　　　　　　　　　　　　　　　　　　500

　　贷：待处理财产损溢——待处理流动资产损溢　　　　　　　　　　　500

批准处理后，

借：待处理财产损溢——待处理流动资产损溢　　　　　　　　　　500

　　贷：管理费用　　　　　　　　　　　　　　　　　　　　　　500

2. 存货盘亏和毁损的核算

存货发生盘亏和毁损，在报经批准以前，应按其成本，借记"待处理财产损溢——待处理流动资产损溢"账户，贷记"原材料""库存商品"等账户；盘亏存货涉及增值税的，还应进行相应的账务处理。报经批准以后，再根据造成盘亏的原因，分别以下情况进行处理：

（1）属于自然损耗产生的定额内合理损失，经批准后计入管理费用，借记"管理费用"账户，贷记"待处理财产损溢——待处理流动资产损溢"账户。

（2）属于收发计量差错和管理不善等原因造成的存货短缺和毁损，能确定过失的，应由过失人赔偿，借记"其他应收款——××人"账户；属于保险责任范围内的，应向保险公司索赔，借记"其他应收款——××保险公司"账户；收回的残料价值，借记"原材料"等账户；扣除过失人、保险公司的赔偿以及残料价值后的差额，即净损失，借记"管理费用"账户，贷记"待处理财产损溢——待处理流动资产损溢"账户。其中，因管理不善造成被盗、丢失、霉烂变质的存货，相应的进项税额不得从销项税额中抵扣，应当予以转出。

（3）属于自然灾害或意外事故造成的存货非常毁损，应先扣除残料价值和可以收回的保险赔偿，将净损失计入营业外支出，借记"其他应收款——××人""其他应收款——××保险公司""原材料""营业外支出——非常损失"等账户，贷记"待处理财产损溢——待处理流动资产损溢"账户。

【例 4-39】甲公司在存货清查中发现盘亏一批 B 材料，账面成本为 30 000 元。甲公司的账务处理如下：

① 发现盘亏，原因待查。

借：待处理财产损溢——待处理流动资产损溢　　　　　　　　　　30 000
　　贷：原材料——B 材料　　　　　　　　　　　　　　　　　　　　30 000

② 查明原因，报经批准处理。

a）假定属于收发计量差错造成存货的短缺。

借：管理费用　　　　　　　　　　　　　　　　　　　　　　　　30 000
　　贷：待处理财产损溢——待处理流动资产损溢　　　　　　　　　　30 000

b）假定属于管理不善造成存货霉烂变质，由过失人王飞赔偿部分损失 10 000 元，款尚未收到。

借：其他应收款——王飞　　　　　　　　　　　　　　　　　　　10 000
　　管理费用　　　　　　　　　　　　　　　　　　　　　　　　23 900
　　贷：待处理财产损溢——待处理流动资产损溢　　　　　　　　　　30 000
　　　　应交税费——应交增值税（进项税额转出）　　　　　　　　　3 900

c）假定属于自然灾害造成的毁损，应收保险公司赔款 25 000 元。

借：其他应收款——保险公司　　　　　　　　　　　　　　　　　25 000
　　营业外支出——非常损失　　　　　　　　　　　　　　　　　　5 000
　　贷：待处理财产损溢——待处理流动资产损溢　　　　　　　　　　30 000

本章小结

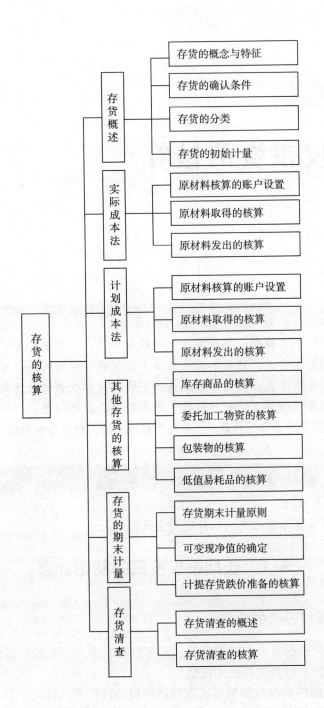

第 5 章

长期股权投资的核算

知识目标

1. 理解长期股权投资的基本含义、核算范围。
2. 理解企业合并的基本概念，熟练掌握同一控制和非同一控制下控股合并的初始计量。
3. 理解成本法的基本含义，熟练掌握成本法下长期股权投资的会计处理。
4. 理解权益法的基本含义，熟练掌握权益法下长期股权投资的会计处理。
5. 熟练掌握在权益法核算下，针对被投资方实现净损益的调整。
6. 理解各种投资核算方法之间的区别，熟练掌握成本法、权益法和金融资产核算方法的转换。

技能目标

1. 能区分不同投资类型采用的不同核算方法，运用成本法和权益法会计核算方法对各类长期股权投资进行会计处理。
2. 能就各类投资核算方法之间的转换进行会计处理。

5.1　长期股权投资的初始计量

5.1.1　长期股权投资的含义

长期股权投资，是指投资方对被投资单位实施控制、重大影响的权益性投资，以及对其合营企业的权益性投资。所以其核算范围包括：

（1）企业持有的能够对被投资单位实施控制的权益性投资，即对子公司投资。

（2）企业持有的能够与其他合营方一同对被投资单位实施共同控制的权益性投资，即对合营企业投资。

（3）企业持有的能够对被投资单位施加重大影响的权益性投资，即对联营企业投资。

5.1.2　形成控股合并的长期股权投资

1. 企业合并的方式

（1）吸收合并，指两家或两家以上的企业合并成一家企业，其中一家企业将另一家企业或多家企业吸收进自己的企业，并以自己的名义继续经营，而被吸收的企业在合并后丧失法人地位，解散消失。

（2）创立合并（新设合并），指两家或两家以上企业协议合并组成一家新的企业。也就是说，经过这种形式的合并，原来的各家企业均不复存在，而由新企业经营。

（3）控股合并，指一家企业购进或取得了另一家企业有投票表决权的股份或出资证明书，且已达到控制后者经营和财务方针的持股比例的企业合并形式。

2. 企业合并的类型

（1）同一控制下的企业合并，指参与合并的企业在合并前后均受同一方或相同的多方最终控制且该控制并非暂时性的。

（2）非同一控制下的企业合并，指参与合并各方在合并前后不受同一方或相同的多方最终控制的合并交易，即同一控制下企业合并以外的其他企业合并。

3. 形成同一控制下控股合并的长期股权投资

合并方以支付现金、转让非现金资产或承担债务方式作为合并对价的，应当在合并日按照被合并方所有者权益在最终控制方合并财务报表中的账面价值的份额作为长期股权投资的初始投资成本，借记"长期股权投资"科目；按承担负债的账面价值，贷记负债类科目；按付出或转让资产的账面价值，贷记资产类科目。长期股权投资初始投资成本与支付的现金、转让的非现金资产以及所承担债务账面价值之间的差额，应当借记或者贷记"资本公积——资本溢价（股本溢价）"科目；资本公积不足冲减的，调整留存收益。

合并方以发行权益性证券作为合并对价的，应当在合并日按照被合并方所有者权益在最终控制方合并财务报表中的账面价值的份额作为长期股权投资的初始投资成本，借记"长期股权投资"科目，按照发行股份的面值总额借记"股本"科目。长期股权投资初始投资成本与所发行股份面值总额之间的差额，应当记入"资本公积——资本溢价（股本溢价）"科目；资本公积不足冲减的，调整留存收益。

合并方为企业合并发生的审计、法律服务、评估咨询等中介费用以及其他相关管理费用，应当于发生时记入"管理费用"科目。

合并方为企业合并发行权益性证券支付的手续费、佣金等，应自权益性证券的溢价发行收入中扣除，溢价收入不足的，应冲减盈余公积和未分配利润。

合并中包含的被合并方已经宣告但尚未发放的现金股利或利润应确认为应收项目，不构成取得长期股权投资的初始投资成本。

【例 5-1】东阳公司以账面价值 45 000 000 元的土地使用权作为对价，取得南阳公司 70% 股权，东阳公司和南阳公司同属某一集团公司控制。合并日，南阳公司所有者权益在集团公司账面所有者权益合并财务报表中的账面价值为 60 000 000 元。

借：长期股权投资　　　　　　　　　　　　　　　　　　　　　42 000 000
　　资本公积——资本溢价　　　　　　　　　　　　　　　　　　3 000 000
　　贷：无形资产　　　　　　　　　　　　　　　　　　　　　　　45 000 000

【例 5-2】2021 年 5 月，库诗公司和天华公司属于同一集团控制下的两个子公司，库诗公司发行 30 000 000 股股票（每股面值 1 元，证券市场活跃的交易价格为每股 3 元）取得天华公司 100% 的股权。天华公司所有者权益在集团合并财务报表中的账面价值为 80 000 000 元。此外，库诗公司支付给证券承销商 1 200 000 元的佣金与手续费。

借：长期股权投资　　　　　　　　　　　　　　　　　　　　　80 000 000

贷：股本		30 000 000
资本公积——股本溢价		50 000 000
借：资本公积——股本溢价	1 200 000	
贷：银行存款		1 200 000

4. 形成非同一控制下控股合并的长期股权投资

购买方应当按照确定的企业合并成本作为长期股权投资的初始投资成本。企业合并成本包括购买方付出的资产、发生或承担的负债、发行的权益性证券的公允价值之和。对于形成非同一控制下控股合并形成的长期股权投资，应在购买日按企业合并成本，借记"长期股权投资"科目，按支付合并对价的账面价值，贷记或借记有关资产、负债科目。

购买方为企业合并发生的审计、法律服务、评估咨询等中介费用以及其他相关管理费用，应当于发生时记入"管理费用"科目。

购买方为企业合并发行权益性证券支付的手续费、佣金等，应自权益性证券的溢价发行收入中扣除，溢价收入不足的，应冲减盈余公积和未分配利润。

合并中包含的被购买方已经宣告但尚未发放的现金股利或利润应确认为应收项目，不构成取得长期股权投资的初始投资成本。

【例5-3】2021年8月，泓天公司发行3 000万股股票（每股面值1元，证券市场活跃的交易价格为每股3元）取得康定公司80%的股权。此外，泓天公司支付给承销商1 200 000元的佣金与手续费。

借：长期股权投资	90 000 000	
贷：股本		30 000 000
资本公积——股本溢价		60 000 000
借：资本公积——股本溢价	1 200 000	
贷：银行存款		1 200 000

【例5-4】2021年6月3日，长江公司以支付银行存款和一项固定资产为对价取得崇仁公司60%的股权。合并中，长江公司支付的固定资产账面原价为80 000 000元，已计提累计折旧7 000 000元，公允价值为76 000 000元，另支付银行存款2 000 000元。合并过程中，长江公司聘请专业资产评估机构对崇仁公司的资产进行评估，支付评估费用200 000元。假设合并前长江公司与崇仁公司不存在任何关联方关系，即此项合并为非同一控制下的企业合并。

借：固定资产清理	73 000 000	
累计折旧	7 000 000	
贷：固定资产		80 000 000
借：长期股权投资	78 000 000	
贷：固定资产清理		73 000 000
银行存款		2 000 000
资产处置损益		3 000 000
借：管理费用	200 000	
贷：银行存款		200 000

5.1.3 除企业合并形成以外的其他方式形成的长期股权投资

1. 会计处理规则

以支付现金取得的长期股权投资，应当按照实际支付的购买价款作为初始投资成本。初始投资成本包括与取得长期股权投资直接相关的费用、税金及其他必要支出。

以发行权益性证券取得的长期股权投资，应当按照发行权益性证券的公允价值作为初始投资成本。发行权益性证券支付的手续费、佣金等，应自权益性证券的溢价发行收入中扣除，溢价收入不足的，应冲减盈余公积和未分配利润。

以投资者投入方式取得的长期股权投资，应当按投资合同或协议约定的价值，但合同或者协议约定的价值不公允的除外。

通过非货币性资产交换取得的长期股权投资，其初始投资成本应当按照《企业会计准则第7号——非货币性资产交换》的有关规定确定。

通过债务重组取得的长期股权投资，其初始投资成本应当按照《企业会计准则第12号——债务重组》的有关规定确定。

取得长期股权投资时，实际支付的价款或对价款中包含的被投资单位已经宣告但尚未发放的现金股利或利润，应确认为应收项目单独核算，不构成取得长期股权投资的初始投资成本。

2. 实务处理

【例 5-5】天意商城股份有限公司于 2021 年 4 月 2 日从证券市场购入仁迪置业股份有限公司的 25% 股权，共计 4 000 万股，实际支付款 90 000 000 元。另外在购买过程中支付手续费等相关费用 2 000 000 元。仁迪置业股份有限公司在 2019 年 2 月 15 日宣告每 10 股派发现金股利 0.3 元。截至 2019 年 4 月 2 日股利尚未发放。

已宣告但尚未发放的股利 = 40 000 000 ÷ 10 × 0.3 = 1 200 000（元）

借：长期股权投资　　　　　　　　　　　　　　　　　　　90 800 000
　　应收股利　　　　　　　　　　　　　　　　　　　　　 1 200 000
　　　贷：银行存款　　　　　　　　　　　　　　　　　　　　　 92 000 000

【例 5-6】2021 年 3 月 13 日，深海公司通过增发 5 000 万股（每股面值 1 元）自身的股份取得对王威公司 40% 的股权，该 5 000 万股股份的公允价值为 82 000 000 元。为增发该部分股份，深海公司支付了 3 000 000 元的佣金和手续费。深海公司取得该部分股权后能够对王威公司的生产经营决策施加重大影响。

借：长期股权投资　　　　　　　　　　　　　　　　　　　82 000 000
　　　贷：股本　　　　　　　　　　　　　　　　　　　　　　　 50 000 000
　　　　　资本公积——股本溢价　　　　　　　　　　　　　　　 32 000 000
借：资本公积——股本溢价　　　　　　　　　　　　　　　 3 000 000
　　　贷：银行存款　　　　　　　　　　　　　　　　　　　　　 3 000 000

【例 5-7】致远公司以其拥有的对宝庆公司的长期股权投资作为出资投入华泓公司。投资各方协议约定，该项长期股权投资可以作价 40 000 000 元。华泓公司的注册资本为 120 000 000 元，致远公司的出资占到华泓公司注册资本的 30%，并可以参与华泓公司的财务和经营决策。

借：长期股权投资　　　　　　　　　　　　　　　　　　　40 000 000
　　　贷：实收资本　　　　　　　　　　　　　　　　　　　　　 36 000 000
　　　　　资本公积　　　　　　　　　　　　　　　　　　　　　 4 000 000

5.2　长期股权投资的成本法

长期股权投资在持有期间，投资企业应当根据其对被投资单位的影响和控制程度，分别采用成本法或权益法进行核算。

5.2.1 成本法的含义

成本法，指的是长期股权投资按历史成本计价，除非追加或收回投资，持有期间账面余额一般保持不变。投资方能够对被投资单位实施控制的长期股权投资应当采用成本法核算，因此，其适用范围为：

（1）同一控制下控股合并的长期股权投资。

（2）非同一控制下控股合并的长期股权投资。

5.2.2 成本法的会计处理规则

企业应设置"长期股权投资"科目，核算同一控制和非同一控制下控股合并的长期股权投资。不设置明细科目。该科目期末借方余额，反映企业持有长期股权投资的账面余额。成本法取得投资时会计处理规则按照"5.1.2 形成控股合并的长期股权投资"进行核算。

1. 持有期间宣告分派的现金股利或利润会计处理

持有期间被投资单位宣告分派的利润或现金股利，投资企业按应享有的部分，确认为当期投资收益，借记"应收股利"，贷记"投资收益"科目；实际收到利润或现金股利时，借记"银行存款"科目，贷记"应收股利"科目。

2. 持有期间未改变控制权的变动

持有期间未改变控制权的股权变动，追加或收回投资应当调整长期股权投资的成本。

3. 长期股权投资的减值

资产负债表日，长期股权投资出现减值迹象时，资方应当对长期股权投资进行减值测试，可收回金额低于长期股权投资账面价值的，应当计提减值准备。借记"资产减值损失"科目，贷记"长期股权投资减值准备"科目。

4. 处置时会计处理

处置长期股权投资，其账面价值与实际取得价款之间的差额，应当计入当期损益。按实际收到的金额，借记"银行存款"等科目；按该投资的账面余额，贷记"长期股权投资"科目；按其差额，贷记或借记"投资收益"科目。已计提减值准备的，还应同时结转减值准备。

5.2.3 实务处理

【例5-8】2007年1月1日，华科公司以10 000 000元的价格购入阳开公司70%的股份，华科公司与阳开公司合并之前不存在关联方关系。购买过程中另支付相关税费30 000元。

（1）2007年1月1日。

借：长期股权投资　　　　　　　　　　　　　　　　　　　　　　　10 000 000

　　管理费用　　　　　　　　　　　　　　　　　　　　　　　　　　30 000

　　贷：银行存款　　　　　　　　　　　　　　　　　　　　　　　10 030 000

（2）2008年至2020年实现净利润5 000 000元，在成本法下不做会计处理。

（3）2012年3月1日，阳开公司宣告分配利润500 000元。

华科公司享有利润金额=500 000×70%=350 000（元）

借：应收股利　　　　　　　　　　　　　　　　　　　　　　　　　350 000

　　　　贷：投资收益　　　　　　　　　　　　　　　　　　　　　　　　　　350 000

　　（4）2012 年 5 月 10 日，阳开公司实际分派了利润。

　　　　借：银行存款　　　　　　　　　　　　　　　　　　　　　　　　　　350 000

　　　　　　贷：应收股利　　　　　　　　　　　　　　　　　　　　　　　　　350 000

　　（5）2020 年 12 月 31 日，阳开公司发生巨额亏损，华科公司预计此项长期股权投资未来现金流量现值为 9 000 000 元。

　　　　减值损失金额 = 10 000 000 − 9 000 000 = 1 000 000（元）

　　　　借：资产减值损失　　　　　　　　　　　　　　　　　　　　　　　1 000 000

　　　　　　贷：长期股权投资减值准备　　　　　　　　　　　　　　　　　　1 000 000

　　（6）2021 年 5 月 6 日，华科公司将此项长期股权投资出售，取得价款 9 200 000 元。

　　　　借：银行存款　　　　　　　　　　　　　　　　　　　　　　　　　9 200 000

　　　　　长期股权投资减值准备　　　　　　　　　　　　　　　　　　　　1 000 000

　　　　　　贷：长期股权投资　　　　　　　　　　　　　　　　　　　　　10 000 000

　　　　　　　　投资收益　　　　　　　　　　　　　　　　　　　　　　　　200 000

5.3　长期股权投资的权益法

5.3.1　权益法的含义

　　权益法，是指投资以初始投资成本计量后，在投资持有期间根据投资企业享有被投资单位所有者权益份额的变动对投资的账面价值进行调整的方法。

　　投资企业对被投资单位具有共同控制或重大影响的长期股权投资，应当采用权益法核算。

　　重大影响，是指投资方对被投资单位的财务和经营政策有参与决策的权力，但并不能够控制或者与其他方一起共同控制这些政策的制定，即对联营企业的投资。

　　共同控制，是指按照相关约定对某项安排所共有的控制，并且该安排的相关活动必须经过分享控制权的参与方一致同意后才能决策，即对合营企业的投资。

　　投资方对联营企业的权益性投资，其中一部分通过风险投资机构、共同基金、信托公司或包括投连险基金在内的类似主体间接持有，无论以上主体是否对这部分投资具有重大影响，投资方都可以按照金融工具确认和计量的有关规定，对间接持有的该部分投资选择以公允价值计量且其变动计入损益，即作为交易性金融资产核算，并对其余部分采用权益法核算。

5.3.2　权益法的会计处理规则

　　采用权益法核算时，企业在"长期股权投资"科目下分别设置"成本""损益调整""其他权益变动"等明细科目。其中，"长期股权投资——成本"反映长期股权投资的入账价值；"长期股权投资——损益调整"反映享有被投资方留存收益变动的份额；"长期股权投资——其他权益变动"反映享有被投资方除留存收益以外的其他所有者权益的变动的份额。权益法下初始投资成本会计处理规则按照"5.1.3　除企业合并形成以外的其他方式形成的长期股权投资"进行核算。

　　1. 初始投资成本的调整

　　长期股权投资的初始投资成本大于投资时，应享有被投资单位可辨认净资产公允价值份额的，不调整长期股权投资的初始投资成本；长期股权投资的初始投资成本小于投资时，应享有被投资单位可辨认净资产公允价值份额的，应按其差额，同时调整长期股权投资的成本，借记"长期股权投资——成本"科目，贷记"营业外收入"科目。

2. 持有期间被投资方实现净损益

投资方取得长期股权投资后，应当按照应享有或应分担的被投资单位实现的净损益份额，分别确认投资收益，同时调整长期股权投资的账面价值。

被投资方实现净利润，按其所享有的份额，借记"长期股权投资——损益调整"科目，贷记"投资收益"。

投资方在确认应享有被投资单位净损益的份额时，应当以取得投资时被投资单位可辨认净资产的公允价值为基础，对被投资单位的净利润进行调整后确认。需要把被投资方账面净利润调整为被投资方投资日以可辨认净资产公允价值为基础计算的净利润（公允净利润）。

公允净利润 = 账面净利润 + （公允收入 - 账面收入）- （公允费用 - 账面费用）

被投资方发生净亏损，按其应分担的损失的份额，借记"投资收益"，贷记"长期股权投资——损益调整"。

投资方确认被投资单位发生的净亏损，应当以长期股权投资的账面价值以及其他实质上构成对被投资单位净投资的长期权益减记至零为限，投资方负有承担额外损失义务的除外。应按以下四种顺序处理：冲减"长期股权投资"至零；冲减"其他实质上构成对被投资单位净投资的长期权益"即"长期应收款"至零；确认"投资企业承担的额外损失"，即预计负债；在备查簿中登记。被投资单位以后实现净利润的，投资方在其收益分享额弥补未确认的亏损分担额后，恢复确认收益分享额。

投资方计算确认应享有或应分担被投资单位的净损益时，与联营企业、合营企业之间发生的未实现内部交易损益按照应享有的比例计算归属于投资方的部分，应当予以抵销，在此基础上确认投资收益。

3. 被投资方宣告现金股利或利润

投资方按照被投资单位宣告分派的利润或现金股利计算应享有的部分，相应减少长期股权投资的账面价值。应按其享有的份额，借记"应收股利"科目，贷记"长期股权投资——损益调整"科目。

倘若被投资单位分派股票股利，投资企业不作账务处理，但应于除权日在备查簿中登记所增加的股数。

4. 持有期间被投资方其他权益变动

投资企业对于被投资方除净损益以外所有者权益的其他变动，按照持股比例确认归属于本企业的，应当调整长期股权投资的账面价值，并计入所有者权益。按持股比例计算应享有的份额，借记或贷记"长期股权投资——其他权益变动"科目，贷记或借记"资本公积——其他资本公积"科目。

5. 处置时会计处理

处置权益法下的长期股权投资时，应将取得的价款与该投资账面价值之间的差额，计入投资收益，应按实际收到的金额，借记"银行存款"等科目；按该投资的账面余额，注销（即以相反的方向记录）"长期股权投资——成本""长期股权投资——损益调整""长期股权投资——其他权益变动"科目；按其差额，贷记或借记"投资收益"科目。同时，将原记载于除净损益以外

所有者权益的其他变动转出，借记或贷记"资本公积——其他资本公积"科目，贷记或借记
"投资收益"科目。

5.3.3　实务处理

【例 5 – 9】嘉晨公司以 60 000 000 元取得龙阳公司 30% 的股权。嘉晨公司能够对龙阳公司
施加重大影响。假设嘉晨公司取得投资时被投资单位可辨认净资产的公允价值为
195 000 000 元。

（1）初始投资成本的确认。

借：长期股权投资——成本　　　　　　　　　　　　　　　　　　60 000 000
　　贷：银行存款　　　　　　　　　　　　　　　　　　　　　　　　　60 000 000

（2）因为 60 000 000 元 > 58 500 000 元 = 195 000 000 × 30%，所以不调整长期股权投资的
账面价值。

【例 5 – 10】嘉晨公司以 60 000 000 元取得龙阳公司 30% 的股权。嘉晨公司能够对龙阳公
司施加重大影响。假设嘉晨公司取得投资时被投资单位可辨认净资产的公允价值
为 204 000 000 元。

（1）初始投资成本的确认。

借：长期股权投资——成本　　　　　　　　　　　　　　　　　　60 000 000
　　贷：银行存款　　　　　　　　　　　　　　　　　　　　　　　　　60 000 000

（2）因为 60 000 000 元 < 61 200 000 元 = 204 000 000 × 30%，所以应调整长期股权投资的
账面价值。

借：长期股权投资——成本　　　　　　　　　　　　　　　　　　　1 200 000
　　贷：营业外收入　　　　　　　　　　　　　　　　　　　　　　　　　1 200 000

【例 5 – 11】广福公司为增值税一般纳税人，适用增值税税率 16%。2021 年 1 月 2 日，广
福公司以原材料取得首阳公司 35% 的股权，原材料售价为 40 000 000 元；广福公司取得投资后
即派人参与首阳公司的生产经营决策，但未能对首阳公司形成控制。

（1）初始投资成本的确认。

借：长期股权投资——成本　　　　　　　　　　　　　　　　　　46 400 000
　　贷：其他业务收入　　　　　　　　　　　　　　　　　　　　　　　40 000 000
　　　　应交税费——应交增值税　　　　　　　　　　　　　　　　　　6 400 000

（2）当日，首阳公司可辨认净资产公允价值为 140 000 000 元，与其账面价值相同。

因为 46 400 000 元 < 49 000 000 元 = 140 000 000 × 35%，所以应调整长期股权投资的账面
价值。

借：长期股权投资——成本　　　　　　　　　　　　　　　　　　　2 600 000
　　贷：营业外收入　　　　　　　　　　　　　　　　　　　　　　　　　2 600 000

（3）2021 年 12 月 31 日，首阳公司 2021 年实现净利润 10 000 000 元。

享有的份额 = 10 000 000 × 35% = 3 500 000（元）

借：长期股权投资——损益调整　　　　　　　　　　　　　　　　　3 500 000
　　贷：投资收益　　　　　　　　　　　　　　　　　　　　　　　　　3 500 000

（4）2022 年 2 月 4 日，首阳公司宣告分配利润 2 000 000 元。

享有的份额 = 2 000 000 × 35% = 700 000（元）

借：应收股利   700 000

    贷：长期股权投资——损益调整   700 000

（5）2022年12月31日，首阳公司发生亏损3 000 000元。

分担的份额=3 000 000×35%=1 050 000（元）

借：投资收益   1 050 000

    贷：长期股权投资——损益调整   1 050 000

【例5-12】阜可公司于2020年1月10日购入祥仁公司30%的股份，购买价款为33 000 000元，并自取得投资之日起派人参与祥仁公司的财务和生产经营决策。

（1）取得投资时。

借：长期股权投资——成本   33 000 000

    贷：银行存款   33 000 000

（2）取得投资当日，祥仁公司可辨认净资产公允价值为90 000 000元，除表5-1所列项目外，祥仁公司其他资产负债的公允价值与账面价值相同。

表5-1　某些资产公允价值   金额单位：万元

项目	账面原价	已提折旧或摊销	公允价值	祥仁公司预计使用年限	阜可公司取得投资后剩余使用年限
存货	750		1 050		
固定资产	1 800	360	2 400	20	16
无形资产	1 050	210	1 200	10	8
合计	3 600	570	4 650		

因为33 000 000元>27 000 000元=90 000 000×30%，所以不调整长期股权投资的账面价值。

（3）祥仁公司于2020年实现净利润9 000 000元，其中，在阜可公司取得投资时的账面存货有80%对外出售。阜可公司与祥仁公司的会计年度及采用的会计政策相同。固定资产、无形资产均按直线法提取折旧或摊销，预计净残值均为0。假定阜可、祥仁公司间未发生任何内部交易。

阜可公司在确定其应享有的投资收益时，应在祥仁公司实现净利润的基础上，根据取得投资时祥仁公司有关资产的账面价值与其公允价值差额的影响进行调整（假定不考虑所得税影响）。

存货账面价值与公允价值的差额应调减的利润

=（1 050-750）×80%=240（万元）

固定资产公允价值与账面价值的差额应调整增加的折旧额

=2 400÷16-1 800÷20=60（万元）

无形资产公允价值与账面价值的差额应调整增加的摊销额

=1 200÷8-1 050÷10=45（万元）

调整后的净利润=900-240-60-45=555（万元）

阜可公司应享有份额=555×30%=166.5（万元）

确认投资收益的账务处理如下：

借：长期股权投资——损益调整   1 665 000

    贷：投资收益   1 665 000

（4）祥仁公司于 2021 年实现净利润 10 000 000 元，其中，在阜可公司取得投资时的账面存货有剩余的 20% 对外出售。祥仁公司因持有的其他权益工具投资公允价值的变动计入其他综合收益借方的金额为 5 000 000 元。

存货账面价值与公允价值的差额应调减的利润

= （1 050 − 750）×20% = 60（万元）

固定资产公允价值与账面价值的差额应调整增加的折旧额

= 2 400 ÷ 16 − 1 800 ÷ 20 = 60（万元）

无形资产公允价值与账面价值的差额应调整增加的摊销额

= 1 200 ÷ 8 − 1 050 ÷ 10 = 45（万元）

调整后的净利润 = 1 000 − 60 − 60 − 45 = 835（万元）

投资收益金额 = 835 × 30% = 250.5（万元）

其他权益变动金额 = 500 × 30% = 150（万元）

借：长期股权投资——损益调整　　　　　　　　　　　　　　　　2 505 000

　　贷：投资收益　　　　　　　　　　　　　　　　　　　　　　　　2 505 000

借：长期股权投资——其他权益变动——损益调整　　　　　　　　1 500 000

　　贷：其他综合收益　　　　　　　　　　　　　　　　　　　　　　1 500 000

【例 5 - 13】东海公司于 2020 年 1 月取得南瑞公司 20% 有表决权股份，能够对南瑞公司施加重大影响。假定东海公司取得该项投资时，南瑞公司各项可辨认资产、负债的公允价值与其账面价值相同。2020 年 8 月，南瑞公司将其成本为 6 000 000 元的某商品以 10 000 000 元的价格出售给东海公司，东海公司将取得的商品作为存货。至 2020 年资产负债表日，东海公司仍未对外出售该存货。南瑞公司 2020 年实现净利润为 32 000 000 元。假定不考虑所得税因素。

（1）东海公司在按照权益法确认应享有南瑞公司 2020 年净损益时，应进行以下账务处理：

经调整后的净利润 = 32 000 000 − 4 000 000 = 28 000 000（元）

确认投资收益金额 = （32 000 000 − 4 000 000）×20% = 5 600 000（元）

借：长期股权资——损益调整　　　　　　　　　　　　　　　　　5 600 000

　　贷：投资收益　　　　　　　　　　　　　　　　　　　　　　　　5 600 000

（2）假定至 2020 年 12 月 31 日，东海公司已对外出售该存货的 70%，30% 形成期末存货。

经调整后的净利润 = 32 000 000 − 4 000 000 × 30% = 30 800 000（元）

确认投资收益金额 = 30 800 000 × 20% = 6 160 000（元）

借：长期股权投资——损益调整　　　　　　　　　　　　　　　　6 160 000

　　贷：投资收益　　　　　　　　　　　　　　　　　　　　　　　　6 160 000

（3）假定东海公司至 2020 年年末未出售上述存货，于 2021 年将上述商品全部出售，南瑞公司 2021 年实现净利润为 36 000 000 元。假定不考虑所得税因素。

经调整后的净利润 = 36 000 000 + 4 000 000 = 40 000 000（元）

应确认投资收益 = （36 000 000 + 4 000 000）×20% = 8 000 000（元）

借：长期股权投资——损益调整　　　　　　　　　　　　　　　　8 000 000

　　贷：投资收益　　　　　　　　　　　　　　　　　　　　　　　　8 000 000

【例 5 - 14】华宏公司持有天华公司 30% 的股份，且能够参与其财务与经营决策。2020 年 1 月 1 日天华公司持有一项其他权益工具投资，年初公允价值为 60 000 000 元，年末的公允价值为 90 000 000 元。天华公司 2020 年实现的净利润为 180 000 000 元，假定华宏公司和天华公司的会计政策与会计期间相同，投资时天华公司可辨认的资产和负债的公允价值等于其账面价值。

投资收益的金额 = 180 000 000 × 30% = 54 000 000（元）

其他权益变动金额 = 30 000 000 × 30% = 9 000 000（元）

借：长期股权投资——损益调整　　　　　　　　　　　　　　　54 000 000

　　　　　　　　——其他权益变动　　　　　　　　　　　　　 9 000 000

　　贷：投资收益　　　　　　　　　　　　　　　　　　　　　　　54 000 000

　　　　其他综合收益　　　　　　　　　　　　　　　　　　　　　 9 000 000

【例 5 - 15】开远公司持有希夷公司 40% 的股权，能够对希夷公司施加重大影响。2021 年 12 月 31 日，该项长期股权投资的账面价值为 56 000 000 元。

（1）如果希夷公司当年度的亏损额为 180 000 000 元，则开远公司按其持股比例确认应分担的损失为 72 000 000 元。

借：投资收益　　　　　　　　　　　　　　　　　　　　　　　　56 000 000

　　贷：长期股权投资——损益调整　　　　　　　　　　　　　　　56 000 000

超额损失 16 000 000 元在账外进行备查登记。

（2）如果开远公司账上仍有应收希夷公司的长期应收款 24 000 000 元。

借：投资收益　　　　　　　　　　　　　　　　　　　　　　　　56 000 000

　　贷：长期股权投资——损益调整　　　　　　　　　　　　　　　56 000 000

借：投资收益　　　　　　　　　　　　　　　　　　　　　　　　16 000 000

　　贷：长期应收款　　　　　　　　　　　　　　　　　　　　　　16 000 000

5.4　长期股权投资核算方法的转换

5.4.1　因持股比例上升由金融资产核算转换为权益法

投资方因追加投资等原因能够对被投资单位施加重大影响或实施共同控制但不构成控制的，应把按照金融工具确认和计量确定的原持有的股权投资的公允价值加上新增投资成本之和，作为改按权益法核算的初始投资成本。原持有的股权投资分类为其他权益工具投资的，其公允价值与账面价值之间的差额，以及原计入其他综合收益的累计公允价值变动应当转入改按权益法核算的当期损益。

【例 5 - 16】咸福公司于 2020 年 11 月 10 日取得界何公司 5% 的股权作为可供出售金融资产，取得成本为 9 000 000 元。

（1）取得时。

借：其他权益工具投资——成本　　　　　　　　　　　　　　　　 9 000 000

　　贷：银行存款　　　　　　　　　　　　　　　　　　　　　　　 9 000 000

（2）2020 年 12 月 31 日其公允价值为 10 000 000 元。

借：其他权益工具投资——公允价值变动　　　　　　　　　　　　 1 000 000

　　贷：资本公积——其他资本公积　　　　　　　　　　　　　　　 1 000 000

（3）2021 年 2 月 1 日，咸福公司又从市场上取得界何公司 15% 的股权，实际支付款项 31 500 000 元，原 5% 投资在该日的公允价值为 10 500 000 元。从 2021 年 2 月 1 日起，咸福公司能够对界何公司施加重大影响。2021 年 2 月 1 日界何公司可辨认净资产公允价值为 220 000 000 元。

借：长期股权投资 31 500 000
　　贷：银行存款 31 500 000
借：长期股权投资 10 500 000
　　贷：其他权益工具投资——成本 9 000 000
　　　　　　　　　　　　　——公允价值变动 1 000 000
　　　　投资收益 500 000
借：资本公积——其他资本公积 1 000 000
　　贷：投资收益 1 000 000

应确认营业外收入 = 220 000 000 × 20% −（31 500 000 + 10 500 000）= 2 000 000（元）

借：长期股权投资 2 000 000
　　贷：营业外收入 2 000 000

5.4.2　因持股比例下降由权益法转换为金融资产核算

投资方因处置部分股权投资等原因丧失了对被投资单位的共同控制或重大影响的，处置后的剩余股权应当改按《企业会计准则第 22 号——金融工具确认和计量》核算，其在丧失共同控制或重大影响之日的公允价值与账面价值之间的差额计入当期损益。原股权投资因采用权益法核算而确认的其他综合收益，应当在终止采用权益法核算时在与被投资单位直接处置相关资产或负债相同的基础进行会计处理。

【例 5 - 17】（1）2020 年 7 月 1 日，星新公司以银行存款 14 000 000 元购入冉升公司 40% 的股权，对冉升公司具有重大影响，冉升公司可辨认净资产的公允价值为 37 500 000 元（包含一项存货评估增值 1 000 000 元；另一项固定资产评估增值 2 000 000 元，尚可使用年限 10 年，采用年限平均法计提折旧）。

初始投资成本的调整金额 = 37 500 000 × 40% − 14 000 000 = 1 000 000（元）

借：长期股权投资——成本 14 000 000
　　贷：银行存款 14 000 000
借：长期股权投资——成本 1 000 000
　　贷：营业外收入 1 000 000

（2）2020 年冉升公司全年实现净利润 10 000 000 元（上半年发生净亏损 10 000 000 元），投资时评估增值的存货，冉升公司已经全部对外销售，冉升公司其他综合收益增加 15 000 000 元。

调整后的净利润 = 20 000 000 − 1 000 000 − 2 000 000/10 ÷ 2 = 18 900 000（元）
投资收益的金额 = 18 900 000 × 40% = 7 560 000（元）
资本公积的金额 = 15 000 000 × 40% = 6 000 000（元）

借：长期股权投资——损益调整 7 560 000
　　贷：投资收益 75 600 000
借：长期股权投资——其他权益变动 6 000 000
　　贷：资本公积——其他资本公积 6 000 000

（3）2021 年 1 月 1 日，星新公司决定出售其持有的冉升公司 25% 的股权（即出售其持有冉升公司股权的 62.5%），出售股权后星新公司持有冉升公司 15% 的股权，对原有冉升公司不具有重大影响，改按其他权益工具投资进行会计核算。出售取得价款为 17 000 000 元，剩余 15% 的股权公允价值为 10 200 000 元。

出售部分减少成本金额 = 15 000 000 × 25% ÷ 40% = 9 375 000（元）

出售部分减少损益调整金额 = 7 560 000 × 25% ÷ 40% = 4 725 000（元）

出售部分减少其他权益变动金额 = 6 000 000 × 25% ÷ 40% = 3 750 000（元）

借：银行存款 17 000 000

　　投资收益 850 000

　　　贷：长期股权投资——成本 9 375 000

　　　　　　　　　　——损益调整 4 725 000

　　　　　　　　　　——其他权益变动 3 750 000

剩余转换部分减少成本金额 = 15 000 000 × 15% ÷ 40% = 5 625 000（元）

剩余转换部分减少损益调整金额 = 7 560 000 × 15% ÷ 40% = 2 835 000（元）

剩余转换部分减少其他权益变动金额 = 6 000 000 × 15% ÷ 40% = 2 250 000（元）

借：其他权益工具投资 10 200 000

　　投资收益 510 000

　　　贷：长期股权投资——成本 5 625 000

　　　　　　　　　　——损益调整 2 835 000

　　　　　　　　　　——其他权益变动 2 250 000

借：资本公积——其他资本公积 6 000 000

　　　贷：投资收益 6 000 000

5.4.3　因持股比例下降由成本法转换为权益法

投资方因处置部分权益性投资等原因丧失了对被投资单位的控制的，在编制个别财务报表时，处置后的剩余股权能够对被投资单位实施共同控制或施加重大影响的，应当改按权益法核算，并对该剩余股权视同自取得时即采用权益法核算进行调整；处置部分应按长期股权投资成本法处置时的会计处理规则进行核算。

剩余的长期股权投资成本与按照剩余持股比例计算原投资时应享有被投资单位可辨认净资产公允价值的份额，属于投资作价中体现的商誉部分，不调整长期股权投资的账面价值，无须进行会计处理。属于投资成本小于原投资时应享有被投资单位可辨认净资产公允价值份额的，在调整长期股权投资成本的同时，应调整留存收益。

按应享有原投资时被投资单位净资产公允价值份额，借记"长期股权投资"相关明细科目；按应享有原取得投资时至处置投资当期期初被投资单位留存收益的变动的份额，贷记"盈余公积""利润分配"等科目；按应享有处置投资当期期初至处置日被投资单位的净损益变动的份额，贷记"投资收益"；按应享有其他原因导致被投资单位所有者权益变动的份额，贷记"资本公积——其他资本公积"等科目。

【例 5 - 18】2014 年 1 月 1 日，次元公司支付 6 000 000 元取得卓阳公司 100% 的股权，投资当时卓阳公司可辨认净资产的公允价值为 5 000 000 元，有商誉 1 000 000 元。

（1）取得投资时。

借：长期股权投资 6 000 000

$\qquad$ 贷：银行存款 $\hfill$ 6 000 000

（2）2021 年 1 月 4 日，次元公司转让卓阳公司 60% 的股权，收取现金 4 800 000 元存入银行，转让后次元公司对卓阳公司的持股比例为 40%，能够对其施加重大影响。

长期股权投资处置部分的账面价值 = 6 000 000 × 60% = 3 600 000 （元）

借：银行存款 $\hfill$ 4 800 000

$\qquad$ 贷：长期股权投资 $\hfill$ 3 600 000

$\qquad\qquad$ 投资收益 $\hfill$ 1 200 000

（3）2021 年 1 月 4 日，即次元公司丧失对卓阳公司的控制权日，卓阳公司剩余 40% 股权的公允价值为 3 200 000 元。2014 年 1 月 1 日至 2020 年 12 月 31 日，卓阳公司的净资产增加了 750 000 元，其中按购买日公允价值计算实现的净利润 500 000 元，持有可供出售金融资产的公允价值升值 250 000 元。次元、卓阳公司提取盈余公积的比例均为 10%。卓阳公司未分配现金股利，并不考虑其他因素。

损益调整的金额 = 500 000 × 40% = 200 000 （元）

其他权益变动的金额 = 250 000 × 40% = 100 000 （元）

剩余股权的账面价值为 6 000 000 × 40% + 300 000 = 2 700 000 （元）

借：长期股权投资——损益调整 $\hfill$ 200 000

$\qquad\qquad\qquad\quad$ ——其他权益变动 $\hfill$ 100 000

$\qquad$ 贷：盈余公积 $\hfill$ 20 000

$\qquad\qquad$ 利润分配 $\hfill$ 180 000

$\qquad\qquad$ 资本公积 $\hfill$ 100 000

5.4.4　因持股比例下降由成本法转换为金融资产核算

投资方因处置部分权益性投资等原因丧失了对被投资单位的控制的，处置后的剩余股权不能对被投资单位实施共同控制或施加重大影响的，应当改按《企业会计准则第 22 号——金融工具确认和计量》的有关规定进行会计处理，其在丧失控制之日的公允价值与账面价值间的差额计入当期损益。

【例 5 - 19】（1）2020 年 1 月 2 日，东大公司以银行存款对乐乐公司投资，取得乐乐公司 80% 的股权，取得初始投资成本为 70 000 000 元，乐乐公司可辨认净资产公允价值总额为 80 000 000 元（假定公允价值与账面价值相同）。

借：长期股权投资 $\hfill$ 70 000 000

$\qquad$ 贷：银行存款 $\hfill$ 70 000 000

（2）2021 年 4 月 1 日，东大公司将其持有的对乐乐公司 70% 的股权出售给某公司，出售取得价款 70 000 000 元。在出售 70% 的股权后，东大公司对乐乐公司的持股比例变为 10%，其公允价值为 10 000 000 元，在被投资单位董事会中没有派出代表，对乐乐公司股权投资在活跃市场中有报价，公允价值能够可靠计量，应由成本法改为其他权益工具投资核算。

借：银行存款 $\hfill$ 70 000 000

$\qquad$ 贷：长期股权投资 $\hfill$ 61 250 000

$\qquad\qquad$ 投资收益 $\hfill$ 8 750 000

借：其他权益工具投资 $\hfill$ 10 000 000

$\qquad$ 贷：长期股权投资 $\hfill$ 8 750 000

$\qquad\qquad$ 投资收益 $\hfill$ 1 250 000

5.4.5 通过多次交换交易，分步取得形成同一控制下控股合并

合并方应当以按持股比例计算的合并日应享有被合并方账面所有者权益份额作为该项投资的初始投资成本。按初始投资成本与其原长期股权投资账面价值加上合并日为取得新的股份所支付对价的账面价值之和的差额，调整资本公积（资本溢价或股本溢价），资本公积不足冲减的，冲减留存收益。

合并日初始投资成本 = 合并日相对于最终控制方而言的被合并方所有者权益账面价值的份额 × 全部持股比例 + 包括最终控制方收购被合并方而形成的商誉

新增投资部分初始投资成本 = 合并日初始投资成本 − 原长期股权投资账面价值

按新增投资部分初始投资成本与为取得新增部分所支付对价的账面价值的差额，调整资本公积（资本溢价或股本溢价），资本公积（资本溢价或股本溢价）不足冲减的，冲减留存收益。

5.4.6 通过多次交换交易，分步实现非同一控制下控股合并

投资方因追加投资等原因能够对非同一控制下的被投资单位实施控制的，在编制个别财务报表时，应当以原持有的股权投资账面价值加上新增投资成本之和作为改按成本法核算的初始投资成本。

购买日之前持有的股权投资因采用权益法核算而确认的其他综合收益，应当在处置该项投资时，在与被投资单位直接处置相关资产或负债相同的基础进行会计处理。购买日之前持有的股权投资按照金融工具确认和计量的有关规定进行会计处理的，原计入其他综合收益的累计公允价值变动应当在改按成本法核算时转入当期损益。

1. 由权益法转换成本法实务处理

【例 5 - 20】挪容公司于 2020 年 3 月以 120 000 000 元取得朋克公司 20% 的股权，并能对朋克公司施加重大影响，采用权益法核算该项股权投资，当年度确认对朋克公司的投资收益 4 500 000 元，其他权益变动 1 000 000 元。挪容公司与朋克公司不存在任何关联方关系。

（1）取得投资权益法核算。

借：长期股权投资——成本　　　　　　　　　　　　　　　　120 000 000
　　贷：银行存款　　　　　　　　　　　　　　　　　　　　　　120 000 000
借：长期股权投资——损益调整　　　　　　　　　　　　　　　4 500 000
　　贷：投资收益　　　　　　　　　　　　　　　　　　　　　　4 500 000
借：长期股权投资——其他权益变动　　　　　　　　　　　　　1 000 000
　　贷：资本公积——其他资本公积　　　　　　　　　　　　　　1 000 000

（2）2021 年 4 月，挪容公司又斥资 150 000 000 元自 C 公司取得朋克公司另外 30% 的股权，从而能够控制朋克公司的财务与经营政策，挪容公司对朋克公司股权投资转而采用成本法核算。挪容公司按净利润的 10% 提取盈余公积。

购买日对朋克公司长期股权投资的账面价值 = 125 500 000 + 150 000 000 = 275 500 000（元）

借：长期股权投资　　　　　　　　　　　　　　　　　　　　150 000 000
　　贷：银行存款　　　　　　　　　　　　　　　　　　　　　　150 000 000

原 20% 股权按权益法核算调整到成本法，无须按成本法进行追溯调整，且不需要调整原计入资本公积的金额。

借：长期股权投资　　　　　　　　　　　　　　　　　　　　125 500 000

```
贷：长期股权投资——成本                                          120 000 000
            ——损益调整                                            4 500 000
            ——其他权益变动                                        1 000 000
```

2. 由金融资产核算转换成本法实务处理

【例 5 – 21】（1）年牛公司于 2020 年以 18 000 000 元取得紫苏公司 5% 的股权，对紫苏公司不具有重大影响，年牛公司将其分类为其他权益工具投资，按公允价值计量。年牛公司原持有紫苏公司 5% 的股权于 2020 年 12 月 31 日的公允价值为 25 000 000 元，累计计入其他综合收益的金额为 5 000 000 元。

```
借：其他权益工具投资——成本                                      18 000 000
  贷：银行存款                                                    18 000 000
借：其他权益工具投资——公允价值变动                               5 000 000
  贷：资本公积——其他资本公积                                      5 000 000
```

（2）2021 年 1 月 1 日，年牛公司又斥资 250 000 000 元自 C 公司取得紫苏公司另外 50% 的股权。至此年牛公司对紫苏公司的持股比例达到 55%，并取得控制权。年牛公司与 C 公司不存在任何关联方关系。年牛公司通过分步购买最终达到对紫苏公司的控制，因年牛公司与 C 公司不存在任何关联方关系，故形成非同一控制下企业合并。

```
借：长期股权投资                                                 250 000 000
  贷：银行存款                                                    250 000 000
借：长期股权投资                                                 230 000 000
  贷：其他权益工具投资                                            230 000 000
借：资本公积——其他资本公积                                       5 000 000
  贷：投资收益                                                     5 000 000
```

本章小结

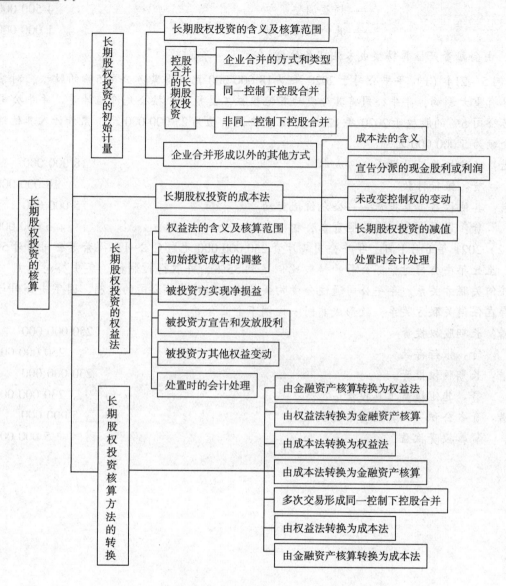

- 长期股权投资的核算
  - 长期股权投资的初始计量
    - 长期股权投资的含义及核算范围
    - 控股合并的长期股权投资
      - 企业合并的方式和类型
      - 同一控制下控股合并
      - 非同一控制下控股合并
    - 企业合并形成以外的其他方式
  - 长期股权投资的成本法
    - 成本法的含义
    - 宣告分派的现金股利或利润
    - 未改变控制权的变动
    - 长期股权投资的减值
    - 处置时会计处理
  - 长期股权投资的权益法
    - 权益法的含义及核算范围
    - 初始投资成本的调整
    - 被投资方实现净损益
    - 被投资方宣告和发放股利
    - 被投资方其他权益变动
    - 处置时的会计处理
  - 长期股权投资核算方法的转换
    - 由金融资产核算转换为权益法
    - 由权益法转换为金融资产核算
    - 由成本法转换为权益法
    - 由成本法转换为金融资产核算
    - 多次交易形成同一控制下控股合并
    - 由权益法转换为成本法
    - 由金融资产核算转换为成本法

固定资产的核算

1. 理解固定资产含义，掌握固定资产的确认条件及账户设置。
2. 掌握固定资产初始入账价值、折旧范围、折旧方法及相关账务处理。
3. 掌握固定资产资本化和费用化后续支出的计量与账务处理。
4. 理解固定资产终止确认的条件，掌握固定资产处置的账务处理。
5. 理解固定资产清查的含义，掌握固定资产盘盈盘亏的账务处理。
6. 掌握固定资产减值的账务处理。

1. 能运用固定资产核算规则进行固定资产初始计量、后续支出计量及会计实务处理。
2. 能利用四种折旧方法熟练计算固定资产折旧。

6.1 固定资产的确认和账户设置

6.1.1 固定资产的确认

1. 固定资产的含义和特征

固定资产是指同时具有下列特征的有形资产：① 为生产商品、提供劳务、出租或经营管理而持有的；② 使用寿命超过一个会计年度。

从固定资产的含义可以看出，作为企业的固定资产应具备以下三个特征：

首先，企业持有固定资产的目的是用于生产商品、提供劳务、出租或经营管理，而不是直接用于出售。其中，出租是指以经营租赁方式出租的机器设备等，以经营租赁方式出租的建筑物属于企业的投资性房地产。

其次，固定资产的使用寿命超过一个会计年度。该特征使固定资产明显区别于流动资产。使用寿命超过一个会计年度，意味着固定资产属于长期资产。固定资产的使用寿命，是指企业使用固定资产的预计期间，或者该固定资产所能生产产品或提供劳务的数量。通常情况下，固定资产的使用寿命是指使用固定资产的预计使用期间，如某些机器设备或运输设备等固定资产的使用寿命，也可以以该固定资产所能生产产品或提供劳务的数量来表示，例如，发电设备可按其预计发电量估计使用寿命。

最后，固定资产必须是有形资产。该特征将固定资产与无形资产区别开来。有些无形资产可能同时符合固定资产的其他特征，如无形资产是为生产商品、提供劳务而持有，使用寿命超过一个会计年度，但是由于其没有实物形态，所以不属于固定资产。

有生命的动物和植物属于生物资产，应当按照生物资产准则的有关规定进行会计处理。本书不涉及生物资产的相关内容。

2. 固定资产的确认条件

一项资产如要作为固定资产加以确认，首先需要符合固定资产的定义，其次还要符合固定资产的确认条件，即与该固定资产有关的经济利益很可能流入企业，同时，该固定资产的成本能够可靠地计量。

（1）与该固定资产有关的经济利益很可能流入企业。

企业在确认固定资产时，需要判断与该项固定资产有关的经济利益是否很可能流入企业。实务中，主要是通过判断与该固定资产所有权相关的风险和报酬是否转移到了企业来确定。

通常情况下，是否取得固定资产所有权是判断与固定资产所有权有关的风险和报酬是否转移到企业的一个重要标志。凡是所有权已属于企业，无论企业是否收到或拥有该固定资产，均可作为企业的固定资产；反之，如果没有取得所有权，即使存放在企业，也不能作为企业的固定资产。但是所有权是否转移不是判断的唯一标准。在有些情况下，某项固定资产的所有权虽然不属于企业，但是，企业能够控制与该项固定资产有关的经济利益流入企业，在这种情况下，企业应将该固定资产予以确认。例如，融资租赁方式下租入的固定资产，企业（承租人）虽然不拥有该项固定资产的所有权，但企业能够控制与该固定资产有关的经济利益流入企业，与该固定资产所有权相关的风险和报酬实质上已转移到了企业，因此，符合固定资产确认的第一个条件。

（2）该固定资产的成本能够可靠地计量。

成本能够可靠地计量是资产确认的一项基本条件。要确认固定资产，企业取得该固定资产所发生的支出必须能够可靠地计量。企业在确定固定资产成本时，有时需要根据所获得的最新资料，对固定资产的成本进行合理的估计。如果企业能够合理地估计出固定资产的成本，则视同固定资产的成本能够可靠地计量。

3. 固定资产确认条件的具体运用

企业由于安全或环保的要求购入设备等，虽然不能直接给企业带来经济利益，但有助于企业从其他相关资产的使用获得未来经济利益或者获得更多的未来经济利益，也应确认为固定资产。例如，为净化环境或者满足国家有关排污标准的需要购置的环保设备，这些设备的使用虽然不会为企业带来直接的经济利益，但却有助于企业提高对废水、废气、废渣的处理能力，有利于净化环境，企业为此将减少未来由于污染环境而需支付的环境治理费或者罚款，因此，企业应将这些设备确认为固定资产。

固定资产的各组成部分，如果具有不同使用寿命或者以不同方式为企业提供经济利益，由此适用不同折旧率或折旧方法的，则表明这些组成部分实际上是以独立的方式为企业提供经济利益，因此，企业应当将各组成部分确认为单项固定资产。例如，飞机的引擎，如果其与飞机机身具有不同的使用寿命，适用不同折旧率和折旧方法，则企业应当将其单独确认为一项固定资产。

6.1.2　固定资产的分类

企业的固定资产种类繁多、规格不一，为加强管理，便于组织会计核算，有必要对其进行科学、合理的分类。根据不同的管理需要和核算要求以及不同的分类标准，可以对固定资产进行不同的分类。

1. 按经济用途分类

按固定资产的经济用途分类，可分为生产经营用固定资产和非生产经营用固定资产。

（1）生产经营用固定资产，指直接服务于企业生产、经营过程的各种固定资产，如生产经营用的房屋、建筑物、机器、设备、器具、工具等。

（2）非生产经营用固定资产，指不直接服务于生产、经营过程的各种固定资产，如职工宿舍等使用的房屋、设备和其他固定资产等。

按照固定资产的经济用途分类，可以归类反映和监督企业生产经营用固定资产和非生产经营用固定资产之间，以及生产经营用各类固定资产之间的组成和变化情况，借以考核和分析企业固定资产的利用情况，促使企业合理地配备固定资产，充分发挥其效用。

2. 综合分类

按固定资产的经济用途和使用情况等综合分类，可把企业的固定资产划分为七大类。

（1）生产经营用固定资产。

（2）非生产经营用固定资产。

（3）租出固定资产，指在经营租赁方式下出租给外单位使用的固定资产。

（4）不需用固定资产。

（5）未使用固定资产。

（6）土地，指过去已经估价单独入账的土地。因征地而支付的补偿费，应计入与土地有关的房屋、建筑物的价值内，不单独作为土地价值入账。企业取得的土地使用权，应作为无形资产管理，不作为固定资产管理。

（7）融资租入固定资产，指企业以融资租赁方式租入的固定资产，在租赁期内，应视同自有固定资产进行管理。

6.1.3　固定资产的账户设置

由于企业的经营性质不同，经营规模各异，对固定资产的分类不可能完全一致。但实际工作中，企业大多采用综合分类的方法作为编制固定资产目录、进行固定资产核算的依据。

为了核算固定资产，企业一般需要设置"固定资产""累计折旧""在建工程""工程物资""固定资产清理"等科目，核算固定资产取得、计提折旧、处置等情况。

"固定资产"科目核算企业固定资产的原价，借方登记企业增加的固定资产原价，贷方登记企业减少的固定资产原价。期末借方余额，反映企业期末固定资产的账面原价。企业应当设置"固定资产登记簿"和"固定资产卡片"，按固定资产类别、使用部门和每项固定资产进行明细核算。

"累计折旧"科目属于"固定资产"的调整科目，核算企业固定资产的累计折旧，贷方登记企业计提的固定资产折旧，借方登记处置固定资产转出的累计折旧。期末贷方余额，反映企业固定资产的累计折旧额。

"在建工程"科目核算企业基建、更新改造等在建工程发生的支出，借方登记企业各项在建工程的实际支出，贷方登记完工工程转出的成本。期末借方余额反映企业尚未达到预定可使用状态的在建工程的成本。

"工程物资"科目核算企业为在建工程而准备的各种物资的实际成本。该科目借方登记企业购入工程物资的成本，贷方登记领用工程物资的成本。期末借方余额，反映企业为在建工程准备的各种物资的成本。

"固定资产清理"科目核算企业因出售、报废、毁损、对外投资、非货币性资产交换、债务重组等原因转出的固定资产价值以及在清理过程中发生的费用等，借方登记转出的固定资产价值、清理过程中应支付的相关税费及其他费用，贷方登记固定资产清理完成的处理。期末借方余额，反映企业尚未清理完毕的固定资产的清理净损失。该科目应按被清理的固定资产项目设置明细账，进行明细核算。

此外，企业固定资产、在建工程、工程物资发生减值的，还应当设置"固定资产减值准备""在建工程减值准备""工程物资减值准备"等科目进行核算。

6.2　固定资产的初始计量

固定资产应当按照成本进行初始计量。固定资产的成本，是指企业购建某项固定资产达到预定可使用状态前所发生的一切合理、必要的支出。这些支出包括直接发生的价款、相关税费、运杂费、包装费和安装成本等，也包括间接发生的，如应承担的借款利息、外币借款折算差额以及应分摊的其他间接费用。

企业取得固定资产的方式一般包括购买、自行建造、融资租入等。取得方式不同，其初始计量的方法也各不相同。

6.2.1　外购固定资产

企业外购的固定资产，应将实际支付的购买价款、相关税费，使固定资产达到预定可使用状态前所发生的可归属于该项资产的运输费、装卸费、安装费和专业人员服务费等作为固定资产的取得成本。

1. 购入不需要安装的固定资产

企业购入不需要安装的固定资产，应将实际支付的购买价款、相关税费以及使固定资产达到预定可使用状态前所发生的可归属于该项资产的运输费、装卸费和专业人员服务费等作为固定资产成本，借记"固定资产"科目、"应交税费——应交增值税（进项税额）"，贷记"银行存款""应付票据"等科目。

【例 6-1】甲公司为一般纳税企业，适用的增值税税率为 13%。2020 年，甲公司购入一台不需要安装即可投入使用的设备，取得的增值税专用发票上注明的设备价款为 30 000 元，增值税税额为 3 900 元，另支付保险费 3 000 元，包装费 4 000 元。款项以银行存款支付。

借：固定资产 37 000
　　应交税费——应交增值税（进项税额） 3 900
　　贷：银行存款 40 900

增值税一般纳税人的企业取得并在会计制度上按固定资产核算的不动产，以及取得的不动产在建工程，2019 年 4 月 1 日后，进项税额不再分 2 年抵扣，可以一次性在购入当期抵扣。

会计处理时，新增"应交税费——待抵扣进项税额"科目核算待抵扣的进项税额。待抵扣进项税额记入"应交税费——待抵扣进项税额"科目核算，并于可抵扣当期转入"应交税费——应交增值税（进项税额）"科目。

【例 6-2】甲公司系增值税一般纳税人，不动产适用的增值税税率为 9%。

2020 年 8 月 1 日，甲公司购入一栋办公楼，取得的增值税专用发票上注明的价款为 10 000 万元，增值税税额 900 万元。

2020 年 8 月 1 日，甲公司会计处理如下：

借：固定资产 100 000 000
　　应交税费——应交增值税（进项税额） 9 000 000
　　贷：银行存款 109 000 000

2. 购入需要安装的固定资产

企业购入需要安装的固定资产，应在购入的固定资产取得成本的基础上加上安装调试成本等。其先通过"在建工程"科目核算，待安装完毕达到预定可使用状态时，再由"在建工程"科目转入"固定资产"科目。

企业购入固定资产时，按实际支付的购买价款、运输费、装卸费和其他相关税费等，借记"在建工程"科目、"应交税费——应交增值税（进项税额）"，贷记"银行存款"等科目；支付安装费用等时，借记"在建工程"科目，贷记"银行存款"等科目；安装完毕达到预定可使用状态时，按其实际成本，借记"固定资产"科目，贷记"在建工程"科目。

【例 6-3】甲公司为一般纳税企业，适用的增值税税率为 13%。2020 年，甲公司购入设备安装某生产线。该设备购买价格为 10 000 000 元，增值税税额为 1 300 000 元，支付保险 500 000 元，支付运输费 100 000 元，运输费增值税税率 9%。该生产线安装期间，领用生产用原材料的实际成本为 1 000 000 元，发生安装工人薪酬 100 000 元。此外支付为达到正常运转发生测试费 200 000 元，外聘专业人员服务费 107 000 元，均以银行存款支付。

借：在建工程（10 000 000＋500 000＋100 000） 10 600 000
　　应交税费——应交增值税（进项税额）（1 300 000＋9 000） 1 309 000
　　贷：银行存款 11 909 000
借：在建工程 1 407 000
　　贷：原材料 1 000 000
　　　　应付职工薪酬 100 000
　　　　银行存款（200 000＋107 000） 307 000

其入账价值＝10 000 000＋500 000＋100 000＋1 000 000＋100 000＋200 000＋107 000＝12 007 000（万元）

借：固定资产 12 007 000
　　贷：在建工程 12 007 000

3. 一笔款项购入多项没有单独标价的固定资产

企业基于产品价格等因素的考虑，可能以一笔款项购入多项没有单独标价的固定资产。如果这些资产均符合固定资产的定义，并满足固定资产的确认条件，则应将各项资产单独确认为固定资产，并按各项固定资产公允价值的比例对总成本进行分配，分别确定各项固定资产的成本。

【例 6-4】甲公司为一般纳税企业，增值税税率为 13%。2019 年 7 月 1 日，为降低采购成本，向乙公司一次性购进了三套不同型号且具有不同生产能力的设备 A、B 和 C。甲公司为该批设备共支付货款 8 660 000 元，增值税的进项税额为 1 125 800 元，运杂费 40 000 元，全部以银行存款支付。假定设备 A、B 和 C 均满足固定资产的定义及其确认条件，公允价值分别为：2 000 000 元、3 000 000 元、5 000 000 元，不考虑其他相关税费。甲公司账务处理如下：

（1）确定计入固定资产总成本的金额。

8 660 000 + 40 000 = 8 700 000（元）

（2）确定 A、B 和 C 设备各自的入账价值。

A 设备入账价值为：

8 700 000 × ［2 000 000/（2 000 000 + 3 000 000 + 5 000 000）］ = 1 740 000（元）

B 设备入账价值为：

8 700 000 × ［3 000 000/（2 000 000 + 3 000 000 + 5 000 000）］ = 2 610 000（元）

C 设备入账价值为：

8 700 000 × ［5 000 000/（2 000 000 + 3 000 000 + 5 000 000）］ = 4 350 000（元）

借：固定资产——A 设备　　　　　　　　　　　　　　　　　1 740 000

　　　　　　——B 设备　　　　　　　　　　　　　　　　　2 610 000

　　　　　　——C 设备　　　　　　　　　　　　　　　　　4 350 000

　　应交税费——应交增值税（进项税额）　　　　　　　　　1 125 800

　　贷：银行存款　　　　　　　　　　　　　　　　　　　　　　　9 825 800

4. 分期付款购入固定资产

企业购买资产有可能延期支付有关价款。如果延期支付的购买价款超过正常信用条件，实质上具有融资的性质，所购资产的成本应当以延期支付购买价款的现值为基础确定。实际支付的价款与购买价款的现值之间的差额，应当在信用期间内采用实际利率法进行摊销，计入相关资产成本或当期损益。账务处理为：购入固定资产时，按购买价款的现值，借记"固定资产"或"在建工程"账户；按应支付的价款总额，贷记"长期应付款"；按其差额，借记"未确认融资费用"账户。

实际支付的价款与购买价款的现值之间的差额，应当在信用期间内采用实际利率法进行摊销，摊销金额满足借款费用资本化条件，应当计入固定资产成本，且应当在信用期间内确认为财务费用，计入当期损益。其账务处理为：摊销未确认融资费用时，借记"在建工程"（资本化）或"财务费用"（费用化），贷记"未确认融资费用"，其数额 =（每一期长期应付款的期初余额 − 未确认融资费用的期初余额）×实际利率。

【例 6−5】2020 年 7 月 1 日，甲公司与乙公司签订一项购货合同，从乙公司购入一台需要安装的大型机器设备，收到的增值税专用发票上注明的设备价款为 10 530 000 元，增值税税额为 1 368 900 元。合同约定，甲公司于 2021—2025 年 5 年内，每年的 12 月 31 日支付 2 106 000元，发生的增值税 1 368 900 元需在设备交付日用银行存款付讫。2021 年 1 月 1 日，甲公司收到该设备并投入安装，发生安装费 50 000 元。2021 年 12 月 31 日，该设备安装完毕达到预定可使用状态。假定甲公司综合各方面因素后决定采用 10% 作为折现率，不考虑其他因素。

甲公司的账务处理如下：

（1）2021 年 1 月 1 日，确定购入固定资产成本的金额。

分期支付款项的现值 = 2 106 000 × PVA, 10%, 5 = 2 106 000 × 3.790 8

$$= 7\ 983\ 424.8（元）$$

借：在建工程　　　　　　　　　　　　　　　　7 983 424.8（现值）（本金）

　　未确认融资费用　　　　　　　　　　　　　　　2 546 575.2（利息）

　　贷：长期应付款　　　　　　　　　　　　　　　10 530 000（本金＋利息）

（2）支付增值税和安装费。

借：在建工程　　　　　　　　　　　　　　　　　　　　50 000

　　应交税费——应交增值税（进项税额）　　　　　　1 368 900

　　贷：银行存款　　　　　　　　　　　　　　　　　　1 418 900

（3）确定未确认融资费用在信用期间的分摊额，如表6-1所示。

实际利率法：每期未确认融资费用摊销额＝每期期初应付本金余额×实际利率

表6-1　2019年1月1日未确认融资费用分摊　　　　　　　金额单位：元

日期	分期付款额	确认的融资费用	应付本金减少额	应付本金余额
①	②	③＝期初⑤×10%	④＝②－③	期末⑤＝期初⑤－④
2020.01.01				7 983 424.80
2020.12.31	2 106 000	798 342.48	1 307 657.52	6 675 767.28
2021.12.31	2 106 000	667 576.73	1 438 423.27	5 237 344.01
2022.12.31	2 106 000	523 734.40	1 582 265.60	3 655 078.41
2023.12.31	2 106 000	365 507.84	1 740 492.16	1 914 586.25
2024.12.31	2 106 000	191 413.75*	1 914 586.25	0
合计	10 530 000	2 546 575.20	7 983 424.80	

* 尾数调整。

（4）2020年12月31日，分摊未确认融资费用、结转工程成本、支付款项。

2020年年末未确认融资费用摊销＝（10 530 000－2 546 575.2）×10%＝798 342.48（元）

借：在建工程　　　　　　　　　　　　　　　　　798 342.48

　　贷：未确认融资费用　　　　　　　　　　　　　　798 342.48

借：固定资产　　　　　　　　　　　　　　　　　8 831 767.28

　　贷：在建工程　　　　　　　　　　　　　　　　8 831 767.28

借：长期应付款　　　　　　　　　　　　　　　　2 106 000

　　贷：银行存款　　　　　　　　　　　　　　　　2 106 000

（5）2021年12月31日，分摊未确认融资费用、支付款项。

2021年年末未确认融资费用摊销

＝［（10 530 000－2 106 000）－（2 546 575.2－798 342.48）］×10%

＝667 576.73（元）

借：财务费用　　　　　　　　　　　　　　　　　667 576.73

　　贷：未确认融资费用　　　　　　　　　　　　　　667 576.73

借：长期应付款　　　　　　　　　　　　　　　　2 106 000

　　贷：银行存款　　　　　　　　　　　　　　　　2 106 000

（6）2022年12月31日，分摊未确认融资费用、支付款项。

2022年年末未确认融资费用摊销

＝［（10 530 000－2 106 000－2 106 000）－（2 546 575.2－798 342.48－667 576.73）］×10%

=523 734.40（元）

借：财务费用   523 734.40

  贷：未确认融资费用   523 734.40

借：长期应付款   2 106 000

  贷：银行存款   2 106 000

（7）2023 年 12 月 31 日，分摊未确认融资费用、支付款项。

2023 年年末未确认融资费用摊销

= ［（10 530 000 − 2 106 000 − 2 106 000 − 2 106 000）−（2 546 575.2 − 798 342.48 − 667 576.73 − 523 734.40）］×10% = 365 507.84（元）

借：财务费用   365 507.84

  贷：未确认融资费用   365 507.84

借：长期应付款   2 106 000

  贷：银行存款   2 106 000

（8）2024 年 12 月 31 日，分摊未确认融资费用、支付款项。

2024 年年末未确认融资费用摊销

= 2 546 575.2 − 798 342.48 − 667 576.73 − 523 734.40 − 365 507.84 = 191 413.75（元）

借：财务费用   191 413.75

  贷：未确认融资费用   191 413.75

借：长期应付款   2 106 000

  贷：银行存款   2 106 000

6.2.2　自行建造固定资产

自行建造的固定资产，其成本由建造该项资产达到预定可使用状态前所发生的必要支出构成，包括工程用物资成本、人工成本、交纳的相关税费、应予资本化的借款费用以及应分摊的间接费用等。企业为建造固定资产通过出让方式取得土地使用权而支付的土地出让金不计入在建工程成本，应确认为无形资产（土地使用权）。企业自行建造固定资产包括自营建造和出包建造两种方式。

1. 以自营方式建造固定资产

自营工程是指企业自行组织工程物资采购、自行组织施工人员施工的建筑工程和安装工程。购入工程物资时，借记"工程物资"科目，贷记"银行存款"等科目。领用工程物资时，借记"在建工程"科目，贷记"工程物资"科目。在建工程领用本企业原材料时，借记"在建工程"科目，贷记"原材料""应交税费——应交增值税（进项税额转出）"等科目。在建工程领用本企业生产的商品时，借记"在建工程"科目，贷记"库存商品""应交税费——应交增值税（销项税额）"等科目。

自营工程发生的其他费用（如分配工程人员工资等），借记"在建工程"科目，贷记"银行存款""应付职工薪酬"等科目。自营工程达到预定可使用状态时，按其成本，借记"固定资产"科目，贷记"在建工程"科目。

【例 6−6】某企业自建一套设备，购入为工程准备的各种物资花费 500 000 元，用于工程建设支付费用的增值税税额为 65 000 元。领用本企业生产的水泥一批，实际成本为 80 000 元，税务部门确定的计税价格为 100 000 元，增值税税率 13%；工程人员应计工资 100 000 元，支付的其他费用 30 000 元。工程完工并达到预定可使用状态。该企业应作如下会计处理：

（1）购入工程物资。

借：工程物资　　　　　　　　　　　　　　　　　　　　　　　500 000

　　应交税费——应交增值税（进项税额）　　　　　　　　　　　65 000

　　　贷：银行存款　　　　　　　　　　　　　　　　　　　　　　　565 000

（2）工程领用工程物资。

借：在建工程　　　　　　　　　　　　　　　　　　　　　　　500 000

　　　贷：工程物资　　　　　　　　　　　　　　　　　　　　　　　500 000

（3）工程领用本企业生产的水泥。

借：在建工程　　　　　　　　　　　　　　　　　　　　　　　　80 000

　　　贷：库存商品　　　　　　　　　　　　　　　　　　　　　　　　80 000

（4）分配工程人员工资。

借：在建工程　　　　　　　　　　　　　　　　　　　　　　　100 000

　　　贷：应付职工薪酬　　　　　　　　　　　　　　　　　　　　　100 000

（5）支付工程发生的其他费用。

借：在建工程　　　　　　　　　　　　　　　　　　　　　　　　30 000

　　　贷：银行存款　　　　　　　　　　　　　　　　　　　　　　　　30 000

（6）工程完工转入固定资产成本 = 500 000 + 80 000 + 100 000 + 30 000 = 710 000（元）

借：固定资产　　　　　　　　　　　　　　　　　　　　　　　710 000

　　　贷：在建工程　　　　　　　　　　　　　　　　　　　　　　　710 000

2. 以出包方式建造固定资产

出包工程是指企业通过招标等方式将工程项目发包给建造承包商，由建造承包商组织施工的建筑工程和安装工程。企业采用出包方式进行的固定资产工程，其具体支出主要由建造承包商核算，在这种方式下，"在建工程"科目主要是企业与建造承包商办理工程价款的结算科目，企业支付给建造承包商的工程价款作为工程成本，通过"在建工程"科目核算。企业按合理估计的发包工程进度和合同规定向建造承包商结算的进度款，借记"在建工程"科目，贷记"银行存款"等科目；工程完成时按合同规定补付的工程款，借记"在建工程"科目，贷记"银行存款"等科目；工程达到预定可使用状态时，按其成本，借记"固定资产"科目，贷记"在建工程"科目。

【例 6-7】某企业将一幢厂房的建造工程出包给丙公司承建，按合理估计的发包工程进度和合同规定向丙公司结算进度款 600 000 元。工程完工后，收到丙公司有关工程结算单据，补付工程款 400 000 元，工程完工并达到预定可使用状态。该企业应作如下会计处理：

（1）按合理估计的发包工程进度和合同规定向丙公司结算进度款。

借：在建工程　　　　　　　　　　　　　　　　　　　　　　　600 000

　　　贷：银行存款　　　　　　　　　　　　　　　　　　　　　　　600 000

（2）补付工程款。

借：在建工程　　　　　　　　　　　　　　　　　　　　　　　400 000

　　　贷：银行存款　　　　　　　　　　　　　　　　　　　　　　　400 000

（3）工程完工并达到预定可使用状态。

借：固定资产　　　　　　　　　　　　　　　　　　　　　　1 000 000

　　贷：在建工程　　　　　　　　　　　　　　　　　　　　　　　1 000 000

6.2.3　租入固定资产

　　租赁有两种形式：一种是经营租赁，另一种是融资租赁。融资租赁是指实质上转移了与资产所有权有关的全部风险和报酬的租赁。其所有权最终可能转移，也可能不转移。有关以融资租赁方式取得固定资产的会计处理，应当按照《企业会计准则第 21 号——租赁》的规定确定。

　　如果一项租赁在实质上没有转移与租赁资产所有权有关的全部风险和报酬，那么该项租赁应认定为经营租赁。其会计处理较为简单，企业不需将租赁资产资本化，只需将支付或应付的租金按一定方法计入相关资产成本或当期损益。通常情况下，企业应当将经营租赁的租金在租赁期内各个期间按照直线法计入相关资产成本或者当期损益。

　　【例 6-8】2020 年 1 月 1 日，甲公司从乙租赁公司采用经营租赁方式租入一台办公设备。租赁合同规定：租赁期开始日为 2020 年 1 月 1 日，租赁期为 3 年，租金总额为 270 000 元，租赁开始日，甲公司先预付租金 200 000 元，第 3 年年末再支付租金 70 000 元；租赁期满，乙租赁公司收回办公设备。假定甲公司在每年年末确认租金费用，不考虑其他相关税费。

　　甲公司的账务处理如下：

　　（1）2020 年 1 月 1 日，预付租金。

　　借：预付账款——乙租赁公司　　　　　　　　　　　　　　　　　200 000
　　　　贷：银行存款　　　　　　　　　　　　　　　　　　　　　　　　200 000

　　（2）2020 年 12 月 31 日，确认本年租金费用。

　　借：管理费用　　　　　　　　　　　　　　　　　　　　　　　　　90 000
　　　　贷：预付账款——乙租赁公司　　　　　　　　　　　　　　　　　90 000

　　确认租金费用时，不能依据各期实际支付的租金的金额来确定，而应采用直线法分摊确认，此项租赁租金总额 270 000 元，按直线法计算，每年应分摊的租金费用为 90 000 元。

　　（3）2021 年 12 月 31 日，确认本年租金费用。

　　借：管理费用　　　　　　　　　　　　　　　　　　　　　　　　　90 000
　　　　贷：预付账款——乙租赁公司　　　　　　　　　　　　　　　　　90 000

　　（4）2022 年 12 月 31 日，支付第 3 期租金并确认本年租金费用。

　　借：管理费用　　　　　　　　　　　　　　　　　　　　　　　　　90 000
　　　　贷：银行存款　　　　　　　　　　　　　　　　　　　　　　　　70 000
　　　　　　预付账款——乙租赁公司　　　　　　　　　　　　　　　　　20 000

6.2.4　其他方式取得的固定资产

　　1. 投资者投入固定资产

　　接受固定资产投资的企业，在办理了固定资产移交手续之后，应在投资合同或协议约定的价值基础上加上应支付的相关税费作为固定资产的入账价值，但合同或协议约定价值不公允的除外。

　　2. 非货币性资产交换、债务重组等方式取得固定资产

　　非货币性资产交换、债务重组等方式取得的固定资产的成本，分别按照《企业会计准则第 7 号——非货币性资产交换》《企业会计准则第 12 号——债务重组》的规定确定。

6.3　固定资产的后续计量

6.3.1　固定资产折旧

固定资产折旧是指在固定资产使用寿命内，按照确定的方法对应计折旧额进行系统分摊。其中，应计折旧额是指应当计提折旧的固定资产的原价扣除其预计净残值后的金额；已计提减值准备的固定资产，还应当扣除已计提的固定资产减值准备累计金额。预计净残值是指假定固定资产预计使用寿命已满并处于使用寿命终了时的预期状态，企业目前从该项资产处置中获得的扣除预计处置费用后的金额。

企业应当根据固定资产的性质和使用情况，合理确定固定资产的使用寿命和预计净残值。固定资产的使用寿命、预计净残值一经确定，不得随意变更。

1. 固定资产折旧范围

除以下情况外，企业应当对所有固定资产计提折旧：

（1）已提足折旧仍继续使用的固定资产。

（2）单独计价入账的土地。

2. 固定资产折旧范围注意事项

在确定计提折旧的范围时，还应注意以下几点：

（1）固定资产应当按月计提折旧，当月增加的固定资产，当月不计提折旧，从下月起计提折旧；当月减少的固定资产，当月仍计提折旧，从下月起不计提折旧。

（2）固定资产提足折旧后，不论能否继续使用，均不再计提折旧；提前报废的固定资产，也不再补提折旧。所谓提足折旧，是指已经提足该项固定资产的应计折旧额。

（3）已达到预定可使用状态但尚未办理竣工决算的固定资产，应当按照估计价值确定其成本，并计提折旧；待办理竣工决算后，再按实际成本调整原来的暂估价值，但不需要调整原已计提的折旧额。

（4）处于更新改造过程停止使用的固定资产，应将其账面价值转入在建工程，不再计提折旧。更新改造项目达到预定可使用状态转为固定资产后，再按照重新确定的折旧方法和该项固定资产尚可使用年限计提折旧。

（5）融资租入固定资产，应当采用与自有应计提折旧资产相一致的折旧政策。确定租赁资产的折旧期间应依租赁合同而定。能够合理确定租赁期届满时将会取得租赁资产所有权的，应以租赁期开始日租赁资产的使用寿命作为折旧期间；无法合理确定租赁期届满后承租人是否能够取得租赁资产所有权的，应当以租赁期与租赁资产使用寿命两者中较短者作为折旧期间。

6.3.2　固定资产折旧方法

企业应当根据与固定资产有关的经济利益的预期消耗方式，合理选择折旧方法。企业不应以包括使用固定资产在内的经济活动所产生的收入为基础进行折旧。固定资产折旧方法包括年限平均法、工作量法、双倍余额递减法和年数总和法等。企业选用不同的固定资产折旧方法，将影响固定资产使用寿命期间内不同时期的折旧费用，因此，固定资产的折旧方法一经确定，不得随意变更。

1. 年限平均法

年限平均法，又称直线法，是指将固定资产的应提折旧额均衡地分摊到固定资产预计使用寿命内的一种方法。采用这种方法计算的每期折旧额相等。计算公式如下：

$$年折旧率 = （1 - 预计净残值率）÷预计使用寿命（年）×100\%$$

$$月折旧率 = 年折旧率÷12$$

$$月折旧额 = 固定资产原价×月折旧率$$

预计净残值率 = （预计残值收入 - 预计清理费用）÷固定资产原始价值×100%

【例6-9】甲公司有一幢厂房，原价为5 000 000元，预计可使用20年，预计报废时的净残值率为2%。该厂房的折旧率和折旧额的计算如下：

年折旧率 = （1 - 2%）/20 = 4.9%

月折旧率 = 4.9%/12 = 0.41%

月折旧额 = 5 000 000×0.41% = 20 500（元）

2. 工作量法

工作量法是根据实际工作量计算每期应提折旧额的一种方法。计算公式如下：

$$单位工作量折旧额 = 固定资产原价×（1 - 预计净残值率）÷预计总工作量$$

$$某项固定资产月折旧额 = 该项固定资产当月工作量×单位工作量折旧额$$

【例6-10】某企业的一辆运货卡车的原价为600 000元，预计总行驶里程为500 000千米，预计报废时的净残值率为5%，本月行驶4 000千米。该辆汽车的月折旧额计算如下：

单位里程折旧额 = 600 000×（1 - 5%）/500 000 = 1.14（元/千米）

本月折旧额 = 4 000×1.14 = 4 560（元）

3. 双倍余额递减法

双倍余额递减法是指在不考虑固定资产预计净残值的情况下，根据每期期初固定资产原价减去累计折旧后的金额以双倍的直线法折旧率计算固定资产折旧的一种方法。应用这种方法计算折旧额时，由于每年年初固定资产净值没有扣除预计净残值，所以在计算固定资产折旧额时，应在其折旧年限到期前两年内，将固定资产净值扣除预计净残值后的余额平均摊销。计算公式如下：

$$年折旧率 = 2÷预计使用寿命（年）×100\%$$

$$月折旧率 = 年折旧率÷12$$

$$月折旧额 = （固定资产原价 - 累计折旧）×月折旧率$$

【例6-11】某企业一项固定资产的原价为1 000 000元，预计使用年限为5年，预计净残值为4 000元，按双倍余额递减法计提折旧，每年的折旧额计算如下：

年折旧率 = 2/5×100% = 40%

第1年应提的折旧额 = 1 000 000×40% = 400 000（元）

第2年应提的折旧额 = （1 000 000 - 400 000）×40% = 240 000（元）

第3年应提的折旧额 = （600 000 - 240 000）×40% = 144 000（元）

从第4年起改用年限平均法（直线法）计提折旧。

第4年、第5年的年折旧额 = ［（360 000 - 144 000）- 4 000］/2 = 106 000（元）

4. 年数总和法

年数总和法，又称年限合计法，其计算公式如下：

$$年折旧率 = 尚可使用寿命÷预计使用寿命的逐年数之和×100\%$$

$$月折旧率 = 年折旧率 ÷ 12$$

$$月折旧额 = （固定资产原价 - 预计净残值） × 月折旧率$$

【例 6 - 12】承【例 6 - 11】，假如采用年数总和法，计算各年折旧额如表 6 - 2 所示。

表 6 - 2　用年数总和法计算各年折旧额　　　　　　　金额单位：元

序列	尚可使用年限	原价 - 净残值	变动折旧率	年折旧额	累计折旧
第 1 年	5	996 000	5/15	332 000	332 000
第 2 年	4	996 000	4/15	265 600	597 600
第 3 年	3	996 000	3/15	199 200	796 800
第 4 年	2	996 000	2/15	132 800	929 600
第 5 年	1	996 000	1/15	66 400	996 000

6.3.3　固定资产折旧账务处理

固定资产应当按月计提折旧，计提的折旧应当记入"累计折旧"科目，并根据用途计入相关资产的成本或者当期损益。企业自行建造固定资产过程中使用的固定资产，其计提的折旧应计入在建工程成本；基本生产车间所使用的固定资产，其计提的折旧应计入制造费用；管理部门所使用的固定资产，其计提的折旧应计入管理费用；销售部门所使用的固定资产，其计提的折旧应计入销售费用；经营租出的固定资产，其应提的折旧额应计入其他业务成本。企业计提固定资产折旧时，借记"制造费用""销售费用""管理费用"等科目，贷记"累计折旧"科目。

【例 6 - 13】乙公司 2020 年 6 月份固定资产计提折旧情况如下：一车间厂房计提折旧 3 800 000 元，机器设备计提折旧 4 500 000 元；管理部门房屋建筑物计提折旧 6 500 000 元，运输工具计提折旧 2 400 000 元；销售部门房屋建筑物计提折旧 3 200 000 元，运输工具计提折旧 2 630 000 元。当月新购置机器设备一台，价值为 5 400 000 元，预计使用寿命为 10 年，该企业同类设备计提折旧采用年限平均法。

本例中，新购置的机器设备本月不计提折旧。本月计提的折旧费用中，车间使用的固定资产计提的折旧费用计入制造费用，管理部门使用的固定资产计提的折旧费用计入管理费用，销售部门使用的固定资产计提的折旧费用计入销售费用。乙公司应作如下会计处理：

```
借：制造费用——一车间                              8 300 000
    管理费用                                      8 900 000
    销售费用                                      5 830 000
    贷：累计折旧                                       23 030 000
```

6.3.4　固定资产使用寿命、预计净残值和折旧方法的复核

《企业会计准则第 4 号——固定资产》规定，企业至少应当于每年年度终了，对固定资产的使用寿命、预计净残值和折旧方法进行复核。

在固定资产使用过程中，其所处的经济环境、技术环境以及其他环境有可能对固定资产使用寿命和预计净残值产生较大影响。例如，固定资产使用强度比正常情况大大加强，致使固定资产使用寿命大大缩短；替代该项固定资产的新产品的出现致使其实际使用寿命缩短，预计净残值减少等。此时，如果不对固定资产使用寿命和预计净残值进行调整，必然不能准确反映其实际情况，也不能真实反映其为企业提供经济利益的期间及每期实际的资产消耗。因此，企业

至少应当于每年年度终了，对固定资产使用寿命和预计净残值进行复核。如有确凿证据表明固定资产使用寿命预计数与原先估计数有差异，应当调整固定资产使用寿命；固定资产预计净残值预计数与原先估计数有差异的，应当调整预计净残值。

在固定资产使用过程中，与其有关的经济利益预期实现方式也可能发生重大变化，在这种情况下，企业也应相应改变固定资产折旧方法。例如，某采掘企业各期产量相对稳定，原来采用年限平均法计提固定资产折旧。年度复核中发现，由于该企业使用了先进技术，产量大幅增加，可采储量逐年减少，该项固定资产给企业带来经济利益的预期实现方式已发生重大改变，需要将年限平均法改为产量法。

固定资产使用寿命、预计净残值和折旧方法的改变按照会计估计变更的有关规定进行处理。

6.3.5 固定资产的后续支出

固定资产的后续支出是指固定资产使用过程中发生的更新改造支出、修理费用等。企业的固定资产在投入使用后，为了适应新技术发展的需要，或者为维护或提高固定资产的使用效能，往往需要对现有固定资产进行维护、改建、扩建或者改良。

后续支出的处理原则为：符合固定资产确认条件的，应当计入固定资产成本，同时将被替换部分的账面价值扣除；不符合固定资产确认条件的，应当计入当期损益。

1. 资本化的后续支出

固定资产发生可资本化的后续支出时，企业一般应将该固定资产的原价、已计提的累计折旧和减值准备转销，将其账面价值转入在建工程，并停止计提折旧。发生的可资本化的后续支出，通过"在建工程"科目核算。在固定资产发生的后续支出完工并达到预定可使用状态时，再从"在建工程"转为"固定资产"，并按重新确定的使用寿命、预计净残值和折旧方法计提折旧。

【例6-14】甲公司是一家饮料生产企业，有关业务资料如下：

(1) 2019年12月，该公司自行建成了一条饮料生产线并投入使用，建造成本为600 000元，采用年限平均法计提折旧，预计净残值率为固定资产原价的3%，预计使用年限为6年。

(2) 2021年12月31日，由于生产的产品适销对路，现有这条饮料生产线的生产能力已难以满足公司生产发展的需要，但若新建生产线成本过高，周期过长，于是公司决定对现有生产线进行改扩建，以提高其生产能力。假定该生产线未发生过减值。

(3) 至2022年4月30日，完成了对这条生产线的改扩建工程，达到预定可使用状态。改扩建过程中发生以下支出：用银行存款购买工程物资一批，增值税专用发票上注明的价款为210 000元，增值税税额为27 300元，已全部用于改扩建工程；发生有关人员薪酬84 000元。

(4) 该生产线改扩建工程达到预定可使用状态后，大大提高了生产能力，预计尚可使用年限为7年。假定改扩建后的生产线的预计净残值率为改扩建后其账面价值的4%，折旧方法仍按年限平均法。

假定甲公司按年度计提固定资产折旧，为简化计算过程，整个过程不考虑其他相关税费，甲公司的账务处理如下：

(1) 本例中，饮料生产线改扩建后生产能力大大提高，能够为企业带来更多的经济利益，改扩建的支出金额也能可靠计量，因此该后续支出符合固定资产的确认条件，应计入固定资产的成本。

固定资产后续支出发生前，该条饮料生产线的应计折旧额

$= 600\ 000 \times (1 - 3\%) = 582\ 000$（元）

年折旧额 $= 582\ 000 \div 6 = 97\ 000$（元）

2020 年 1 月 1 日—2021 年 12 月 31 日两年间，各年计提固定资产折旧：

借：制造费用　　　　　　　　　　　　　　　　　　　　　　　97 000

　　贷：累计折旧　　　　　　　　　　　　　　　　　　　　　　　97 000

（2）2021 年 12 月 31 日，将该生产线的账面价值 406 000 元（600 000 - 97 000 × 2）转入在建工程。

借：在建工程——饮料生产线　　　　　　　　　　　　　　　406 000

　　累计折旧　　　　　　　　　　　　　　　　　　　　　　194 000

　　贷：固定资产——饮料生产线　　　　　　　　　　　　　　600 000

（3）发生改扩建工程支出。

借：工程物资　　　　　　　　　　　　　　　　　　　　　　210 000

　　应交税费——应交增值税（进项税额）　　　　　　　　　27 300

　　贷：银行存款　　　　　　　　　　　　　　　　　　　　　237 300

借：在建工程——饮料生产线　　　　　　　　　　　　　　　294 000

　　贷：工程物资　　　　　　　　　　　　　　　　　　　　　210 000

　　　　应付职工薪酬　　　　　　　　　　　　　　　　　　　84 000

（4）2022 年 4 月 30 日，生产线改扩建工程达到预定可使用状态，转为固定资产。

借：固定资产——饮料生产线　　　　　　　　　　　　　　　700 000

　　贷：在建工程——饮料生产线　　　　　　　　　　　　　　700 000

（5）2022 年 4 月 30 日，转为固定资产后，按重新确定的使用寿命、预计净残值和折旧方法计提折旧。

应计折旧额 = 700 000 × （1 - 4%） = 672 000（元）

月折旧额 = 672 000 ÷ （7 × 12） = 8 000（元）

2022 年应计提的折旧额为 64 000 元（8 000 × 8），会计分录为：

借：制造费用　　　　　　　　　　　　　　　　　　　　　　64 000

　　贷：累计折旧　　　　　　　　　　　　　　　　　　　　　64 000

2023—2028 年每年应计提的折旧额为 96 000 元（8 000 × 12），会计分录为：

借：制造费用　　　　　　　　　　　　　　　　　　　　　　96 000

　　贷：累计折旧　　　　　　　　　　　　　　　　　　　　　96 000

2029 年应计提的折旧额为 32 000 元（8 000 × 4），会计分录为：

借：制造费用　　　　　　　　　　　　　　　　　　　　　　32 000

　　贷：累计折旧　　　　　　　　　　　　　　　　　　　　　32 000

　　企业发生的一些固定资产后续支出可能涉及替换原固定资产的某组成部分。如对某项机器设备进行检测时，发现其中的电机（未单独确认为一项固定资产）出现难以修复的故障，将其拆除，重新安装了一个新电机。在这种情况下，当发生的后续支出符合固定资产确认条件时，应将其计入固定资产成本，同时将被替换部分的账面价值扣除，以避免将替换部分的成本和被替换部分的成本同时计入固定资产成本，导致固定资产成本重复计算。

　　【例 6-15】2020 年 6 月 30 日，甲公司一台生产用升降机机械出现故障，经检修发现其中的电动机磨损严重，需要更换。该升降机购买于 2016 年 6 月 30 日，甲公司已将其整体作为一项固定资产进行了确认，原价 400 000 元（其中的电动机在 2016 年 6 月 30 日的市场价格为 85 000 元），预计净残值为 0，预计使用年限为 10 年，采用年限平均法计提折旧。为继续使用该升降机械并提高工作效率，甲公司决定对其进行改造，为此购买了一台更大功率的电动机代替原电动机。新购置电动机的价款为82 000元，增值税税额为10 660元，款项已通过银行转账支付；改造过程中，辅助生产车间提供了劳务支出15 000元。

假定原电动机磨损严重，没有任何价值。不考虑其他相关税费，甲公司的账务处理为：

（1）固定资产转入在建工程。

本例中的更新改造支出符合固定资产的确认条件，应予资本化；同时应终止确认原电动机价值。2020年6月30日，原电动机的价值为：85 000 − （85 000 ÷ 10） × 4

$$= 51\ 000（元）$$

借：营业外支出——处置非流动资产损失　　　　　　　　　　　　51 000
　　在建工程——升降机械　　　　　　　　　　　　　　　　　189 000
　　累计折旧——升降机械（400 000 ÷ 10 × 4）　　　　　　　　160 000
　　　贷：固定资产——升降机械　　　　　　　　　　　　　　　　　400 000

（2）更新改造支出。

借：工程物资——新电动机　　　　　　　　　　　　　　　　　82 000
　　应交税费——应交增值税（进项税额）　　　　　　　　　　10 660
　　　贷：银行存款　　　　　　　　　　　　　　　　　　　　　　92 660

借：在建工程——升降机械　　　　　　　　　　　　　　　　　97 000
　　　贷：工程物资——新电动机　　　　　　　　　　　　　　　　82 000
　　　　　生产成本——辅助生产成本　　　　　　　　　　　　　　15 000

（3）在建工程转回固定资产。

借：固定资产——升降机械　　　　　　　　　　　　　　　　286 000
　　　贷：在建工程——升降机械　　　　　　　　　　　　　　　286 000

企业对固定资产进行定期检查发生的大修理费用，符合资本化条件的，可以计入固定资产成本，不符合资本化条件的，计入当期损益。

2. 费用化的后续支出

一般情况下，固定资产投入使用之后，由于固定资产磨损、各组成部分耐用程度不同，可能导致固定资产的局部损坏。为了维护固定资产的正常运转和使用，充分发挥其使用效能，企业会对固定资产进行必要的维护。

固定资产的日常维护支出通常不满足固定资产的确认条件，应在发生时直接计入当期损益。企业生产车间（部门）和行政管理部门等发生的固定资产修理费用等后续支出，借记"管理费用"等科目，贷记"银行存款"等科目；企业发生的与专设销售机构相关的固定资产修理费用等后续支出，借记"销售费用"科目，贷记"银行存款"等科目。

【例6-16】2020年6月1日，甲公司对现有的一台管理用设备进行日常修理，修理过程中发生材料费100 000元，应支付的维修人员工资为20 000元。

本例中，对机器设备的日常修理没有满足固定资产的确认条件，因此，应将该项固定资产后续支出在其发生时计入当期损益，属于生产车间（部门）和行政管理部门等发生的固定资产修理费用等后续支出，应记入"管理费用"等科目，甲公司应作如下会计处理：

借：管理费用　　　　　　　　　　　　　　　　　　　　　　120 000
　　　贷：原材料　　　　　　　　　　　　　　　　　　　　　　100 000
　　　　　应付职工薪酬　　　　　　　　　　　　　　　　　　　20 000

融资租入固定资产发生的固定资产后续支出，比照上述原则处理。经营租入固定资产发生的改良支出，应通过"长期待摊费用"科目核算，并在剩余租赁期与租赁资产尚可使用年限两者中较短的期间内，采用合理的方法进行摊销。

6.4　固定资产的处置

6.4.1　固定资产终止确认的条件

固定资产处置包括固定资产的出售、转让、报废或毁损、对外投资、非货币性资产交换、债务重组等。

固定资产满足下列条件之一的，应当予以终止确认：

（1）该固定资产处于处置状态。

处于处置状态的固定资产不再用于生产商品、提供劳务、出租或经营管理，因此不再符合固定资产的定义，应予以终止确认。

（2）该固定资产预期通过使用或处置不能产生经济利益。

固定资产的确认条件之一是"与该固定资产有关的经济利益很可能流入企业"，如果一项固定资产预期通过使用或处置不能产生经济利益，就不再符合固定资产的定义和确认条件，应予以终止确认。

6.4.2　固定资产处置的账务处理

企业出售、转让、报废固定资产或发生固定资产毁损，应当将处置收入扣除账面价值和相关税费后的金额计入当期损益。固定资产的账面价值是固定资产成本扣减累计折旧和累计减值准备后的金额。固定资产处置一般通过"固定资产清理"科目进行核算。

1. 固定资产出售、报废或毁损的处理

（1）固定资产转入清理。

固定资产转入清理时，按固定资产的账面价值，借记"固定资产清理"科目，按已计提的累计折旧，借记"累计折旧"科目，按已计提的减值准备，借记"固定资产减值准备"科目，按固定资产原价，贷记"固定资产"科目。

（2）发生的清理费用。

企业在固定资产清理过程中发生的相关税费及其他费用，应借记"固定资产清理"科目，贷记"银行存款""应交税费"等科目。

（3）出售收入、残料等的处理。

企业收回出售固定资产的价款、残料价值和变价收入等，应冲减清理支出，借记"银行存款""原材料"等科目，贷记"固定资产清理""应交税费——应交增值税"等科目。

（4）保险赔款的处理。

企业计算或收到的应由保险公司或过失人赔偿的损失，应借记"其他应收款""银行存款"等科目，贷记"固定资产清理"科目。

（5）清理净损益的处理。

固定资产清理完成后，属于生产经营期间正常的处理净损失，借记"资产处置损益"科目，贷记"固定资产清理"科目；属于非流动资产毁损报废损失原因造成的，借记"营业外支出"

科目，贷记"固定资产清理"科目。固定资产清理完成后的净收益，借记"固定资产清理"科目，贷记"资产处置损益"科目。

【例6-17】甲公司出售一座建筑物，原价为2 000 000元，已计提折旧1 000 000元，未计提减值准备，实际出售价格为1 200 000元，已通过银行收回价款。甲公司应作如下会计处理：

（1）将出售固定资产转入清理。

借：固定资产清理	1 000 000
累计折旧	1 000 000
贷：固定资产	2 000 000

（2）收回出售固定资产的价款。

| 借：银行存款 | 1 200 000 |
| 　　贷：固定资产清理 | 1 200 000 |

（3）计算销售该固定资产应交纳的增值税，按规定适用的增值税税率为9%，应纳税额为108 000（1 200 000×9%）元。

| 借：固定资产清理 | 108 000 |
| 　　贷：应交税费——应交增值税（销项税额） | 108 000 |

（4）结转出售固定资产实现的利得。

| 借：固定资产清理 | 92 000 |
| 　　贷：资产处置损益 | 92 000 |

【例6-18】乙公司现有一台设备，由于性能等原因决定提前报废，原价为500 000元，已计提折旧450 000元，未计提减值准备。报废时的残值变价收入为20 000元，报废清理过程中发生清理费用3 500元。有关收入、支出均通过银行办理结算。乙公司应作如下会计处理：

（1）将报废固定资产转入清理。

借：固定资产清理	50 000
累计折旧	450 000
贷：固定资产	500 000

（2）收回残料变价收入。

| 借：银行存款 | 20 000 |
| 　　贷：固定资产清理 | 20 000 |

（3）支付清理费用。

| 借：固定资产清理 | 3 500 |
| 　　贷：银行存款 | 3 500 |

（4）结转报废固定资产发生的净损失。

| 借：营业外支出 | 33 500 |
| 　　贷：固定资产清理 | 33 500 |

2. 其他方式减少的固定资产

其他方式减少的固定资产，如以固定资产清偿债务、投资转出固定资产、以非货币性资产交换换出固定资产等，分别按照债务重组、非货币性资产交换等的处理原则进行核算。

6.4.3　固定资产清查

企业应定期或者至少于每年年末对固定资产进行清查盘点，以保证固定资产核算的真实性，充分挖掘企业现有固定资产的潜力。在固定资产清查过程中，如果发现盘盈、盘亏的固定资产，应填制固定资产盘盈、盘亏报告表。清查固定资产的损益，应及时查明原因，并按照规定程序报批处理。

1. 固定资产盘盈

企业在财产清查中盘盈的固定资产，作为前期差错处理。在按管理权限报经批准处理前应先通过"以前年度损益调整"科目核算。盘盈的固定资产，应按重置成本确定其入账价值，借记"固定资产"科目，贷记"以前年度损益调整"科目。

【例 6-19】丁公司在财产清查过程中，发现一台未入账的设备，重置成本为 30 000 元（假定与其计税基础不存在差异），根据《企业会计准则第 28 号——会计政策、会计估计变更和差错更正》规定，该盘盈固定资产作为前期差错进行处理。假定丁公司适用的所得税税率为 25%，按净利润的 10% 计提法定盈余公积。丁公司应作如下会计处理：

(1) 盘盈固定资产。

借：固定资产	30 000
贷：以前年度损益调整	30 000

(2) 确定应交纳的所得税。

借：以前年度损益调整	7 500
贷：应交税费——应交所得税	7 500

(3) 结转为留存收益。

借：以前年度损益调整	22 500
贷：盈余公积——法定盈余公积	2 250
利润分配——未分配利润	20 250

2. 固定资产盘亏

企业在财产清查中盘亏的固定资产，按盘亏固定资产的账面价值，借记"待处理财产损溢"科目；按已计提的累计折旧，借记"累计折旧"科目；按已计提的减值准备，借记"固定资产减值准备"科目；按固定资产的原价，贷记"固定资产"科目。按管理权限报经批准后处理时，按可收回的保险赔偿或过失人赔偿，借记"其他应收款"科目；按应计入营业外支出的金额，借记"营业外支出——盘亏损失"科目，贷记"待处理财产损溢"科目。

【例 6-20】乙公司进行财产清查时发现短缺一台笔记本电脑，原价为 10 000 元，已计提折旧 7 000 元。乙公司应作如下会计处理：

(1) 盘亏固定资产。

借：待处理财产损溢	3 000
累计折旧	7 000
贷：固定资产	10 000

(2) 报经批准转销。

借：营业外支出——盘亏损失	3 000
贷：待处理财产损溢	3 000

6.4.4　固定资产减值

固定资产在资产负债表日存在可能发生减值的迹象时，其可收回金额低于账面价值的，企业应当将该固定资产的账面价值减记至可收回金额，减记的金额确认为减值损失，计入当期损益，同时计提相应的资产减值准备，借记"资产减值损失——计提的固定资产减值准备"科目，贷记"固定资产减值准备"科目。固定资产减值损失一经确认，在以后会计期间不得转回。

【例 6-21】2020 年 12 月 31 日，丁公司的某生产线存在可能发生减值的迹象。经计算，该机器的可收回金额合计为 1 230 000 元，账面价值为 1 400 000 元，以前年度未对该生产线计提过减值准备。

由于该生产线的可收回金额为 1 230 000 元，账面价值为 1 400 000 元，可收回金额低于账面价值，应按两者之间的差额 170 000 元（1 400 000 元 – 1 230 000 元）计提固定资产减值准备。丁公司应作如下会计处理：

借：资产减值损失——计提的固定资产减值准备　　　　　　　　170 000
　　贷：固定资产减值准备　　　　　　　　　　　　　　　　　　　170 000

本章小结

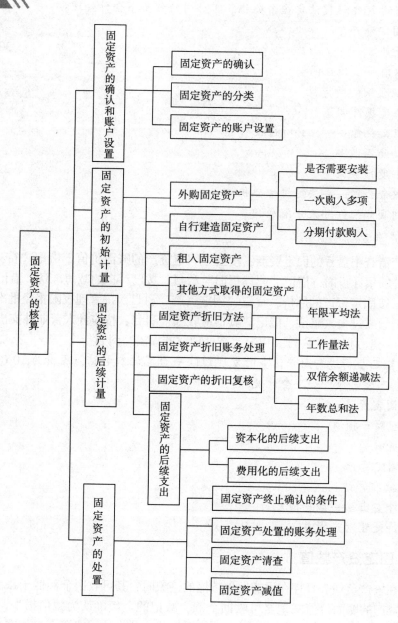

无形资产的核算

1. 掌握无形资产的概念、特征及内容。
2. 掌握无形资产的初始成本确定及会计处理。
3. 正确区分内部研发无形资产的研究阶段和开发阶段，掌握内部研究开发支出的确认和计量。
4. 掌握使用寿命有限和使用寿命不确定的无形资产的不同后续计量方法。
5. 掌握无形资产处置的会计处理。

1. 能够对内部研发项目的研究阶段支出和开发阶段支出进行正确会计处理。
2. 能够对使用寿命有限的无形资产进行合理摊销。
3. 能够对使用寿命不确定的无形资产进行相关的会计处理。
4. 能够正确处理无形资产出租、处置和报废的会计业务。

7.1 无形资产概述

7.1.1 无形资产的概念和特征

1. 无形资产的概念

无形资产是指企业拥有或者控制的没有实物形态的可辨认非货币性资产，通常包括专利权、非专利技术、商标权、著作权、特许权、土地使用权等。

2. 无形资产的特征

（1）由企业拥有或者控制并能为其带来未来经济利益的资源。

通常情况下，企业拥有或者控制的无形资产应当拥有其所有权并且能够为企业带来未来经济利益。但在某些情况下并不需要企业拥有其所有权，如果企业有权获得某项无形资产产生的未来经济利益，并能约束其他方获得这些经济利益，则表明企业控制了该无形资产。例如，对于会产生经济利益的技术知识，若其受版权、贸易协议约束（如果允许）等法定权利的保护，那么说明该企业控制了相关利益。但客户关系、人力资源等，由于企业无法控制其带来的未来经济利益，不符合无形资产的定义，不应将其确认为无形资产。

（2）无形资产不具有实物形态。

无形资产通常表现为某种权利、某项技术或是某种获取超额利润的综合能力，它们不具有实物形态，比如，土地使用权、非专利技术等。需要指出的是，某些无形资产的存在有赖于实物载体，比如，计算机软件需要存储在介质中，但这并不改变无形资产本身不具有实物形态的特性。

（3）无形资产具有可辨认性。

要作为无形资产进行核算，该资产必须是能够区别于其他资产可单独辨认的，如企业特有的专利权、非专利技术、商标权、土地使用权、特许权等。满足下列条件之一的，应当认定为其具有可辨认性：

① 能够从企业中分离或者划分出来，并能单独用于出售或转让等，而不需要同时处置在同一获利活动中的其他资产，说明无形资产可辨认。在某些情况下，无形资产可能需要与有关的合同一起出售转让等，此类无形资产也可视为可辨认。

② 源自合同性权利或其他法定权利，无论这些权利是否可以从企业或其他权利和义务中转移或者分离。如一方通过与另一方签订特许权合同而获得的特许使用权，通过法律程序申请获得的商标权、专利权等。

商誉通常是与企业整体价值联系在一起的，其存在无法与企业自身相分离，不具有可辨认性，因此，不属于本章所指的无形资产。

（4）无形资产属于非货币性资产。

非货币性资产是指企业持有的货币资金和将以固定或可确定的金额收取的资产以外的其他资产。无形资产在持有过程中为企业带来未来经济利益的情况不确定，不属于以固定或可确定的金额收取的资产，属于非货币性资产。

7.1.2 无形资产的内容

1. 专利权

专利权是指国家专利主管机关依法授予发明创造专利申请人，对其发明创造在法定期限内所享有的专利权利，包括发明专利权、实用新型专利权和外观设计专利权，其中发明专利权的期限为20年，实用新型专利权和外观设计专利权的期限为10年，均自申请日起计算。

2. 非专利技术

非专利技术也称专有技术。它是指不为外界所知、在生产经营活动中已采用的、不享有法律保护的、可以带来经济效益的各种技术和诀窍。非专利技术一般包括工业专有技术、商业贸易专有技术、管理专有技术等。非专利技术并不是专利法的保护对象，非专利技术用自我保密的方式来维持其独占性，具有经济性、机密性和动态性等特点。

3. 商标权

商标是用来辨认特定的商品或劳务的标记。商标权指专门在某类指定的商品或产品上使用特定的名称或图案的权利。经商标局核准注册的商标为注册商标。商标注册人享有商标专用权，受法律保护。注册商标的有效期为10年，自核准注册之日起计算。注册商标有效期满需要继续使用的，应当在期满前 6 个月内申请续展注册。

4. 著作权

著作权又称版权，指作者对其创作的文字、科学和艺术作品依法享有的某些特殊权利。著作权包括作品署名权、发表权、修改权、保护作品完整权，还包括复制权、发行权、出租权、展览权、表演权、放映权、广播权、信息网络传播权、摄制权、改变权、翻译权、汇编权及应当由著作权人享有的其他权利。

5. 特许权

特许权，又称经营特许权、专营权，指企业在某一地区经营或销售某种特定商品的权利或是一家企业接受另一家企业使用其商标、商号、技术秘密等的权利。通常有两种形式，一种是由政府机构授权，准许企业使用或在一定地区享有经营某种业务的特权，如水、电、邮电通信等专营权，烟草专卖权，公路收费权等；另一种指企业间依照签订的合同，有限期或无限期使用另一家企业的某些权利，如连锁店分店使用总店的名称等。

6. 土地使用权

土地使用权指国家准许某些企业在一定期间内对国有土地享有开发、利用、经营的权利。根据我国土地管理法的规定，我国土地实行公有制，任何单位和个人不得侵占、买卖或者以其他形式非法转让。企业取得土地使用权的方式大致有行政划拨取得、外购取得（如以交纳土地出让金方式取得）及投资者投资取得等几种。

企业购入的土地使用权通常应计入无形资产，但改变其用途用于赚取租金或资本增值的，应当将其转为投资性房地产。若购入土地使用权及建筑物共同支付价款的，应当将支付的价款在建筑物和土地使用权之间分配，难以合理分配的，应当全部作为固定资产。

7.1.3　无形资产的分类

无形资产对企业来讲具有重要的意义，特别是在知识经济的时代下，其作用就更加突出，因此企业必须加强对无形资产的管理与核算。根据无形资产的特点，无形资产通常按取得的来源和使用寿命是否确定来进行分类。

1. 按无形资产取得的来源分类

（1）外来的无形资产。

外来的无形资产是指企业从国内外科研单位及其他企业购进的无形资产、接受投资或捐赠而形成的无形资产，以及通过债务重组、非货币性资产交换等其他方式取得的无形资产等。

（2）自创的无形资产。

自创的无形资产是指企业自行开发、研制形成的无形资产。

2. 按无形资产的使用寿命是否确定分类

（1）使用寿命有期限的无形资产。

使用寿命有期限的无形资产是指合同和法律规定了无形资产使用寿命或合同及法律没有规定其使用寿命但是综合各方面情况，如企业经过努力，聘请相关专家进行论证或与同行业的情况进行比较以及企业的历史经验等，可以确定其为企业带来未来经济利益期限的无形资产。

（2）使用寿命无期限的无形资产。

使用寿命无期限的无形资产是指企业无法合理确定无形资产为企业带来经济利益期限的无形资产。只有根据可获得的情况判断，有确凿证据表明无法合理估计其使用寿命的无形资产，才能作为使用寿命不确定的无形资产。企业不得随意判断使用寿命不确定的无形资产。

7.1.4 无形资产的确认条件

无形资产应当在符合定义的前提下，同时满足以下两个确认条件时，才能予以确认：

（1）与该无形资产有关的经济利益很可能流入企业。

作为无形资产确认的项目，必须具备其所产生的经济利益很可能流入企业这一条件。通常情况下，无形资产产生的未来经济利益可能包括在销售商品、提供劳务的收入当中，或者企业使用该项无形资产而减少或节约了成本，或者体现在获得的其他利益当中。例如，生产加工企业在生产工序中使用了某种知识产权，使其降低了未来生产成本。

（2）该无形资产的成本能够可靠地计量。

成本能够可靠地计量是确认资产的一项基本条件，对于无形资产而言，这个条件显得更为重要。例如，企业内部产生的品牌、报刊名、刊头、客户名单和实质上类似项目的支出，由于不能与整个业务开发成本区分开来，成本无法可靠计量，因此，不应确认为无形资产。

7.2 无形资产的初始计量

无形资产通常按照实际成本进行初始计量，即以取得无形资产并使之达到预定用途而发生的全部支出作为无形资产的成本。对于不同来源取得的无形资产，其成本构成不尽相同。

7.2.1 外购的无形资产

外购无形资产的成本，包括购买价款、相关税费以及直接归属于使该项资产达到预定用途所发生的其他支出。其中，直接归属于使该项资产达到预定用途所发生的其他支出，包括使无形资产达到预定用途所发生的专业服务费用、测试无形资产是否能够正常发挥作用的费用等，但不包括为引入新产品进行宣传发生的广告费、管理费用及其他间接费用，也不包括在无形资产已经达到预定用途以后发生的费用。

购买无形资产的价款超过正常信用条件延期支付的，其实质上具有融资性质，则无形资产的成本应以购买价款的现值为基础来进行确定。实际支付的价款与购买价款的现值之间的差额作为未确定融资费用，在信用期间内采用实际利率法进行摊销。

【例 7-1】A 公司因生产经营需要购买 B 公司某项专利权，A 公司支付价款 1 000 000 元，并支付相关税费 20 000 元和相关专业服务费用 60 000 元，款项通过银行转账支付。

A 公司的账务处理如下：

借：无形资产——专利权　　　　　　　　　　　　　　　　　　1 080 000

　　贷：银行存款　　　　　　　　　　　　　　　　　　　　　　　　1 080 000

【例 7-2】A 公司 20×8 年 1 月 1 日从 B 公司购买一项商标权，由于 A 公司资金周转紧张，经与 B 公司协议采用分期付款方式支付价款。合同规定，该项商标权总计 800 000 元，每年年末付款 400 000 元，两年付清。假定银行同期贷款利率为 6%，其 2 年期的年金现值系数为 1.833 4。

A 公司的账务处理如下：

无形资产现值 = 400 000 × 1.833 4 = 733 360（元）

未确认融资费用 = 800 000 - 733 360 = 66 640（元）

第 1 年应确认的融资费用 = 733 360 × 6% = 44 001.60（元）

第 2 年应确认的融资费用：66 640 - 44 001.60 = 22 638.40（元）

（1）20×8 年 1 月 1 日。

借：无形资产——商标权	733 360	
未确认融资费用	66 640	
贷：长期应付款——B 公司		800 000

（2）20×8 年 12 月 31 日。

借：长期应付款——B 公司	400 000	
贷：银行存款		400 000
借：财务费用	44 001.60	
贷：未确认融资费用		44 001.60

（3）20×9 年 12 月 31 日。

借：长期应付款——B 公司	400 000	
贷：银行存款		400 000
借：财务费用	22 638.40	
贷：未确认融资费用		22 638.40

7.2.2　投资者投入的无形资产

投资者投入的无形资产，在合同或协议约定的价值公允的前提下，应按照投资合同或协议约定的价值作为入账价值。如果合同或协议约定价值不公允，则按无形资产的公允价值入账。无形资产的入账价值与折合资本之间的差额，作为资本溢价，计入资本公积。

【例 7 - 3】A 公司因生产需要接受 B 公司以一项专利技术进行投资，根据投资双方签订的投资合同，此项专利权的价值为 250 000 元，折合为公司的股票 50 000 股，每股面值 1 元。

A 公司的账务处理如下：

借：无形资产——专利权	250 000	
贷：股本——乙公司		50 000
资本公积——股本溢价		200 000

7.2.3　接受捐赠的无形资产

捐赠行为对于企业而言，属于偶发交易或事项，不是企业日常经营活动。因此，接受捐赠的无形资产应作为当期损益中的利得，计入营业外收入。其入账的实际成本应分别按以下情况确定：

捐赠方提供凭据的，按凭据上标明的金额加上应支付的相关税费确定。捐赠方没有提供凭据的，按如下顺序确定其实际成本：

（1）同类或类似无形资产存在活跃市场的，以同类或类似无形资产的市场价格估计的金额加上应支付的相关税费作为实际成本。

（2）同类或类似无形资产不存在活跃市场的，以该接受捐赠的无形资产的预计未来现金流量现值作为实际成本。

具体来说，接受捐赠的无形资产，应按会计规定确定的入账价值，借记"无形资产"账户；按企业因接受捐赠而支付的相关费用，贷记"银行存款"等账户；按借贷方的差额，贷记"营业外收入"账户。

【例 7-4】A 公司收到上级公司捐赠的一项专利权，根据对方提供的凭据，确认金额为 200 000 元，另外 A 公司为此交纳相关税费 30 000 元，款项已用银行存款支付。

A 公司的账务处理如下：

借：无形资产——专利权　　　　　　　　　　　　　　　　　230 000

　　贷：银行存款　　　　　　　　　　　　　　　　　　　　　　30 000

　　　　营业外收入　　　　　　　　　　　　　　　　　　　　200 000

7.2.4　其他方式取得的无形资产

通过非货币性资产交换、债务重组等方式取得的无形资产，将在《高级财务会计实务》的相关章节中讲述。

7.3　内部研究开发支出的确认和计量

7.3.1　研究阶段与开发阶段的区分

对于企业自行进行的研究开发项目，应当以研究阶段与开发阶段分别进行核算。关于研究阶段与开发阶段的具体划分，企业应当根据自身实际情况以及相关信息加以判断。

1. 研究阶段

研究是指为了获取并理解新的科学或技术知识等进行的独创性的有计划的调查。研究阶段基本上是探索性的，是为进一步的开发活动进行资料及相关方面的准备，已经进行的研究活动将来是否会转入开发、开发后是否会形成无形资产等均具有较大的不确定性。在这一阶段一般不会形成阶段性成果。

2. 开发阶段

开发是指在进行商业性生产或使用前，将研究成果或其他知识应用于某项计划或设计，以生产出新的或具有实质性改进的材料、装置、产品等。相对于研究阶段而言，开发阶段应当是已完成研究阶段的工作，在很大程度上具备了形成一项新产品或新技术的基本条件。

7.3.2　企业内部研究与开发支出的确认

1. 研究阶段支出

对于企业内部研究开发项目，研究阶段的有关支出，应当在发生时全部费用化，计入当期损益（管理费用）。

2. 开发阶段支出

对于企业内部研究开发项目，开发阶段的支出只有同时满足相关条件的才能资本化，确认为无形资产，否则应当计入当期损益（管理费用）。具体相关条件如下：

（1）完成该无形资产以使其能够使用或出售在技术上具有可行性。

（2）具有完成该无形资产并使用或出售的意图。

（3）无形资产产生经济利益的方式，包括能够证明运用该无形资产生产的产品存在市场或无形资产自身存在市场；无形资产将在内部使用的，应当证明其有用性。

（4）有足够的技术、财务资源和其他资源支持，以完成该无形资产的开发，并有能力使用或出售该无形资产。

（5）归属于该无形资产开发阶段的支出能够可靠地计量。

3. 无法区分研究阶段和开发阶段的支出

无法区分研究阶段和开发阶段的支出，应当在发生时费用化，计入当期损益（管理费用）。

7.3.3　内部开发的无形资产的计量

内部开发活动形成的无形资产的成本，由可直接归属于该资产的创造、生产并使该资产能够以管理层预定的方式运作的所有必要支出组成。可直接归属成本包括：开发该无形资产时耗费的材料、劳务成本、注册费、在开发该无形资产过程中使用的其他专利权和特许权的摊销、按照借款费用的处理原则可以资本化的利息费用等。

值得强调的是，内部开发无形资产的成本仅包括在满足资本化条件的时点至无形资产达到预定用途前发生的支出总和，对于同一项无形资产在开发过程中达到资本化条件之前已经费用化计入当期损益的支出不再进行调整。

7.3.4　内部研究开发费用的会计处理

企业自行开发无形资产发生的研发支出，不满足资本化条件的，借记"研发支出——费用化支出"账户；满足资本化条件的，借记"研发支出——资本化支出"账户，贷记"原材料""银行存款""应付职工薪酬"等账户。自行研究开发无形资产发生的支出取得增值税专用发票可抵扣的进项税额，借记"应交税费——应交增值税（进项税额）"。期末，应将本账户归集的费用化支出金额转入当期管理费用，借记"管理费用"账户，贷记"研发支出——费用化支出"账户；研究开发项目达到预定用途形成无形资产的，应按"研发支出——资本化支出"账户的余额，借记"无形资产"账户，贷记"研发支出——资本化支出"账户。本账户期末借方余额，反映企业正在进行研究开发项目中满足资本化条件的支出。

【例 7-5】20×9 年 1 月 1 日，A 公司因生产产品需要，组织研究人员进行一项技术发明。在研发过程中，发生材料费用 900 000 元，人工费用 455 000 元，计提专用设备折旧 75 000 元，以银行存款支付其他费用 30 000 元，总计 1 460 000 元，其中，符合资本化条件的支出为 1 000 000 元。假定符合资本化条件的支出，取得增值税专用发票注明的增值税税额为 130 000 元。

A 公司的账务处理如下：

（1）相关费用发生时。

借：研发支出——费用化支出	460 000
———资本化支出	1 000 000
应交税费——应交增值税（进项税额）	130 000
贷：原材料	900 000
应付职工薪酬	455 000
累计折旧	75 000
银行存款	160 000

（2）期末结转费用化支出时。

借：管理费用	460 000
贷：研发支出——费用化支出	460 000

（3）研发项目达到预定用途时。

借：无形资产　　　　　　　　　　　　　　　　　　　　　　　　1 000 000
　　贷：研发支出——资本化支出　　　　　　　　　　　　　　　　　　　1 000 000

7.4　无形资产的后续计量

7.4.1　无形资产后续计量的原则

无形资产的后续计量应当以使用寿命有限的无形资产和使用寿命不确定的无形资产分别处理。企业应当于取得无形资产时分析判断其使用寿命。无形资产使用寿命有限的，应当估计该使用寿命的年限或者构成使用寿命的产量等类似计量单位数量；无法预见无形资产为企业带来经济利益期限的，应当视为使用寿命不确定的无形资产。

使用寿命有限的无形资产，应在其预计的使用寿命内采用系统合理的方法进行价值摊销，摊销金额计入有关的成本费用。使用寿命不确定的无形资产，在持有期间内不需要摊销，但期末要进行减值测试；如果发生减值的，要计提减值准备。

7.4.2　无形资产使用寿命的确定

无形资产使用寿命包括法定寿命和经济寿命两个方面。法定寿命是指受法律、规章或合同限制的无形资产使用寿命。经济寿命则是指无形资产可以为企业带来经济利益的年限。在估计无形资产使用寿命时，应当综合考虑各方面相关因素的影响，合理确定其使用寿命。

1. 无形资产使用寿命的确定

（1）源自合同性权利或其他法定权利取得的无形资产，其使用寿命通常不应超过合同性权利或其他法定权利的期限。但如果企业使用资产的预期期限短于合同性权利或其他法定权利规定的期限，则应当按照企业预期使用的期限来确定其使用寿命。例如，企业取得的某项实用新型专利权，法律规定的保护期限为10年，企业预计运用该项实用新型专利权所生产的产品在未来6年内会为企业带来经济利益，则该项专利权的预计使用寿命为6年。

（2）没有明确的合同或法律规定无形资产使用寿命的，企业应当综合各方面因素判断。例如，企业经过努力，聘请相关专家进行论证、与同行业的情况进行比较以及参考企业的历史经验等，确定无形资产为企业带来未来经济利益的期限。经过上述努力仍确实无法合理确定无形资产为企业带来经济利益的期限，才能将其作为使用寿命不确定的无形资产。

2. 无形资产使用寿命的复核

企业至少应当于每年年度终了，对使用寿命有限的无形资产的使用寿命进行复核。如果有证据表明无形资产使用寿命与以前估计不同，应当改变其摊销期限，并按照会计估计变更进行处理。例如，企业使用的某项专利权，原预计使用寿命为10年，使用至第3年年末时，该企业计划再使用2年即不再使用，则在第3年年末，企业应当变更该项无形资产的使用寿命，并作为会计估计变更进行处理。

企业应当在每个会计期间对使用寿命不确定的无形资产的使用寿命进行复核。如果有证据表明该无形资产使用寿命是有限的，则应当按照《企业会计准则第28号——会计政策、会计估计变更和差错更正》进行处理，并按照使用寿命有限的无形资产的处理原则进行会计处理。

7.4.3 使用寿命有限的无形资产的后续计量

使用寿命有限的无形资产，应在其预计的使用寿命内采用系统合理的方法对应摊销金额进行摊销，应以成本减去累计摊销额和累计减值损失后的余额进行后续计量。

1. 应摊销金额

无形资产的应摊销金额，是指其成本扣除预计残值后的金额。已计提减值准备的无形资产，还应扣除已计提的无形资产减值准备累计金额。无形资产的残值一般为零，但下列情况除外：

（1）有第三方承诺在无形资产使用寿命结束时购买该无形资产。

（2）可以根据活跃市场得到预计残值信息，并且该市场在无形资产使用寿命结束时很可能存在。

2. 摊销期和摊销方法

无形资产的摊销期自其可供使用（即其达到预定用途）时起至终止确认时止。

企业选择的无形资产摊销方法，应当能够反映与该项无形资产有关的经济利益的预期实现方式，并一致地运用于不同会计期间。具体摊销方法有多种，包括直线法、产量法等。例如，受技术陈旧因素影响较大的专利权和专有技术等无形资产，可采用类似固定资产加速折旧的方法进行摊销；有特定产量限制的特许经营权或专利权，应采用产量法进行摊销；无法可靠确定其预期实现方式的，应当采用直线法进行摊销。

企业至少应当于每年年度终了时，对使用寿命有限的无形资产的使用寿命及摊销方法进行复核，如果有证据表明无形资产使用寿命及摊销方法与以前估计不同的，应当改变其摊销年限和摊销方法，并按照会计估计变更进行会计处理。

持有待售的无形资产不进行摊销，按照账面价值与公允价值减去处置费用后的净额孰低进行计量。

3. 使用寿命有限的无形资产摊销的会计处理

无形资产的摊销金额一般应计入当期损益，但如果某项无形资产是专门用于生产某种产品或其他资产的，其所包含的经济利益是通过转入到所生产的产品或其他资产中实现的，则该无形资产的摊销金额应当计入相关资产的成本。

企业摊销无形资产进行账务处理时，应设置"累计摊销"账户，反映因摊销而减少的无形资产价值。企业计提无形资产摊销额时，借记"管理费用""制造费用""其他业务成本"等账户，贷记"累计摊销"账户。本账户期末贷方余额，反映企业无形资产的累计摊销额。

【例 7-6】20×8 年 1 月 1 日，A 公司从外单位购得一项专利权，取得的增值税专用发票上注明的价款为 6 000 000 元，增值税税率 6%，增值税税额 360 000 元，款项已支付。该项专利技术法律保护年限为 15 年，公司预计运用该项专利生产的产品在未来 10 年内会为公司带来经济利益。假定这项无形资产的净残值为零，并按年采用直线法摊销。

A 公司的账务处理如下：

（1）取得无形资产。

借：无形资产——专利权	6 000 000
应交税费——应交增值税（进项税额）	360 000
贷：银行存款	6 360 000

（2）按年摊销。

借：制造费用   600 000

  贷：累计摊销   600 000

4. 使用寿命有限的无形资产减值的会计处理

对于使用寿命有限的无形资产，在资产负债表日发生减值迹象的，需要进行减值测试；如果减值测试表明其可收回金额低于账面价值，则应当计提减值准备。

企业计提无形资产减值准备，应设置"无形资产减值准备"账户，按照应计提的金额，借记"资产减值损失"账户，贷记"无形资产减值准备"账户。无形资产减值损失一经确认，在以后会计期间不得转回。

【例 7-7】A 公司于 2018 年 1 月购入一项可供使用的专利权，成本为 500 000 元，增值税税率 6%，增值税税额 30 000 元，预计使用寿命为 10 年，预计净残值为零。2019 年年末，预计可收回金额为 320 000 元。

A 公司的账务处理如下：

（1）2018 年 1 月取得无形资产。

借：无形资产——专利权   500 000

  应交税费——应交增值税（进项税额）   30 000

  贷：银行存款   530 000

（2）2018 年年末摊销。

借：管理费用   50 000

  贷：累计摊销   50 000

（3）2019 年年末摊销的会计分录同 2018 年的摊销分录。

（4）2019 年年末无形资产的账面价值 400 000 元，预计可收回金额为 320 000 元、应计提减值准备 80 000 元。

借：资产减值损失   80 000

  贷：无形资产减值准备   80 000

（5）2020 年年末，应摊销额 = 320 000/8 = 40 000（元）

借：管理费用   40 000

  贷：累计摊销   40 000

7.4.4 使用寿命不确定的无形资产的后续计量

根据可获得的相关信息判断，有确凿证据表明无法合理估计其使用寿命的无形资产，应作为使用寿命不确定的无形资产。对于使用寿命不确定的无形资产，在持有期间内不需要进行摊销，但应当至少在每年年度终了时按照有关规定进行减值测试。如经减值测试表明已发生减值，则需要计提相应的减值准备，具体账务处理为：借记"资产减值损失"账户，贷记"无形资产减值准备"账户。

【例 7-8】20×8 年 1 月 1 日，A 公司自行研发的某项非专利技术已经达到预定可使用状态，累计研究支出为 800 000 元，累计开发支出为 2 500 000 元（其中，符合资本化条件的支出为 2 000 000 元）。根据各方面情况综合判断，该非专利技术将在不确定的期间内为企业带来经济利益。20×9 年年底，A 公司对该项非专利技术按照资产减值的原则进行减值测试。经测试，该非专利技术的可收回金额为 1 500 000 元。

A 公司的账务处理为：

（1） 20×8 年 1 月 1 日，非专利技术达到预定用途。

借：无形资产——非专利技术　　　　　　　　　　　　　　　　2 000 000

　　贷：研发支出——资本化支出　　　　　　　　　　　　　　　　　2 000 000

（2） 20×9 年 12 月 31 日，非专利技术发生减值。

借：资产减值损失——非专利技术　　　　　　　　　　　　　　　500 000

　　贷：无形资产减值准备——非专利技术　　　　　　　　　　　　　　500 000

7.5　无形资产的处置

无形资产的处置是指无形资产对外出租、出售，或者是无法为企业带来未来经济利益时，对无形资产的转销并终止确认。

7.5.1　无形资产的出租

企业让渡无形资产使用权并收取租金，在满足收入确认条件的情况下，应确认相关的收入和费用。出租无形资产取得租金收入时，借记"银行存款"等账户，贷记"其他业务收入"等账户；摊销出租无形资产的成本和发生与转让有关的各种费用支出时，借记"其他业务成本""税金及附加"等账户，贷记"累计摊销""应交税费"等账户。

【例 7-9】20×8 年 1 月 1 日，A 公司将某专利权出租给 B 公司使用，租期为 5 年，每年收取租金 200 000 元，租金收入适用的增值税税率为 6%。该专利权是 A 公司 20×8 年 1 月 1 日购入的，初始入账价值为 1 500 000 元，预计使用年限为 10 年，采用直线法摊销。假定不考虑增值税以外的其他税费，并按年摊销。

A 公司的账务处理为：

（1） 每年取得租金。

借：银行存款　　　　　　　　　　　　　　　　　　　　　　　212 000

　　贷：其他业务收入　　　　　　　　　　　　　　　　　　　　　　200 000

　　　　应交税费——应交增值税（销项税额）　　　　　　　　　　　　　12 000

（2） 按年对该专利权进行摊销。

借：其他业务成本　　　　　　　　　　　　　　　　　　　　　　150 000

　　贷：累计摊销　　　　　　　　　　　　　　　　　　　　　　　　150 000

7.5.2　无形资产的出售

企业出售无形资产，表明企业放弃该无形资产的所有权，应将所取得的价款与该无形资产账面价值的差额作为资产处置利得或损失，计入当期损益。出售无形资产时，应按实际收到的金额，借记"银行存款"等账户；按已计提的累计摊销额，借记"累计摊销"账户；原已计提减值准备的，借记"无形资产减值准备"账户；按应支付的相关税费及其他费用，贷记"应交税费""银行存款"等账户；按其账面余额，贷记"无形资产"账户；按其差额，贷记"营业外收入——处置非流动资产利得"账户或借记"营业外支出——处置非流动资产损失"账户。

【例 7-10】A 企业出售一项商标权，所得价款为 1 000 000 元，增值税税额为 60 000 元

（适用增值税税率为6%，不考虑其他税费）。该商标权成本为3 000 000元，出售时已累计摊销额为2 000 000元，已计提的减值准备为300 000元。

A企业的账务处理为：

借：银行存款   1 060 000

    累计摊销   2 000 000

    无形资产减值准备——商标权   300 000

    贷：无形资产——商标权   3 000 000

        应交税费——应交增值税（销项税额）   60 000

        资产处置损益   300 000

7.5.3 无形资产的报废

如果无形资产预期不能为企业带来经济利益，则不再符合无形资产的定义，应将其报废并予以转销，其账面价值转作当期损益。转销时，应按已计提的累计摊销额，借记"累计摊销"账户；按已计提的减值准备，借记"无形资产减值准备"账户；按无形资产账面余额，贷记"无形资产"账户；按其差额，借记"营业外支出——处置非流动资产损失"账户。

【例7-11】A企业拥有一项非专利技术，该项非专利技术的成本为5 000 000元，预计使用期限为10年，采用直线法进行摊销，已累计摊销额为3 000 000元，已计提减值准备900 000元。据市场调查，用该非专利技术生产的产品已没有市场，故应予以转销。假定不考虑其他相关因素。

A企业的账务处理为：

借：累计摊销   3 000 000

    无形资产减值准备   900 000

    营业外支出——处置非流动资产损失   1 100 000

    贷：无形资产——非专利技术   5 000 000

本章小结

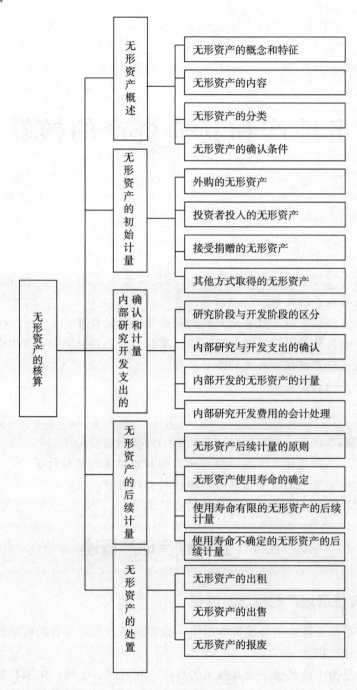

无形资产的核算
- 无形资产概述
  - 无形资产的概念和特征
  - 无形资产的内容
  - 无形资产的分类
  - 无形资产的确认条件
- 无形资产的初始计量
  - 外购的无形资产
  - 投资者投入的无形资产
  - 接受捐赠的无形资产
  - 其他方式取得的无形资产
- 内部研究开发支出的确认和计量
  - 研究阶段与开发阶段的区分
  - 内部研究与开发支出的确认
  - 内部开发的无形资产的计量
  - 内部研究开发费用的会计处理
- 无形资产的后续计量
  - 无形资产后续计量的原则
  - 无形资产使用寿命的确定
  - 使用寿命有限的无形资产的后续计量
  - 使用寿命不确定的无形资产的后续计量
- 无形资产的处置
  - 无形资产的出租
  - 无形资产的出售
  - 无形资产的报废

投资性房地产和其他资产的核算

1. 理解投资性房地产的概念、特征及范围。
2. 掌握不同计量模式下投资性房地产的初始计量和后续计量。
3. 了解房地产的转换形式及转换日的确定，掌握投资性房地产转换的核算。
4. 掌握投资性房地产减值和处置的会计处理。
5. 理解其他资产的相关概念。

1. 能正确处理成本模式下投资性房地产的初始计量和后续计量。
2. 能正确处理公允价值模式下投资性房地产的初始计量和后续计量。
3. 能够在不同模式下解决投资性房地产转换的会计处理。
4. 能正确处理投资性房地产减值和处置的会计业务。

8.1 投资性房地产概述

8.1.1 投资性房地产的概念及特征

投资性房地产是指为赚取租金或资本增值，或者两者兼有而持有的房地产。投资性房地产应当能够单独计量和出售。

其中，房地产是指土地和房屋及其权属的总称。在我国，土地归国家和集体所有，企业只能取得土地使用权。因此，房地产中的土地是指土地使用权。房屋是指土地上的建筑物及构筑物。随着我国经济的发展和完善，房地产市场日益活跃，企业持有的房地产除了自身使用外，还可以赚取租金或者谋求增值收益。

投资性房地产具有以下特征：

（1）投资性房地产是一种经营活动。

投资性房地产的主要形式是出租建筑物、出租土地使用权，这实质上属于一种让渡资产使用权行为。房地产租金就是让渡资产使用权取得的使用费收入，是企业为完成其经营目标所从事的经营性活动以及与之相关的其他活动形成的经济利益总流入。投资性房地产的另一种形式是持有并准备增值后转让的土地使用权，尽管其增值收益通常与市场供求、经济发展等因素相关，但目的是增值后转让以赚取增值收益，也是企业为完成其经营目标所从事的经营性活动以及与之相关的其他活动形成的经济利益总流入。

（2）投资性房地产在用途、状态、目的等方面区别于作为生产经营场所的房地产和用于销售的房地产。

企业持有的房地产除了用作自身管理、生产经营活动场所和对外销售之外，出现了将房地产用于赚取租金或增值收益的活动，甚至成为个别企业的主营业务。这就需要将投资性房地产单独作为一项资产核算和反映，与自用的厂房、办公楼等房地产和作为存货（已建完工商品房）的房地产加以区别，从而更加清晰地反映企业所持有房地产的构成情况和盈利能力。

8.1.2　投资性房地产的范围

投资性房地产主要包括已出租的土地使用权、持有并准备增值后转让的土地使用权和已出租的建筑物。

1. 属于投资性房地产的项目

（1）已出租的土地使用权。

已出租的土地使用权是指企业通过出让或转让方式取得并以经营租赁方式出租的土地使用权。企业计划用于出租但尚未出租的土地使用权，不属于此类。对于以经营租赁方式租入土地使用权再转租给其他单位的，则不能确认为投资性房地产。

【例8-1】20×8年6月20日，A公司与B公司签订了一项经营租赁合同，约定自7月1日起，A公司以年租金700 000元租赁使用B公司拥有的一块30 000平方米的场地，租赁期为5年。8月1日，A公司又将这块场地转租给C公司，以赚取租金差价，租赁期为3年。假设以上交易不违反国家有关规定。

本例中，对于A公司而言，这项土地使用权不能予以确认，也不属于其投资性房地产。对于B公司而言，自租赁期开始日（7月1日）起，这项土地使用权属于投资性房地产。

（2）持有并准备增值后转让的土地使用权。

持有并准备增值后转让的土地使用权是指企业通过出让或转让的方式取得并准备增值后转让的土地使用权。例如，企业发生转产或厂址搬迁，部分土地使用权停止自用，管理层决定继续持有这部分土地使用权，待其增值后转让以赚取增值收益，则该土地使用权就属于投资性房地产。但是，按照国家有关规定认定的闲置土地，不属于持有并准备增值的土地使用权。

（3）已出租的建筑物。

已出租的建筑物是指企业拥有产权并以经营租赁方式出租的房屋等建筑物，包括自行建造或开发活动完成后用于出租的建筑物。

企业在判断和确认已出租的建筑物时，应当把握以下要点：

① 用于出租的建筑物是指企业拥有产权的建筑物。企业以经营租赁方式租入再转租的建筑物不属于投资性房地产。

② 已出租的建筑物是企业已经与其他方签订了租赁协议，约定以经营租赁方式出租的建筑物。一般应自租赁协议规定的租赁期开始日起，经营租出的建筑物才属于已出租的建筑物。

③ 企业将建筑物出租，按租赁协议向承租人提供的相关辅助服务在整个协议中不重大的，应当将该建筑物确认为投资性房地产。例如，企业将其办公楼出租，同时向承租人提供维护、

保安等日常辅助服务，则企业应当将其确认为投资性房地产。

2. 不属于投资性房地产的项目

（1）自用房地产。

自用房地产，即为生产商品、提供劳务或者经营管理而持有的房地产，包括自用建筑物（固定资产）和自用土地使用权（无形资产）。例如，企业出租给本企业职工居住的宿舍，虽也收取租金，但间接为企业自身的生产经营服务，因此，具有自用房地产的性质。又如，企业拥有并自行经营的旅馆，其经营目的主要是通过提供客房服务赚取服务收入，则该旅馆不确认为投资性房地产，而应确认为自用房地产。

（2）作为存货的房地产。

作为存货的房地产，通常指房地产开发企业在正常经营过程中销售的或为销售而正在开发的商品房和土地。

如果某项房地产部分用于赚取租金或资本增值、部分自用（即用于生产商品、提供劳务或经营管理），能够单独计量和出售的、用于赚取租金或资本增值的部分，应当确认为投资性房地产；不能够单独计量和出售的、用于赚取租金或资本增值的部分，不能确认为投资性房地产。该项房地产自用的部分，以及不能够单独计量和出售的、用于赚取租金或资本增值的部分，应当确认为固定资产或无形资产。

8.2 投资性房地产的初始计量

8.2.1 投资性房地产的确认条件

投资性房地产只有在符合定义并同时满足下列条件时，才能予以确认：

（1）与该投资性房地产有关的经济利益很可能流入企业。

（2）该投资性房地产的成本能够可靠地计量。

对于已出租的土地使用权和已出租的建筑物，确认为投资性房地产的时点一般为租赁期开始日，即承租人有权行使其使用租赁资产权利的日期。但其中，企业持有以备经营出租、可视为投资性房地产的空置建筑物或在建建筑物，确认为投资性房地产的时点是企业董事会或类似机构就该事项做出正式书面决议的日期。对持有并准备增值后转让的土地使用权，其确认为投资性房地产的时点为企业将该自用土地使用权停止自用，准备增值后转让的日期。

8.2.2 投资性房地产的初始计量

投资性房地产的后续计量无论是采用成本模式或公允价值模式，其初始计量均应当按照成本进行核算。

1. 账户设置

采用成本模式计量的企业，应设置"投资性房地产"账户，比照"固定资产""无形资产"账户进行核算，反映投资性房地产的成本。

采用公允价值模式计量的企业，应当在"投资性房地产"账户下设置"成本"和"公允价值变动"两个明细账户，其中"成本"明细账户，反映投资性房地产取得的成本。

2. 投资性房地产初始计量的会计处理

（1）外购的投资性房地产。

企业外购投资性房地产时，应当按照取得时的实际成本进行初始计量。取得时的实际成本，包括购买价款、相关税费和可直接归属于该资产的其他支出。采用成本模式进行后续计量的，企业应当在购入投资性房地产时，借记"投资性房地产"账户，贷记"银行存款"等账户；采用公允价值模式进行后续计量的，企业应当在购入投资性房地产时，借记"投资性房地产——成本"账户，贷记"银行存款"等账户。

【例 8 - 2】20 × 8 年 8 月，A 公司计划购入写字楼用于对外出租。8 月 20 日，A 公司与 B 公司签订了经营租赁合同，约定自写字楼购买日起，将写字楼出租给 B 公司使用。租赁期为 5 年。8 月 31 日，A 公司购入写字楼，实际支付购买价款和相关税费共计 25 000 000 元。即日按照租赁合同出租给 B 公司。

假定 A 公司采用成本模式进行后续计量。

借：投资性房地产——写字楼　　　　　　　　　　　　　25 000 000

　　贷：银行存款　　　　　　　　　　　　　　　　　　　　　　25 000 000

假定 A 公司采用公允价值模式进行后续计量。

借：投资性房地产——写字楼——成本　　　　　　　　　25 000 000

　　贷：银行存款　　　　　　　　　　　　　　　　　　　　　　25 000 000

（2）自行建造的投资性房地产。

企业自行建造投资性房地产，其成本由建造该项资产达到预定可使用状态前发生的必要支出构成，包括土地开发费、建筑成本、安装成本、应予资本化的借款费用、支付的其他费用和分摊的间接费用等。采用成本模式进行后续计量的，应按照确定的自行建造投资性房地产成本，借记"投资性房地产"账户，贷记"在建工程"或"开发产品"账户；采用公允价值模式进行后续计量的，应按照确定的自行建造投资性房地产成本，借记"投资性房地产——成本"账户，贷记"在建工程"或"开发产品"账户。

【例 8 - 3】20 × 8 年 1 月，A 公司从其他单位购入一块使用年限为 50 年的土地，并在这块土地上开始自行建造两栋厂房。20 × 8 年 11 月，A 公司预计厂房即将完工，与 B 公司签订了经营租赁合同，将其中的一栋厂房租赁给 B 公司使用。租赁合同约定，该厂房于完工时开始起租。20 × 8 年 12 月 5 日，两栋厂房同时完工。该块土地使用权的成本为 9 000 000 元，至20 × 8 年 12 月 5 日，土地使用权已摊销累计额 165 000 元；两栋厂房的实际造价均为 10 000 000 元，能够单独出售。为简化处理，假设两栋厂房分别占用这块土地的一半面积，并且以占用的土地面积作为土地使用权划分的依据。假定 A 公司采用成本计量模式进行后续计量。

A 公司的账务处理如下：

土地使用权中的对应部分同时转换为投资性房地产的成本

= 9 000 000 × 1/2 = 4 500 000（元）

借：固定资产——厂房　　　　　　　　　　　　　　　　10 000 000

　　投资性房地产——厂房　　　　　　　　　　　　　　10 000 000

　　贷：在建工程——厂房　　　　　　　　　　　　　　　　　　20 000 000

借：投资性房地产——已出租土地使用权　　　　　　　　4 500 000

　　累计摊销　　　　　　　　　　　　　　　　　　　　　82 500

　　贷：无形资产——土地使用权　　　　　　　　　　　　　　　4 500 000

　　　　投资性房地产——累计摊销　　　　　　　　　　　　　　　82 500

8.2.3 与投资性房地产有关的后续支出

1. 资本化的后续支出

与投资性房地产有关的后续支出，满足投资性房地产确认条件的，应当计入投资性房地产成本。例如，企业为了提高投资性房地产的使用效能，往往需要对投资性房地产进行改建、扩建而使其更加坚固耐用，或者通过装修而改善其室内装潢，改扩建或装修支出满足确认条件的，应当将其资本化。

采用成本模式计量的，投资性房地产进入改扩建或装修阶段后，应当将其账面价值转入改扩建工程，借记"投资性房地产——在建""投资性房地产累计折旧"等账户，贷记"投资性房地产"账户。发生资本化的改良或装修支出，通过"投资性房地产——在建"账户归集，借记"投资性房地产——在建"账户，贷记"银行存款""应付账款"等账户。改扩建或装修完成后，借记"投资性房地产"账户，贷记"投资性房地产——在建"账户。

采用公允价值模式计量的，投资性房地产进入改扩建或装修阶段，借记"投资性房地产——在建"账户，贷记"投资性房地产——成本""投资性房地产——公允价值变动"等账户。在改扩建或装修完成后，借记"投资性房地产——成本"账户，贷记"投资性房地产——在建"账户。

企业对某项投资性房地产进行改扩建等再开发且将来仍作为投资性房地产的，再开发期间应继续将其作为投资性房地产，再开发期间不计提折旧或摊销。

【例8-4】20×8年5月，A公司与B公司的一项厂房经营租赁合同即将到期。该厂房原价为30 000 000元，已计提折旧10 000 000元。为了提高厂房的租金收入，A公司决定在租赁期满后对该厂房进行改扩建，并与C公司签订了经营租赁合同，约定自改扩建完工时将该厂房出租给C公司。20×8年5月31日，与B公司的租赁合同到期，该厂房随即进入改扩建工程。20×8年12月31日，该厂房改扩建工程完工，共发生支出1 000 000元，均已支付，即日按照租赁合同出租给C公司。假定A公司采用成本计量模式。

A公司的账务处理如下：

（1）20×8年5月31日，投资性房地产转入改扩建工程。

借：投资性房地产——厂房——在建　　　　　　　　　　　　　　20 000 000
　　投资性房地产累计折旧　　　　　　　　　　　　　　　　　　10 000 000
　　　贷：投资性房地产——厂房　　　　　　　　　　　　　　　　　　30 000 000

（2）20×8年5月31日—12月31日，发生改扩建支出。

借：投资性房地产——厂房——在建　　　　　　　　　　　　　　　1 000 000
　　　贷：银行存款　　　　　　　　　　　　　　　　　　　　　　　　1 000 000

（3）20×8年12月31日，改扩建工程完工。

借：投资性房地产——厂房　　　　　　　　　　　　　　　　　　21 000 000
　　　贷：投资性房地产——厂房——在建　　　　　　　　　　　　　　21 000 000

【例8-5】20×8年5月，A公司与B公司的一项厂房经营租赁合同即将到期。为了提高厂房的租金收入，A公司决定在租赁期满后对该厂房进行改扩建，并与C公司签订了经营租赁合同，约定自改扩建完工时将该厂房出租给C公司。20×8年5月31日，与B公司的租赁合同到期，该厂房随即进入改扩建工程。20×8年5月31日，该厂房账面余额为30 000 000元，其中成本25 000 000元，累计公允价值变动5 000 000元。20×8年11月30日，该厂房改扩建工程完工，共发生支出 5 000 000 元，均已支付，即日按照租赁合同出租给 C 公司。假定 A 公司采用公允价值计量模式。

A 公司的账务处理如下：

（1）20×8 年 5 月 31 日，投资性房地产转入改扩建工程。

借：投资性房地产——厂房——在建 30 000 000

　　贷：投资性房地产——厂房——成本 25 000 000

　　　　　　　　　　——公允价值变动 5 000 000

（2）20×8 年 5 月 31 日—11 月 30 日，发生改扩建支出。

借：投资性房地产——厂房——在建 5 000 000

　　贷：银行存款 5 000 000

（3）20×8 年 11 月 30 日，改扩建工程完工。

借：投资性房地产——厂房——成本 35 000 000

　　贷：投资性房地产——厂房——在建 35 000 000

2. 费用化的后续支出

与投资性房地产有关的后续支出，不满足投资性房地产确认条件的，如企业对投资性房地产进行日常维护所发生的支出，应当在发生时计入当期损益，借记"其他业务成本"等账户，贷记"银行存款"等账户。

8.3　投资性房地产的后续计量

投资性房地产的后续计量有成本和公允价值两种模式。通常应当采用成本模式计量，满足特定条件时也可以采用公允价值模式计量。但是，同一企业只能采用一种模式对所有投资性房地产进行后续计量，不得同时采用两种计量模式。

8.3.1　投资性房地产的后续计量

1. 采用成本模式计量的投资性房地产

采用成本模式进行后续计量的投资性房地产，应按期（月）计提折旧或摊销，借记"其他业务成本"等账户，贷记"投资性房地产累计折旧（摊销）"账户；取得的租金收入，借记"银行存款"等账户，贷记"其他业务收入"等账户。

投资性房地产存在减值迹象的，且适用资产减值的有关规定，经减值测试后确定发生减值的，应当计提减值准备，借记"资产减值损失"账户，贷记"投资性房地产减值准备"账户。已经计提减值准备的投资性房地产，其减值损失在以后的会计期间不得转回。

【例 8-6】A 公司将一栋写字楼出租给 B 公司使用，确认为投资性房地产，采用成本模式进行后续计量。假设这栋办公楼的成本为 36 000 000 元，按照年限平均法计提折旧，使用寿命为 20 年，预计净残值为零。经营租赁合同约定，B 公司每月等额支付 A 公司租金 200 000 元。不动产租赁服务适用的增值税税率为 9%。

A 公司的账务处理如下：

（1）每月计提折旧。

每月计提的折旧 =（36 000 000 ÷ 20）÷ 12 = 150 000（元）

借：其他业务成本 150 000

　　　　贷：投资性房地产累计折旧　　　　　　　　　　　　　　　　150 000

　　（2）每月确认租金收入。

借：银行存款（或其他应收款）　　　　　　　　　　　　　　　218 000

　　贷：其他业务收入　　　　　　　　　　　　　　　　　　　　200 000

　　　　应交税费——应交增值税（销项税额）　　　　　　　　　18 000

　　2. 采用公允价值模式计量的投资性房地产

　　只有存在确凿证据表明投资性房地产的公允价值能够持续可靠取得的情况下，企业才可以采用公允价值模式对投资性房地产进行后续计量。企业一旦选择采用公允价值计量模式，就应当对其所有投资性房地产均采用公允价值模式进行后续计量。采用公允价值模式进行后续计量的投资性房地产，应当同时满足以下两个条件：

　　（1）投资性房地产所在地有活跃的房地产交易市场。

　　（2）企业能够从活跃的房地产交易市场上取得同类或类似房地产的市场价格及其他相关信息，从而对投资性房地产的公允价值做出合理的估计。

　　采用公允价值模式进行后续计量的投资性房地产，不对投资性房地产计提折旧或摊销。企业应当以资产负债表日投资性房地产的公允价值为基础调整其账面价值，公允价值与原账面价值之间的差额计入当期损益。资产负债表日，投资性房地产的公允价值高于原账面价值时，按差额借记"投资性房地产——公允价值变动"账户，贷记"公允价值变动损益"账户；当公允价值低于原账面价值时，按差额作相反的账务处理；取得的租金收入，借记"银行存款"等账户，贷记"其他业务收入"等账户。

　　【例8-7】20×8年9月，A公司与B公司签订租赁协议，约定将A公司新建造的一栋写字楼租赁给B公司使用，租赁期为10年。20×8年12月1日，该写字楼开始起租。写字楼的工程造价为50 000 000元，20×8年12月31日，该写字楼的公允价值为54 000 000元。假设A公司对投资性房地产采用公允价值模式进行后续计量。

　　A公司的账务处理如下：

　　（1）20×8年12月1日，甲公司出租写字楼。

借：投资性房地产——写字楼——成本　　　　　　　　　　　　50 000 000

　　贷：固定资产——写字楼　　　　　　　　　　　　　　　　50 000 000

　　（2）20×8年12月31日，按照公允价值调整其账面价值。

借：投资性房地产——写字楼——公允价值变动　　　　　　　　4 000 000

　　贷：公允价值变动损益　　　　　　　　　　　　　　　　　4 000 000

8.3.2　投资性房地产后续计量模式的变更

　　为保证会计信息的可比性，企业对投资性房地产的计量模式一经确定，不得随意变更。只有在房地产市场比较成熟、能够满足采用公允价值模式条件的情况下，才允许企业对投资性房地产从成本模式计量变更为公允价值模式计量。

　　成本模式转为公允价值模式的，应当作为会计政策变更处理。在计量模式变更日时，按照投资性房地产的公允价值，借记"投资性房地产——成本"账户；按照已计提的折旧或摊销，借记"投资性房地产累计折旧（摊销）"账户；原已计提减值准备的，借记"投资性房地产减值准备"账户；按照原账面余额，贷记"投资性房地产"账户；按照公允价值与其账面价值之间的差额，贷记或借记"利润分配——未分配利润""盈余公积"等账户。

已采用公允价值模式计量的投资性房地产，不得从公允价值模式转为成本模式。

【例8-8】20×4年，A公司将一栋写字楼出租给B公司，采用成本模式计量。20×8年1月1日，假定A公司持有的投资性房地产满足采用公允价值计量的条件，A公司决定采用公允价值模式对该写字楼进行后续计量。20×8年1月1日，该写字楼的原价为56 000 000元，已提折旧7 000 000元，未提减值准备，公允价值为52 000 000元。A公司按净利润的10%提取盈余公积，假定不考虑所得税因素。

A公司的账务处理如下：

借：投资性房地产——写字楼——成本　　　　　　　　　　　　52 000 000
　　投资性房地产累计折旧　　　　　　　　　　　　　　　　　7 000 000
　　贷：投资性房地产——写字楼　　　　　　　　　　　　　　　56 000 000
　　　　盈余公积　　　　　　　　　　　　　　　　　　　　　　300 000
　　　　利润分配——未分配利润　　　　　　　　　　　　　　　2 700 000

8.4　投资性房地产的转换

8.4.1　房地产的转换形式及转换日

房地产的转换是指房地产用途的变更。企业有确凿证据表明房地产用途发生改变，满足下列条件之一的，应当将投资性房地产转换为其他资产或者将其他资产转换为投资性房地产：

（1）投资性房地产开始自用，即将投资性房地产转为自用房地产。在此种情况下，转换日为房地产达到自用状态，即企业开始将其用于生产商品、提供劳务或者经营管理的日期。

（2）作为存货的房地产改为出租，通常是指房地产开发企业将其持有的开发产品以经营租赁的方式出租，存货相应地转换为投资性房地产。在此种情况下，转换日为房地产的租赁期开始日。

（3）自用建筑物停止自用，改为出租，即企业将原本用于生产商品、提供劳务或者经营管理的房地产改用于出租，固定资产相应地转换为投资性房地产。在此种情况下，转换日为租赁期开始日。

（4）自用土地使用权停止自用，改用于赚取租金或资本增值，即企业将原本用于生产商品、提供劳务或者经营管理的土地使用权改用于赚取租金或资本增值，该土地使用权相应地转换为投资性房地产。在此种情况下，转换日为自用土地使用权停止自用后，确定用于赚取租金或资本增值的日期。

（5）房地产企业将用于经营出租的房地产重新开发用于对外销售，从投资性房地产转为存货。在这种情况下，转换日为租赁期满，企业董事会或类似机构做出书面决议明确表明将其重新开发用于对外销售的日期。

以上所指确凿证据包括两个方面：一是企业董事会或类似机构应当就改变房地产用途形成正式的书面决议；二是房地产因用途改变而发生实际状态上的改变，如从自用状态改为出租状态。

8.4.2　投资性房地产转换为非投资性房地产

1. 投资性房地产转换为自用房地产

（1）成本模式下的转换。

企业将采用成本模式计量的投资性房地产转换为自用房地产时，应当按该项投资性房地产在转换日的账面余额、累计折旧、减值准备等，分别转入"固定资产""累计折旧""固定资产减值准备"等账户。按其账面余额，借记"固定资产"或"无形资产"账户，贷记"投资性房地产"账户；按已计提的折旧或摊销，借记"投资性房地产累计折旧（摊销）"账户，贷记"累计折旧"或"累计摊销"账户；原已计提减值准备的，借记"投资性房地产减值准备"账户，贷记"固定资产减值准备"或"无形资产减值准备"账户。

【例8-9】20×8年11月1日，租赁期满，A公司将出租的写字楼收回，公司董事会就将该写字楼作为办公楼用于本公司的行政管理形成了书面决议。20×8年11月1日，该写字楼正式开始自用，相应由投资性房地产转换为自用房地产。该项房地产在转换前采用成本模式计量，原账面价值为70 000 000元，其中，原价为80 000 000元，累计已提折旧10 000 000元。

A公司的账务处理如下：

借：固定资产——写字楼	80 000 000
投资性房地产累计折旧	10 000 000
贷：投资性房地产——写字楼	80 000 000
累计折旧	10 000 000

（2）公允价值模式下的转换。

企业将采用公允价值模式计量的投资性房地产转换为自用房地产时，应当以其转换当日的公允价值作为自用房地产的账面价值，公允价值与原账面价值的差额计入当期损益。转换日，按该项投资性房地产的公允价值，借记"固定资产"或"无形资产"账户；按该项投资性房地产的成本，贷记"投资性房地产——成本"账户；按该项投资性房地产的累计公允价值变动，贷记或借记"投资性房地产——公允价值变动"账户；按其差额，贷记或借记"公允价值变动损益"账户。

【例8-10】按【例8-9】资料，现假定写字楼在转换前采用公允价值模式计量，原账面价值为70 000 000元，其中，成本为67 000 000元，公允价值变动为增值3 000 000元；20×8年11月1日，公允价值为75 000 000元，其他条件不变。

A公司的账务处理如下：

借：固定资产——写字楼	75 000 000
贷：投资性房地产——写字楼——成本	67 000 000
——公允价值变动	3 000 000
公允价值变动损益	5 000 000

2. 投资性房地产转换为存货

（1）成本模式下的转换。

企业将采用成本模式计量的投资性房地产转换为存货时，应当按照该项房地产在转换日的账面价值，借记"开发产品"账户；按照已计提的折旧或摊销，借记"投资性房地产累计折旧（摊销）"账户；原已计提减值准备的，借记"投资性房地产减值准备"账户；按其账面余额，贷记"投资性房地产"账户。

【例8-11】A房地产开发公司将其开发的一栋写字楼以经营租赁的方式出租给其他单位使用。20×8年6月1日，因租赁期满，该房地产开发公司将出租的写字楼收回，并作书面决议，将写字楼重新开发用于出售。该项房地产在转换前采用成本模式计量，原账面价值为50 000 000元，其中，原价为70 000 000元，累计已提折旧17 000 000元，已计提减值准备金额为3 000 000元。

A 房地产开发公司的账务处理如下：

借：开发产品	50 000 000
投资性房地产累计折旧	17 000 000
投资性房地产减值准备	3 000 000
贷：投资性房地产——写字楼	70 000 000

（2）公允价值模式下的转换。

企业将采用公允价值模式计量的投资性房地产转换为存货时，应当以其转换当日的公允价值作为存货的账面价值，公允价值与原账面价值的差额计入当期损益。转换日，按该项投资性房地产的公允价值，借记"开发产品"等账户；按该项投资性房地产的成本，贷记"投资性房地产——成本"账户；按该项投资性房地产的累计公允价值变动，贷记或借记"投资性房地产——公允价值变动"账户；按其差额，贷记或借记"公允价值变动损益"账户。

【例 8-12】按【例 8-11】资料，现假定写字楼在转换前采用公允价值模式计量，原账面价值为 70 000 000 元，其中，成本为 50 000 000 元，公允价值变动为增值 20 000 000 元；20×8 年 6 月 1 日，公允价值为 73 000 000 元，其他条件不变。

借：开发产品	73 000 000
贷：投资性房地产——写字楼——成本	50 000 000
——公允价值变动	20 000 000
公允价值变动损益	3 000 000

8.4.3　非投资性房地产转换为投资性房地产

1. 自用房地产转换为投资性房地产

（1）成本模式下的转换。

企业将自用土地使用权或建筑物转换为采用成本模式计量的投资性房地产时，应当按该项建筑物或土地使用权在转换日的原价、累计折旧、减值准备等，分别转入"投资性房地产""投资性房地产累计折旧（摊销）""投资性房地产减值准备"账户。按其账面余额，借记"投资性房地产"账户，贷记"固定资产"或"无形资产"账户；按已计提的折旧或摊销，借记"累计折旧"或"累计摊销"账户，贷记"投资性房地产累计折旧（摊销）"账户；原已计提减值准备的，借记"固定资产减值准备"或"无形资产减值准备"账户，贷记"投资性房地产减值准备"账户。

【例 8-13】A 公司拥有一栋本公司总部办公使用的办公楼，公司董事会就将该栋办公楼用于出租形成了书面决议。20×8 年 5 月 10 日，A 公司与 B 公司签订了经营租赁协议，将这栋办公楼整体出租给 B 公司使用，租赁期开始日为 6 月 1 日，租期为 5 年。6 月 1 日，这栋办公楼的原价为 45 000 000 元，已计提折旧 5 000 000 元。假设 A 公司所在城市不存在活跃的房地产交易市场。

6 月 1 日，A 公司的账务处理如下：

借：投资性房地产——办公楼	45 000 000
累计折旧	5 000 000
贷：固定资产——办公楼	45 000 000
投资性房地产累计折旧	5 000 000

（2）公允价值模式下的转换。

企业将自用土地使用权或建筑物转换为采用公允价值计量的投资性房地产时，应当按该项土地使用权或建筑物在转换日的公允价值，借记"投资性房地产——成本"账户；按已计提的累计摊销或累计折旧，借记"累计摊销"或"累计折旧"账户；原已计提减值准备的，借记"无形资产减值准备""固定资产减值准备"账户；按其账面余额，贷记"无形资产"或"固定资产"账户。同时，转换日的公允价值小于账面价值的，按其差额，借记"公允价值变动损益"账户；转换日的公允价值大于账面价值的，按其差额，贷记"其他综合收益"账户。待该项投资性房地产处置时，因转换计入资本公积的部分应转入当期损益。

【例8-14】按【例8-13】资料，现假定该办公楼所在地房地产交易活跃，其公允价值能够可靠计量，假定A公司对出租的办公楼采用公允价值模式计量。假定20×8年6月1日，该办公楼的公允价值为50 000 000元，其原价为45 000 000元，已计提折旧5 000 000元。其他条件不变。

A公司的账务处理如下：

借：投资性房地产——办公楼——成本	50 000 000
累计折旧	5 000 000
贷：固定资产——办公楼	45 000 000
其他综合收益	10 000 000

若假定20×8年6月1日，该办公楼的公允价值为38 000 000元，则A公司的账务处理如下：

借：投资性房地产——办公楼——成本	38 000 000
公允价值变动损益	2 000 000
累计折旧	5 000 000
贷：固定资产——办公楼	45 000 000

2. 作为存货的房地产转换为投资性房地产

（1）成本模式下的转换。

企业将作为存货的房地产转换为采用成本模式计量的投资性房地产时，应当按该项存货在转换日的账面价值，借记"投资性房地产"账户；原已计提跌价准备的，借记"存货跌价准备"；按其账面余额，贷记"开发产品"等账户。

【例8-15】A公司是从事房地产开发的企业，20×8年4月10日，A公司董事会就将其开发的一栋写字楼不再出售改用作出租形成了书面决议。A公司遂与B公司签订了租赁协议，将此写字楼整体出租给B公司使用，租赁期开始日为20×8年5月1日，租赁期为5年。20×8年5月1日，该写字楼的账面余额为50 000 000元，已计提存货跌价准备3 000 000元，转换后采用成本模式进行后续计量。

20×8年5月1日A公司的账务处理如下：

借：投资性房地产——写字楼	47 000 000
存货跌价准备	3 000 000
贷：开发产品	50 000 000

（2）公允价值模式下的转换。

企业将作为存货的房地产转换为采用公允价值模式计量的投资性房地产时，应当按该项房地产在转换日的公允价值，借记"投资性房地产——成本"账户；原已计提跌价准备的，借记"存货跌价准备"账户；按其账面余额，贷记"开发产品"等账户。同时，转换日的公允价值小于账面价值的，按其差额，借记"公允价值变动损益"账户；转换日的公允价值大于账面价值的，按其差额，贷记"其他综合收益"账户。待该项投资性房地产处置时，因转换计入资本公积的部分应转入当期损益。

【例 8 - 16】按【例 8 - 15】资料，现假定该写字楼所在地房地产交易活跃，其公允价值能够可靠计量，假定 A 公司对出租的写字楼采用公允价值模式计量。假定 20 × 8 年 5 月 1 日，该写字楼的公允价值为 51 000 000 元，该写字楼的账面余额为 50 000 000 元，已计提存货跌价准备 3 000 000 元。其他条件不变。

A 公司的账务处理如下：

借：投资性房地产——写字楼——成本　　　　　　　　　　　　 51 000 000
　　存货跌价准备　　　　　　　　　　　　　　　　　　　　　　 3 000 000
　　贷：开发产品　　　　　　　　　　　　　　　　　　　　　　　 50 000 000
　　　　其他综合收益　　　　　　　　　　　　　　　　　　　　　 4 000 000

若假定 20 × 8 年 5 月 1 日，该写字楼的公允价值为 40 000 000 元，则 A 公司的账务处理如下：

借：投资性房地产——写字楼——成本　　　　　　　　　　　　 40 000 000
　　公允价值变动损益　　　　　　　　　　　　　　　　　　　　 7 000 000
　　存货跌价准备　　　　　　　　　　　　　　　　　　　　　　 3 000 000
　　贷：开发产品　　　　　　　　　　　　　　　　　　　　　　　 50 000 000

8.5　投资性房地产的减值和处置

8.5.1　投资性房地产的减值

资产的基本特征是预期能够为企业带来经济利益的流入。资产的账面价值应当反映其预期为企业带来的未来经济利益流入的金额。如果某项资产预期为企业带来的经济利益低于其账面价值，则该项资产应当按照预期能够为企业带来的经济利益流入的金额进行计量，并计提相应的减值准备，确认资产减值损失。

采用公允价值模式计量的投资性房地产的账面余额反映其公允价值，所以不需考虑减值问题。

采用成本模式计量的投资性房地产，资产负债表日，如果存在减值迹象，需要进行减值测试。减值测试表明其收回金额低于账面价值的，则应当按其差额计提减值准备，借记"资产减值损失"账户，贷记"投资性房地产减值准备"账户。投资性房地产减值损失一经确认，在以后会计期间不得转回。

【例 8 - 17】A 公司写字楼出租给 B 公司使用，已确认为一项投资性房地产，采用成本模式计量。20 × 8 年年末，该项投资性房地产出现减值迹象，进行减值测试，确定可收回金额为 6 000 000 元，此时该写字楼的账面价值 8 000 000 元。

A 公司的账务处理如下：

借：资产减值损失　　　　　　　　　　　　　　　　　　　　　 2 000 000
　　贷：投资性房地产减值准备　　　　　　　　　　　　　　　　　 2 000 000

8.5.2　投资性房地产的处置

当投资性房地产被处置，或者永久退出使用且预计不能从其处置中取得经济利益时，应当终止确认该项投资性房地产。企业出售、转让、报废投资性房地产或者发生投资性房地产毁损，应当将处置收入扣除其账面价值和相关税费后的金额计入当期损益。此外，企业因其他原因，如非货币性资产交换等而减少投资性房地产，也属于投资性房地产的处置。

1. 成本模式计量的投资性房地产的处置

处置采用成本模式计量的投资性房地产时，应当按实际收到的金额，借记"银行存款"等账户，贷记"其他业务收入"账户；按该项投资性房地产的账面价值，借记"其他业务成本"账户；按其账面余额，贷记"投资性房地产"账户；按照已计提的折旧或摊销，借记"投资性房地产累计折旧（摊销）"账户；原已计提减值准备的，借记"投资性房地产减值准备"账户。

【例 8-18】A 公司将其出租的一栋写字楼确认为投资性房地产。租赁期届满后，A 公司将该栋写字楼出售给 B 公司，合同价款为 150 000 000 元，B 公司已用银行存款付清。假设这栋写字楼原采用成本模式计量。出售时，该栋写字楼的成本为 160 000 000 元，已计提折旧 30 000 000 元，增值税税率为 9%。

A 公司的账务处理如下：

借：银行存款		163 500 000
贷：其他业务收入		150 000 000
应交税费——应交增值税（销项税额）		13 500 000
借：其他业务成本		130 000 000
投资性房地产累计折旧		30 000 000
贷：投资性房地产——写字楼		160 000 000

2. 公允价值模式计量的投资性房地产的处置

处置采用公允价值模式计量的投资性房地产时，应当按实际收到的金额，借记"银行存款"等账户，贷记"其他业务收入"账户；按该项投资性房地产的账面余额，借记"其他业务成本"账户；按其成本，贷记"投资性房地产——成本"账户；按其累计公允价值变动，贷记或借记"投资性房地产——公允价值变动"账户。同时结转投资性房地产累计公允价值变动。若存在原转换日计入资本公积的金额，也一并结转。

【例 8-19】A 公司与 B 公司签订了一份租赁协议，将其原先自用的一栋写字楼出租给 B 公司使用，租赁期开始日为 20×8 年 5 月 15 日。20×8 年 5 月 15 日，该写字楼的账面余额为 50 000 000 元，已累计折旧 5 000 000 元，其公允价值为 48 000 000 元。20×8 年 12 月 31 日，该写字楼公允价值为 50 000 000 元。20×9 年 12 月租赁期满，公司收回该写字楼，并以 56 000 000 元出售，增值税税率为 9%，出售价款已收讫。假设 A 公司采用公允价值模式计量，不考虑其他相关税费。

A 公司的账务处理如下：

（1）20×8 年 5 月 15 日，将固定资产转换为投资性房地产。

借：投资性房地产——写字楼——成本		48 000 000
累计折旧		5 000 000
贷：固定资产——写字楼		50 000 000
其他综合收益		3 000 000

（2）20×8 年 12 月 31 日，公允价值变动的处理。

借：投资性房地产——写字楼——公允价值变动		2 000 000
贷：公允价值变动损益		2 000 000

（3）20×9 年 12 月，收回并出售投资性房地产。

① 确认出售价款收入。

借：银行存款　　　　　　　　　　　　　　　　　　　　　　　61 040 000
　　贷：其他业务收入　　　　　　　　　　　　　　　　　　　　56 000 000
　　　　应交税费——应交增值税（销项税额）　　　　　　　　　5 040 000
② 结转该项投资性房地产的账面余额。
借：其他业务成本　　　　　　　　　　　　　　　　　　　　　50 000 000
　　贷：投资性房地产——写字楼——成本　　　　　　　　　　48 000 000
　　　　投资性房地产——写字楼——公允价值变动　　　　　　　2 000 000
③ 结转投资性房地产累计公允价值变动。
借：公允价值变动损益——投资性房地产　　　　　　　　　　　2 000 000
　　贷：其他业务成本　　　　　　　　　　　　　　　　　　　　2 000 000
④ 结转原转换日计入资本公积的金额。
借：其他综合收益　　　　　　　　　　　　　　　　　　　　　3 000 000
　　贷：其他业务成本　　　　　　　　　　　　　　　　　　　　3 000 000

8.6　其他资产的核算

其他资产是指流动资产、长期投资、固定资产、无形资产等以外的各种资产，主要包括长期待摊费用和其他长期资产。

8.6.1　长期待摊费用的会计处理

长期待摊费用是指企业已经支出，但摊销期限在 1 年以上（不含 1 年）的各项费用。它包括开办费、股票发行费用、固定资产大修理支出、以经营租赁方式租入固定资产的改良支出，以及摊销期限在 1 年以上的其他长期待摊费用等。

企业应设置“长期待摊费用”账户，核算出本期和以后各期负担的分摊期限在 1 年以上的各项费用。该账户属于资产类账户，借方登记发生的各项长期待摊费用的支出数额，贷方登记摊销数额。期末借方余额反映企业尚未摊销的长期待摊费用。该账户应按费用的种类设置明细账，进行明细核算。

企业发生长期待摊费用时，借记“长期待摊费用”账户，贷记有关账户。摊销时，借记“销售费用”“管理费用”等账户，贷记“长期待摊费用”账户。

【例 8 - 20】A 公司年初对生产用某设备进行修理，领用修理用备件及维修材料 750 000 元，以银行存款支付修理人员工资 150 000 元，修理费用总额为 900 000 元，在三年内按月平均分摊。

A 公司的账务处理如下：

(1) 领用修理用备件及维修材料。
借：长期待摊费用　　　　　　　　　　　　　　　　　　　　　　750 000
　　贷：原材料　　　　　　　　　　　　　　　　　　　　　　　　750 000
(2) 确认及支付相关人员职工薪酬。
借：长期待摊费用　　　　　　　　　　　　　　　　　　　　　　150 000
　　贷：应付职工薪酬　　　　　　　　　　　　　　　　　　　　　150 000
借：应付职工薪酬　　　　　　　　　　　　　　　　　　　　　　150 000
　　贷：银行存款　　　　　　　　　　　　　　　　　　　　　　　150 000

（3）按月摊销修理费用。

每月摊销额 =（750 000 + 150 000）÷ 3 ÷ 12 = 25 000（元）

借：管理费用　　　　　　　　　　　　　　　　　　　　　　　　　25 000

　　贷：长期待摊费用　　　　　　　　　　　　　　　　　　　　　　　　25 000

8.6.2　其他长期资产的会计处理

其他长期资产一般包括国家批准储备的特种物资、银行冻结存款以及临时设施和涉及诉讼中的财产等。其他长期资产可以根据资产的性质及特点单独设置相关账户核算。一般可设置"其他资产"一级账户，并设置"特种储备物资""银行冻结存款""冻结物资""涉及诉讼财产"等明细账户。在资产负债表上，应根据其他资产的性质，分别列入"其他流动资产"和"其他长期资产"项目。

本章小结

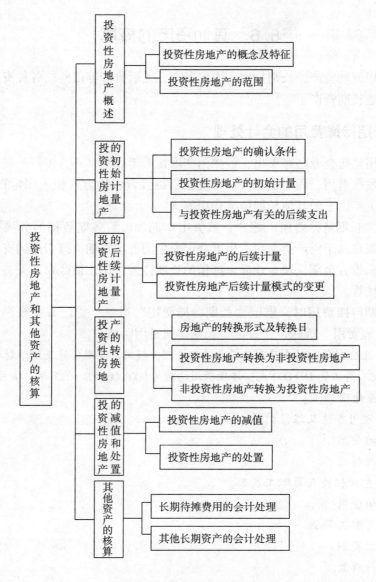

第 3 篇　　权益核算篇

第9章

流动负债的核算

知识目标 ▶▶▶▶

1. 理解流动负债的概念、特征和分类。

2. 掌握短期借款、应付票据、应付账款、预收账款、应付职工薪酬、应交增值税等流动负债的相关知识和会计核算。

3. 熟悉消费税、企业所得税、个人所得税、城市维护建设税、教育费附加等相关知识内容；熟悉应收股利、其他应收款的会计核算。

4. 了解土地增值税、房产税、土地使用税、车船税、印花税和矿产资源补偿费等相关税费知识。

技能目标 ▶▶▶▶

1. 能运用本章所学的知识对各种流动负债在不同业务环节的相关经济业务进行正确的会计处理。

2. 熟悉短期借款融资业务流程并进行相关会计核算。

3. 掌握运用企业主要税费的业务核算流程和方法进行相关税费的日常核算。

9.1　流动负债概述

9.1.1　流动负债的内容

流动负债是指在一年（含一年）或者超过一年的一个营业周期内偿还的债务，主要包括应付票据、应付账款、应付职工薪酬、应交税费、短期借款、应付股利、预收账款、其他应付款和一年内到期的长期借款等。

流动负债的特点是：① 偿还期限短；② 到期要用企业资产，或提供劳务，或举借新的债务偿还；③ 企业举借流动负债的目的一般是满足生产经营资金周转的需要。

9.1.2　流动负债的分类

1. 按偿付金额是否确定分类

（1）金额确定的流动负债。这类流动负债是指有确定的偿付日期和确切的偿付金额的流动负债，如应付票据、应付账款、应付职工薪酬、短期借款、其他应付款和预收账款等。

（2）金额视经营情况而定的流动负债。这类流动负债是指企业在日常经营活动中，需看业务量的大小或经营状况的好坏来确定的流动负债，如应交税费、应付股利等。

（3）金额需予以估计的流动负债，企业可以根据与之相关的交易或事项、以往的经验以及有关的证明资料，预先估计入账，如未决诉讼、未决仲裁、债务担保等需承担的流动负债，重组义务、承诺、产品质量保证、有资产弃置义务产生的非流动负债等。因预计负债的偿债时间不易确定，我国企业会计准则将预计负债归类为非流动负债，此内容将在非流动负债章节讲述。

2. 按偿付手段分类

（1）货币性流动负债。这类流动负债是指需要用货币资产来偿还的负债，如应付票据、应付账款、应付职工薪酬、应付股利、应交税费、短期借款和其他应付款等。

（2）非货币性流动负债。这类流动负债是指企业需用商品或提供劳务来抵偿，如预收账款等不需用货币性资产偿还的债务。

3. 按形成方式分类

（1）融资活动形成的流动负债。这类流动负债是指企业从银行或其他金融机构筹集资金而形成的，如短期借款和预提的短期借款利息等。

（2）营业活动形成的流动负债。这类流动负债是企业在正常的生产经营活动中所形成的，如应付票据、应付账款、应付职工薪酬、应交税费、预收账款和其他应付款等。

（3）收益分配形成的流动负债。这类流动负债是指企业在对实现的净收益进行分配过程中形成的，如应付股利等。

9.1.3 流动负债的计价

从理论上讲，负债的计价应以未来要偿付债务的现金流量的现值作为计价基础。但是，由于流动负债的偿还期限通常不超过一年，其到期值同现值之间的差额不大，出于简化核算和重要性原则的考虑，一般不要求以现值来计量。我国《企业会计准则》明确规定："各种流动负债应当按实际发生数额记账。负债已经发生而数额需要预计确定的，应当合理预计，待实际数额确定后，进行调整。"因而，在会计实务中对流动负债通常以未来应付的金额计价入账。

9.2 短期借款的核算

9.2.1 短期借款概述

短期借款是指企业向银行或其他金融机构借入的期限在一年（含一年）的各种借款。短期借款一般是企业为了维持日常经营活动所需资金或为偿付某项短期债务而借入的款项。企业取得短期借款，应按规定的用途使用，并按期偿还本金和利息。

9.2.2 短期借款的核算

1. 账户设置

企业应设置"短期借款"科目，本科目核算企业短期借款的取得、偿还情况。本科目应当按照借款种类、贷款人和币种进行明细核算。本科目期末贷方余额，反映企业尚未归还的各种借款。

<table>
<tr><td colspan="2" align="center">短期借款</td></tr>
<tr><td align="center">归还借款时</td><td align="center">借入款项时</td></tr>
<tr><td></td><td align="center">余额</td></tr>
</table>

2. 账务处理

短期借款的核算主要涉及三个方面：一是取得短期借款的处理；二是短期借款利息的处理；三是归还短期借款的处理。

（1）取得短期借款。

借：银行存款

　　贷：短期借款

（2）资产负债表日，应按实际利率计算确定短期借款的利息金额。

借：财务费用

　　贷：应付利息

（3）归还本金并支付利息。

① 付息。

借：应付利息

　　财务费用（当月）

　　贷：银行存款

② 还本。

借：短期借款

　　贷：银行存款

【例9-1】企业于4月1日向银行借款40 000元，期限为6个月，年利率6%，该借款到期后如数归还，利息按月计提，按季支付。编制会计分录如下：

4月1日取得借款时，

借：银行存款　　　　　　　　　　　　　　　　　　　　　40 000

　　贷：短期借款　　　　　　　　　　　　　　　　　　　　　40 000

4月末计提当月应计利息费用时，

利息费用 = 40 000 × 6% ÷ 12 = 200（元）

借：财务费用　　　　　　　　　　　　　　　　　　　　　　200

　　贷：应付利息　　　　　　　　　　　　　　　　　　　　　200

5月末计提当月利息的账务处理同上。

6月末支付本季度应付利息时，

借：财务费用　　　　　　　　　　　　　　　　　　　　　　200

　　应付利息　　　　　　　　　　　　　　　　　　　　　　400

　　贷：银行存款　　　　　　　　　　　　　　　　　　　　　600

7、8月末计提利息的账务处理与4月末相同。

9月末归还借款的本金和支付剩余利息时，

```
借：短期借款                                                        40 000
    财务费用                                                           200
    应付利息                                                           400
    贷：银行存款                                                                40 600
```

9.3　应付及预收款项的核算

9.3.1　应付票据

1. 应付票据概述

应付票据是指企业采用商业汇票结算方式延期付款购入货物而应付的票据款项。在我国，商业汇票的付款期限最长为 6 个月，因而应付票据即为短期应付票据。

商业汇票按承兑人的不同，可分为商业承兑汇票和银行承兑汇票；按票面是否注明利率分为带息票据和不带息票据。由于应付票据的期限比较短，因此，不管票据是否带息，签发时均按面值计价入账。

2. 应付票据的核算

（1）账户设置。

企业应设置"应付票据"会计科目，本科目核算企业购买材料、商品和接受劳务供应等而开出、承兑的商业汇票。本科目可按债权人进行明细核算。本科目期末贷方余额，反映企业尚未到期的商业汇票的账面余额。

应付票据	
减少	增加
	余额

（2）会计核算。

① 带息应付票据。

带息应付票据到期的价值为票据面值与应计利息之和。面值即为票面上记载的金额；利息为债务人因延期付款所付出的代价。

a）企业签发、承兑商业汇票购货或抵付应付账款时。

借：在途物资、原材料、库存商品等
　　应交税费——应交增值税（进项税额）
　　贷：应付票据

或者

借：应付账款
　　贷：应付票据

b）若是签发银行承兑汇票，企业须向银行按票面金额的一定比例支付承兑手续费。

借：财务费用
　　贷：银行存款

票据到期支付票款和利息时，

借：应付票据
　　财务费用
　　贷：银行存款

c）票据到期无力支付票款的，如果是商业承兑汇票，企业按应付票据的账面价值和应付的利息入账。

借：应付票据
　　财务费用
　　贷：应付账款

如果是银行承兑汇票，企业按应付票据的账面价值和应付的利息入账。

借：应付票据
　　财务费用
　　贷：短期借款

【例9-2】某企业7月1日购入A商品一批，货款为50 000元，增值税专用发票上注明的增值税税额为6 500元，价税合计56 500元。A商品已经验收入库，企业出具一张期限为4个月的带息商业汇票，票面年利率为6%，11月1日用银行存款支付该票据款。根据上述经济业务，编制会计分录如下：

7月1日，出具应付票据时，

借：库存商品 50 000
　　应交税费——应交增值税（进项税额） 6 500
　　贷：应付票据 56 500

11月1日，支付票款时，

应付利息 = 56 500 × 6% ÷ 12 × 4 = 1 130（元）
到期价值 = 56 500 + 1 130 = 57 630（元）

借：应付票据 56 500
　　财务费用 1 130
　　贷：银行存款 57 630

上例中，如果是商业承兑汇票，到期日企业无力支付票据款，应编制的会计分录如下：

借：应付票据 56 500
　　财务费用 1 130
　　贷：应付账款 57 630

上例中，如果是银行承兑汇票，到期日企业无力支付票据款，应编制的会计分录如下：

借：应付票据 56 500
　　财务费用 1 130
　　贷：短期借款 57 630

【例9-3】某企业11月1日购入原材料一批，买价为40 000元，增值税专用发票上注明的增值税税额为5 200元，价税合计45 200元。原材料已经验收入库，采用商业汇票结算方式，该企业签付一张期限为5个月的带息商业汇票，票面年利率为8%，下一年4月1日用银行存款支付票据款。根据上述经济业务，编制会计分录如下：

11月1日出具应付票据时，

借：原材料 40 000

  应交税费——应交增值税（进项税额）   5 200

    贷：应付票据   45 200

12 月 31 日计提利息费用时，

应付利息 =45 200 ×8% ÷12 ×2 =603（元）

  借：财务费用   603

    贷：应付票据   603

下一年 4 月 1 日支付票款时，

应付利息 =45 200 ×8% ÷12 ×3 =904（元）

应付票据账面价值 =45 200 +603 =45 803（元）

应付票据到期价值 =45 803 +904 =46 707（元）

  借：应付票据   45 803

    财务费用   904

    贷：银行存款   46 707

② 不带息应付票据。

不带息应付票据到期的价值为票面价值。按照重要性原则，企业签发、承兑应付票据时，应按业务发生时的金额即票面价值入账。账务处理与带息票据基本相同，只是在资产负债表日无须考虑利息的计算。

【例 9 - 4】若【例 9 - 3】是不带息的商业汇票，其会计分录如下：

11 月 1 日出具应付票据时，

  借：原材料   40 000

    应交税费——应交增值税（进项税额）   5 200

    贷：应付票据   45 200

下一年 4 月 1 日支付票款时，

  借：应付票据   45 200

    贷：银行存款   45 200

9.3.2 应付账款

1. 应付账款概述

应付账款是企业因购买材料、商品或接受劳务供应等业务，应向供应单位支付的款项，是双方在购销活动中由于取得物资或劳务与支付货款在时间上不一致而产生的负债。

一般情况下，应付账款的确认，应以取得所购存货的所有权上的有关风险和报酬已经转移或劳务已经接受为标志，但在实务中，应区别以下情况处理：

（1）货物和发票账单同时到达的，待货物验收入库后，应收账款按发票上记载的应付金额入账。

（2）货物和发票账单未能同时到达的，在月份内等待，待收到发票账单时，应收账款按发票上记载的应付金额入账。若月末仍未收到发票账单的，应付账款按购货合同金额暂估入账，下月初再用红字予以冲回，待收到发票账单时，再按发票上记载的应付金额入账。

（3）在有购货折扣的情况下，我国企业会计准则规定，应付账款采用总价法核算。对于商业折扣，购货方应根据发票上记载的应付金额，也就是扣除商业折扣后的金额入账；对于现金折扣，购货方应先按发票上记载的应付金额，也就是不扣除现金折扣的金额入账，待实际发生现金折扣时，将现金折扣的金额作为一项理财收益冲减当期财务费用。

2. 应付账款的核算

（1）账户设置。

企业应设置"应付账款"科目，本科目核算企业购买材料、商品和接受劳务供应等而应付给供应单位的款项。本科目可按债权人进行明细核算。本科目期末贷方余额，反映企业尚未支付的应付账款余额。

应付账款

减少	增加
	余额

（2）会计核算。

企业购入材料、商品等验收入库，但货款尚未支付，应根据有关凭证，借记"在途物资""原材料""库存商品"等账户，按专用发票上注明的增值税税额，借记"应交税费——应交增值税（进项税额）"账户，贷记"应付账款"。

接受供应单位提供劳务而发生的应付未付款项，根据供应单位的发票账单，借记"生产成本""管理费用"等账户，贷记"应付账款"。

偿还应付账款时，应视偿债方式不同进行相应会计处理：① 以货币资金偿还债务或以新债偿旧债的，借记"应付账款"账户，贷记"银行存款""应付票据"等账户。② 以低于应付债务账面价值的现金清偿债务的，应按应付账款的账面余额，借记"应付账款"账户；按实际支付的金额，贷记"银行存款"账户；按其差额，贷记"营业外收入——债务重组利得"账户。③ 以非现金资产清偿债务的，应按应付账款的账面余额，借记"应付账款"账户，按用于清偿债务的非现金资产的公允价值，贷记"交易性金融资产""其他业务收入""主营业务收入""固定资产清理""无形资产""长期股权投资"等账户；按应支付的相关税费，贷记"应交税费"等账户；按其差额，贷记"营业外收入"等账户或借记"营业外支出"等账户。④ 以债务转为资本的，应按应付账款的账面余额，借记"应付账款"账户；按债权人因放弃债权而享有的股权的公允价值，贷记"实收资本"或"股本""资本公积——资本溢价或股本溢价"账户；按其差额，贷记"营业外收入——债务重组利得"账户。⑤ 以修改其他债务条件进行清偿的，应将重组债务的账面余额与重组后债务的公允价值的差额计入债务重组利得，借记"应付账款"账户，贷记"应付账款——债务重组""营业外收入——债务重组利得"账户。

若因债权单位撤销或债权人死亡等原因造成的确实无法支付的应付账款，应及时予以转销，按其账面余额计入营业外收入，借记"应付账款"账户，贷记"营业外收入"账户。但因股东代企业偿还债务导致的企业无须归还债务应计入资本公积。

【例9-5】7月5日，甲企业从大型商业卖场购入商品一批，原价25 000元，促销价20 000元，收到对方开具的增值税专用发票上注明的货款20 000元，增值税税额2 600元。材料已经验收入库，款项尚未支付。8月10日，用银行存款偿还该笔应付账款。根据经济业务，编制会计分录如下：

7月5日，购入商品验收入库时，

借：库存商品   20 000

	应交税费——应交增值税（进项税额）	2 600
	贷：应付账款	22 600

8 月 10 日，偿还应付账款时，

	借：应付账款	22 600
	贷：银行存款	22 600

【例 9-6】某企业从红星工厂购入甲材料一批，货款 50 000 元，增值税税额 6 500 元。材料已经验收入库，款项尚未支付。付款条件是"2/10，N/30"，现金折扣按不含税金额计算。根据经济业务，编制会计分录如下：

材料验收入库时。

	借：原材料	50 000
	应交税费——应交增值税（进项税额）	6 500
	贷：应付账款	56 500

如果企业在 10 天内付款，

	借：应付账款	56 500
	贷：财务费用	1 000
	银行存款	55 500

如果企业超过 10 天后付款，

	借：应付账款	56 500
	贷：银行存款	56 500

9.3.3　预收账款

1. 预收账款概述

预收账款是指企业按照合同规定向购货单位预先收取的款项。预收账款虽然表现为企业货币资金的增加，但它并不是企业的收入，这笔款项构成企业的一项负债，以后要用企业的商品或提供劳务等方式予以偿付。

2. 预收账款的核算

（1）账户设置。

企业应设置"预收账款"账户，本账户核算企业按照合同规定预收的款项。预收账款情况不多的，也可以不设置本账户，将预收的款项直接记入"应收账款"账户。本账户应按购货单位进行明细核算。本账户期末贷方余额，反映企业预收的款项；期末如为借方余额，反映企业尚未转销的款项。

预收账款	
① 向购货方发货时 ② 退回多收款	① 预收时 ② 购货单位补付
余额	余额

（2）会计核算。

① 预收时。

借：银行存款

　　　　贷：预收账款

② 向购货单位发货时。

　　借：预收账款

　　　　贷：主营业务收入

　　　　　　应交税费——应交增值税（销项税额）

③ 购货单位补付货款时。

　　借：银行存款

　　　　贷：预收账款

或退回多收的款项时，

　　借：预收账款

　　　　贷：银行存款

【例 9 - 7】企业按合同规定，在 7 月 31 日预收东方公司货款 50 000 元，存入银行。9 月 30 日，企业向东方公司发货一批，货款为 90 000 元，增值税为 11 700 元。10 月 6 日，东方公司补付其余款项。编制会计分录如下：

7 月 31 日收到东方公司预付的货款时，

　　借：银行存款　　　　　　　　　　　　　　　　　　　　　　50 000

　　　　贷：预收账款　　　　　　　　　　　　　　　　　　　　　50 000

9 月 30 日向东方公司发货时，

　　借：预收账款　　　　　　　　　　　　　　　　　　　　　　101 700

　　　　贷：主营业务收入　　　　　　　　　　　　　　　　　　　90 000

　　　　　　应交税费——应交增值税（销项税额）　　　　　　　　11 700

10 月 6 日收到东方公司补付的款项时，

　　借：银行存款　　　　　　　　　　　　　　　　　　　　　　51 700

　　　　贷：预收账款　　　　　　　　　　　　　　　　　　　　　51 700

9.4　应付职工薪酬的核算

9.4.1　应付职工薪酬概述

1. 职工薪酬的定义

职工薪酬是指企业为获得职工提供的服务或解除劳动关系而给予的各种形式的报酬或补偿。

职工是指与企业订立劳动合同的所有人员，含全职、兼职和临时职工，也包括虽未与企业订立劳动合同但由企业正式任命的人员。未与企业订立劳动合同或未由其正式任命，但向企业所提供服务与职工所提供服务类似的人员，也属于职工的范畴，包括通过企业与劳务中介公司签订用工合同而向企业提供服务的人员。

2. 职工薪酬的范围

职工薪酬包括短期薪酬、离职后福利、辞退福利和其他长期职工福利。企业提供给职工配偶、子女、受赡养人、已故员工遗属及其他受益人等的福利，也属于职工薪酬。

（1）短期薪酬，指企业在职工提供相关服务的年度报告期间结束后 12 个月内需要全部予以支付的职工薪酬，因解除与职工的劳动关系给予的补偿除外。短期薪酬具体包括：职工工资、奖金、津贴和补贴，职工福利费，医疗保险费、工伤保险费和生育保险费等社会保险费，住房公积金，工会经费和职工教育经费，短期带薪缺勤，短期利润分享计划，非货币性福利以及其他短期薪酬。

（2）带薪缺勤，指企业支付工资或提供补偿的职工缺勤，包括年休假、病假、短期伤残、婚假、产假、丧假、探亲假等。

（3）利润分享计划，指因职工提供服务而与职工达成的基于利润或其他经营成果提供薪酬的协议。

（4）离职后福利，指企业为获得职工提供的服务而在职工退休或与企业解除劳动关系后提供的各种形式的报酬和福利，短期薪酬和辞退福利除外。

（5）辞退福利，指企业在职工劳动合同到期之前解除与职工的劳动关系，或者为鼓励职工自愿接受裁减而给予职工的补偿。

（6）其他长期职工福利，指除短期薪酬、离职后福利、辞退福利之外所有的职工薪酬，包括长期带薪缺勤、长期残疾福利、长期利润分享计划等。

9.4.2　应付职工薪酬的核算

1. 账户设置

应付职工薪酬可按"工资""职工福利""社会保险费""住房公积金""工会经费""职工教育经费""非货币性福利""累积带薪缺勤""辞退福利"等进行明细核算。"应付职工薪酬"账户期末贷方余额，反映企业应付未付的职工薪酬。

<table>
<tr><td colspan="2" align="center">应付职工薪酬</td></tr>
<tr><td align="center">减少</td><td align="center">增加</td></tr>
<tr><td></td><td align="center">余额</td></tr>
</table>

2. 职工薪酬确认的原则

企业应当在职工为其提供服务的会计期间，将应付的职工薪酬确认为负债，除因解除与职工的劳动关系给予的补偿外，应当根据职工提供服务的受益对象，分别下列情况处理：

（1）应由生产产品、提供劳务负担的职工薪酬，计入产品成本或劳务成本。

（2）应由在建工程、无形资产负担的职工薪酬，计入建造固定资产或无形资产成本。

（3）上述两项之外的其他职工薪酬，计入当期损益。

3. 短期薪酬的核算

（1）货币性职工薪酬。

企业应当在职工为其提供服务的会计期间，将实际发生的短期薪酬确认为负债，并计入当期损益，其他会计准则要求或允许计入资产成本的除外。

企业为职工交纳的医疗保险费、工伤保险费、生育保险费等社会保险费和住房公积金，以及按规定提取的工会经费和职工教育经费，应当在职工为其提供服务的会计期间，根据规定的计提基础和计提比例计算确定相应的职工薪酬金额，并确认相应负债，计入当期损益或相关资产成本。

国家规定了计提基础和计提比例的，应当按照国家规定的标准计提。没有规定计提基础和计提比例的，企业应当根据历史经验数据和实际情况，合理预计应付职工薪酬金额和应计入成本费用的薪酬金额。当期实际发生金额大于预计金额的，应当补提应付职工薪酬；当期实际发生金额小于预计金额的，应当冲回多提的应付职工薪酬。

【例9-8】20×8年4月30日，甲公司当月应发职工工资总额70万元，其职工薪酬计提和结算情况如表9-1、表9-2所示。

表9-1 甲公司职工薪酬计提汇总 单位：元

项目	工资总额	社保	公积金	福利费	工会经费	教育经费	合计
基本生产车间工人	300 000	72 000	36 000	6 000	6 000	4 500	424 500
辅助生产车间工人	100 000	24 000	12 000	2 000	2 000	1 500	141 500
车间管理人员	50 000	12 000	6 000	1 000	1 000	750	70 750
行政管理人员	100 000	24 000	12 000	2 000	2 000	1 500	141 500
施工部门	80 000	19 200	9 600	1 600	1 600	1 200	113 200
销售部门	50 000	12 000	6 000	1 000	1 000	750	70 750
研发部门	20 000	4 800	2 400	400	400	300	28 300
合计	700 000	168 000	84 000	14 000	14 000	10 500	990 500

表9-2 甲公司工资结算汇总 单位：元

项目	应发工资	代扣款项					实发工资
		房租	水电	社保	公积金	个人所得税	
基本生产车间工人	300 000	5 000	1 000	6 000	36 000	25 000	227 000
辅助生产车间工人	100 000	2 000	600	2 000	12 000	10 000	73 400
车间管理人员	50 000			1 000	6 000	4 300	38 700
行政管理人员	100 000			2 000	12 000	8 500	77 500
施工部门	80 000			1 600	9 600	1 200	67 600
销售部门	50 000			1 000	6 000	700	42 300
研发部门	20 000			400	2 400	300	16 900
合计	700 000	7 000	1 600	14 000	84 000	50 000	543 400

根据以上数据，编制会计分录如下：

① 计算分配职工薪酬。

借：生产成本——基本生产成本	424 500
生产成本——辅助生产成本	141 500
制造费用	70 750
管理费用	141 500
在建工程	113 200
销售费用	70 750
研发支出	28 300
贷：应付职工薪酬——工资	700 000
——职工福利	14 000

——社会保险费	168 000
——住房公积金	84 000
——工会经费	14 000
——职工教育经费	10 500

② 委托银行代发工资，并代扣个人"五险一金"、个人所得税和企业代垫的房租、水电费。

借：应付职工薪酬——工资　　　　　　　　　　　　　700 000
　　贷：其他应收款——职工房租、水电费　　　　　　　　8 600
　　　　其他应付款——个人社会保险费　　　　　　　　14 000
　　　　其他应付款——个人住房公积金　　　　　　　　84 000
　　　　应交税费——应交个人所得税　　　　　　　　　50 000
　　　　银行存款　　　　　　　　　　　　　　　　　543 400

③ 向当地住房公积金管理中心和社保基金管理中心上交企业和个人负担的社会保险费和住房公积金。

借：应付职工薪酬——社会保险费　　　　　　　　　　168 000
　　　　　　　　　——住房公积金　　　　　　　　　　84 000
　　其他应付款——个人社会保险费　　　　　　　　　14 000
　　其他应付款——个人住房公积金　　　　　　　　　84 000
　　贷：银行存款　　　　　　　　　　　　　　　　　350 000

（2）非货币性职工薪酬。

职工薪酬为非货币性薪酬的，应当按照公允价值计量，包括以自产产品或外购商品发放给职工的薪酬，将拥有的房屋等资产无偿提供给职工使用或租赁住房等资产供职工无偿使用，向职工提供企业支付了补贴的商品或服务。

① 企业以其自产产品作为非货币性福利发放给职工的，应当根据受益对象，按照该产品的公允价值和相关税费计入相关资产成本或当期损益，同时确认应付职工薪酬。其会计处理为：

a）决定发放非货币性福利时。

借：生产成本
　　管理费用
　　在建工程
　　研发支出等
　　贷：应付职工薪酬——非货币性福利

b）实际发放自产产品时，视同销售确认收入，同时结转自产产品成本。

借：应付职工薪酬——非货币性福利
　　贷：主营业务收入
　　　　应交税费——应交增值税（销项税额）

借：主营业务成本
　　贷：库存商品

② 企业以外购商品作为非货币性福利发放给职工的，应当按照该商品的公允价值和相关税费（不确认为收入）计入成本费用。其会计处理为：

a）决定发放非货币性福利时。

借：生产成本

管理费用

在建工程

研发支出等

贷：应付职工薪酬——非货币性福利

b）购买商品实际发放时。

借：应付职工薪酬——非货币性福利

贷：银行存款

【例9-9】A公司为一家生产彩电的增值税一般纳税人企业，适用的增值税税率为13%，共有职工100名。20×8年7月，公司以其生产的成本为5 000元的液晶彩电和外购的每台不含税价格为500元的电饭煲作为春节福利发放给公司职工。该型号液晶彩电的市场售价为每台7 000元；外购的电饭煲取得了销售方增值税专用发票，增值税税率为13%。假定100名职工中85名为生产一线的职工，15名为总部管理人员。

彩电的售价总额=7 000×（85+15）=700 000（元）

彩电的增值税销项税额=700 000×13%=91 000（元）

公司决定以自产产品发放非货币性福利时，应作如下账务处理：

借：生产成本 672 350

管理费用 118 650

贷：应付职工薪酬——非货币性福利 791 000

以自产产品实际发放非货币性福利时，应作如下账务处理：

借：应付职工薪酬——非货币性福利 791 000

贷：主营业务收入 700 000

应交税费——应交增值税（销项税额） 91 000

借：主营业务成本 500 000

贷：库存商品 500 000

电饭煲的售价金额=500×（85+15）=50 000（元）

电饭煲的增值税进项税额=50 000×13%=6 500（元）

公司决定发放非货币性福利时，应作如下账务处理：

借：生产成本 48 025

管理费用 8 475

贷：应付职工薪酬——非货币性福利 56 500

购买电饭煲时，公司应作如下账务处理：

借：应付职工薪酬——非货币性福利 56 500

贷：银行存款 56 500

③企业将拥有的房屋等资产无偿提供给职工使用或租赁住房等资产供员工无偿使用。企业将拥有的房屋等资产无偿提供给职工使用的，应当根据受益对象，将该住房每期应计提的折旧计入相关资产成本或当期损益，同时确认应付职工薪酬。租赁住房等资产供职工无偿使用的，应当根据受益对象，将每期应付的租金计入相关资产成本或当期损益，并确认应付职工薪酬。难以认定受益对象的非货币性职工薪酬，直接计入当期损益，并确认应付职工薪酬。其会计处理为：

借：生产成本

　　管理费用

　　在建工程等

　　　贷：应付职工薪酬——非货币性福利

借：应付职工薪酬——非货币性福利

　　　贷：累计折旧

　　　　　银行存款、其他应付款等

【例9-10】某公司为总部各部门经理级别以上职工提供汽车免费使用，同时为副总裁以上高级管理人员每人租赁一套住房。该公司总部共有部门经理以上职工25名，每人提供一辆桑塔纳汽车免费使用，假定每辆桑塔纳汽车每月计提折旧500元；该公司共有副总裁以上高级管理人员5名，公司为其每人租赁一套面积为100平方米带有家具和电器的公寓，月租金为每套4 000元。

该公司每月应作如下账务处理：

借：管理费用　　　　　　　　　　　　　　　　　　　　　　　　32 500

　　　贷：应付职工薪酬——非货币性福利　　　　　　　　　　　　　32 500

借：应付职工薪酬——非货币性福利　　　　　　　　　　　　　　32 500

　　　贷：累计折旧　　　　　　　　　　　　　　　　　　　　　　12 500

　　　　　其他应付款　　　　　　　　　　　　　　　　　　　　　20 000

④ 向职工提供企业支付了补贴的商品或服务。

企业有时以低于企业取得资产或服务成本的价格向职工提供资产或服务，比如以低于成本的价格向职工出售住房、以低于企业支付的价格向职工提供医疗保健服务。以提供包含补贴的住房为例，企业在出售住房等资产时，应当将出售价款与成本的差额（即相当于企业补贴的金额）分别情况处理：

a）如果出售住房的合同或协议中规定了职工在购得住房后至少应当提供服务的年限，企业应当将该项差额作为长期待摊费用处理，并在合同或协议规定的服务年限内平均摊销，根据受益对象分别计入相关资产成本或当期损益。

出售时，

借：固定资产清理

　　　贷：固定资产

借：银行存款

　　长期待摊费用

　　　贷：固定资产清理

每期摊销时，

借：管理费用等

　　　贷：应付职工薪酬

借：应付职工薪酬

　　　贷：长期待摊费用

【例9-11】20×8年12月1日，乙公司（非房地产企业）购买了100套全新的商品房拟以优惠价格向职工出售。该公司共有100名职工，其中60名为直接生产人员，40名为公司总部管理人员。乙公司拟向直接生产人员出售的住房平均每套购买价为1 500 000元，向职工出售的价格为每套 1 000 000 元；拟向管理人员出售的住房平均每套购买价为 2 000 000 元，向职工出售的价格为每套 1 500 000 元。假定该 100 名职工均在 20×8 年 12 月 31 日购买了公司出售的住房，同时办理了房屋的产权过户手续。售房协议规定，职工在取得住房后必须在公司服务满 5 年。不考虑相关税费。其会计处理如下：

公司 20×8 年 12 月 31 日出售住房时，

借：固定资产清理	170 000 000
贷：固定资产（60×1 500 000+40×2 000 000）	170 000 000
借：银行存款（60×1 000 000+40×1 500 000）	120 000 000
长期待摊费用（60×500 000+40×500 000）	50 000 000
贷：固定资产清理	170 000 000

20×9 年起连续五年年末摊销长期待摊费用时，

借：生产成本（60×500 000/5）	6 000 000
管理费用（40×500 000/5）	4 000 000
贷：应付职工薪酬——非货币性福利	10 000 000
借：应付职工薪酬——非货币性福利	10 000 000
贷：长期待摊费用	10 000 000

【例 9-12】20×8 年 12 月 20 日，甲房地产开发企业与 10 名高级管理人员分别签订商品房销售合同。合同约定，甲公司将自行开发的 10 套房屋以每套 600 000 元的优惠价格销售给 10 名高级管理人员；高级管理人员自取得房屋所有权后必须在甲公司工作 5 年，如果在工作未满 5 年的情况下离职，需根据服务期限补交款项。20×8 年 12 月 25 日，甲公司收到 10 名高级管理人员支付的款项 6 000 000 元。20×8 年 12 月 31 日，甲公司与 10 名高级管理人员办理完毕上述房屋的产权过户手续。上述房屋成本为每套 500 000 元，市场价格为每套 800 000 元。其会计处理为：

公司出售住房时，

借：银行存款	6 000 000
长期待摊费用	2 000 000
贷：主营业务收入	8 000 000
借：主营业务成本	5 000 000
贷：开发产品	5 000 000

每年年末公司摊销长期待摊费用时，

借：管理费用（2 000 000/5）	400 000
贷：应付职工薪酬	400 000
借：应付职工薪酬	400 000
贷：长期待摊费用	400 000

b）如果出售住房的合同或协议中未规定职工在购得住房后必须服务的年限，企业应当将该项差额直接计入出售住房当期损益。因为在这种情况下，该项差额相当于是对职工过去提供服务成本的一种补偿，不以职工的未来服务为前提。因此，应当立即确认为当期损益。

【例 9-13】沿用【例 9-12】资料，若高级管理人员自取得房屋所有权后没有规定在甲公司工作年限。则其会计处理如下：

借：银行存款	6 000 000

$$
\begin{array}{ll}
\text{管理费用} & 2\,000\,000 \\
\quad\text{贷：主营业务收入} & 8\,000\,000 \\
\text{借：主营业务成本} & 5\,000\,000 \\
\quad\text{贷：开发产品} & 5\,000\,000
\end{array}
$$

4. 带薪缺勤的核算

带薪缺勤分为累积带薪缺勤和非累积带薪缺勤。

（1）累积带薪缺勤，指带薪缺勤权利可以结转下期的带薪缺勤，即本期尚未用完的带薪缺勤权利可以在未来期间使用。

企业应当在职工提供服务从而增加了其未来享有的带薪缺勤权利时，确认与累积带薪缺勤相关的职工薪酬，并以累积未行使权利而增加的预期支付金额计量。

（2）非累积带薪缺勤，指带薪缺勤权利不能结转下期的带薪缺勤，即本期尚未用完的带薪缺勤权利将予以取消，并且职工离开企业时也无权获得现金支付。

企业应当在职工实际发生缺勤的会计期间确认与非累积带薪缺勤相关的职工薪酬。

根据我国劳动法规定，国家实行带薪年休假制度，劳动者在法定休假日和婚丧假期间以及依法参加社会活动期间，用人单位应当依法支付工资。因此，我国企业职工休婚假、产假、丧假、探亲假、病假期间的工资通常属于非累积带薪缺勤。由于职工提供的服务本身不能增加其能够享受的福利金额，企业应当在职工缺勤时确认负债和相关资产成本或当期损益。实务中，我国企业一般是在缺勤期间计提应付职工薪酬时一并处理，即借记"生产成本"等，贷记"应付职工薪酬（工资）"。

【例 9-14】丁公司共有 1 000 名职工，该公司实行累积带薪缺勤制度。该制度规定，每个职工每年可享受 5 个工作日带薪病假，未使用的病假只能向后结转一个日历年度，超过 1 年未使用的权利作废，不能在职工离开公司时获得现金支付；职工休病假是以后进先出为基础，即首先从当年可享受的权利中扣除，再从上年结转的带薪病假余额中扣除；职工离开公司时，公司对职工未使用的累积带薪病假不支付现金。

20×8 年 12 月 31 日，每个职工当年平均未使用带薪病假为 2 天。根据过去的经验并预期该经验将继续适用，丁公司预计 20×9 年有 950 名职工将享受不超过 5 天的带薪病假，剩余 50 名职工每人将平均享受 6 天半病假，假定这 50 名职工全部为总部各部门经理，该公司平均每名职工每个工作日工资为 300 元。

分析：丁公司在 20×8 年 12 月 31 日应当预计由于职工累积未使用的带薪病假权利而导致的预期支付的追加金额，即相当于 75 天 [（50×1.5）天] 的病假工资 22 500 元 [（75×300）元]，并进行如下账务处理：

$$
\begin{array}{ll}
\text{借：管理费用} & 22\,500 \\
\quad\text{贷：应付职工薪酬——累积带薪缺勤} & 22\,500
\end{array}
$$

假定 20×9 年 12 月 31 日，上述 50 名部门经理中有 40 名享受了 6 天半病假，并随同正常工资以银行存款支付。另有 10 名只享受了 5 天病假，由于该公司的带薪缺勤制度规定，未使用的权利只能结转一年，超过 1 年未使用的权利将作废。20×9 年，丁公司应进行如下账务处理：

$$
\begin{array}{ll}
\text{借：应付职工薪酬——累积带薪缺勤（40×1.5 天×300）} & 18\,000 \\
\quad\text{贷：银行存款} & 18\,000 \\
\text{借：应付职工薪酬——累积带薪缺勤（10×1.5 天×300）} & 4\,500
\end{array}
$$

　　　　贷：管理费用　　　　　　　　　　　　　　　　　　　　　　　　　　4 500

　　【例 9 – 15】沿用【例 9 – 14】资料，所不同的是，该公司的带薪缺勤制度规定，职工累积未使用的带薪缺勤权利可以无限期结转，且可以于职工离开企业时以现金支付。丁公司1 000 名职工中，50 名为总部各部门经理，100 名为总部各部门职员，800 名为直接生产工人，50 名工人正在建造一幢自用办公楼。

　　分析：丁公司在 20 × 8 年 12 月 31 日应当预计由于职工累积未使用的带薪病假权利而导致的全部金额，即相当于 2 000 天 [（1 000 × 2）天] 的病假工资 600 000 元 [（2 000 × 300）元]，并进行如下账务处理：

　　　　借：管理费用　　　　　　　　　　　　　　　　　　　　　　　　　90 000
　　　　　　生产成本　　　　　　　　　　　　　　　　　　　　　　　　480 000
　　　　　　在建工程　　　　　　　　　　　　　　　　　　　　　　　　30 000
　　　　　　贷：应付职工薪酬——累积带薪缺勤　　　　　　　　　　　　600 000

　　【例 9 – 16】甲公司从 20 × 8 年 1 月 1 日起实行累积带薪缺勤制度，制度规定，该公司每名职工每年有权享受 12 个工作日的带薪休假，休假权利可以向后结转 2 个日历年度。在第 2 年年末，公司将对职工未使用的带薪休假权利支付现金。假定该公司每名职工平均每月工资2 000 元，每名职工每月工作日为 20 个，每个工作日平均工资为 100 元。以公司一名直接参与生产的职工为例。

　　① 假定 20 × 8 年 1 月，该名职工没有休假。公司应当在职工为其提供服务的当月，累积相当于 1 个工作日工资的带薪休假义务，并进行如下账务处理：

　　　　借：生产成本　　　　　　　　　　　　　　　　　　　　　　　　2 100
　　　　　　贷：应付职工薪酬——工资　　　　　　　　　　　　　　　　2 000
　　　　　　　　　　　　　　　——累积带薪缺勤　　　　　　　　　　　　100

　　② 假定 20 × 8 年 2 月，该名职工休了 1 天假。公司应当在职工为其提供服务的当月，累积相当于 1 个工作日工资的带薪休假义务，反映职工使用累积权利的情况，并进行如下账务处理：

　　　　借：生产成本　　　　　　　　　　　　　　　　　　　　　　　　2 100
　　　　　　贷：应付职工薪酬——工资　　　　　　　　　　　　　　　　2 000
　　　　　　　　　　　　　　　——累积带薪缺勤　　　　　　　　　　　　100
　　　　借：应付职工薪酬——累积带薪缺勤　　　　　　　　　　　　　　　100
　　　　　　贷：生产成本　　　　　　　　　　　　　　　　　　　　　　　100

　　上述第 1 笔会计分录反映的是公司因职工提供服务而应付的工资和累积的带薪休假权利，第 2 笔分录反映的是该名职工使用上期累积的带薪休假权利。

　　③ 假定第 2 年年末（20 × 9 年 12 月 31 日），该名职工有 5 个工作日未使用的带薪休假，公司以银行存款支付了未使用的带薪休假。

　　　　借：应付职工薪酬——累积带薪缺勤　　　　　　　　　　　　　　　500
　　　　　　贷：银行存款　　　　　　　　　　　　　　　　　　　　　　　500

　　5. 利润分享计划的核算

　　利润分享计划同时满足下列条件的，企业应当确认相关的应付职工薪酬：

　　（1）企业因过去事项导致现在具有支付职工薪酬的法定义务或推定义务。

　　（2）因利润分享计划所产生的应付职工薪酬义务金额能够可靠估计。属于下列三种情形之一的，视为义务金额能够可靠估计：

① 在财务报告批准报出之前企业已确定应支付的薪酬金额。

② 该短期利润分享计划的正式条款中包括确定薪酬金额的方式。

③ 过去的惯例为企业确定推定义务金额提供了明显证据。

职工只有在企业工作一段特定期间才能分享利润的，企业在计量利润分享计划产生的应付职工薪酬时，应当反映职工因离职而无法享受利润分享计划福利的可能性。

如果企业在职工为其提供相关服务的年度报告期间结束后 12 个月内，不需要全部支付利润分享计划产生的应付职工薪酬，该利润分享计划应当适用本准则其他长期职工福利的有关规定。

【例 9 - 17】甲公司实行利润分享计划，约定该公司高级管理人员按照当年税前利润的 1% 领取奖金报酬。该公司 20 × 8 年度税前利润为 180 000 000 元。

借：管理费用　　　　　　　　　　　　　　　　　　　　　1 800 000

　　贷：应付职工薪酬　　　　　　　　　　　　　　　　　　1 800 000

6. 离职后福利的核算

(1) 离职后福利计划的定义。

离职后福利计划，是指企业与职工就离职后福利达成的协议，或者企业为向职工提供离职后福利制定的规章或办法等。企业应当将离职后福利计划分为设定提存计划和设定受益计划。其中，设定提存计划是指向独立的基金缴存固定费用后，企业不再承担进一步支付义务的离职后福利计划；设定受益计划是指除设定提存计划以外的离职后福利计划。

(2) 设定提存计划的会计处理。

企业应当在职工为其提供服务的会计期间，将根据设定提存计划（例如为职工交纳的养老、失业保险费）计算的应缴存金额确认为负债，并计入当期损益或相关资产成本。

根据设定提存计划，预期不会在职工提供相关服务的年度报告期结束后 12 个月内支付全部应缴存金额的，企业应当按照规定的折现率，将全部应缴存金额以折现后的金额计量应付职工薪酬，账务处理为：

借：管理费用等　　　　　　　　　　　　（提存计划应缴存金额的现值）

　　未确认融资费用　　　　　　　　　　　　　　　　　　（差额）

　　贷：应付职工薪酬　　　　　　　　　　　（提存计划应缴存金额）

期末确认利息费用时，

借：财务费用

　　贷：未确认融资费用

支付时，

借：应付职工薪酬

　　贷：银行存款

(3) 设定受益计划的会计处理。

① 根据预期累计福利单位法，采用无偏且相互一致的精算假设对有关人口统计变量和财务变量等做出估计，计量设定受益计划所产生的义务，并确定相关义务的归属期间。企业应当按照规定的折现率将设定受益计划所产生的义务予以折现，以确定设定受益计划义务的现值和当期服务成本。

【提示 1】统计假设主要包括死亡率、职工离职率以及职工寿命等；财务假设主要包括折现率、未来的工资水平以及年金基金的投资回报率等。

【提示2】设定受益计划的实施在实务中，需要精算师参与，精算师的主要任务是在当前环境下依据一定假设对每位职工的年金价值进行合理的精算，并采用专门的方法［通常有应计退休金估价法（PUC）、累计收益法（ABM）和等额缴费法（LCM）三种］，确定每期应为职工缴费的金额。而会计人员的主要任务则是根据精算师精算的结果计算确定企业每期的年金费用水平，并进行相关的确认和列报。

【提示3】折现率。离职后福利可能在数十年后支付，应该折现，折现率可选择同期限国债利率或高质量公司债券的市场收益率。

② 设定受益计划存在资产的，企业应当将设定受益计划义务现值减去设定受益计划资产公允价值所形成的赤字或盈余，确认为一项设定受益计划净负债或净资产。

设定受益计划存在盈余的，企业应当以设定受益计划的盈余和资产上限两项的孰低者计量设定受益计划净资产。其中，资产上限是指企业可从设定受益计划退款或减少未来对设定受益计划缴存资金而获得的经济利益的现值。

③ 根据设定受益计划产生的职工薪酬成本，确定应当计入当期损益的金额。

④ 根据设定受益计划产生的职工薪酬成本、重新计量设定受益计划净负债或净资产所产生的变动，确定应当计入其他综合收益的金额（以后会计期间不能重分类进损益的其他综合收益）。

【提示】设定受益计划产生的职工薪酬成本、费用计入当期损益或资产成本。

7. 辞退福利（解除劳动关系补偿）的核算

职工薪酬准则规定的辞退福利包括两方面的内容：一是在职工劳动合同尚未到期前，不论职工本人是否愿意，企业决定解除与职工的劳动关系而给予的补偿。二是在职工劳动合同尚未到期前，为鼓励职工自愿接受裁减而给予的补偿。职工有权利选择继续在职或接受补偿离职。

（1）企业向职工提供辞退福利的，应当在下列两者孰早日确认辞退福利产生的职工薪酬负债，并计入当期损益：

① 企业不能单方面撤回因解除劳动关系计划或裁减建议所提供的辞退福利时。

② 企业确认与涉及支付辞退福利的重组相关的成本或费用时。

（2）企业应当按照辞退计划条款的规定，合理预计并确认辞退福利产生的应付职工薪酬。辞退福利预期在其确认的年度报告期结束后12个月内完全支付的，应当适用短期薪酬的相关规定；辞退福利预期在年度报告期结束后12个月内不能完全支付的，应当适用会计准则关于其他长期职工福利的有关规定。实质性辞退工作在一年内实施完毕、但补偿款项超过一年支付的辞退计划，企业应当选择恰当的折现率，以折现后的金额计量计入当期管理费用的辞退福利金额，该项金额与实际应支付的辞退福利款项之间的差额，作为未确认融资费用，在以后各期实际支付辞退福利款项时，计入财务费用。应付辞退福利金额与其折现后金额相差不大的，也可以不予折现。

① 一年内支付的，不考虑折现，在确认因辞退福利产生的负债时。

借：管理费用 　　　　　　　　　　　　　　　　　　　　　（补偿额）

　　贷：应付职工薪酬——辞退福利 　　　　　　　　　　　　（补偿额）

② 一年后支付的，应考虑折现。

a）确认因辞退福利产生的预计负债时。

借：管理费用 　　　　　　　　　　　　　　　　　　（补偿额的现值）

未确认融资费用　　　　　　　　　　　　　　　　　　　（差额）

　　贷：应付职工薪酬——辞退福利　　　　　　　　　　（补偿额）

b）各期支付辞退福利款项时。

借：应付职工薪酬——辞退福利

　　贷：银行存款

同时摊销折现差额时，

借：财务费用

　　贷：未确认融资费用

【提示】每期应摊销的折现差额 =（应付职工薪酬期初余额 – 未确认融资费用期初余额）×实际利率。

8. 其他长期职工福利的核算

（1）企业向职工提供的其他长期职工福利，符合设定提存计划条件的，应当按照关于设定提存计划的有关规定进行处理。

（2）企业应当按照关于设定受益计划的有关规定，确认和计量其他长期职工福利净负债或净资产。在报告期末，企业应当将其他长期职工福利产生的职工薪酬成本确认为下列组成部分：

① 服务成本。

② 其他长期职工福利净负债或净资产的利息净额。

③ 重新计量其他长期职工福利净负债或净资产所产生的变动。

为简化相关会计处理，上述项目的总净额应计入当期损益或相关资产成本。

（3）长期残疾福利水平取决于职工提供服务期间长短的，企业应当在职工提供服务的期间确认应付长期残疾福利义务，计量时应当考虑长期残疾福利支付的可能性和预期支付的期限；长期残疾福利与职工提供服务期间长短无关的，企业应当在导致职工长期残疾的事件发生的当期确认应付长期残疾福利义务。

9.5　应交税费的核算

9.5.1　应交税费概述

应交税费是指企业按税法的规定应该交纳的各种税费。它是纳税人对各级政府的一项负债，具有政策性、强制性、无偿性等特点。因企业生产经营活动而形成的应交税费，主要包括增值税、消费税、城市维护建设税、教育费附加、所得税、房产税、车船税、土地使用税、印花税、耕地占用税、土地增值税和矿产资源补偿费等。企业代扣代交的个人所得税等，也通过本科目核算。而企业交纳的印花税、耕地占用税等不需要预计应交数的税金，不通过"应交税费"科目核算。

9.5.2　应交增值税

1. 增值税概述

增值税是以商品（含应税劳务、应税行为）在流转过程中实现的增值额作为计税依据而征收的一种流转税。增值额是企业在生产经营过程中新创造的价值，即纳税人的销售收入与取得货物或劳务所发生的成本费用之差额。按照我国现行增值税制度的规定，在我国境内销售货物、加工修理修配劳务、服务、无形资产和不动产以及进口货物的企业、单位和个人为增值税的纳税人。其中，"服务"是指提供交通运输服务、建筑服务、邮政服务、电信服务、金融服务、现代服务、生活服务。增值税的纳税人按其经营规模及会计核算是否健全划分为一般纳税人和小规模纳税人。

2. 增值税的核算

（1）一般纳税人。

① 增值税的计算。

对于一般纳税人购入的货物或接受应税劳务而支付的增值税（进项税额），可以从销售货物或提供劳务按规定收取的增值税（销项税额）中抵扣，其计算公式为：

$$应交增值税 = 当期销项税额 - 当期进项税额$$

$$当期销项税额 = 当期销售额 \times 增值税税率$$

当期销售额是不含增值税的销售额，如果是含税销售额，必须将其换算成不含税销售额，其换算公式为：

$$不含税销售额 = 含税销售额 \div （1 + 增值税税率）$$

一般纳税人采用的税率分为 13%、9%、6% 和零税率。

关于进项税额能否在销项税额中抵扣，应根据具体情况而定。允许从销项税额中抵扣的进项税额，通常包括：

a）购进货物从销售方取得的增值税专用发票上注明的增值税税额。

b）从海关取得的海关进口增值税专用缴款书上注明的增值税税额。

c）购进农产品，除取得增值税专用发票或者海关进口增值税专用缴款书外，如用于生产税率为 9% 的产品，按照农产品收购发票或者销售发票上注明的农产品买价和 9% 的扣除率计算的进项税额；如纳税人购进用于生产销售或委托加工 13% 税率货物的农产品，按照 10% 的扣除率计算进项税额。

d）购进货物和销售货物所付运输费用，取得交通运输企业一般纳税人开具的货物运输业增值税专用发票（小规模纳税人代开的货运增值税专用发票），按发票注明的增值税税额进行核算。

e）2009 年增值税改革后，由原来的生产型增值税改成了消费型增值税，企业购进生产经营用固定资产所支付的增值税，可作为进项税额抵扣，不再计入固定资产成本。如购进用于职工福利的固定资产所支付的增值税，不可作为进项税额抵扣，应该计入固定资产成本。

② 账户设置。

增值税应下设"应交增值税""未交增值税""预交增值税""待抵扣进项税额""待认证进项税额""待转销项税额""增值税留抵税额""简易计税""转让金融商品应交增值税""代扣代交增值税"等明细科目。应交增值税还应分别按"进项税额""销项税额""出口退税""减免税款""进项税额转出""已交税金""出口抵减内销产品应纳税额""转出未交增值税""转出多交增值税"等设置专栏。本账户期末贷方余额，反映企业尚未交纳的税费；期末如为借方余额，反映企业多交或尚未抵扣的税费。

应交税费——应交增值税

进项税额 减免税款 已交税金 转出未交增值税	销项税额 出口退税 出口抵减内销产品应纳税额 进项税额转出 转出多交增值税
余额：多交	余额：应交

应交税费——未交增值税

期末多交	期末应交

③ 增值税业务的核算。

a）进项税额。

国内采购货物，按专用发票上注明的增值税税额，借记"应交税费——应交增值税（进项税额）"账户；按专用发票上记载的应当计入采购成本的金额，借记"在途物资""原材料"等账户；按应付或实际支付的金额，贷记"应付账款""应付票据""银行存款"等账户。

进口货物，按海关提供的完税凭证上注明的增值税，借记"应交税费——应交增值税（进项税额）"账户；按进口物资应计入采购成本的金额，借记"在途物资""库存商品"等账户；按应付或实际支付的金额，贷记"应付账款""银行存款"等账户。

购进免税农产品，按购进农产品的买价和规定税率计算的进项税额，借记"应交税费——应交增值税（进项税额）"账户；按买价减去按规定计算的进项税额后的差额，借记"在途物资""原材料""库存商品"等账户；按应付或实际支付的金额，贷记"应付账款""银行存款"等账户。

接受应税劳务，按专用发票上注明的增值税税额，借记"应交税费——应交增值税（进项税额）"账户；按专用发票上记载的应当计入加工、修理修配等劳务成本的金额，借记"生产成本""劳务成本""委托加工物质""管理费用"等账户；按应付或实际支付的金额，贷记"应付账款""银行存款"等账户。

购进生产经营用固定资产，按专用发票上注明的增值税税额，借记"应交税费——应交增值税（进项税额）"账户；按专用发票上记载的应当计入采购成本的金额，借记"固定资产"账户；按应付或实际支付的金额，贷记"应付账款""银行存款"等账户。

接受投资转入的物资，按专用发票上注明的增值税税额，借记"应交税费——应交增值税（进项税额）"账户；按确定的价值，借记"库存商品""原材料"等账户；按其在注册资本中所占有的份额，贷记"实收资本""股本"账户；按其差额，贷记"资本公积"账户。

购进不动产或不动产在建工程的进项税额不再实行分年抵扣。按现行增值税制度规定，一般纳税人自 2019 年 4 月 1 日后购入的不动产，纳税人可在购进当期一次性予以抵扣；2019 年 4 月 1 日前购入的不动产，还没有抵扣的进项税额 40% 部分，从 2019 年 4 月所属期开始，允许全部从销项税中抵扣。

企业作为一般纳税人，自 2016 年 5 月 1 日后取得并按固定资产核算的不动产或者 2016 年 5 月 1 日后取得的不动产在建工程，取得的增值税专用发票并通过税务机关认证时，应按增值税专用发票上注明的价款作为固定资产成本，借记"固定资产""在建工程"科目；其进项税额按现行增值税制度规定自取得之日起分 2 年从销项税额中抵扣，应按增值税专用发票上注明的增值税进项税额的 60% 作为当期可抵扣的进项税额，借记"应交税费——应交增值税（进项税额）"科目，按增值税专用发票上注明的增值税进项税额的40%作为自本月起第13个月可抵扣的进项税额，借记"应交税费——待抵扣进项税额"科目；按应付或实际支付的金额，贷记"应付账款""银行存款"等科目。上述待抵扣的进项税额在下年度同月允许抵扣时，按允许抵扣的金额，借记"应交税费——应交增值税（进项税额）"科目，贷记"应交税费——待抵扣进项税额"科目。

【例9-18】2018年7月10日，某公司购进一幢简易办公楼作为固定资产核算，并于当月投入使用。取得的增值税专用发票通过认证，增值税专用发票上注明的价款为1 000 000元，增值税税额为100 000元，款项已用银行存款支付。不考虑其他相关因素。

该办公楼2018年7月可抵扣的增值税进项税额=100 000×60%=60 000（元）

借：固定资产 1 000 000
    应交税费——应交增值税（进项税额） 60 000
    应交税费——待抵扣进项税额 40 000
  贷：银行存款 1 100 000

2019年7月允许抵扣剩余的增值税进项税额时，编制如下会计分录：

借：应交税费——应交增值税（进项税额） 40 000
  贷：应交税费——待抵扣进项税额 40 000

【例9-19】企业购入原材料一批，增值税专用发票上注明货款70 000元，增值税9 100元，同时取得的货物运输专用发票上注明运输费1 000元、增值税90元。原材料已验收入库，款项均用银行存款支付。编制会计分录如下：

借：原材料 71 000
    应交税费——应交增值税（进项税额） 9 190
  贷：银行存款 80 190

【例9-20】企业购进一批免税的农产品作为原材料，已验收入库，实际支付的价款为100 000元，以银行存款支付。编制会计分录如下：

允许抵扣的增值税进项税额=100 000×9%=9 000（元）

借：原材料 91 000
    应交税费——应交增值税（进项税额） 9 000
  贷：银行存款 100 000

【例9-21】企业购入不需要安装的生产设备一台，增值税专用发票上注明货款100 000元，增值税13 000元，款项均用银行存款支付。编制会计分录如下：

借：固定资产 100 000
    应交税费——应交增值税（进项税额） 13 000
  贷：银行存款 113 000

b）进项税额转出。

企业已单独确认进项税额的购进货物、加工修理修配劳务或者服务、无形资产或者不动产，但其事后改变用途（如用于简易计税方法计税、免征增值税项目、非增值税应税项目等），或发生非正常损失，原已计入进项税额、待抵扣进项税额或待认证进项税额，按照现行增值税制度规定不得从销项税额中抵扣。这里所说的"非正常损失"，根据现行增值税制度规定，是指因管理不善造成货物被盗、丢失、霉烂变质，以及因违反法律法规造成货物或者不动产被依法没收、销毁、拆除的情形。

进项税额转出的账务处理为，借记"待处理财产损溢""应付职工薪酬""固定资产""无形资产"等科目，贷记"应交税费——应交增值税（进项税额转出）""应交税费——待抵扣进项税额"或"应交税费——待认证进项税额"科目。属于转作待处理财产损失的进项税额，应与非正常损失的购进货物、在产品或库存商品、固定资产和无形资产的成本一并处理。

【例 9 - 22】20×9 年 7 月 10 日，库存材料因管理不善发生火灾损失，材料实际成本为 30 000 元，原已确认的进项税额为 3 900 元。编制会计分录如下：

借：待处理财产损溢	33 900
贷：原材料	30 000
应交税费——应交增值税（进项税额转出）	3 900

【例 9 - 23】某自行车厂既生产自行车，又生产供残疾人专用的轮椅，该轮椅为免税产品，为生产轮椅领用原材料 1 000 元，购进原材料时支付进项税 130 元。其会计处理如下：

借：生产成本——基本生产成本（轮椅）	1 130
贷：原材料	1 000
应交税金——应交增值税（进项税额转出）	130

【例 9 - 24】某企业因维修内部职工浴室领用原材料 20 000 元，其中购买原材料时抵扣进项税 2 600 元，其会计处理如下：

借：应付职工薪酬——职工福利（浴室维修）	22 600
贷：原材料	20 000
应交税金——应交增值税（进项税额转出）	2 600

【例 9 - 25】某企业本月在产品 A 由于发生盗窃案件损失 50 件，在产品 A 每件原材料、燃料及动力费用等共计 30 元，该产品已投保，保险公司同意承担全部损失。会计处理如下：

借：待处理财产损溢	1 695
贷：生产成本——基本生产成本（A 产品）	1 500
应交税金——应交增值税（进项税额转出）	195
借：其他应收款——保险公司	1 695
贷：待处理财产损溢	1 695

c）销项税额。

企业销售货物、加工修理修配劳务、服务、无形资产或不动产，应按应收或已收的金额，借记"银行存款""应收账款""应收票据"等科目，按现行增值税制度规定计算的销项税额（或采用简易计税方法计算的应纳增值税税额），贷记"应交税费——应交增值税（销项税额）"或"应交税费——简易计税"科目。按取得的收益金额，贷记"主营业务收入""其他业务收入""固定资产清理""工程结算"等科目。

企业将自产或委托加工的货物用于集体福利或个人消费，将自产、委托加工或购买的货物作为投资、提供给其他单位或个体工商户、分配给股东或者投资者、对外捐赠等，会计上按照货物成本转账，税收上应视同销售货物按市场公允价值计算销项税额（或采用简易计税方法计算的应纳增值税税额），借记"长期股权投资""营业外支出""应付职工薪酬""利润分配"等科目，贷记"应交税费——应交增值税（销项税额）"，或"应交税费——简易计税"科目。

【例 9 - 26】企业销售产品一批，增值税专用发票注明货款 100 000 元，增值税 13 000 元，专业发票等结算凭证已交给购货方，产品已经发出，款项尚未收到。编制会计分录如下：

借：应收账款	113 000

贷：主营业务收入	100 000
应交税费——应交增值税（销项税额）	13 000

【例9-27】企业对外捐赠A产品一批，账面成本60 000元，售价75 000元，该企业增值税税率为13%。编制会计分录如下：

借：营业外支出	69 750
贷：库存商品	60 000
应交税费——应交增值税（销项税额）	9 750

d）出口退税及出口抵减内销产品应纳税额。

我国税法规定，企业出口货物的增值税税率为零税率，即出口货物不开具增值税专用发票，不收取销项税，但企业在购进这些货物或生产这些货物采购原材料时已支付了进项税，对于已支付的进项税应由税务机关退还企业。企业向海关办理报关出口手续后，凭出口报关单等有关凭证，向税务机关申报办理该项出口货物的退税额。

【例9-28】企业出口A产品1 000件，价款折合人民币为40 000元，款项尚未收到；出口A产品所耗原材料为20 000元，其进项税额为2 600元，根据有关凭证申报退税，应退回税款为1 800元，允许企业抵减内销产品销项税额；出口A产品所耗原材料未退回的进项税额800元，计入销售成本。编制会计分录如下：

出口时，

借：应收账款	40 000
贷：主营业务收入	40 000

抵减内销产品销项税额，

借：应交税费——应交增值税（出口抵减内销产品应纳税额）	1 800
贷：应交税费——应交增值税（出口退税）	1 800

未退的进项税额计入销售成本，

借：主营业务成本	800
贷：应交税费——应交增值税（进项税额转出）	800

e）已交增值税。

企业"应交税费——应交增值税"账户的贷方余额，表示企业本月应交纳的增值税。上交本月应交的增值税时，借记"应交税费——应交增值税（已交税金）"，贷记"银行存款"。

【例9-29】企业本月"应交税费——应交增值税"账户贷方发生额为38 250元，借方发生额为23 770元，本月应交的增值税税额为14 480元，用银行存款交纳10 480元。编制会计分录如下：

借：应交税费——应交增值税（已交税金）	10 480
贷：银行存款	10 480

f）结转应交未交或多交增值税。

月份终了，企业应将本月应交未交或多交增值税从"应交税费——应交增值税"明细账户转出，转入"应交税费——未交增值税"明细账户。转出应交未交增值税时，借记"应交税费——应交增值税（转出未交增值税）"，贷记"应交税费——未交增值税"；转出多交增值税时，借记"应交税费——未交增值税"，贷记"应交税费——应交增值税（转出多交增值税）"。

【例9-30】如前例企业本月应交增值税税额为14 480元，已交10 480元，本月应交未交增值税税额为 4 000 元，月末转入"未交增值税"明细账户。编制会计分录如下：

借：应交税费——应交增值税（转出未交增值税）　　　　　　　　4 000

　　贷：应交税费——未交增值税　　　　　　　　　　　　　　　　　　　4 000

（2）小规模纳税人。

① 小规模纳税人增值税概述。

小规模纳税人是指年销售额在规定标准以下，并且会计核算不健全，不能按规定报送有关税务资料的增值税纳税人。所称会计核算不健全是指不能正确核算增值税的销项税额、进项税额和应纳税额。

② 应交增值税税额的计算。

对小规模纳税人增值税采用简易征收办法，适用的税率称为征收率。自 2009 年 1 月 1 日起，小规模纳税人增值税征收率由过去的 6% 和 4% 一律调整为 3%，不再设置工业和商业两档征收率。

$$应交增值税税额 = 不含税销售额 \times 征收率$$
$$不含税销售额 = 含税销售额 \div （1 + 征收率）$$

③ 应交增值税的核算。

a）账户设置。

应交税费——应交增值税

已交增值税	应交增值税
余：多交	余：少交

b）会计核算。

小规模纳税人采用简化的方法核算，即购进货物或接受应税劳务支付的增值税税额，无论是否能够取得增值税专用发票，都不能作为进项税额抵扣，而应计入购入货物或应税劳务的成本；在销售货物时，不能出具增值税专用发票，只能开具普通发票。

【例 9 - 31】某小规模纳税人购进原材料一批，取得增值税专用发票上注明货款 20 000 元，增值税 2 600 元，原材料已验收入库，款项用银行存款支付；本月销售 A 产品一批，含税价款为 51 500 元，款项收到存入银行。编制会计分录如下：

购进货物时，

借：原材料　　　　　　　　　　　　　　　　　　　　　　　　　22 600

　　贷：银行存款　　　　　　　　　　　　　　　　　　　　　　　　　22 600

销售货物时，

借：银行存款　　　　　　　　　　　　　　　　　　　　　　　　51 500

　　贷：主营业务收入　　　　　　　　　　　　　　　　　　　　　　　50 000

　　　应交税费——应交增值税　　　　　　　　　　　　　　　　　　　1 500

不含税价 = 51 500 ÷ （1 + 3%）= 50 000（元）

应交增值税 = 50 000 × 3% = 1 500（元）

（3）"营改增"企业增值税核算。

根据《财政部国家税务总局关于在全国开展交通运输业和部分现代服务业营业税改征增值税试点税收政策的通知》（财税〔2013〕37 号）规定，自 2013 年 8 月 1 日起，在全国范围内推行交通运输业和部分现代服务业营业税改征增值税试点。

"营改增"后，交通运输业一般纳税人适用的增值税税率为9%，部分现代服务业一般纳税人适用的增值税税率为6%，小规模纳税人适用的征收率为3%。具体会计处理与进口货物或销售货物以及提供加工、修理修配劳务的纳税人一致。

【例9-32】20×9年7月，福建A物流企业（"营改增"后为增值税一般纳税人）本月取得交通运输业务不含税收入1 000 000元，物流辅助业务不含税收入1 000 000元，按照适用税率，分别开具增值税专用发票，款项已收。当月委托上海B公司承接一项运输业务，取得B公司开具的货物运输业增值税专用发票，价款200 000元，增值税税额为18 000元。A企业运输车辆加油取得甲石油公司增值税专用发票，价款400 000元，增值税税额为52 000元。修理运输车辆取得乙汽车修理厂增值税专用发票，价款100 000元，增值税税额为13 000元。

① A企业确认交通运输业务收入时。

借：银行存款 1 090 000
  贷：主营业务收入——交通运输业务 1 000 000
    应交税费——应交增值税（销项税额） 90 000

② A企业确认物流辅助业务收入时。

借：银行存款 1 060 000
  贷：主营业务收入——物流辅助业务 1 000 000
    应交税费——应交增值税（销项税额） 60 000

③ A企业取得B公司货物运输业增值税专用发票时。

借：主营业务成本 200 000
  应交税费——应交增值税（进项税额） 18 000
    贷：应付账款——B公司 218 000

④ A企业取得石油公司增值税专用发票时。

借：主营业务成本 400 000
  应交税费——应交增值税（进项税额） 52 000
    贷：应付账款——甲石油公司 452 000

⑤ A企业取得汽车修理厂增值税专用发票时。

借：主营业务成本 100 000
  应交税费——应交增值税（进项税额） 13 000
    贷：应付账款——乙汽车修理厂 113 000

9.5.3　应交消费税

1. 消费税概述

消费税是向在我国境内从事生产、委托加工和进口应税消费品的单位和个人所征收的一种税。消费税实行价内征收，消费税的征收税目有烟、酒、高档化妆品、贵重首饰及珠宝玉石、鞭炮及焰火、成品油、摩托车、小汽车、高尔夫球及球具、高档手表、游艇、木制一次性筷子、实木地板、电池、涂料等。

消费税的计算，实行从价定率、从量定额、从价定率和从量定额复合计税（简称复合计税）三种征收方法。

从量定额法计算：

$$应纳税额 = 销售数量 \times 单位税额$$

从价定率法计算：

$$应纳税额 = 销售额 \times 适用税率$$

2. 应交消费税的核算

（1）账户设置。

企业应在"应交税费"账户下设置"应交消费税"明细账户，核算应交消费税的发生、交纳情况。该账户贷方登记应交纳的消费税，借方登记已交纳的消费税；期末贷方余额为尚未交纳的消费税，借方余额为多交纳的消费税。

应交税费——应交消费税

已交	应交
余：多交	余：欠交

（2）账务处理。

① 销售应税消费品。

企业销售应税消费品应交的消费税，应借记"税金及附加"账户，贷记"应交税费——应交消费税"账户。

【例 9 - 33】企业销售应税消费品一批，增值税专用发票注明货款为 80 000 元，增值税税额为 10 400 元，款项收到已存入银行。该产品的消费税税率为 10%。编制会计分录如下：

销售产品时，

借：银行存款　　　　　　　　　　　　　　　　　　　　　90 400

　　贷：主营业务收入　　　　　　　　　　　　　　　　　　80 000

　　　　应交税费——应交增值税（销项税额）　　　　　　　10 400

计算应交消费税时，

借：税金及附加　　　　　　　　　　　　　　　　　　　　 8 000

　　贷：应交税费——应交消费税　　　　　　　　　　　　　 8 000

② 在建工程领用自产应税消费品。

企业将自产的应税消费品用于本企业的在建工程，按规定计算应交纳的消费税计入固定资产成本，借记"在建工程"账户，贷记"应交税费——应交消费税"账户。

【例 9 - 34】企业将自产的应税消费品用于生产设备维修改造，该批消费品的成本为 300 000 元，计税价格为 400 000 元，该批消费品的消费税税率为 10%，增值税税率为 13%。编制会计分录如下：

借：在建工程　　　　　　　　　　　　　　　　　　　　　392 000

　　贷：库存商品　　　　　　　　　　　　　　　　　　　　300 000

　　　　应交税费——应交增值税（销项税额）　　　　　　　 52 000

　　　　　　　　——应交消费税　　　　　　　　　　　　　 40 000

③ 委托加工的应税消费品。

按税法规定，企业委托外单位加工应税消费品，应由受托方代收代交消费税（除受托加工或翻新改制金银首饰按规定由受托方纳税消费税外）。需要交纳消费税的委托加工物资，应由受托方代收代交消费税，受托方按照应交税款金额，借记"应收账款""银行存款"等账户，贷记"应交税费——应交消费税"账户。企业收回委托加工的应税消费品，视直接用于销售还是连续生产应税消费品，按税法规定会计处理有所区别。

委托加工物资收回后，直接用于销售的，应将受托方代收代交的消费税计入委托加工物资的成本，借记"委托加工物资"等账户，贷记"应付账款""银行存款"等账户；委托加工物资收回后用于连续生产应税消费品，按规定准予抵扣的，应按已由受托方代收代交的消费税，借记"应交税费——应交消费税""委托加工物资"等账户，贷记"应付账款""银行存款"等账户。

【例 9 - 35】企业委托长江加工厂加工应税消费品，发出原材料成本为 75 000 元，用银行存款支付不含税的加工费 10 000 元，增值税税额为 1 300 元；支付消费税 4 220 元。编制会计分录如下：

（1）如果收回后的应税消费品直接出售。

发出原材料时，

借：委托加工物资	75 000
贷：原材料	75 000

支付加工费、增值税和消费税时，

借：委托加工物资	14 220
应交税费——应交增值税（进项税额）	1 300
贷：银行存款	15 520

收回应税消费品时，

借：库存商品	89 220
贷：委托加工物资	89 220

（2）如果收回后的应税消费品继续加工应税消费品。

发出原材料时，

借：委托加工物资	75 000
贷：原材料	75 000

支付加工费、增值税和消费税时，

借：委托加工物资	10 000
应交税费——应交增值税（进项税额）	1 300
——应交消费税	4 220
贷：银行存款	15 520

收回应税消费品时，

借：库存商品	85 000
贷：委托加工物资	85 000

④进口应税消费品。

企业进口应税物资在进口环节应交的消费税，计入该项物资的成本，借记"在途物资""固定资产"等账户，贷记"银行存款"账户。

9.5.4　应交企业所得税

所得税是根据企业应纳税所得额的一定比例征收的一种税。应纳税所得额是在企业税前会计利润的基础上调整确定的。其计算公式如下：

$$应交所得税额 = 应纳税所得额 \times 所得税税率$$

$$应纳税所得额 = 会计利润总额 + 纳税调整增加额 - 纳税调整减少额$$

为了核算和监督企业所得税的计算和交纳情况，应设置"应交税费——应交所得税"明细账户。该账户的贷方登记企业计算的应交所得税，借方登记已交纳的所得税，期末贷方余额反映企业尚未交纳的所得税。具体会计处理及举例在后续章节中讲述。

9.5.5　其他应交税费

1. 应交城市维护建设税

城市维护建设税是我国为了加强城市的维护建设，扩大和稳定城市维护建设资金的来源，而对有经营收入的单位和个人征收的一个税种。它以增值税和消费税为计税依据，其计算公式为：

$$应交城市维护建设税 = （应交增值税 + 应交消费税）\times 适用税率$$

城市维护建设税的税率因纳税人的不同从1%到7%不等。纳税人所在地在市区的，税率为7%，在县城、乡镇的税率为5%，所在地不在市区、县城、县属乡镇的，税率为1%。

为了核算和监督城市维护建设税的应交和实交情况，应设置"应交税费——应交城市维护建设税"明细账户，该账户贷方登记应交纳的城市维护建设税，借方登记已交纳的城市维护建设税，期末贷方余额反映尚未交纳的城市维护建设税。

企业按规定计算的应交城市维护建设税，借记"税金及附加"账户，贷记"应交税费——应交城市维护建设税"账户；实际上交时，借记"应交税费——应交城市维护建设税"账户，贷记"银行存款"账户。

2. 应交教育费附加

教育费附加是对交纳增值税和消费税的单位和个人征收的一种附加费。用于发展地方性教育事业，扩大地方教育经费的资金来源。它以纳税人实际交纳的增值税和消费税税额为计费依据，教育费附加的征收率为3%。其计算公式为：

$$应纳教育费附加 = （实际交纳的增值税 + 消费税）\times 征收率$$

企业按规定计算出应交的教育费附加，借记"税金及附加"账户，贷记"应交税费——应交教育费附加"账户。实际上交时，借记"应交税费——应交教育费附加"账户，贷记"银行存款"账户。

【例 9 - 36】企业本月实际应交增值税300 000 元，消费税136 000 元。该企业城市维护建设税税率为7%，教育费附加征收率为3%。编制会计分录如下：

计算应交城市维护建设税和教育费附加时，

借：税金及附加		43 600
贷：应交税费——应交城市维护建设税		30 520
——应交教育费附加		13 080

上交城市维护建设税时，

借：应交税费——应交城市维护建设税		30 520
——应交教育费附加		13 080
贷：银行存款		43 600

3. 应交个人所得税

（1）个人所得税概述。

个人所得税是国家对本国公民、居住在本国境内的个人的所得和境外个人来源于本国的所得征收的一种所得税。征税内容主要包括：工资、薪金所得，个体工商户的生产、经营所得，对企事业单位的承包经营、承租经营所得，劳务报酬所得，稿酬所得，特许权使用费所得，利息、股息、红利所得，财产租赁所得，财产转让所得，偶然所得，财政部和国家税务总局确定征税的其他所得等。这里仅讲述工资、薪金所得。

（2）工资、薪金所得概述。

工资、薪金所得，是指个人因任职或受雇而取得的工资、薪金、奖金、年终加薪、劳动分红、津贴、补贴以及与任职或受雇有关的其他所得。这就是说，个人取得的所得，只要是与任职、受雇有关，不管其单位的资金开支渠道是以现金、实物形式，还是以有价证券等形式支付，都是工资、薪金所得项目的课税对象。

工资、薪金所得，适用于 7 级超额累进税率，其计算公式为：

$$应纳所得税税额 = 应纳税所得额 \times 适用税率 - 速算扣除数$$
$$应纳税所得额 = 扣除五险一金后的月收入 - 扣除标准$$

2019 年新个税仍然采用阶梯式缴纳，工资、薪金所得适用扣除标准为 5 000 元/月。个人所得税税率如表 9 - 3 所示。

表 9 - 3　工资、薪金个人所得税税率

2019 年调整后的 7 级超额累进税率		
每月应纳税所得额	税率/%	速算扣除数/元
不超过 3 000 元	3	0
超过 3 000 元至 12 300 元的部分	10	210
超过 12 000 元至 25 000 元的部分	20	1 410
超过 25 000 元至 35 000 元的部分	25	2 660
超过 35 000 元至 55 000 元的部分	30	4 410
超过 55 000 元至 80 000 元的部分	35	7 160
超过 80 000 元的部分	45	15 160

（3）工资、薪金所得应纳个人所得税的会计处理。

单位代扣代缴的工资、薪金所得应纳的个人所得税税款，实际上是个人工资、薪金所得的一部分。代扣时，借记"应付职工薪酬"账户，贷记"应交税费——应交个人所得税"账户。代缴时，借记"应交税费——应交个人所得税"账户，贷记"银行存款"账户。

【例 9 - 37】企业职工李某 20 × 9 年 1 月份工资、奖金、津贴和补贴扣除其个人交纳的五险一金后的收入为 5 600 元，计算其本月应纳个人所得税税额。

当月应纳税所得额 = 5 600 - 5 000 = 600（元）

当月应纳个人所得税额 = 600 × 3% = 18（元）

代扣个人所得税时，

借：应付职工薪酬——工资　　　　　　　　　　　　　　　　　　18

　　贷：应交税费——应交个人所得税　　　　　　　　　　　　　　　　18

代缴个人所得税时，

借：应交税费——应交个人所得税　　　　　　　　　　　　　　　18

　　贷：银行存款　　　　　　　　　　　　　　　　　　　　　　　　18

4. 应交土地增值税

土地增值税是指对在我国境内转让国有土地使用权、地上建筑物及其附着物并取得收入的单位和个人征收的一种税。

土地增值税按照转让房地产所取得的增值额和规定的税率计算征收，通过"应交税费——应交土地增值税"账户核算。

企业转让的土地使用权连同地上建筑物及其附着物一并在"固定资产"等账户核算的，转让时应交的土地增值税，借记"固定资产清理"账户，贷记"应交税费——应交土地增值税"账户；土地使用权在"无形资产"账户核算的，按实际收到的金额，借记"银行存款"账户，按应交的土地增值税，贷记"应交税费——应交土地增值税"账户，同时冲减"无形资产"账面价值，将其差额计入营业外收支。

5. 应交房产税、土地使用税、车船税、印花税和矿产资源补偿费

企业应交的房产税、土地使用税、车船税、印花税、矿产资源补偿费记入"管理费用"账户。

（1）计算企业应交纳的房产税、车船税、土地使用税、矿产资源补偿费时，借记"管理费用"账户，贷记"应交税费"账户。但与投资性房地产有关的房产税、土地使用税，应借记"税金及附加"账户，贷记"应交税费"账户。

（2）上交企业印花税时，借记"管理费用"账户，贷记"银行存款"账户。

9.6　其他流动负债的核算

9.6.1　应付利息

1. 应付利息概述

应付利息是用来核算企业按照合同约定应支付的利息，包括短期借款、分期付息到期还本的长期借款、企业债券以及金融企业吸收存款等应支付的利息。

2. 应付利息的核算

（1）账户设置。

企业应设置"应付利息"账户，用于核算企业相关利息的计提和支付情况。本账户可按存款人或债权人进行明细核算，期末贷方余额，反映企业应付未付的利息。

应付利息	
实际支付时	计算应付利息时
	余额

（2）账务处理。

资产负债表日，应按摊余成本和实际利率计算确定的利息费用，借记"利息支出""在建工程""财务费用""研发支出"等账户；按合同利率计算确定的应付未付利息，贷记"应付利息"账户；按其差额，借记或贷记"长期借款——利息调整""吸收存款——利息调整"等账户。

合同利率与实际利率差异较小的，也可以采用合同利率计算确定利息费用。

实际支付利息时，借记"应付利息"账户，贷记"银行存款"等账户。

【例9-38】甲股份有限公司于20×8年1月1日向银行借入一笔生产经营用短期借款，共计100 000元，期限为6个月，年利率为6%。根据与银行签署的借款协议，该项借款的本金到期后一次归还，利息分月预提，按季支付。甲股份有限公司的有关会计处理如下：

① 1月末，计提1月份应计利息。

借：财务费用　　　　　　　　　　　　　　　　　　　　　　　500
　　贷：应付利息　　　　　　　　　　　　　　　　　　　　　　　500

本月应计提的利息金额 = 100 000 × 6% ÷ 12 = 500（元）

本例中，短期借款利息500元属于企业的筹资费用，应记入"财务费用"科目。

2月末计提2月份利息费用的处理与1月份相同。

② 3月末支付第一季度银行借款利息。

借：财务费用　　　　　　　　　　　　　　　　　　　　　　　500
　　应付利息　　　　　　　　　　　　　　　　　　　　　　1 000
　　贷：银行存款　　　　　　　　　　　　　　　　　　　　　1 500

第二季度的会计处理同上。

9.6.2　应付股利

1. 应付股利概述

应付股利是指企业经过董事会或股东大会或类似机构决定分配给投资者的现金股利或利润。企业股东大会或类似机构审议批准的利润分配方案、宣告分派的现金股利或利润，在实际支付前，形成企业的负债。

企业董事会或类似机构通过的利润分配方案中拟分配的现金股利或利润，不应确认为负债，不做账务处理，但应在附注中披露。

2. 应付股利的核算

（1）账户设置。

企业应设置"应付股利"账户。本账户核算企业分配的现金股利或利润。本账户应当按照投资者进行明细核算，期末贷方余额，反映企业尚未支付的现金股利或利润。企业分配的股票股利，不通过本账户核算。

应付股利	
实际支付时	计算应付股利时
	余额

（2）账务处理。

① 宣告发放股利时，借记"利润分配——应付股东股利"账户，贷记"应付股利"账户。

② 实际发放股利时，借记"应付股利"账户，贷记"银行存款"等账户。

【例9-39】某上市公司20×8年2月5日召开董事会，通过了利润分配方案中拟分配的现金股利50 000元。该方案于2月21日经股东大会审议通过，3月10日，企业开出转账支票支付给股东现金股利。该公司账务处理如下：

2 月 5 日，不进行会计处理。

2 月 21 日，计算确认应付股利时，

借：利润分配——应付股东股利　　　　　　　　　　　　　50 000
　　贷：应付股利　　　　　　　　　　　　　　　　　　　　　　50 000

3 月 10 日，支付股利时，

借：应付股利　　　　　　　　　　　　　　　　　　　　　50 000
　　贷：银行存款　　　　　　　　　　　　　　　　　　　　　　50 000

9.6.3　其他应付款

1. 其他应付款概述

其他应付款是指除了应付票据、应付账款、应付职工薪酬、应付利息和应付股利等以外的其他应付、暂收其他单位或个人的款项，如应付经营租入固定资产租金，应付租入包装物租金，存入保证金（如收到出租、出借包装物押金等），职工未按期领取的工资，应付暂收所属单位、个人的款项，其他应付、暂收款项等。

2. 其他应付款的核算

（1）账户设置。

企业应设置"其他应付款"账户，贷方登记发生的各种应付、暂收款项，借方登记偿还或转销的各种应付、暂收款项。该账户应按照具体项目设置明细科目进行明细核算，期末贷方余额反映应付未付的其他应付款款项。

其他应付款

偿还时	发生时
	余额

（2）账务处理。

企业发生各种应付、暂收的款项时，借记"银行存款""管理费用"等账户，贷记"其他应付款"账户；支付或退回有关款项时，借记"其他应付款"账户，贷记"银行存款"等账户。

【例 9-40】甲公司 20×8 年 1 月 3 日，出租给某企业机器设备一台，收到租用押金 6 000 元。20×9 年 4 月 3 日，租赁期结束退还该机器设备，甲公司退还押金。甲公司账务处理如下：

收到固定资产租用押金时，

借：银行存款　　　　　　　　　　　　　　　　　　　　　6 000
　　贷：其他应付款　　　　　　　　　　　　　　　　　　　　　6 000

退还固定资产租用押金时，

借：其他应付款　　　　　　　　　　　　　　　　　　　　6 000
　　贷：银行存款　　　　　　　　　　　　　　　　　　　　　　6 000

本章小结

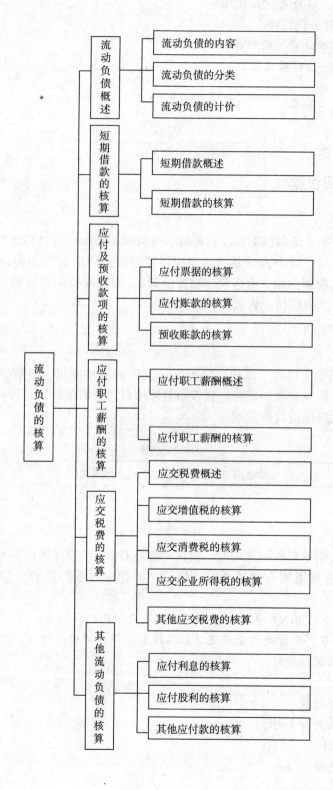

非流动负债的核算

1. 理解非流动负债的基本概念、特征和分类。
2. 了解长期借款的含义，掌握长期借款取得和偿还的核算，掌握长期借款的利息费用的核算。
3. 掌握各种方式发行债券的会计处理，应付债券的利息费用、利息调整和摊余成本的计算。
4. 熟悉融资租赁和具有融资性质的延期付款购买资产等长期应付款的核算。
5. 掌握预计负债的核算，熟悉或有事项的内容。

1. 能运用所学知识对非流动负债进行确认和计量，能熟练进行会计处理。
2. 能熟练运用实际利率法计算相关项目的摊余成本。

10.1　非流动负债概述

10.1.1　非流动负债的概念及特征

1. 概念

非流动负债是指偿还期在一年或者超过一年的一个营业周期以上的债务。非流动负债是企业重要的资金来源之一。

2. 特征

非流动负债与流动负债相比具有如下特征：

（1）偿还期限较长。非流动负债的偿还期限都在一年以上。

（2）举借的金额比较大。

（3）举借非流动负债的目的一般是购置大型设备和房地产、增建和改扩建厂房等，而举借流动负债的目的主要是满足生产经营周转资金的需要。

（4）举借非流动负债不影响原有股东对企业的控制权，可以保持企业原有的股权结构不变和股票价格的相对稳定。

10.1.2 非流动负债的分类

1. 非流动负债按筹措方式分类

根据非流动负债筹措方式的不同，非流动负债可分为应付债券、长期借款、长期应付款等。

（1）应付债券是指企业发行的偿还期在一年以上的债券。

（2）长期借款是指企业向银行或其他金融机构借入的偿还期在一年以上的各种借款。

（3）长期应付款是指企业除应付债券和长期借款以外的其他各种非流动负债、专项应付款等。

2. 非流动负债按偿还的方式分类

根据非流动负债偿还的方式不同，非流动负债可分为定期偿还的非流动负债和分期偿还的非流动负债。

10.2 长期借款的核算

10.2.1 长期借款概述

长期借款是指企业向银行或其他金融机构借入的期限在一年以上（不含一年）的各项借款。长期借款一般用于固定资产的购建、改扩建工程、大修理工程以及流动资产的正常需要等方面，它是企业长期负债的重要组成部分。

长期借款按其偿还方式，可分为定期偿还和分期偿还。定期偿还是指按规定的借款到期日一次还清全部本息；分期偿还是指在借款期内，按规定分期偿还本息。

长期借款按计算利息的方法，可分为单息长期借款和复息长期借款。单息借款是指计算利息时，上期的利息并不计入本金之内，仅按本金计算的利息；复息借款是指计算利息时，上期利息计入本金，再行计息，俗称利滚利。

长期借款的偿还方式、计息的利率、偿还期等都要在借款协议中明确规定。

10.2.2 长期借款的核算

1. 账户设置

企业应设置"长期借款"账户，用于总括反映和监督企业长期借款的借入、应计算的利息和归还本息的情况。本账户应当按照贷款单位和贷款种类，分别设置"本金""利息调整""应计利息"等进行明细核算。本账户期末贷方余额，反映企业尚未偿还的长期借款的摊余成本。

长期借款	
还本付息	取得借款 计提利息
	余额

2. 会计核算

（1）企业借入长期借款，应按实际收到的现金净额，借记"银行存款"账户，贷记"长期借款——本金"账户；按其差额，借记"长期借款——利息调整"账户。

（2）在每一资产负债表日计算长期借款的利息费用，根据《企业会计准则》规定，企业取得长期借款所发生的利息费用，应按权责发生制会计基础予以确认。长期借款计算确定的利息费用，应当按以下原则计入有关成本、费用：① 属于筹建期间的，计入管理费用；② 属于生产经营期间的，计入财务费用；③ 如果长期借款用于购建固定资产，在固定资产尚未达到预定可使用状态前，所发生的应当资本化的利息支出数，计入在建工程；在固定资产达到预定可使用状态后发生的利息支出，以及按规定不予资本化的利息支出，计入财务费用。

即在资产负债表日，应按摊余成本和实际利率计算确定长期借款的利息费用，借记"在建工程""制造费用""财务费用""研发支出"等账户；按合同约定的名义利率计算确定的应付利息金额，贷记"长期借款——应计利息"账户或"应付利息"账户；按其差额，贷记"长期借款——利息调整"账户。

实际利率与合同约定的名义利率差异很小的，也可以采用合同约定的名义利率计算确定利息费用。

（3）归还长期借款本金时，借记"长期借款——本金"账户，贷记"银行存款"账户。同时，按应支付的利息，借记"应付利息"或"长期借款——应计利息"账户，贷记"银行存款"账户。

（4）企业与贷款人进行债务重组，应当比照"应付账款"账户的相关规定进行处理。

【例 10-1】某企业 2019 年 1 月从农行借入长期借款 1 000 000 元，用于扩建厂房，2019 年年末完工交付使用。借款期为 3 年，年利率 9%，每年年末支付借款利息，到期一次还清本金。企业账务处理如下：

① 取得借款存入银行时。

借：银行存款　　　　　　　　　　　　　　　　　　　　　　　　1 000 000
　　贷：长期借款——本金　　　　　　　　　　　　　　　　　　　　　　1 000 000

② 2019 年按月计提借款利息时。

每月应计提的利息 = 本金 × 月利率 = 1 000 000 × 9% ÷ 12 = 7 500（元）

借：在建工程　　　　　　　　　　　　　　　　　　　　　　　　　7 500
　　贷：应付利息　　　　　　　　　　　　　　　　　　　　　　　　　7 500

2019 年年末支付银行利息时，

借：应付利息　　　　　　　　　　　　　　　　　　　　　　　　　90 000
　　贷：银行存款　　　　　　　　　　　　　　　　　　　　　　　　　90 000

③ 2020 年按月计提借款利息时。

借：财务费用　　　　　　　　　　　　　　　　　　　　　　　　　7 500
　　贷：应付利息　　　　　　　　　　　　　　　　　　　　　　　　　7 500

年末支付借款利息会计处理与 2019 年年末相同。

④ 第三年按月计提借款利息时。

借：财务费用　　　　　　　　　　　　　　　　　　　　　　　　　7 500
　　贷：应付利息　　　　　　　　　　　　　　　　　　　　　　　　　7 500

年末归还本息时，

借：长期借款——本金　　　　　　　　　　　　　　　　　　　　1 000 000
　　应付利息　　　　　　　　　　　　　　　　　　　　　　　　　90 000
　　贷：银行存款　　　　　　　　　　　　　　　　　　　　　　　1 090 000

【例10-2】若【例10-1】借入的三年期长期借款是到期一次还本付息的，则企业账务处理如下：

① 取得借款存入银行时。

借：银行存款	1 000 000
贷：长期借款——本金	1 000 000

② 2019 年按月计提借款利息时。

每月应计提的利息 = 本金 × 月利率 = 1 000 000 × 9% ÷ 12 = 7 500（元）

借：在建工程	7 500
贷：长期借款——应计利息	7 500

③ 2020、2021 年按月计提借款利息时。

借：财务费用	7 500
贷：长期借款——应计利息	7 500

④ 2021 年年末归还本息时。

借：长期借款——本金	1 000 000
长期借款——应计利息	270 000
贷：银行存款	1 270 000

10.3 应付债券的核算

10.3.1 应付债券概述

1. 应付债券的内容

债券是企业为筹集资金而发行的一种书面凭证，它通过凭证上记载的内容，表明发行债券的企业在未来某一特定日期还本付息的承诺。企业发行的期限超过一年以上的债券，构成了一项非流动负债。债券一般应载明以下内容：债券面值、票面利率、付息日和到期日、偿还的方式等内容。企业发行债券须经过董事会或股东会核准。如果是向社会公开发行债券，则须经有关债券管理机构核准。

应付债券是指企业为筹集资金而对外发行的期限在一年以上的长期借款性质的书面证明，约定在一定期限内还本付息的一种书面承诺。其特点是期限长、数额大、到期无条件支付本息。

2. 应付债券的分类

应付债券可按下列情况分类：

（1）按偿还本金的方式分类，可分为到期一次还本付息债券、分期还本付息债券和到期还本分期付息债券。

（2）按有无担保品分类，可分为抵押债券和信用债券。

（3）按是否记名分类，可分为记名债券和不记名债券。

（4）按可否转换分类，可分为可转换债券和不可转换债券。

10.3.2 应付债券发行价格的确定

1. 终值与现值的概念

债券发行时是按实际发行价格出售的。实际发行价格是由债券面值的现值和各期债券利息的现值之和组成的。

资金时间价值按照时间因素不同，分别有终值、现值和年金三种形式。

$$终值 = 现值 \times 一元终值系数$$
$$现值 = 终值 \times 一元现值系数$$
$$年金现值 = 年金 \times 一元年金现值系数$$

终值是指现在的某一资金在一定时间后的价值量。例如，现在银行利率为 5%，你拥有 100 元，存入银行一年后，你就可以得到利息和本金一共 105 元，这 105 元就是 100 元在 1 年后的价值量。

现值是指未来某一时期一定数额的现金流量折合成现在的价值。以上述为例，如果你想要一年后得到 105 元，银行利率为 5%，那么你现在就需要向银行存入 100 元，这 100 元就是一年后 105 元折合成现在的价值。

2. 应付债券发行价格的计算

债券的发行方式有三种，即面值发行、溢价发行、折价发行。

债券发行价格的确定，取决于票面利率与市场利率的差异。在票面利率与市场利率相等时，债券的发行价格等于其面值，即债券按面值发行。在票面利率高于市场利率时，债券的发行价格就大于债券面值，也就是按溢价发行。溢价是企业为了以后各期多付利息而事先得到的补偿。在票面利率低于市场利率时，债券的发行价格就小于债券面值，也就是按折价发行。折价是企业为了以后各期少付利息而预先给投资者的补偿。

债券的实际发行价格应当包括两项内容：一是债券面值（到期值）的现值；二是债券各期票面利息的现值之和。

$$债券发行价 = 面值 \times 按市场利率计算的复利现值 + 每期利息 \times 按市场利率计算的年金现值$$
$$每期利息 = 面值 \times 票面利率$$

复利现值和年金现值是查复利现值系数表和年金现值系数表得到的数值，市场利率越高，得到的发行价就越低。通过查表可以很清楚地看出，当市场利率高于票面利率时，发行价就会小于面值，这就是折价发行。市场利率越低，得到的发行价就越高，这样就是溢价发行。

（1）债券按面值发行。

债券按面值发行，是由于票面利率等于市场利率，在这种情况下，计算债券的价格一定等于债券面值。

【例 10 - 3】某企业于 2020 年 1 月 1 日发行面值为 10 000 元、票面利率为 5%、期限为 5 年的债券。市场利率为 5%。每年计息一次，其债券发行价格计算如下：

债券面值的现值 = 10 000 × 0.783 5 = 7 835（元）

各期利息的现值 = 500 × 4.329 5 = 2 165（元）

债券的发行价格 = 7 835 + 2 165 = 10 000（元）

（2）债券按溢价发行。

债券按高于面值的价格发行时，即为溢价发行。也就是在市场利率低于票面利率时，债券才能溢价发行。在这种情况下，债券发行公司每期要按高于市场利率的票面利率支付债券的利息，所以应按高于债券面值的价格发行。

【例 10 - 4】假设上例的市场利率为 4%，其他条件不变，债券溢价发行价格计算如下：

债券面值的现值 = 10 000 × 0.821 9 = 8 219（元）

各期利息的现值 = 500 × 4.451 8 = 2 226（元）

债券的发行价格 = 8 219 + 2 226 = 10 445（元）

债券溢价金额为 445 元。

（3）债券按折价发行。

债券按低于面值的价格发行时，即为折价发行。也就是在市场利率高于票面利率时，债券按折价发行。

【例 10 - 5】假设上例中的市场利率为 6%，其他条件不变，债券折价发行的价格计算如下：

债券面值的现值 = 10 000 × 0.747 3 = 7 473（元）

各期利息的现值 = 500 × 4.212 4 = 2 106（元）

债券的发行价格 = 7 473 + 2 106 = 9 579（元）

债券折价金额为 421 元。

10.3.3 应付债券的核算

1. 一般公司债券

（1）账户设置。

企业发行普通债券，应设置"应付债券"账户，用于核算企业为筹集（长期）资金而发行债券的本金和利息。"应付债券"账户可按"面值""利息调整""应计利息"等进行明细核算。"应付债券"账户期末贷方余额，反映企业尚未偿还的长期债券摊余成本。

企业应当设置"企业债券备查簿"，详细登记企业债券的票面金额、债券票面利率、还本付息期限与方式、发行总额、发行日期和编号、委托代售单位、转换股份等资料。企业债券到期兑付，在备查簿中应予注销。

应付债券

归还本息 利息调整（债券折价） 利息调整（溢价摊销）	面值 应计利息 利息调整（债券溢价） 利息调整（折价摊销）
	余额

（2）会计核算。

① 企业发行债券。

无论是按面值发行，还是溢价发行或折价发行，企业均应按债券面值记入"应付债券——面值"科目，实际收到的款项与面值的差额，记入"应付债券——利息调整"科目。企业发行债券时，按实际收到的款项，借记"银行存款"等科目；按债券票面价值，贷记"应付债券——面值"科目；按实际收到的款项与票面价值之间的差额，贷记或借记"应付债券——利息调整"科目。

【例 10 - 6】如【例 10 - 3】企业按面值发行债券，其发行日的会计处理如下：

借：银行存款   10 000

  贷：应付债券——面值   10 000

【例 10 - 7】如【例 10 - 4】企业按溢价发行债券，其发行日的会计处理如下：

借：银行存款   10 445

  贷：应付债券——面值   10 000

      ——利息调整   445

【例 10 - 8】如【例 10 - 5】企业按折价发行债券，其发行日的会计处理如下：

借：银行存款　　　　　　　　　　　　　　　　　　　　　　　　 9 579

　　应付债券——利息调整　　　　　　　　　　　　　　　　　　　 421

　　贷：应付债券——面值　　　　　　　　　　　　　　　　　　　 10 000

② 债券利息费用的计算和利息调整的摊销。

对于分期付息、一次还本的债券，应于资产负债表日按摊余成本和实际利率计算确定的债券利息费用，借记"在建工程""制造费用""研发支出""财务费用"等账户；按票面利率计算确定的应付未付利息，贷记"应付利息"账户；按其差额，借记或贷记"应付债券——利息调整"账户。

对于一次还本付息的债券，应于资产负债表日按摊余成本和实际利率计算确定的债券利息费用，借记"在建工程""制造费用""研发支出""财务费用"等账户；按票面利率计算确定的应付未付利息，贷记"应付债券——应计利息"账户；按其差额，借记或贷记"应付债券——利息调整"账户。

企业债券发行时产生的溢价和折价是应计利息费用的重要组成内容，溢价或折价实质上是发行债券企业在债券存续期内对利息费用的一种调整。在每个会计期末计算债券的利息费用时，企业应按合理的方法，对溢价和折价金额进行摊销，按照我国现行企业会计准则规定，企业应当采用实际利率法对债券溢价和折价进行摊销。

实际利率法是指以实际利率乘以期初应付债券的摊余成本求得各期利息费用的一种方法。实际利率法摊销债券溢价或折价的要点是：以期初债券的摊余成本（债券面值加上未摊销溢价或减去未摊销折价）乘以债券发行时的实际利率，据以确定当期应确认的利息费用，再将其与当期的票面利息相比较，以两者的差额作为该期应摊销的债券折价或溢价。用公式表示：

各期债券利息费用 = 各期初应付债券摊余成本 × 实际利率

各期债券票面利息 = 债券面值 × 票面利率

各期应摊销的利息调整 = 各期债券利息费用 – 各期债券票面利息

按这种方法摊销债券溢价或折价，会使各期的利息费用随着债券摊余成本的变动而变动。当债券到期时，其摊余成本等于债券面值。

a）溢价的摊销。按实际利率法摊销债券溢价，各期的溢价摊销额等于应计利息减去利息费用。

【例 10 - 9】企业发行债券面值 100 000 元，发行价格 104 450 元，票面利率 5%，市场利率 4%，期限 5 年，到期还本付息。企业溢价发行债券之后，采用实际利率法摊销债券溢价。根据有关资料，可编制债券利息计算表，如表 10 - 1 所示。

表 10 - 1　溢价发行债券利息计算　　　　　　　　　　　　　　　　单位：元

期数	应计利息 ① = 面值 ×5%	利息费用 ② = 期初④ ×4%	溢价摊销 ③ = ① – ②	摊余成本 ④ = 期初④ – ③
发行时				104 450
1	5 000	4 178	822	103 628
2	5 000	4 145	855	102 773
3	5 000	4 111	889	101 884
4	5 000	4 075	925	100 959
5	5 000	4 041 *	959	100 000

* 计算尾差数 3。

根据溢价发行债券利息计算表，编制会计分录如下：

第一期利息费用。

借：财务费用 4 178

　　应付债券——利息调整 822

　　贷：应付债券——应计利息 5 000

第二期利息费用。

借：财务费用 4 145

　　应付债券——利息调整 855

　　贷：应付债券——应计利息 5 000

以后各期的分录只是金额有所不同。

b) 折价的摊销。按实际利率法摊销债券折价，各期的折价摊销额等于利息费用减去应计利息。

【例10-10】企业发行债券面值为100 000元，发行价格95 790元，票面利率5%，市场利率6%，期限5年，每年年末付息，到期还本。企业折价发行债券之后，采用实际利率法摊销债券折价。

根据有关资料，可编制债券折价摊销表，如表10-2所示。

表10-2　折价发行债券利息计算　　　　　　　　　单位：元

期数	应计利息	利息费用	折价摊销	摊余成本
	① = 面值×5%	② = 期初④ ×6%	③ = ② - ①	④ = 期初④ + ③
发行时				95 790
1	5 000	5 747	747	96 537
2	5 000	5 792	792	97 329
3	5 000	5 840	840	98 169
4	5 000	5 890	890	99 059
5	5 000	5 941*	941	100 000

*计算尾差数3。

根据折价发行债券利息计算表，编制会计分录如下：

第一期计算利息费用和摊销利息调整时，

借：财务费用 5 747

　　贷：应付利息 5 000

　　　　应付债券——利息调整 747

支付利息时，

借：应付利息 5 000

　　贷：银行存款 5 000

第二期计算利息费用和摊销利息调整时，

借：财务费用 5 792

　　贷：应付利息 5 000

　　　　应付债券——利息调整 792

支付利息时，

借：应付利息   5 000

    贷：银行存款   5 000

以后各期会计分录只是金额不同。

③ 债券的偿还。

采用一次还本付息方式的，企业于债券到期支付债券本息时，借记"应付债券——面值""应付债券——应计利息"账户，贷记"银行存款"账户。

采用一次还本、分期付息方式的，在每期支付利息时，借记"应付利息"账户，贷记"银行存款"账户。债券到期偿还本金并支付最后一期利息时，借记"应付债券——面值""在建工程""财务费用""制造费用"等账户，贷记"银行存款"账户；按其差额，借记或贷记"应付债券——利息调整"账户。

【例 10 - 11】 接【例 10 - 9】债券到期还本付息，其会计处理为：

借：应付债券——面值   100 000

    ——应计利息   25 000

    贷：银行存款   125 000

【例 10 - 12】 接【例 10 - 10】债券到期还本和计算支付最后一期利息，其会计处理为：

借：应付债券——面值   100 000

   财务费用   5 941

    贷：银行存款   105 000

     应付债券——利息调整   941

2. 可转换公司债券

我国发行可转换公司债券采取记名式无纸化发行方式。企业发行的可转换公司债券，既含有负债成分又含有权益成分，根据《企业会计准则第 37 号——金融工具列报》的规定，应当在初始确认时将负债和权益成分进行分拆，分别进行处理。企业在进行分拆时，应当先确定负债成分的公允价值并以此作为其初始确认金额，确认为应付债券；再按照该可转换公司债券整体的发行价格扣除负债成分初始确认金额后的金额确定权益成分的初始确认金额，确认为资本公积（其他资本公积）。负债成分的公允价值是合同规定的未来现金流量按一定利率折现的现值。其中，利率根据市场上具有可比信用等级并在相同条件下提供几乎相同现金流量、但不具有转换权的工具的适用利率确定。发行该可转换公司债券发生的交易费用，应当在负债成分和权益成分之间按照其初始确认金额的相对比例进行分摊。

（1）账户设置。

企业发行的可转换公司债券在"应付债券"科目下设置"可转换公司债券（面值、利息调整、应计利息）"明细科目核算。"应付债券"账户期末贷方余额，反映企业尚未偿还的长期债券摊余成本。

应付债券——可转换公司债券

归还本息 利息调整（债券折价） 利息调整（溢价摊销）	面值 应计利息 利息调整（债券溢价） 利息调整（折价摊销）
	余额

（2）账务处理。

企业发行的可转换公司债券，应按实际收到的款项，借记"银行存款"等科目；按可转换公司债券包含的负债成分面值，贷记"应付债券——可转换公司债券（面值）"科目；按权益成分的公允价值，贷记"资本公积——其他资本公积"科目；按其差额，借记或贷记"应付债券——可转换公司债券——利息调整"科目。

对于可转换公司债券的负债成分，在转换为股份前的每一个资产负债表日，其会计处理与一般公司债券相同，即按照实际利率和摊余成本确认利息费用，借记"在建工程""制造费用""研发支出""财务费用"等账户；按面值和票面利率计算确定的应付未付利息，贷记"应付债券——应计利息"或"应付利息"账户；按其差额，借记或贷记"应付债券——利息调整"账户。

可转换公司债券持有人行使转换权利，将其持有的债券转换为股票，按可转换公司债券的余额，借记"应付债券——可转换公司债券（面值）"；按其权益成分的金额，借记"资本公积——其他资本公积"账户；按尚未摊销的利息调整，借记或贷记"应付债券——可转换公司债券（利息调整）"账户；按股票面值和转换的股数计算的股票面值总额，贷记"股本"账户；按其差额，贷记"资本公积——股本溢价"账户。如用现金支付不可转换股票的部分，还应贷记"银行存款"等账户。

【例 10-13】某股份有限公司经批准于 2020 年 1 月 1 日按每份面值 100 元发行 5 年期 100 000 元到期还本付息的可转换债券，不考虑发行费用，票面利率为 6%，发行债券时，二级市场上与之类似的没有转换权的债券市场利率为 9%，依此确定的可转换公司债券发行时负债成分的公允价值为 88 328.20 元，权益成分的公允价值为 11 671.80 元。债券发行后第二年可转换为股份，每 100 元转普通股 10 股，股票面值 1 元。转换股份时，假如债券持有者将债券全部转为股份。该股份公司应编制会计分录如下：

发行可转换债券时，

借：银行存款	100 000
应付债券——可转换债券（利息调整）	11 671.80
贷：应付债券——可转换债券（面值）	100 000
资本公积——其他资本公积——可转换债券	11 671.80

第一年年末计提债券利息时，

应计入财务费用的利息 $= 88\ 328.20 \times 9\% = 7\ 949.54$（元）

当期应计利息 $= 100\ 000 \times 6\% = 6\ 000$（元）

借：财务费用（或在建工程等）	7 949.54
贷：应付债券——可转换债券（应计利息）	6 000
应付债券——可转换债券（利息调整）	1 949.54

第二年转换为股份时，

转换为股份数 = 债券面值 × 转换比例 $= 100\ 000 \div 100 \times 10 = 10\ 000$（股）

借：应付债券——可转换债券（面值）	100 000
资本公积——其他资本公积——可转换债券	11 671.80
贷：股本	10 000
应付债券——可转换债券（利息调整）	9 722.26
资本公积——股本溢价	91 949.54

10.4 长期应付款的核算

长期应付款是企业除长期借款和应付债券以外的其他各种长期应付款项，包括应付融资租入固定资产的租赁费、以分期付款方式购入固定资产等发生的应付款项等。

企业应设置"长期应付款"科目，用以核算企业融资租入固定资产和以分期付款方式购入固定资产时应付的款项及偿还情况。

10.4.1 应付融资租入固定资产的租赁费

租赁是指在约定的期间内，出租人将资产使用权让与承租人，以获取租金的协议。租赁的主要特征是转移资产的使用权，而不转移资产的所有权，并且这种转移是有偿的，取得使用权以支付租金为代价，从而使租赁有别于资产购置和不把资产的使用权从合同的一方转移给另一方的服务性合同，如劳务合同、运输合同、保管合同、仓储合同等，以及无偿提供使用权的借用合同。

1. 租赁的分类

承租人应当在租赁开始日将租赁分为融资租赁和经营租赁。租赁开始日，是指租赁协议日与租赁各方就主要条款做出承诺日中的较早者。在租赁开始日，承租人应当将租赁认定为融资租赁或经营租赁，并确定租赁期开始日应确认的金额。

企业对租赁进行分类时，应当全面考虑租赁期届满时租赁资产所有权是否转移给承租人、承租人是否有购买租赁资产的选择权、租赁期占租赁资产使用寿命的比例等各种因素。租赁期，是指租赁协议规定的不可撤销的租赁期间。如果承租人有权选择续租该资产，并且在租赁开始日就可以合理确定承租人将会行使这种选择权，不论是否再支付租金，续租期也包括在租赁期之内。

具体地说，满足下列标准之一的，应认定为融资租赁：

（1）在租赁期届满时，资产的所有权转移给承租人。即如果在租赁协议中已经约定，或者根据其他条件在租赁开始日就可以合理地判断，租赁期届满时出租人会将资产的所有权转移给承租人，那么该项租赁应当认定为融资租赁。

（2）承租人有购买租赁资产的选择权。所订立的购买价预计远低于行使选择权时租赁资产的公允价值，因而在租赁开始日就可合理地确定承租人将会行使这种选择权。

（3）租赁期占租赁资产使用寿命的大部分。这里的"大部分"掌握在租赁期占租赁开始日租赁资产使用寿命的 75% 以上（含 75%）。需要说明的是，这里的量化标准只是指导性标准，企业在具体运用时，必须以《企业会计准则第 21 号——租赁》规定的相关条件判断。

（4）就承租人而言，租赁开始日最低租赁付款额的现值几乎相当于租赁开始日租赁资产的公允价值。这里的"几乎相当于"掌握在 90%（含 90%）以上。需要说明的是，这里的量化标准只是指导性标准，企业在具体运用时，必须以《企业会计准则第 21 号——租赁》规定的相关条件判断。

最低租赁付款额，是指在租赁期内，承租人应支付或可能被要求支付的款项（不包括或有租金和履约成本），加上由承租人或与其有关的第三方担保的资产余值。

（5）租赁资产性质特殊，如果不作较大改造，只有承租人才能使用。这条标准是指，租赁资产是出租人根据承租人对资产型号、规格等方面的特殊要求专门购买或建造的，具有专购、专用性质。这些租赁资产如果不作较大的重新改制，其他企业通常难以使用。这种情况下，该项租赁也应当认定为融资租赁。

2. 企业（承租人）对融资租赁的会计处理

（1）租赁期开始日的会计处理。

租赁期开始日，是指承租人有权行使其使用租赁资产权利的日期，表明租赁行为的开始。在租赁期开始日，承租人应当对租入资产、最低租赁付款额和未确认融资费用进行初始确认。

企业采用融资租赁方式租入的固定资产，应在租赁期开始日，将租赁开始日租赁资产公允价值与最低租赁付款额现值两者中较低者，加上初始直接费用（如发生的手续费、律师费等），作为租入资产的入账价值，借记"固定资产"等科目；按最低租赁付款额，贷记"长期应付款"科目；按发生的初始直接费用，贷记"银行存款"等科目；按其差额，借记"未确认融资费用"科目。

（2）未确认融资费用的分摊。

在融资租赁下，承租人向出租人支付的租金中，包含了本金和利息两部分。承租人支付租金时，一方面应减少长期应付款，另一方面应同时将未确认的融资费用按一定的方法确认为当期融资费用。

在分摊未确认的融资费用时，根据《企业会计准则第21号——租赁》的规定，承租人应当采用实际利率法。根据租赁开始日租赁资产和负债的入账价值基础不同，融资费用分摊率的选择也不同。未确认融资费用的分摊率的确定具体分为下列几种情况：

① 以出租人的租赁内含利率为折现率将最低租赁付款额折现，且以该现值作为租赁资产入账价值的，应当将租赁内含利率作为未确认融资费用的分摊率。

② 以合同规定利率为折现率将最低租赁付款额折现，且以该现值作为租赁资产入账价值的，应当将合同规定利率作为未确认融资费用的分摊率。

③ 以银行同期贷款利率为折现率将最低租赁付款额折现，且以该现值作为租赁资产入账价值的，应当将银行同期贷款利率作为未确认融资费用的分摊率。

④ 以租赁资产公允价值为入账价值的，应当重新计算分摊率。该分摊率是使最低租赁付款额的现值等于租赁资产公允价值的折现率。

存在优惠购买选择权的，在租赁期届满时，未确认融资费用应全部摊销完毕，租赁负债应当减少至优惠购买金额。在承租人或与其有关的第三方对租赁资产提供了担保的情况下，在租赁期届满时，未确认融资费用应当全部摊销完毕，租赁负债还应减少至担保余值。

（3）履约成本的会计处理。

履约成本是指租赁期内为租赁资产支付的各种使用费用，如技术咨询和服务费、人员培训费、维修费、保险费等。承租人发生的履约成本通常应计入当期损益。

（4）或有租金的会计处理。

或有租金是指金额不固定、以时间长短以外的其他因素（如销售量、使用量、物价指数等）为依据计算的租金。

由于或有租金的金额不固定，无法采用系统合理的方法对其进行分摊，因此或有租金在实际发生时，计入当期损益。

（5）租赁期届满时的会计处理。

租赁期届满时，承租人通常对租赁资产的处理有三种情况，即返还、优惠续租和留购。

租赁期届满，承租人向出租人返还租赁资产的，通常借记"长期应付款——应付融资租赁款""累计折旧"科目，贷记"固定资产——融资租入固定资产"科目。

如果承租人行使优惠续租选择权，则应视同该项租赁一直存在而做出相应的会计处理。如果承租人在租赁期届满时没有续租，根据租赁协议规定向出租人支付违约金时，应当借记"营业外支出"科目，贷记"银行存款"等科目。

在承租人享有优惠购买选择权的情况下，支付购买价款时，借记"长期应付款——应付融资租赁款"，贷记"银行存款"；同时，将固定资产从"融资租入固定资产"明细科目转入有关明细科目。

【例 10 - 14】2019 年 12 月 1 日（租赁开始日），甲公司与乙租赁公司签订了一份矿泉水生产线融资租赁合同。租赁合同规定：租赁期开始日为 2020 年 1 月 1 日，租赁期为 3 年，每年年末支付租金 2 000 000 元；租赁期满后，矿泉水生产线的估计残余价值为 400 000 元，其中甲公司担保余值为 300 000 元，未担保余值为 100 000 元。

该矿泉水生产线于 2019 年 12 月 31 日运抵甲公司，当日投入使用。甲公司采用年限平均法计提固定资产折旧，甲公司每年年末一次确认融资费用并计提折旧。假定矿泉水生产线为全新生产线，租赁开始日的公允价值为 6 000 000 元，租赁内含利率为 6%。2022 年 12 月 31 日，甲公司将矿泉水生产线归还给乙租赁公司。甲公司的账务处理如下：

① 2019 年 12 月 31 日租入固定资产。

借：固定资产——融资租入固定资产　　　　　　　　　　　　　　　5 597 880
　　未确认融资费用　　　　　　　　　　　　　　　　　　　　　　702 120
　　贷：长期应付款　　　　　　　　　　　　　　　　　　　　　　　　6 300 000

最低租赁付款额现值为：2 000 000 × 2.673 0 + 300 000 × 0.839 6 = 5 597 880（元）

融资租入固定资产入账价值为 5 597 880 元。

未确认融资费用为：6 300 000 - 5 597 880 = 702 120（元）

② 2020 年 12 月 31 日支付租金、分摊融资费用并计提折旧，如表 10 - 3 所示。

表 10 - 3　未确认融资费用分摊（利息费用计算）　　　　　　　　　　单位：元

日期	租金 ①	确认的融资费用 ② = 期初④ × 6%	应付本金减少额 ③ = ① - ②	应付本金余额 ④ = 期初④ - ③
2020 年年初				5 597 880
2020 年年末	2 000 000	335 872.80	1 664 127.20	3 933 752.80
2021 年年末	2 000 000	236 025.17	1 763 974.83	2 169 777.97
2022 年年末	2 000 000	130 222.03*	1 869 777.97	300 000
合计	6 000 000	702 120	5 297 880	

*尾数调整。

应计提折旧 =（5 597 880 - 300 000）÷ 3 = 1 765 960（元）

借：长期应付款　　　　　　　　　　　　　　　　　　　　　　　2 000 000
　　贷：银行存款　　　　　　　　　　　　　　　　　　　　　　　　2 000 000
借：财务费用　　　　　　　　　　　　　　　　　　　　　　　　335 872.8

    贷：未确认融资费用   335 872.8
   借：制造费用   1 765 960
    贷：累计折旧   1 765 960

2021 年、2022 年支付租金、分摊融资费用并计提折旧的会计处理比照 2020 年相关会计处理。

  ③ 2022 年 12 月 31 日归还矿泉水生产线。

   借：长期应付款   300 000
    累计折旧   5 297 880
    贷：固定资产——融资租入固定资产   5 597 880

10.4.2　具有融资性质的延期付款购买资产

  企业购买资产有可能延期支付有关价款。如果延期支付的购买价款超过正常信用条件，实质上具有融资性质的，所购资产的成本应当以延期支付购买价款的现值为基础确定。实际支付的价款与购买价款的现值之间的差额，应当在信用期间内采用实际利率法进行摊销，符合资本化条件的，计入相关资产成本，否则计入当期损益。其账务处理为：企业购入资产超过正常信用条件延期付款、实质上具有融资性质时，应按购买价款的现值，借记"固定资产""在建工程"等科目；按应支付的价款总额，贷记"长期应付款"科目；按其差额，借记"未确认融资费用"科目。按期支付价款，借记"长期应付款"科目，贷记"银行存款"科目，同时按实际利率法摊销结转未确认融资费用，借记"财务费用"等，贷记"未确认融资费用"。

10.5　预计负债的核算

10.5.1　预计负债的确认

  与或有事项相关的义务同时满足以下条件的，应当确认为预计负债：

  （1）该义务是企业承担的现时义务（这里所指的义务包括法定义务和推定义务）。

  （2）履行该义务很可能导致经济利益流出企业（即企业履行与或有事项相关的现时义务将导致经济利益流出的可能性超过 50%）。

  履行或有事项相关义务导致经济利益流出的可能性，通常按照表 10-4 的情况加以判断。

表 10-4　经济利益流出的可能性判断

项目	发生的概率区间
基本确定	95% < 发生的可能性 < 100%
很可能	50% < 发生的可能性 ≤ 95%
可能	5% < 发生的可能性 ≤ 50%
极小可能	0 < 发生的可能性 ≤ 5%

  （3）该义务的金额能够可靠地计量。

  或有事项确认负债的三个条件没有同时满足时，则属于或有负债。

10.5.2　预计负债的计量

或有事项的计量主要涉及两方面：一是最佳估计数的确定；二是预期可获得补偿的处理。

1. 最佳估计数的确定

预计负债应当按照履行相关现时义务所需支出的最佳估计数进行初始计量。最佳估计数的确定应当分别以下两种情况处理：

（1）所需支出存在一个连续范围，且该范围内各种结果发生的可能性相同，则最佳估计数应当按照该范围内的中间值，即上、下限金额的平均数确定。

【例 10 – 15】20 ×9 年 12 月 27 日，甲企业因合同违约而涉及一桩诉讼案。根据企业的法律顾问判断，最终的判决很可能对甲企业不利。20 ×9 年 12 月 31 日，甲企业尚未接到法院的判决，因诉讼须承担的赔偿金额也无法准确地确定。不过，据专业人士估计，赔偿金额可能是 800 000 ~ 1 000 000 元之间的某一金额，而且这个区间内每个金额的可能性都大致相同。

根据企业会计准则的规定，甲企业应在 20 ×9 年 12 月 31 日的资产负债表中确认一项金额为 900 000 元〔（800 000 + 1 000 000）÷2 =900 000（元）〕的负债。账务处理是：

借：营业外支出　　　　　　　　　　　　　　　　　　　　　　900 000
　　贷：预计负债　　　　　　　　　　　　　　　　　　　　　　　　900 000

（2）所需支出不存在一个连续范围，或者虽然存在一个连续范围但该范围内各种结果发生的可能性不相同。在这种情况下，最佳估计数按照如下方法确定：

或有事项涉及单个项目的，按照最可能发生金额确定。"涉及单个项目"指或有事项涉及的项目只有一个，如一项未决诉讼、一项未决仲裁或一项债务担保等。

【例 10 – 16】甲公司涉及一起诉讼，根据类似案件的经验以及公司所聘律师的意见判断，甲公司在该起诉讼中胜诉的可能性有 40% ，败诉的可能性有 60% ，如果败诉，将要赔偿 1 000 000元。

在上述情况下，甲公司应确认的负债金额（最佳估计数）应为最可能发生金额 1 000 000 元。

借：营业外支出　　　　　　　　　　　　　　　　　　　　　1 000 000
　　贷：预计负债　　　　　　　　　　　　　　　　　　　　　　　1 000 000

或有事项涉及多个项目的，按照各种可能结果及相关概率计算确定。"涉及多个项目"指或有事项涉及的项目不止一个，如产品质量保证。在产品质量保证中，提出产品保修要求的可能有许多客户。相应地，企业对这些客户负有保修义务。

【例 10 – 17】20 ×9 年，乙企业销售产品 300 000 件，销售额 120 000 000 元。乙企业的产品质量保证条款规定：产品售出后一年内，如发生正常质量问题，乙企业将免费负责修理。根据以往的经验，如果出现较小的质量问题，则须发生的修理费为销售额的 1% ；如果出现较大的质量问题，则须发生的修理费为销售额的 2% 。据预测，本年度已售产品中，有 80% 不会发生质量问题，有 15% 将发生较小质量问题，有 5% 将发生较大质量问题。

根据上述资料，20 ×9 年年末乙企业应确认的负债金额（最佳估计数）= （120 000 000 × 15% ）×1% + （120 000 000 ×5% ）×2% =180 000 + 120 000 =300 000（元）。

借：销售费用　　　　　　　　　　　　　　　　　　　　　　300 000
　　贷：预计负债　　　　　　　　　　　　　　　　　　　　　　　300 000

2. 预期可获得补偿的处理

企业清偿预计负债所需支出全部或部分预期由第三方补偿的，补偿金额只有在基本确定能够收到时才能作为资产单独确认，确认的补偿金额不应超过预计负债的账面价值。

或有事项确认资产的前提是或有事项确认为负债。或有事项确认资产时，通过"其他应收款"科目核算，不能冲减预计负债。

【例 10 - 18】20×9 年 12 月 31 日，乙股份有限公司因或有事项而确认了一笔金额为 1 000 000 元的负债；同时，公司因该或有事项，基本确定可从甲股份有限公司获得 400 000 元的赔偿。

本例中，乙股份有限公司应分别确认一项金额为 1 000 000 元的负债和一项金额为 400 000 元的资产，而不能只确认一项金额为 600 000 元 [（1 000 000 - 400 000）元] 的负债。同时，公司所确认的补偿金额 400 000 元不能超过所确认的负债的账面价值 1 000 000 元。

借：营业外支出　　　　　　　　　　　　　　　　　　　　　　1 000 000
　　贷：预计负债　　　　　　　　　　　　　　　　　　　　　　　1 000 000
借：其他应收款　　　　　　　　　　　　　　　　　　　　　　　400 000
　　贷：营业外支出　　　　　　　　　　　　　　　　　　　　　　　400 000

3. 预计负债的计量需要考虑的其他因素

企业在确定最佳估计数时，应当综合考虑与或有事项有关的风险、不确定性、货币时间价值和未来事项等因素。

10.5.3　对预计负债账面价值的复核

企业应当在资产负债表日对预计负债的账面价值进行复核，有确凿证据表明该账面价值不能真实反映当前最佳估计数的，应当按照当前最佳估计数对该账面价值进行调整。

10.5.4　预计负债会计处理原则及具体应用

虽然预计负债属于企业负债，但与一般负债不同的是，预计负债导致经济利益流出企业的可能性尚未达到基本确定的程度，金额往往需要估计。所以在资产负债表上应单独反映，并在会计报表附注中作相应披露，与所确认负债有关的费用或支出应在扣除确认的补偿金额后，在利润表中反映。

1. 账户设置

为了正确核算预计负债，并与其他负债项目相区别，企业应设置"预计负债"账户。该账户核算各项预计的负债，包括对外提供担保、产品质量保证、未决诉讼等很可能产生的负债。该账户应按预计负债项目设置明细账，进行明细核算。该账户期末贷方余额，反映已预计尚未支付的债务。

2. 会计核算

（1）企业由对外提供担保、未决诉讼、重组义务产生的预计负债，应按确定的金额，借记"营业外支出"等账户，贷记"预计负债"账户。由产品质量保证产生的预计负债，应按确定的金额，借记"销售费用"账户，贷记"预计负债"账户。

（2）由资产弃置义务产生的预计负债，应按确定的金额，借记"固定资产"等账户，贷记"预计负债"账户。在固定资产或油气资产的使用寿命内，按计算确定各期应负担的利息费用，借记"财务费用"账户，贷记"预计负债"账户。

（3）实际清偿或冲减的预计负债，借记"预计负债"账户，贷记"银行存款"等账户。

（4）根据确凿证据需要对已确认的预计负债进行调整的，调整增加的预计负债，借记有关账户，贷记"预计负债"账户；调整减少的预计负债作相反的会计分录。

3. 预计负债会计处理原则的应用

（1）未决诉讼或未决仲裁。

未决诉讼或未决仲裁形成的预计负债的会计处理如表 10-5 所示。

表 10-5　未决诉讼或未决仲裁形成的预计负债的会计处理

相关预计负债	与当期实际发生的诉讼损失金额之间的差额处理
前期已合理计提	直接计入或冲减当期营业外支出
前期未合理计提（金额重大）	按照重大差错更正的方法进行会计处理
前期无法合理预计，未计提	在该损失实际发生的当期，直接计入当期营业外支出
资产负债表日后至财务报告批准报出日之间发生的需要调整或说明的未决诉讼	按照资产负债表日后事项的有关规定进行会计处理

【例 10-19】20×9 年 11 月 1 日，乙股份有限公司因合同违约而被丁公司起诉。20×9 年 12 月 31 日，公司尚未接到法院的判决。丁公司预计，如无特殊情况很可能在诉讼中获胜，假定丁公司估计将来很可能获得赔偿金额 1 900 000 元。在咨询了公司的法律顾问后，乙公司认为最终的法律判决很可能对公司不利。假定乙公司预计将要支付的赔偿金额、诉讼费等费用为 1 600 000～2 000 000 元之间的某一金额，而且这个区间内每个金额的可能性都大致相同，其中诉讼费为 30 000 元。

此例中，丁公司不应当确认或有资产，而应当在 20×9 年 12 月 31 日的报表附注中披露或有资产 1 900 000 元。

乙股份有限公司应在资产负债表中确认一项预计负债，金额为：

（1 600 000＋2 000 000）÷2＝1 800 000（元）

同时在 20×9 年 12 月 31 日的附注中进行披露。

乙公司的有关账务处理如下：

借：管理费用——诉讼费	30 000	
营业外支出	1 770 000	
贷：预计负债——未决诉讼		1 800 000

（2）债务担保。

企业对外提供债务担保，属于或有事项，涉及未决诉讼时，满足预计负债三个确认条件的，应该确认预计负债。

债务担保在企业中是较为普遍的现象。作为提供担保的一方，在被担保方无法履行合同的情况下，常常承担连带责任。从保护投资者、债权人的利益出发，客观、充分地反映企业因担保义务而承担的潜在风险是十分必要的。

企业对外提供债务担保常常会涉及未决诉讼，这时可以分别以下情况进行处理：

① 已被判决败诉，则应当按照人民法院判决的应承担的损失金额，确认为负债，并计入当期营业外支出。

② 已判决败诉，但企业正在上诉，或者经上一级人民法院裁定暂缓执行，或者由上一级人民法院发回重审等，企业应当在资产负债表日，根据已有判决结果合理估计可能产生的损失金额，确认为预计负债，并计入当期营业外支出。

③ 人民法院尚未判决的，企业应向其律师或法律顾问等咨询，估计败诉的可能性，以及败诉后可能发生的损失金额，并取得有关书面意见。如果败诉的可能性大于胜诉的可能性，并且损失金额能够合理估计的，应当在资产负债表日将预计担保损失金额，确认为预计负债，并计入当期营业外支出。

【例 10－20】20×9 年 10 月，B 公司从银行贷款人民币 10 000 000 元，期限 2 年，由 A 公司全额担保；20×9 年 5 月，C 公司从银行贷款 800 000 美元，期限 1 年，由 A 公司担保 50%；20×9 年 6 月，D 公司通过银行从 G 公司贷款人民币 15 000 000 元，期限 2 年，由 A 公司全额担保。

截至 20×9 年 12 月 31 日，各贷款单位的情况如下：B 公司贷款逾期未还，银行已起诉 B 公司和 A 公司，A 公司因连带责任需赔偿多少金额尚无法确定；C 公司由于受政策影响和内部管理不善等原因，经营效益不如以往，可能不能偿还到期美元债务；D 公司经营情况良好，预期不存在还款困难。

本例中，对 B 公司而言，A 公司很可能需履行连带责任，但损失金额是多少，目前还难以预计；就 C 公司而言，A 公司可能需履行连带责任；就 D 公司而言，A 公司履行连带责任的可能性极小。这三项债务担保形成 A 公司的或有负债，不符合预计负债的确认条件，A 公司在 20×9 年 12 月 31 日编制财务报表时，应当在附注中作相应披露。

（3）产品质量保证。

产品质量保证（含产品安全保证）是指企业对已售出商品或已提供劳务的质量提供的保证，如果发生质量问题，企业将无偿提供修理服务，从而发生一些费用。这笔费用的大小取决于将来发生的修理工作量的大小。按照权责发生制的原则，企业不能等到客户提出修理请求时，才确认因提供质量保证而产生的义务，而应当在资产负债表日对发生修理请求的可能性以及修理工作量的大小做出判断，以决定是否在当期确认承担的修理义务。

根据《企业会计准则第 13 号——或有事项》的规定，产品质量保证属于或有事项，企业应在期末将其确认为一项负债，金额应按可能发生产品质量保证费用的数额和发生的概率计算确定。

【例 10－21】甲公司是生产和销售微波炉的企业，20×8 年、20×9 年分别销售微波炉 1 000 台、1 200 台，每台售价为 2 000 元。对购买其产品的消费者，甲公司做出如下承诺：微波炉售出后两年内如出现非意外事件造成的微波炉故障和质量问题，甲公司免费保修（含零部件更换）。根据以往的经验，发生的保修费一般为销售额的 1%～3%。假定甲公司 20×8 年和 20×9 年实际发生的维修费分别为 20 000 元、60 000 元，20×7 年"预计负债——产品质量保证"科目年末余额为 30 000 元。

甲公司因销售微波炉而承担了现时义务，该义务的履行很可能导致经济利益流出甲公司，且该义务的金额能够可靠地计量，因此，甲公司应在每年年末确认一项负债。

20×8 年，发生产品质量保证费用（维修费）20 000 元。

借：预计负债——产品质量保证　　　　　　　　　　　　　　20 000

　　贷：银行存款或原材料等　　　　　　　　　　　　　　　　　　20 000

年末应确认的产品质量保证负债金额 = 1 000 × 2 000 × （1% + 3%）÷ 2 = 40 000（元）

借：销售费用——产品质量保证　　　　　　　　　　　　　　40 000

　　贷：预计负债——产品质量保证　　　　　　　　　　　　　　　40 000

20×8 年年末，"预计负债——产品质量保证"科目的余额为 50 000 元 [（30 000 -

20 000 + 40 000）元]。

20×9 年，发生产品质量保证费用 60 000 元。

借：预计负债——产品质量保证   60 000

    贷：银行存款或原材料等   60 000

年末应确认的产品质量保证负债余额 = 1 200 × 2 000 × （1% + 3%）÷ 2 = 48 000（元）

借：销售费用——产品质量保证   48 000

    贷：预计负债——产品质量保证   48 000

20×9 年年末，"预计负债——产品质量保证"科目的余额为 38 000 元 [（50 000 - 60 000 + 48 000）元]。

在对产品质量保证确认预计负债时，需注意以下问题：

① 如果发现保证费用的实际发生额与预计数相差较大，应及时对预计比例进行调整。

② 如果企业针对特定批次产品确认预计负债，则应在该批次产品保修期结束时，将"预计负债——产品质量保证"余额冲销，不留余额。

③ 已对其确认预计负债的产品，若企业不再生产了，那么应在相应的产品质量保证期满后，将"预计负债——产品质量保证"余额冲销，不留余额。

（4）亏损合同。

待执行合同不属于或有事项，但是，待执行合同变为亏损合同的，应当作为或有事项。

① 合同存在标的资产。

合同数量小于或等于标的资产数量，对标的资产进行减值测试并按规定确认减值损失，与存货计提减值准备会计处理相同。

合同数量大于标的资产数量，应当先对标的资产进行减值测试并按规定确认减值损失，然后对超过标的资产数量的预计亏损确认为预计负债。

② 无合同标的资产。

亏损合同相关义务满足预计负债确认条件时，应当确认为预计负债。

注意：预计负债的金额应是执行合同发生的损失和撤销合同发生的损失的较低者。

【例 10 - 22】2019 年 1 月 1 日，甲公司采用经营租赁方式租入一条生产线生产 A 产品，租赁期 4 年。甲公司利用该生产线生产的 A 产品每年可获利 20 万元。2020 年 12 月 31 日，甲公司决定停产 A 产品，原经营租赁合同不可撤销，还要持续 2 年，且生产线无法转租给其他单位。

本例中，甲公司与其他公司签订了不可撤销的经营租赁合同，负有法定义务，必须继续履行租赁合同（交纳租金）。同时，甲公司决定停产 A 产品。因此，甲公司执行原经营租赁合同不可避免要发生的费用很可能超过预期获得的经济利益，属于亏损合同，应当在 2020 年 12 月 31 日，根据未来应支付的租金的最佳估计数确认预计负债。

【例 10 - 23】乙企业 20×9 年 1 月 1 日与某外贸公司签订了一项产品销售合同，约定在 20×9 年 2 月 15 日以每件产品 100 元的价格向外贸公司提供 10 000 件 A 产品，若不能按期交货，乙企业需要交 300 000 元的违约金。这批产品在签订合同时尚未开始生产，但企业开始等备原材料以生产这批产品时，原材料价格突然上涨，预计生产每件产品的成本升至 125 元。

本例中，乙企业生产产品的成本为每件 125 元，而售价为每件 100 元，每销售 1 件产品亏损 25 元，共计损失 250 000 元。因此，这项销售合同是一项亏损合同。如果撤销合同，乙企业需要交 300 000 元的违约金。

① 由于该合同变为亏损合同时不存在标的资产，乙企业应当按照履行合同造成的损失与违约金两者中的较低者确认一项预计负债。

借：营业外支出   250 000

  贷：预计负债   250 000

② 待相关产品生产完成后，将已确认的预计负债冲减产品成本。

借：预计负债   250 000

  贷：库存商品   250 000

（5）重组义务。

重组是指企业制定和控制的，将显著改变企业组织形式、经营范围或经营方式的计划实施行为。

属于重组的事项主要包括：① 出售或终止企业的部分业务；② 对企业的组织结构进行较大调整；③ 关闭企业的部分营业场所，或将营业活动由一个国家或地区迁移到其他国家或地区。

企业承担的重组义务满足或有事项确认条件的，应当确认为预计负债。企业应当按照与重组有关的直接支出确定预计负债金额。直接支出不包括留用职工岗前培训、市场推广、新系统和营销网络投入等支出。

下列情况同时存在时，表明企业承担了重组义务：

① 有详细、正式的重组计划，包括重组涉及的业务、主要地点、需要补偿的职工人数及其岗位性质、预计重组支出、计划实施时间等。

② 该重组计划已对外公告。

企业可以参照表 10 - 6 判断某项支出是否属于与重组有关的直接支出。

表 10 - 6 与重组有关支出的判断

支出项目	包括	预计负债	会计处理
自愿遣散	是	确认	借：管理费用 贷：应付职工薪酬
强制遣散（若自愿遣散目标未满足）	是	确认	借：管理费用 贷：应付职工薪酬
不再使用厂房的租赁撤销费	是	确认	借：管理费用 贷：预计负债
将职工和设备从拟关闭的工厂转移到继续使用的工厂、剩余职工再培训费、新经理的招聘成本、推广公司新形象的营销成本、对新营销网络的投资、未来可辨认经营损失	否	不确认，因支出与继续进行的活动相关	尚未发生费用，实际支出再编分录
特定固定资产的减值损失	否	不确认，因支出与继续进行的活动相关	借：资产减值损失 贷：固定资产减值准备

【例 10 - 24】甲公司为一家家电生产企业，主要生产 A、B、C 三种家电产品。甲公司有关事项如下：

① 甲公司管理层于 2019 年 11 月制订了一项业务重组计划。该业务重组计划的主要内容如下：从 2020 年 1 月 1 日起关闭 C 产品生产线；从事 C 产品生产的员工共计 250 人，除部门主

管及技术骨干等 50 人留用转入其他部门外，其他 200 人都将被辞退。

根据被辞退员工的职位、工作年限等因素，甲公司将一次性给予被辞退员工不同标准的补偿，补偿支出共计 8 000 000 元；C 产品生产线关闭之日，租用的厂房将被腾空，撤销租赁合同并将其移交给出租方，用于 C 产品生产的固定资产等将转移至甲公司自己的仓库。上述业务重组计划已于 2019 年 12 月 2 日经甲公司董事会批准，并于 12 月 3 日对外公告。2019 年 12 月 31 日，上述业务重组计划尚未实际实施，员工补偿及相关支出尚未支付。

为了实施上述业务重组计划，甲公司预计发生以下支出或损失：因辞退员工将支付补偿款 8 000 000 元；因撤销厂房租赁合同将支付违约金 250 000 元；因将用于 C 产品生产的固定资产等转移至仓库将发生运输费 30 000 元；因对留用员工进行培训将发生支出 10 000 元；因推广新款 B 产品将发生广告费用 25 000 000 元；因处置用于 C 产品生产的固定资产将发生减值损失 1 500 000 元。

② 2019 年 12 月 15 日，消费者因使用 C 产品造成财产损失向法院提起诉讼，要求甲公司赔偿损失 5 600 000 元。12 月 31 日，法院尚未对该案作出判决。在咨询法律顾问后，甲公司认为该案很可能败诉。根据专业人士的测算，甲公司的赔偿金额可能在 4 500 000 ~ 5 500 000 元，而且上述区间内每个金额的可能性相同。

③ 2019 年 12 月 25 日，丙公司（为甲公司的子公司）向银行借款 32 000 000 元，期限为 3 年。经董事会批准，甲公司为丙公司的上述银行借款提供全额担保。12 月 31 日，丙公司经营状况良好，预计不存在还款困难。

要求：

① 根据资料①，判断哪些是与甲公司业务重组有关的直接支出，并计算因重组义务应确认的预计负债金额。

② 根据资料①，计算甲公司因业务重组计划而减少 2019 年度利润总额的金额，并编制相关会计分录。

③ 根据资料②和③，判断甲公司是否应当将与这些或有事项相关的义务确认为预计负债。如确认，计算预计负债的最佳估计数，并编制相关会计分录；如不确认，说明理由。

根据上述资料，甲公司应进行如下会计处理：

① 因辞退员工将支付补偿 8 000 000 元和因撤销厂房租赁合同将支付违约金 250 000 元属于与重组有关的直接支出。

因重组义务应确认的预计负债金额 = 8 000 000 + 250 000 = 8 250 000（元）

② 因重组计划减少的 2019 年度利润总额 = 8 250 000 + 1 500 000 = 9 750 000（元）

会计分录：

借：营业外支出　　　　　　　　　　　　　　　　　　　　　　　　250 000
　　贷：预计负债　　　　　　　　　　　　　　　　　　　　　　　　250 000
借：管理费用　　　　　　　　　　　　　　　　　　　　　　　　8 000 000
　　贷：应付职工薪酬　　　　　　　　　　　　　　　　　　　　　8 000 000
借：资产减值损失　　　　　　　　　　　　　　　　　　　　　　1 500 000
　　贷：固定资产减值准备　　　　　　　　　　　　　　　　　　　1 500 000

③ 资料②应确认预计负债。

预计负债的最佳估计数 =（4 500 000 + 5 500 000）÷ 2 = 5 000 000（元）

会计分录：

借：营业外支出   5 000 000
　　贷：预计负债   5 000 000
资料③ 不应确认预计负债。

理由：此项并不满足很可能导致经济利益流出企业的条件，也不符合或有事项确认预计负债的条件。

本章小结

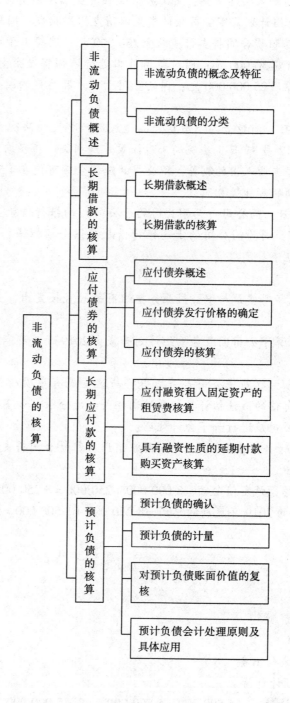

第 11 章

所有者权益的核算

11.1 所有者权益内容

11.1.1 所有者权益的含义和特征

1. 所有者权益的含义

所有者权益是指企业资产扣除负债后由所有者享有的剩余权益。公司的所有者权益又称为股东权益。

所有者权益来源于所有者投入的资本、直接计入所有者权益的利得和损失、留存收益。直接计入所有者权益的利得和损失，是指不应计入当期损益的、会导致所有者权益发生增减变动的、与所有者投入资本或者向所有者分配利润无关的利得或者损失。

所有者权益可分为实收资本（或股本）、资本公积、盈余公积和未分配利润等部分。其中，盈余公积和未分配利润统称为留存收益。

2. 所有者权益的特征

（1）所有者权益是企业投资人对企业净资产的所有权，包括所有者对投入资产的所有权、使用权、处置权和收益分配权。但所有者权益是一种剩余权益，只有负债的要求权得到清偿后，所有者权益才能够被清偿。它受总资产和总负债变动的影响而发生增减变动。

（2）所有者权益包含所有者以其出资额的比例分享的企业利润。与此同时，所有者也必须以其出资额承担企业的经营风险。

（3）所有者权益还意味着所有者有法定的管理企业和委托他人管理企业的权利，但这种权利来自投资者投入的可供企业长期使用的资源。

（4）所有者权益具有长期特性。所有者权益作为剩余权益，并不存在确切的、约定的偿付期限。

（5）所有者权益计量的间接性。所有者权益除了投资者投入资本能够直接计量外，在企业存续期内任一时点都不是直接计量的，而是通过计量资产和负债来间接计量的。

11.1.2　所有者权益与负债的区别

所有者权益与债权人权益比较，具有以下不同：

（1）所有者权益在企业经营期内可供企业长期、持续地使用，企业不必向投资人返还资本金；而负债则须按期返还给债权人，成为企业的负担。

（2）企业所有人凭其对企业投入的资本，享受税后分配利润的权利。所有者权益是企业分配税后净利润的主要依据；而债权人除按规定取得利息外，无权分配企业的盈利。

（3）企业所有人有权行使企业的经营管理权，或者授权管理人员行使经营管理权；但债权人并没有经营管理权。

（4）企业的所有者对企业的债务和亏损负有无限的责任或有限的责任；而债权人对企业的其他债务不发生关系，一般也不承担企业的亏损。

11.2　实收资本的核算

11.2.1　实收资本概述

实收资本是指企业按照章程规定或合同、协议约定，接受投资者投入企业的资本。

我国有关法律规定，投资者设立企业首先必须投入资本。《企业法人登记管理条例》规定，企业申请开业，必须具备国家规定的与其生产经营和服务规模相适应的资金。为了反映和监督投资者投入资本的增减变动情况，企业必须按照国家统一的会计制度的规定进行实收资本的核算，真实地反映所有者投入企业资本的状况，维护所有者各方面在企业的权益。除股份有限公司以外，其他企业应设置"实收资本"科目，核算投资者投入资本的增减变动情况。该科目的贷方登记实收资本的增加数额，借方登记实收资本的减少数额，期末贷方余额反映企业期末实收资本实有数额。

股份有限公司应设置"股本"科目，核算公司实际发行股票的面值总额。该科目贷方登记公司在核定的股份总额及股本总额范围内实际发行股票的面值总额，借方登记公司按照法定程序经批准减少的股本数额，期末贷方余额反映公司股本实有数额。

企业收到所有者投入企业的资本后，应根据有关原始凭证（如投资清单、银行通知单等），分别不同的出资方式进行会计处理。

11.2.2　实收资本的账务处理

1. 接受现金资产投资

（1）股份有限公司以外的企业接受现金资产投资。

企业接受现金资产投资时，应以实际收到的金额或存入企业开户银行的金额，借记"银行存款"等科目；按投资合同或协议约定的投资者在企业注册资本中所占份额的部分，贷记"实收资本"科目；企业实际收到或存入开户银行的金额超过投资者在企业注册资本中所占份额的部分，贷记"资本公积——资本溢价"科目。

【例 11-1】甲、乙、丙共同投资设立 D 有限责任公司，注册资本为 2 000 000 元，甲、乙、丙持股比例分别为 60%、25% 和 15%。按照章程规定，甲、乙、丙投入资本分别为 1 200 000 元、500 000 元和 300 000 元。D 公司已如期收到各投资者一次缴足的款项。D 公司在进行会计处理时，应编制如下会计分录：

```
借：银行存款                                    2 000 000
    贷：实收资本——甲                            1 200 000
            ——乙                                500 000
            ——丙                                300 000
```

（2）股份有限公司接受现金资产投资。

股份有限公司发行股票收到现金资产时，借记"银行存款"等科目；按每股股票面值和发行股份总额的乘积计算的金额，贷记"股本"科目；按实际收到的金额与该股本之间的差额，贷记"资本公积——股本溢价"科目。

【例 11-2】N 股份有限公司发行普通股 10 000 000 股，每股面值 1 元，每股发行价格 5 元。假定股票发行成功，股款 50 000 000 元已全部收到，不考虑发行过程中的税费等因素。根据上述资料，N 公司应作如下账务处理：

应计入"资本公积"科目的金额 = 50 000 000 - 10 000 000 = 40 000 000（元）

编制会计分录如下：

```
借：银行存款                                    50 000 000
    贷：股本                                    10 000 000
        资本公积——股本溢价                       40 000 000
```

本例中，N 公司发行股票实际收到的款项为 50 000 000 元，应借记"银行存款"科目；实际发行的股票面值为 10 000 000 元，应贷记"股本"科目；按其差额，贷记"资本公积——股本溢价"科目。

2. 接受非现金资产投资

企业接受固定资产、无形资产等非现金资产投资时，应按投资合同或协议约定的价值（不公允的除外）作为固定资产、无形资产的入账价值，以投资合同或协议约定的投资者在企业注册资本或股本中所占份额的部分作为实收资本或股本入账，投资合同或协议约定的价值（不公允的除外）超过投资者在企业注册资本或股本中所占份额的部分，计入资本公积。

【例 11-3】A 有限责任公司于设立时收到 B 公司作为资本投入的不需要安装的机器设备一台，合同约定该机器设备的价值为 2 000 000 元，增值税进项税额为 260 000 元。合同约定的固定资产价值与公允价值相符，不考虑其他因素。甲公司进行会计处理时，应编制如下会计分录：

```
借：固定资产                                    2 000 000
    应交税费——应交增值税（进项税额）              260 000
    贷：实收资本——B 公司                         2 260 000
```

【例 11-4】甲有限责任公司于设立时收到乙公司作为资本投入的原材料一批，该批原材料投资合同或协议约定价值（不含可抵扣的增值税进项税额部分）为 100 000 元，增值税进项税额为 13 000 元。乙公司已开具了增值税专用发票。假设合同约定的价值与公允价值相符，该进项税额允许抵扣，不考虑其他因素。甲有限责任公司在进行会计处理时，应编制如下会计分录：

借：原材料   100 000

    应交税费——应交增值税（进项税额）   13 000

  贷：实收资本——乙公司   113 000

本例中，原材料的合同约定价值与公允价值相符，因此，可按照 100 000 元的金额借记"原材料"科目；同时，该进项税额允许抵扣，因此，增值税专用发票上注明的增值税税额 13 000元，应借记"应交税费——应交增值税（进项税额）"科目。甲公司接受的乙公司投入的原材料按合同约定金额作为实收资本，因此可按 113 000 元的金额贷记"实收资本"科目。

【例 11 - 5】甲有限责任公司于设立时收到乙公司作为资本投入的非专利技术一项，该非专利技术投资合同约定价值为 60 000 元，同时收到丙公司作为资本投入的土地使用权一项，投资合同约定价值为 80 000 元。假设甲公司接受该非专利技术和土地使用权符合国家注册资本管理的有关规定，可按合同约定作实收资本入账，合同约定的价值与公允价值相符，不考虑其他因素。甲公司在进行会计处理时，应编制如下会计分录：

借：无形资产——非专利技术   60 000

          ——土地使用权   80 000

  贷：实收资本——乙公司   60 000

          ——丙公司   80 000

3. 实收资本（或股本）的增减变动

一般情况下，企业的实收资本应相对固定不变，但在某些特定情况下，实收资本也可能发生增减变化。我国企业法人登记管理条例中规定，除国家另有规定外，企业的注册资金应当与实收资本相一致，当实收资本比原注册资金增加或减少的幅度超过 20% 时，应持资金信用证明或者验资证明，向原登记主管机关申请变更登记。如擅自改变注册资本或抽逃资金，要受到工商行政管理部门的处罚。

（1）实收资本（或股本）的增加。

一般企业增加资本主要有三个途径：接受投资者追加投资、资本公积转增资本和盈余公积转增资本。

需要注意的是，由于资本公积和盈余公积均属于所有者权益，用其转增资本时，如果是独资企业则比较简单，直接结转即可。如果是股份公司或有限责任公司，应该按照原投资者各出资比例相应增加各投资者的出资额。

企业按规定接受投资者追加投资时，核算原则与投资者初次投入时一样。

企业采用资本公积或盈余公积转增资本时，应按转增的资本金额确认实收资本或股本。用资本公积转增资本时，借记"资本公积——资本溢价或股本溢价"科目，贷记"实收资本"（或"股本"）科目；用盈余公积转增资本时，借记"盈余公积"科目，贷记"实收资本"（或"股本"）科目。用资本公积或盈余公积转增资本时，应按原投资者各自出资比例计算确定各投资者相应增加的出资额。

实收资本（或股本）增加的核算如图 11 - 1 所示。

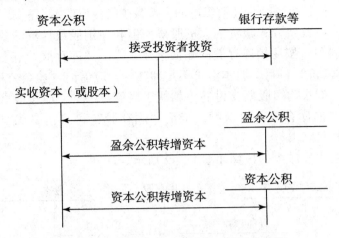

图 11 - 1　实收资本（或股本）增加的核算

【例 11 - 6】甲、乙、丙三人共同投资设立 D 有限责任公司，原注册资本为 4 000 000 元，甲、乙、丙分别出资 500 000 元、2 000 000 元和 1 500 000 元。为扩大经营规模，经批准，D 公司注册资本扩大为 5 000 000 元，甲、乙、丙按照原出资比例分别追加投资 125 000 元、500 000 元和 375 000 元。D 公司如期收到甲、乙、丙追加的现金投资。D 公司会计分录如下：

借：银行存款 1 000 000
　　贷：实收资本——甲 125 000
　　　　　　——乙 500 000
　　　　　　——丙 375 000

本例中，甲、乙、丙按原出资比例追加实收资本，因此，D 公司应分别按照 125 000 元、500 000 元和 375 000 元的金额贷记"实收资本"科目中甲、乙、丙明细分类账。

【例 11 - 7】承【例 11 - 6】因扩大经营规模需要，经批准，D 公司按原出资比例将资本公积 1 000 000 元转增资本。D 公司会计分录如下：

借：资本公积 1 000 000
　　贷：实收资本——甲 125 000
　　　　　　——乙 500 000
　　　　　　——丙 375 000

本例中，资本公积 1 000 000 元按原出资比例转增实收资本，因此，D 公司应分别按照 125 000 元、500 000 元和 375 000 元的金额贷记"实收资本"科目中甲、乙、丙明细分类账。

【例 11 - 8】承【例 11 - 7】因扩大经营规模需要，经批准，D 公司按原出资比例将盈余公积 1 000 000 元转增资本。D 公司会计分录如下：

借：盈余公积 1 000 000
　　贷：实收资本——甲 125 000
　　　　　　——乙 500 000
　　　　　　——丙 375 000

本例中，盈余公积 1 000 000 元按原出资比例转增实收资本，因此，D 公司应分别按照 125 000 元、500 000 元和 375 000 元的金额贷记"实收资本"科目中甲、乙、丙明细分类账。

（2）实收资本（或股本）的减少。

企业按法定程序报经批准减少注册资本的，按减少的注册资本金额减少实收资本。股份有限公司采用收购本公司股票方式减资的，按股票面值和注销股数计算的股票面值总额冲减股本，借记"股本"科目；按注销库存股的账面余额，贷记"库存股"科目；按其差额，借记"资本公积——股本溢价"科目。股本溢价不足冲减的，应借记"盈余公积""利润分配——未分配利润"科目。如果购回股票支付的价款低于面值总额的，应按股票面值总额借记"股本"科目；按所注销的库存股账面余额，贷记"库存股"科目，按其差额，贷记"资本公积——股本溢价"科目。

实收资本（或股本）减少的核算如图11-2所示。

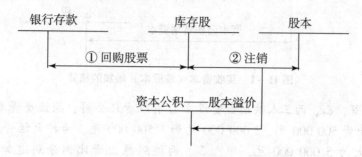

图11-2　实收资本（或股本）减少的核算

注：注销股票时，"资本公积——股本溢价"的发生额可能在借方。

【例11-9】D公司2020年12月31日的股本为100 000 000股，面值为1元，资本公积（股本溢价）30 000 000元，盈余公积40 000 000元。经股东大会批准，D公司以现金回购本公司股票20 000 000股并注销。假定D公司按每股2元回购股票，不考虑其他因素。D公司的会计处理如下：

① 回购本公司股票时。

借：库存股　　　　　　　　　　　　　　　　　　　40 000 000
　　贷：银行存款　　　　　　　　　　　　　　　　　　　40 000 000

库存股本 = 20 000 000 × 2 = 40 000 000（元）

② 注销本公司股票时。

借：股本　　　　　　　　　　　　　　　　　　　　20 000 000
　　资本公积——股本溢价　　　　　　　　　　　　　20 000 000
　　贷：库存股　　　　　　　　　　　　　　　　　　　40 000 000

应冲减的资本公积 = 20 000 000 × 2 - 20 000 000 × 1 = 20 000 000（元）

11.3　资本公积的核算

11.3.1　资本公积概述

资本公积是企业收到的投资者超出其在企业注册资本（或股本）中所占份额的投资，以及直接计入所有者权益的利得和损失等。资本公积包括资本溢价（或股本溢价）和直接计入所有者权益的利得和损失等。

资本溢价（或股本溢价）是企业收到的投资者超出其在企业注册资本（或股本）中所占

份额的投资。形成资本溢价（或股本溢价）的原因有溢价发行股票、投资者超额缴入资本等。

直接计入所有者权益的利得和损失是指不应计入当期损益的、会导致所有者权益发生增减变动的、与所有者投入资本或者所有者分配利润无关的利得或者损失。

资本公积的核算包括资本溢价（或股本溢价）的核算、其他资本公积的核算和资本公积转增资本的核算等内容。

11.3.2　资本公积的账务处理

1. 资本溢价（或股本溢价）

（1）资本溢价。

除股份有限公司外的其他类型的企业，在创立时，投资者认缴的出资额与注册资本一致，一般不会产生资本溢价。但在企业重组或有新的投资者加入时，常常会出现资本溢价。因为在企业进行正常生产经营后，其资本利润率通常要高于企业初创阶段；另外，企业有内部积累，新投资者加入企业后，对这些积累也要分享，所以新加入的投资者只有付出大于原投资者的出资额，才能取得与原投资者相同的出资比例。投资者多缴的部分就形成了资本溢价。

企业接受投资者投入资产的金额超过投资者在企业注册资本中所占份额的部分，通过"资本公积——资本溢价"科目核算。

【例 11-10】甲有限责任公司由两位投资者投资 200 000 元设立，每人各出资 100 000 元。一年后，为扩大经营规模，经批准，甲有限责任公司注册资本增加到 300 000 元，并引入第三位投资者加入。按照投资协议，新投资者需缴入现金 110 000 元，同时享有该公司三分之一的股份。甲有限责任公司已收到该现金投资，假定不考虑其他因素。甲有限责任公司的会计分录如下：

```
借：银行存款                                    110 000
    贷：实收资本                                    100 000
        资本公积——资本溢价                            10 000
```

（2）股本溢价。

股份有限公司是以发行股票的方式筹集股本的，股票可按面值发行，也可按溢价发行，我国目前不准折价发行。与其他类型的企业不同，股份有限公司在成立时可能会溢价发行股票，因而在成立之初，就可能会产生股本溢价。股本溢价的数额等于股份有限公司发行股票时实际收到的款额超过股票面值总额的部分。

在按面值发行股票的情况下，企业发行股票取得的收入，应全部作为股本处理；在溢价发行股票的情况下，企业发行股票取得的收入，等于股票面值的部分作为股本处理，超出股票面值的溢价收入应作为股本溢价处理。

股份有限公司发行股票收到现金资产时，借记"银行存款"等科目；按每股股票面值和发行股份总额的乘积计算的金额，贷记"股本"科目；实际收到的金额与该股本之间的差额，贷记"资本公积——股本溢价"科目。

股份有限公司发行股票发生的手续费、佣金等交易费用，如果溢价发行股票的，应从溢价中抵扣，冲减资本公积（股本溢价）；无溢价发行股票或溢价金额不足以抵扣的，应将不足抵扣的部分冲减盈余公积和未分配利润。

【例 11-11】乙股份有限公司首次公开发行了普通股 50 000 000 股，每股面值 1 元，每股发行价格为 4 元。乙公司与受托单位约定，按发行收入的 3% 收取手续费，从发行收入中扣除。假定收到的股款已存入银行。乙公司的会计处理如下：

收到发行收入时，

借：银行存款   194 000 000

    贷：股本   50 000 000

        资本公积——股本溢价   144 000 000

实际收到的银行存款为：50 000 000 × 4 × （1 - 3%） = 194 000 000（元）

2. 其他资本公积

其他资本公积是指除资本溢价（或股本溢价）项目以外所形成的资本公积，其中主要是直接计入所有者权益的利得和损失。本书以因被投资单位所有者权益的其他变动产生的利得或损失为例，介绍相关的其他资本公积的核算。

企业对某被投资单位的长期股权投资采用权益法核算的，在持股比例不变的情况下，因被投资单位除净损益以外的所有者权益的其他变动引起的利得，应按持股比例计算其应享有被投资企业所有者权益的增加数额；但如果是损失，则作相反的分录。在处置长期股权投资时，应转销与该笔投资相关的其他资本公积。

【例 11 - 12】甲有限责任公司于 2020 年 1 月 1 日向乙公司投资 8 000 000 元，拥有该公司 20% 的股份，并对该公司有重大影响，因而对乙公司长期股权投资采用权益法核算。2020 年 12 月 31 日，乙公司净损益之外的所有者权益增加了 1 000 000 元。假定除此以外，乙公司的所有者权益没有变化，甲有限责任公司的持股比例没有变化，乙公司资产的账面价值与公允价值一致，不考虑其他因素。甲有限责任公司的会计分录如下：

借：长期股权投资——乙公司   200 000

    贷：资本公积——其他资本公积   200 000

甲有限责任公司增加的资本公积 = 1 000 000 × 20% = 200 000（元）

3. 资本公积转增资本

经股东大会或类似机构决议，用资本公积转增资本时，应冲减资本公积，同时按照转增前的实收资本（或股本）的结构或比例，将转增的金额记入"实收资本"（或"股本"）科目下各所有者的明细分类账。

按转增的金额，借记"资本公积"科目，贷记"实收资本"科目。

【例 11 - 13】下列项目中，可能引起资本公积变动的有（   ）。

A. 与发行权益性证券直接相关的手续费、佣金等交易费用

B. 计入当期损益的利得

C. 用资本公积转增资本

D. 处置采用权益法核算的长期股权投资

【解析】正确答案是 ACD。计入当期损益的利得通过营业外收入核算，最终影响留存收益，不影响资本公积；处置采用权益法核算的长期股权投资，还应结转原计入资本公积的相关金额，借记或贷记"资本公积——其他资本公积"科目，贷记或借记"投资收益"科目。

11.4   留存收益的核算

11.4.1   留存收益概述

留存收益是指企业从历年实现的利润中提取或留存于企业的内部积累，它来源于企业的生

产经营活动所实现的净利润，包括企业的盈余公积金和未分配利润两个部分。其中，盈余公积金是有特定用途的累积盈余；未分配利润是没有指定用途的累积盈余。

【例 11－14】2020 年 1 月 1 日，某企业所有者权益情况如下：实收资本 200 万元，资本公积 17 万元，盈余公积 38 万元，未分配利润 32 万元。则该企业 2020 年 1 月 1 日留存收益为（　　）万元。

A. 32　　　　　　　　B. 38　　　　　　　　C. 70　　　　　　　　D. 87

【解析】正确答案是 C。企业的留存收益包括盈余公积与未分配利润，所以该企业 2020 年 1 月 1 日留存收益 = 38 + 32 = 70（万元）。

11.4.2 留存收益的账务处理

1. 利润分配

利润分配是指企业根据国家有关规定和企业章程、投资者协议等，对企业当年可供分配的利润所进行的分配。

企业当年实现的净利润加上年初未分配利润（或减年初未弥补亏损）和其他转入后的余额，为可供分配的利润。

未分配利润是经过弥补亏损、提取法定盈余公积、提取任意盈余公积和向投资者分配利润等利润分配之后剩余的利润。它是企业留待以后年度进行分配的历年结存的利润。相对于所有者权益的其他部分来说，企业对于未分配利润的使用有较大的自主权。

可供分配的利润，按下列顺序分配：

① 提取法定盈余公积；② 提取任意盈余公积；③ 向投资者分配利润。

【例 11－15】某公司 2020 年年初所有者权益总额为 1 360 万元，当年实现净利润 450 万元，提取盈余公积 45 万元，向投资者分配现金股利 200 万元，本年内以资本公积转增资本 50 万元，投资者追加现金投资 30 万元。该公司年末所有者权益总额为（　　）万元。

A. 1 565　　　　　　B. 1 595　　　　　　C. 1 640　　　　　　D. 1 795

【解析】正确答案是 C。以资本公积转增资本、提取盈余公积是所有者权益内部项目的变化，并不影响所有者权益总额；而向投资者分配利润则减少所有者权益总额；实现净利润、接受现金投资增加所有者权益。该企业年末所有者权益总额 = 1 360 + 450 － 200 + 30 = 1 640（万元）。

企业应通过"利润分配"账户，核算企业利润的分配（或亏损的弥补）和历年分配（或弥补亏损）后的未分配利润（或未弥补亏损）。该科目账户应分别"提取法定盈余公积""提取任意盈余公积""应付现金股利或利润""盈余公积补亏""未分配利润"等进行明细核算。企业未分配利润通过"利润分配——未分配利润"明细科目进行核算。该明细科目的借方登记转入的本年亏损额以及"利润分配"科目下其他有关明细科目转入的余额，贷方登记转入的本年利润额以及"利润分配"科目有关明细科目转入的余额。年度终了，企业应将全年实现的净利润或发生的净亏损自"本年利润"科目转入"利润分配——未分配利润"科目，并将"利润分配"科目所属其他明细科目的余额转入"未分配利润"明细科目。结转后，"利润分配——未分配利润"科目如为贷方余额，表示累积未分配的利润数额；如为借方余额，则表示累积未弥补的亏损数额。

未分配利润核算如图 11-3 所示。

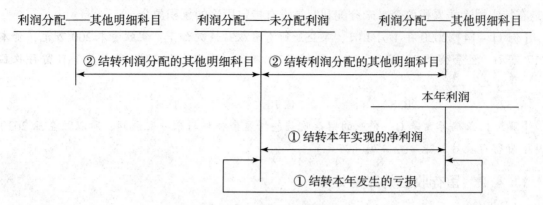

图 11-3　未分配利润核算

【例 11-16】甲公司年初未分配利润为 0，本年实现净利润 2 000 000 元，本年提取法定盈余公积 200 000 元，宣告发放现金股利 800 000 元。假定不考虑其他因素。甲公司会计处理如下：

（1）结转本年利润。

借：本年利润　　　　　　　　　　　　　　　　　　　　　　　　2 000 000

　　贷：利润分配——未分配利润　　　　　　　　　　　　　　　　　　2 000 000

如企业当年发生亏损，则应借记"利润分配——未分配利润"科目，贷记"本年利润"科目。

（2）提取法定盈余公积、宣告发放现金股利。

借：利润分配——提取法定盈余公积　　　　　　　　　　　　　　　200 000

　　　　　　　——应付现金股利　　　　　　　　　　　　　　　　　800 000

　　贷：盈余公积　　　　　　　　　　　　　　　　　　　　　　　　200 000

　　　　应付股利　　　　　　　　　　　　　　　　　　　　　　　　800 000

同时，

借：利润分配——未分配利润　　　　　　　　　　　　　　　　　1 000 000

　　贷：利润分配——提取法定盈余公积　　　　　　　　　　　　　　　200 000

　　　　　　　　——应付现金股利　　　　　　　　　　　　　　　　　800 000

结转后，如果"未分配利润"明细科目的余额在贷方，表示累计未分配的利润；如果余额在借方，则表示累积未弥补的亏损。本例中，"利润分配——未分配利润"明细科目的余额在贷方，此贷方余额 1 000 000 元（本年利润 2 000 000 - 提取法定盈余公积 200 000 - 支付现金股利 800 000）即为甲公司本年年末的累计未分配利润。

2. 盈余公积

盈余公积是指企业按规定从净利润中提取的企业积累资金。一般盈余公积分为两种：

一是法定盈余公积。上市公司的法定盈余公积按照税后利润的 10% 提取，法定盈余公积累计额已达注册资本的 50% 时可以不再提取。

二是任意盈余公积。任意盈余公积主要是上市公司按照股东大会的决议提取。

法定盈余公积和任意盈余公积的区别就在于其各自计提的依据不同。前者以国家的法律或行政规章为依据提取，后者则由公司自行决定提取。

企业提取的盈余公积经批准可用于弥补亏损、转增资本、发放现金股利或利润等。

盈余公积核算如图 11-4 所示。

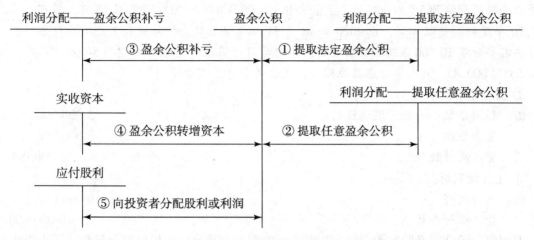

图 11-4　盈余公积核算

企业应通过"盈余公积"账户，核算企业从净利润中提取的盈余公积以及盈余公积的使用情况及余额。该账户为所有者权益账户，贷方登记盈余公积的提取数额，借方登记盈余公积的使用数额。期末余额在贷方，反映企业的盈余公积结余数额。本账户应当分别"法定盈余公积""任意盈余公积"进行明细核算。

经股东大会或类似机构决议，用盈余公积弥补亏损或转增资本，借记本科目，贷记"利润分配——盈余公积补亏""实收资本"或"股本"科目。

经股东大会决议，用盈余公积派送新股：按派送新股计算的金额，借记本科目；按股票面值和派送新股总数计算的股票面值总额，贷记"股本"科目。

（1）提取盈余公积。

【例 11-17】乙公司本年实现净利润为 5 000 000 元，年初未分配利润为 0。经股东大会批准，乙公司按当年净利润的 10% 提取法定盈余公积。假定不考虑其他因素，乙公司的会计分录如下：

借：利润分配——提取法定盈余公积　　　　　　　　　　　　　　500 000

　　贷：盈余公积——法定盈余公积　　　　　　　　　　　　　　　500 000

本年提取盈余公积金额 = 5 000 000 × 10% = 500 000（元）

（2）盈余公积补亏。

【例 11-18】经股东大会批准，丙公司用以前年度提取的盈余公积弥补当年亏损，当年弥补亏损的数额为 600 000 元。假定不考虑其他因素，丙公司的会计分录如下：

借：盈余公积　　　　　　　　　　　　　　　　　　　　　　　　600 000

　　贷：利润分配——盈余公积补亏　　　　　　　　　　　　　　　600 000

（3）盈余公积转增资本。

【例 11-19】因扩大经营规模需要，经股东大会批准，丁公司将盈余公积 400 000 元转增股本。假定不考虑其他因素，丁公司的会计分录如下：

借：盈余公积　　　　　　　　　　　　　　　　　　　　　　　　400 000

　　贷：股本　　　　　　　　　　　　　　　　　　　　　　　　　400 000

（4）用盈余公积发放现金股利或利润。

【例11-20】戊公司2020年12月31日普通股股本为50 000 000股，每股面值1元，可供投资者分配的利润为5 000 000元，盈余公积20 000 000元。2021年3月20日，股东大会批准了2020年度利润分配方案，以2020年12月31日为登记日，按每股0.2元发放现金股利。戊公司共需要分派10 000 000元现金股利，其中动用可供投资者分配的利润5 000 000元、盈余公积5 000 000元。假定不考虑其他因素，戊公司会计处理如下：

① 宣告分派股利时。

借：利润分配——应付现金股利   5 000 000
    盈余公积   5 000 000
      贷：应付股利   10 000 000

② 支付股利时。

借：应付股利   10 000 000
      贷：银行存款   10 000 000

本例中，戊公司经股东大会批准，以未分配利润和盈余公积发放现金股利，属于以未分配利润发放现金股利的部分（5 000 000元）应记入"利润分配——应付现金股利"科目，属于以盈余公积发放现金股利的部分（5 000 000元）应记入"盈余公积"科目。

本章小结

第4篇　　损益核算篇

第 12 章

收入、费用、利润的核算

知识目标

1. 理解收入的概念及分类。
2. 掌握各类收入的会计处理。
3. 掌握费用的内容及会计处理。
4. 掌握营业外收入、营业外支出的会计处理。
5. 掌握利润形成的计算，掌握利润及利润分配的会计处理。

技能目标

1. 能对各类收入、费用、营业外收入、营业外支出进行正确的会计处理。
2. 能正确计算营业利润、利润总额和净利润。
3. 能正确进行利润结转及利润分配的会计处理。

12.1 收入的核算

12.1.1 收入的概念与分类

收入是指企业在日常活动中形成的、会导致所有者权益增加的、与所有者投入资本无关的经济利益的总流入。

收入按交易的性质，可分为销售商品收入、提供劳务收入、让渡资产使用权收入、建造合同收入等。销售商品收入，是指企业通过销售商品实现的收入。商品包括企业为销售而生产的产品、为转售而购进的商品以及企业销售的其他存货。提供劳务收入，是指企业通过提供劳务实现的收入，如咨询公司提供咨询服务、软件开发企业为客户开发软件、安装公司提供安装服务等实现的收入。让渡资产使用权收入，是指企业通过让渡资产使用权而获得的收入，主要包括利息收入和使用费收入。建造合同收入，是指企业因承担建造合同所形成的收入，包括建造合同规定的初始收入，因建造合同变更、索赔、奖励等形成的收入。

收入按其在经营业务中所占的比重，可分为主营业务收入和其他业务收入。主营业务收入主要包括企业为完成其经营目标所从事的经常性活动实现的收入，如工业企业生产并销售产品、商业企业销售商品、咨询公司提供咨询服务、软件公司为客户开发软件、安装公司提供安装服务、租赁公司出租资产等实现的收入；其他业务收入，是指企业发生的与经常性活动相关的其他活动实现的收入，如工业企业对外出售不需用的原材料、对外转让无形资产使用权等所形成的收入。

12.1.2　销售商品收入

1. 销售商品收入的确认条件

企业销售商品收入必须同时满足下列五个条件才能予以确认。

（1）企业已将商品所有权上的主要风险和报酬转移给购货方。

与商品所有权有关的风险，是指商品可能发生减值或毁损等形成的损失；与商品所有权有关的报酬，是指商品价值增值或通过使用商品等形成的经济利益。

判断企业是否已将商品所有权上的主要风险和报酬转移给购货方，应当关注交易的实质而不是形式，同时考虑所有权凭证的转移或实物的交付。通常情况下，转移商品所有权凭证或交付实物后，商品所有权上的主要风险和报酬随之转移给购货方，如大多数零售交易；某些情况下，转移商品所有权凭证或交付实物后，商品所有权上的主要风险和报酬随之转移，企业只保留商品所有权上的次要风险和报酬，如视同买断方式委托代销商品；有时，转移商品所有权凭证或交付实物后，商品所有权上的主要风险和报酬并未随之转移，如采用收取手续费方式委托代销商品。

（2）企业既没有保留通常与所有权相联系的继续管理权，也没有对已售出的商品实施有效控制。

通常情况下，企业售出商品后不再保留与商品所有权相联系的继续管理权，也不再对售出商品实施有效控制。这表明商品所有权上的主要风险和报酬已经转移给购货方，应在发出商品时确认收入。如果企业在商品售出后，仍保留与商品所有权相联系的继续管理权，或仍对商品可以实施有效控制，则说明商品所有权上的主要风险和报酬并未转移给购货方，不应确认销售商品收入，如售后回购、售后租回等。

（3）收入的金额能够可靠地计量。

收入的金额能够可靠地计量，是指收入的金额能够合理地估计。

通常情况下，企业在销售商品时，商品销售价格已经确定。有些情况下，由于销售商品过程中某些不确定因素的影响，也有可能存在商品销售价格发生变动的情况，如附有销售退回条件的商品销售。如果企业不能合理估计退货的可能性，就不能够合理地估计收入的金额，则不应在发出商品时确定收入，而应当在售出商品退货期满且商品销售价款能够可靠计量时确定收入。

（4）相关的经济利益很可能流入企业。

相关经济利益很可能流入企业，是指销售商品价款收回的可能性超过 50%；如果价款收回的可能性不大，即使收入确认的其他条件已满足，也不能够确认收入。企业在确定销售商品价款收回的可能性时，应当结合以前和买方交往的直接经验、政府有关政策、其他方面取得信息等因素进行分析。

（5）相关的已发生或将发生的成本能够可靠地计量。

通常情况下，销售商品相关的已发生或将发生的成本能够合理地估计，如库存商品的成本、商品运输费用等。有时，销售商品相关的已发生或将发生的成本不能够合理地估计，此时企业不应确认收入，已收到的价款应确认为负债。

2. 销售商品收入的会计处理

（1）一般情况下销售商品收入的处理。

① 如果企业发出的商品同时满足收入确认的五个条件，应及时确认销售收入，并结转相关成本。

一般情况下，企业确认销售商品收入时，应按已收或应收的合同或协议价款，加上应收取的增值税税额，借记"银行存款""应收账款""应收票据"等账户；按确认的收入，贷记"主营业务收入"账户；按应收取的增值税税额，贷记"应交税费——应交增值税（销项税额）"账户。

在资产负债表日，企业应编制"商品发出汇总表"，按发出存货计价方法，计算已销商品的实际成本，并按应结转的实际成本，借记"主营业务成本"账户，贷记"库存商品""发出商品"账户。涉及消费税、资源税等其他税费，应进行相应的账务处理。

【例12－1】甲公司在20×9年7月12日向乙公司销售A产品一批，开出的增值税专用发票上注明的销售价格为200 000元，增值税税额为26 000元，商品已经发运，款项尚未收到，该批商品成本为120 000元。甲公司应作如下会计处理：

借：应收账款——乙公司　　　　　　　　　　　　　　　　226 000

　　贷：主营业务收入　　　　　　　　　　　　　　　　　　200 000

　　　　应交税费——应交增值税（销项税额）　　　　　　　 26 000

同时，在月末结转商品成本。

借：主营业务成本　　　　　　　　　　　　　　　　　　　120 000

　　贷：库存商品——A产品　　　　　　　　　　　　　　　120 000

② 如果企业发出的商品尚不能同时满足收入确认的五个条件，则不应确认收入，已发出的商品通过"发出商品"账户核算。

【例12－2】续【例12－1】，假定甲公司在销售商品时已知乙公司资金周转发生困难，一时收不回货款，但为了减少存货积压，甲公司仍将商品发往乙公司。则甲公司应作如下会计处理：

20×9年7月12日，发出商品。

借：发出商品——A产品　　　　　　　　　　　　　　　　120 000

　　贷：库存商品——A产品　　　　　　　　　　　　　　　120 000

同时，将增值税专用发票上注明的增值税税额转入应收账款。

借：应收账款——乙公司　　　　　　　　　　　　　　　　 26 000

　　贷：应交税费——应交增值税（销项税额）　　　　　　　 26 000

20×9年10月5日，甲公司得知乙公司经营情况逐渐好转，乙公司承诺近期付款。此时，甲公司应确认该项收入，作如下会计处理：

借：应收账款——乙公司　　　　　　　　　　　　　　　　200 000

　　贷：主营业务收入　　　　　　　　　　　　　　　　　　200 000

同时结转成本。

借：主营业务成本　　　　　　　　　　　　　　　　　　　120 000

　　贷：发出商品——A产品　　　　　　　　　　　　　　　120 000

假定20×9年10月16日，甲公司收到款项，则应作如下会计处理：

借：银行存款　　　　　　　　　　　　　　　　　　　　　　　　　226 000
　　贷：应收账款——乙公司　　　　　　　　　　　　　　　　　　　　226 000

（2）销售商品涉及商业折扣、现金折扣、销售折让的处理。

有时，企业在销售商品时，会涉及商业折扣、现金折扣以及销售折让等情况。因此，在确定销售收入时，要分别不同情况进行会计处理。

① 商业折扣。

商业折扣是指企业为促进商品销售而在商品标价上给予的价格扣除。销售商品涉及商业折扣的，应当按照扣除商业折扣后的金额确定销售商品收入金额。

【例 12 - 3】甲公司为增值税一般纳税企业，适用的增值税税率为 13%。20×9 年 7 月 1 日，销售给乙公司 A 产品一批，标价为 200 000 元（不含增值税），该批商品的实际成本为 120 000 元；由于是成批销售，甲公司给予乙公司 10% 的商业折扣。商品已发出，货款尚未收回。甲公司应作如下会计处理：

甲公司应确认销售商品收入金额 = 200 000 × （1 - 10%） = 180 000 （元）

甲公司应确认增值税销项税额 = 200 000 × 13% × （1 - 10%） = 23 400 （元）

甲公司应确认应收账款金额 = 200 000 × （1 + 13%） × （1 - 10%） = 203 400 （元）

借：应收账款——乙公司　　　　　　　　　　　　　　　　　　　　203 400
　　贷：主营业务收入　　　　　　　　　　　　　　　　　　　　　　180 000
　　　　应交税费——应交增值税（销项税额）　　　　　　　　　　　　23 400

同时结转成本。

借：主营业务成本　　　　　　　　　　　　　　　　　　　　　　　120 000
　　贷：库存商品——A 产品　　　　　　　　　　　　　　　　　　　　120 000

② 现金折扣。

现金折扣，是指债权人为了鼓励客户尽早付清货款而提供的一种债务扣除。现金折扣一般用符号"折扣率/付款期限"表示。例如"3 / 10、2 / 20、N / 30"，表示：如果客户在 10 天内付款，销售方给予客户 3% 的现金折扣；如果客户在 11 天至 20 天内付款，销售方给予客户 2% 的现金折扣；如果客户在 20 天至 30 天内付款，不给予客户现金折扣。

销售商品涉及现金折扣的，应当按照扣除现金折扣前的金额来确认销售商品收入金额。现金折扣在实际发生时计入当期财务费用。

【例 12 - 4】甲公司在 20×9 年 7 月 1 日向乙公司销售 A 产品一批，开出的增值税专用发票上注明的销售价格为 10 000 元，增值税税额为 1 300 元，商品成本 8 000 元。为及早收回货款，甲公司和乙公司约定的现金折扣条件为：2/10，1/20，N/30。乙公司于 20×9 年 7 月 9 日付款，款项存入银行。假定计算现金折扣时不考虑增值税税额。甲公司应作如下会计处理：

（1）20×9 年 7 月 1 日销售实现时，按销售总价确认收入。

借：应收账款——乙公司　　　　　　　　　　　　　　　　　　　　 11 300
　　贷：主营业务收入　　　　　　　　　　　　　　　　　　　　　　 10 000
　　　　应交税费——应交增值税（销项税额）　　　　　　　　　　　　 1 300

同时结转成本。

借：主营业务成本　　　　　　　　　　　　　　　　　　　　　　　　 8 000
　　贷：库存商品——A 产品　　　　　　　　　　　　　　　　　　　　 8 000

（2）20×9年7月9日收到货款时。

现金折扣 = 10 000 × 2% = 200（元）

实际收到货款 = 11 300 - 200 = 11 100（元）

借：银行存款　　　　　　　　　　　　　　　　　　　　　　　　　11 100

　　财务费用　　　　　　　　　　　　　　　　　　　　　　　　　　200

　　　贷：应收账款——乙公司　　　　　　　　　　　　　　　　　　　　11 300

③ 销售折让。

销售折让是指企业因售出商品的质量不合格等原因而在售价上给予的减让。对于销售折让，企业应分别不同情况进行处理。

a）未确认销售商品收入的销售折让，应直接按扣除折让后的金额确认销售商品收入。

b）已经确认销售商品收入的销售折让且不属于资产负债表日后事项的，应当在发生时冲减当期的销售商品收入，如果按规定允许扣减当期销项税额的，应同时用红字冲减"应交税费——应交增值税（销项税额）"。

c）已经确认销售商品收入的销售折让属于资产负债表日后事项的，将在《高级财务会计》中讲述，此处不再累述。

【例12-5】续【例12-1】，20×9年8月，乙公司在验收过程中发现商品外观上存在瑕疵，经双方协商同意在价格上（含增值税税额）给予乙公司10%的减让。假定甲公司已取得税务机关开具的红字增值税专用发票。甲公司应作如下会计处理：

借：主营业务收入　　　　　　　　　　　　　　　　　　　　　　　20 000

　　　贷：应收账款——乙公司　　　　　　　　　　　　　　　　　　　　22 600

　　　　　应交税费——应交增值税（销项税额）　　　　　　　　　　　　2 600

（3）销售退回的处理及附有销售退回条件的商品销售的处理。

① 销售退回。

销售退回是指企业销售出的商品，由于质量、品种等不符合要求而发生的退货。销售退回应当分别按以下不同情况进行会计处理：

对于未确认销售商品收入的发出商品发生销售退回的，企业应按已记入"发出商品"账户的金额，借记"库存商品"账户，贷记"发出商品"账户。

对于已确认销售商品收入的售出商品发生退回的，企业一般应在发生时冲减当期销售商品收入，同时冲减当期销售商品成本。如该项销售退回已发生现金折扣的，应同时调整相关财务费用的金额；如该项销售退回允许扣减增值税税额的，应同时调整"应交税费——应交增值税（销项税额）"账户的金额。

已确认收入的售出商品发生的销售退回属于资产负债表日后事项的，将在《高级财务会计》中讲述，此处不再累述。

【例12-6】续【例12-4】，到20×9年7月18日，该批商品因质量问题被乙公司退回。当日，甲公司收到乙公司交来的退货证明单并开具红字增值税专用发票，支付退货款项。甲公司应作如下会计处理：

借：主营业务收入　　　　　　　　　　　　　　　　　　　　　　　10 000

　　　贷：银行存款　　　　　　　　　　　　　　　　　　　　　　　　　11 100

　　　　　财务费用　　　　　　　　　　　　　　　　　　　　　　　　　200

　　　　　应交税费——应交增值税（销项税额）　　　　　　　　　　　　1 300

借：库存商品——A 产品　　　　　　　　　　　　　　　　　　　　8 000
　　贷：主营业务成本　　　　　　　　　　　　　　　　　　　　　　　　8 000

② 附有销售退回条件的商品销售。

附有销售退回条件的商品销售是指购买方依照有关协议有权退货的销售方式。在这种销售方式下，如果企业根据以往经验能够合理估计退货可能性，通常应在发出商品时确认收入，并确认与退货相关的负债；如果企业不能合理估计退货可能性，则应在售出商品退货期满时确认收入。

【例 12-7】甲公司 20×9 年 7 月 1 日向乙公司销售健身器材 5 000 件，单位销售价格为 500 元/件，单位成本为 400 元/件，适用增值税税率 13%。合同约定，乙公司应于 20×9 年 8 月 1 日之前支付货款，在 20×9 年 12 月底以前有权退还健身器材。假定甲公司根据过去的经验，估计该批健身器材退货率约为 20%；健身器材发出时纳税义务已经发生；实际发生销售退回时取得税务机关开具的红字增值税专用发票。甲公司的账务处理如下：

（1）发出健身器材。

借：应收账款——乙公司　　　　　　　　　　　　　　　　　　2 825 000
　　贷：主营业务收入　　　　　　　　　　　　　　　　　　　　　2 500 000
　　　　应交税费——应交增值税（销项税额）　　　　　　　　　　325 000
借：主营业务成本　　　　　　　　　　　　　　　　　　　　　2 000 000
　　贷：库存商品——健身器材　　　　　　　　　　　　　　　　2 000 000

（2）确认估计的销售退回。

借：主营业务收入　　　　　　　　　　　　　　　　　　　　　　500 000
　　贷：主营业务成本　　　　　　　　　　　　　　　　　　　　　400 000
　　　　预计负债　　　　　　　　　　　　　　　　　　　　　　　100 000

（3）收到货款。

借：银行存款　　　　　　　　　　　　　　　　　　　　　　　2 825 000
　　贷：应收账款——乙公司　　　　　　　　　　　　　　　　　2 825 000

（4）20×9 年 12 月 31 日发生销售退回，取得红字增值税专用发票，实际退货量为 1 000 件，退回相应货款。

借：库存商品——健身器材　　　　　　　　　　　　　　　　　　400 000
　　预计负债　　　　　　　　　　　　　　　　　　　　　　　　100 000
　　贷：银行存款　　　　　　　　　　　　　　　　　　　　　　　565 000
　　　　应交税费——应交增值税（销项税额）　　　　　　　　　　 65 000

（5）如果实际退货量为 800 件。

借：库存商品——健身器材　　　　　　　　　　　　　　　　　　320 000
　　主营业务成本　　　　　　　　　　　　　　　　　　　　　　 80 000
　　预计负债　　　　　　　　　　　　　　　　　　　　　　　　100 000
　　贷：银行存款　　　　　　　　　　　　　　　　　　　　　　　452 000
　　　　主营业务收入　　　　　　　　　　　　　　　　　　　　　100 000
　　　　应交税费——应交增值税（销项税额）　　　　　　　　　　 52 000

（6）如果实际退货量为 1 200 件。

借：库存商品——健身器材　　　　　　　　　　　　　　　　　　480 000

主营业务收入	100 000
预计负债	100 000
贷：主营业务成本	80 000
银行存款	678 000
应交税费——应交增值税（销项税额）	78 000

【例 12－8】沿用【例 12－7】。假定甲公司无法根据过去的经验估计该批健身器材的退货率；健身器材发出时纳税义务已经发生；发生销售退回时取得税务机关开具的红字增值税专用发票。甲公司的账务处理如下：

（1）发出健身器材。

借：应收账款——乙公司	325 000
贷：应交税费——应交增值税（销项税额）	325 000
借：发出商品——健身器材	2 000 000
贷：库存商品——健身器材	2 000 000

（2）收到货款。

借：银行存款	2 825 000
贷：预收账款——乙公司	2 500 000
应收账款——乙公司	325 000

（3）20×9 年 12 月 31 日退货期满，假设没有发生退货。

借：预收账款——乙公司	2 500 000
贷：主营业务收入	2 500 000
借：主营业务成本	2 000 000
贷：发出商品——健身器材	2 000 000

（4）12 月 31 日退货期满，如发生 1 000 件退货，取得红字增值税专用发票。

借：预收账款——乙公司	2 500 000
贷：主营业务收入	2 000 000
银行存款	565 000
应交税费——应交增值税（销项税额）	65 000
借：主营业务成本	1 600 000
库存商品——健身器材	400 000
贷：发出商品——健身器材	2 000 000

（4）预收款销售商品的处理。

预收款销售商品，是指购买方在商品尚未收到前按合同或协议约定分期付款，销售方在收到最后一笔款项时才交货的销售方式。在这种方式下，销售方在收到最后一笔款项时，才将商品交付给购货方，此时，商品所有权上的主要风险和报酬才转移给购货方。因此，采用预收款方式销售商品的，应在发出商品时确认收入，在此之前预收的货款应确认为负债。

【例 12－9】甲公司采用分期预收款方式向乙公司销售一批 A 产品，协议约定，该批商品销售价格为 600 000 元；乙公司在协议签订时预付 60％的货款（按不含增值税销售价格计算），剩余货款于 1 个月后支付。甲公司在收到剩余货款时，开具增值税专用发票，增值税税额为 78 000 元；该批商品实际成本为 400 000 元。不考虑其他因素，甲公司的账务处理如下：

（1）收到60%的货款时。

借：银行存款　　　　　　　　　　　　　　　　　　　　　　　　　　360 000
　　贷：预收账款——乙公司　　　　　　　　　　　　　　　　　　　　　360 000

（2）收到剩余货款，发生增值税纳税义务时。

借：预收账款——乙公司　　　　　　　　　　　　　　　　　　　　　　360 000
　　银行存款　　　　　　　　　　　　　　　　　　　　　　　　　　　318 000
　　贷：主营业务收入　　　　　　　　　　　　　　　　　　　　　　　　600 000
　　　　应交税费——应交增值税（销项税额）　　　　　　　　　　　　　　78 000

结转成本时，

借：主营业务成本　　　　　　　　　　　　　　　　　　　　　　　　　400 000
　　贷：库存商品——A产品　　　　　　　　　　　　　　　　　　　　　400 000

（5）委托代销商品的处理。

① 视同买断方式委托代销商品。

视同买断方式委托代销，是指委托方按协议价格收取委托代销商品的货款，实际售价由受托方自定，实际售价与协议价之间的差额归受托方所有的销售方式。

在该种销售方式下，如果协议表明，将来受托方未售出的商品可以退回给委托方，或受托方因代销商品出现亏损可以要求委托方补偿，则委托方在发出商品时，商品所有权上的主要风险和报酬并未转移给购货方，不应确认销售商品收入，而应在收到受托方开具的代销清单时，确认销售商品收入。

【例12-10】20×9年6月15日，甲公司委托乙公司销售A商品300件，协议价为100元/件，成本为70元/件，适用增值税税率为13%，商品于当日发出。协议约定，如果乙公司未将商品代销出去，可以退回给甲公司。20×9年7月，乙公司对外销售该商品300件，售价为120元/件，增值税税率为13%，款项已收回。20×9年7月30日，甲公司收到乙公司转来的代销清单，向乙公司开具增值税专用发票，注明售价为30 000元，增值税税额为3 900元。20×9年8月15日，甲公司收到乙公司按协议价支付的款项33 900元。

甲公司的账务处理如下：

（1）发出商品时。

借：发出商品——A产品（乙公司）　　　　　　　　　　　　　　　　　21 000
　　贷：库存商品——A产品　　　　　　　　　　　　　　　　　　　　　21 000

（2）收到代销清单时。

借：应收账款——乙公司　　　　　　　　　　　　　　　　　　　　　　33 900
　　贷：主营业务收入　　　　　　　　　　　　　　　　　　　　　　　　30 000
　　　　应交税费——应交增值税（销项税额）　　　　　　　　　　　　　　3 900

借：主营业务成本　　　　　　　　　　　　　　　　　　　　　　　　　21 000
　　贷：发出商品——A产品（乙公司）　　　　　　　　　　　　　　　　　21 000

（3）收到乙公司汇来货款时。

借：银行存款　　　　　　　　　　　　　　　　　　　　　　　　　　　33 900
　　贷：应收账款——乙公司　　　　　　　　　　　　　　　　　　　　　33 900

乙公司的账务处理如下：

（1）收到代销商品时。

借：受托代销商品——A 产品（甲公司）　　　　　　　　　　　　　　30 000

　　贷：受托代销商品款——甲公司　　　　　　　　　　　　　　　　　　　　30 000

（2）实际售出代销商品时。

借：银行存款　　　　　　　　　　　　　　　　　　　　　　　　　　40 680

　　贷：主营业务收入　　　　　　　　　　　　　　　　　　　　　　　　　　36 000

　　　　应交税费——应交增值税（销项税额）　　　　　　　　　　　　　　　4 680

借：主营业务成本　　　　　　　　　　　　　　　　　　　　　　　　30 000

　　贷：受托代销商品——A 产品（甲公司）　　　　　　　　　　　　　　　　30 000

（3）收到委托方开具的增值税专用发票时。

借：受托代销商品款——甲公司　　　　　　　　　　　　　　　　　　30 000

　　应交税费——应交增值税（进项税额）　　　　　　　　　　　　　　3 900

　　贷：应付账款——甲公司　　　　　　　　　　　　　　　　　　　　　　　33 900

（4）支付货款给甲公司时。

借：应付账款——甲公司　　　　　　　　　　　　　　　　　　　　　33 900

　　贷：银行存款　　　　　　　　　　　　　　　　　　　　　　　　　　　　33 900

② 支付手续费方式委托代销商品。

支付手续费方式委托代销商品，是指委托方和受托方签订协议，委托方按照协议约定向受托方计算支付代销手续费，受托方按照协议规定的价格销售代销商品的销售方式。

采用该方式销售商品，委托方在发出商品时，商品所有权上的主要风险和报酬并未转移，此时通常不确认销售商品收入，而应在收到受托方开来的代销清单时确认销售商品收入，同时将应支付的代销手续费计入销售费用；受托方应在代销商品销售后，按协议约定的方法计算确定代销手续费，确认劳务收入。

【例 12 - 11】20 ×9 年 7 月 15 日，甲公司委托乙公司销售 A 商品 300 件，协议价为 100 元/件，成本为 70 元/件，增值税税率为 13%，甲公司按不含税售价的 10% 向乙公司支付手续费，商品于当日发出。20 ×9 年 7 月，乙公司对外销售该商品 300 件，开具增值税专用发票，注明售价为 30 000 元，增值税税额为 3 900 元，款项已收到。20 ×9 年 7 月 28 日，甲公司收到乙公司转来的代销清单，向乙公司开具一张相同金额的增值税专用发票，并收到乙公司提供代销服务开具的增值税专用发票，注明的价款为 3 000 元，增值税税额为 180 元。20 ×9 年 8 月 15 日，甲公司收到乙公司按合同协议价支付的代销货款净额 30 720 元。

甲公司的账务处理如下：

（1）发出代销商品时。

借：发出商品——A 产品（乙公司）　　　　　　　　　　　　　　　　21 000

　　贷：库存商品——A 产品　　　　　　　　　　　　　　　　　　　　　　　21 000

（2）收到代销清单时。

借：应收账款——乙公司　　　　　　　　　　　　　　　　　　　　　33 900

　　贷：主营业务收入　　　　　　　　　　　　　　　　　　　　　　　　　　30 000

　　　　应交税费——应交增值税（销项税额）　　　　　　　　　　　　　　　3 900

借：主营业务成本　　　　　　　　　　　　　　　　　　　　　　　　21 000

　　贷：发出商品——A 产品（乙公司）　　　　　　　　　　　　　　　　　　21 000

借：销售费用（30 000×10%）　　　　　　　　　　　　　　　　　　3 000

应交税费——应交增值税（进项税额）	180
贷：应收账款——乙公司	3 180

（3）收到乙公司汇来货款时。

借：银行存款	30 720
贷：应收账款——乙公司	30 720

乙公司的账务处理如下：

（1）收到代销商品时。

借：受托代销商品——A 产品（甲公司）	30 000
贷：受托代销商品款——甲公司	30 000

（2）实际售出代销商品时。

借：银行存款	33 900
贷：受托代销商品——A 产品（甲公司）	30 000
应交税费——应交增值税（销项税额）	3 900

（3）收到甲公司开具的增值税专用发票时。

借：应交税费——应交增值税（进项税额）	3 900
贷：应付账款——甲公司	3 900
借：受托代销商品款——甲公司	30 000
贷：应付账款——甲公司	30 000

（4）将代销货款净额支付给甲公司时。

借：应付账款——甲公司	33 900
贷：银行存款	30 720
其他业务收入	3 000
应交税费——应交增值税（销项税额）	180

（6）具有融资性质的分期收款销售商品的处理。

分期收款销售，是指商品已经交付，但货款分期收回的一种销售方式。如果分期收款销售实质上具有融资性质，其实质是企业向购货方提供信贷，在符合收入确认条件时，企业应当按照应收的合同或协议价款的公允价值确定收入金额。应收的合同或协议价款与其公允价值之间的差额，应确认为未实现融资收益，在合同或协议期间内，按照实际利率法计算摊销额，冲减财务费用。

未实现融资收益每一期的摊销额 =（每一期长期应收款的期初余额 – 未实现融资收益的期初余额）×实际利率

或：未实现融资收益每一期的摊销额 =［（长期应收款的总额 – 累计已收回的长期应收款）–（未实现融资收益总额 – 累计已摊销未实现融资收益）］×实际利率

实际利率，是指具有类似信用等级的企业发行类似工具的现时利率，或者将应收的合同或协议价款折现为商品现销价格时的折现率等。

如果应收的合同或协议价款与其公允价值之间的差额，按照实际利率法摊销与直线法摊销结果相差不大的，也可以采用直线法进行摊销。

【例 12-12】A 公司为增值税一般纳税人，适用的增值税税率为 13%。20×1 年 1 月 1 日，A 公司采用分期收款方式向 B 公司销售一套大型设备，合同约定的价款为 10 000 000 元，分五年于每年年末分期收款，每年收取 2 000 000 元。该大型设备成本为 7 800 000 元。在现销方式下，该大型设备的销售价格为 8 000 000 元。假定 A 公司在合同约定的收款日期，发生有关的增值税纳税义务。

本例中，A 公司应当确认的销售商品收入金额为 8 000 000 元。

根据未来五年收款额的现值等于商品现销价格，计算得出现值为 8 000 000 元、期数为 5 年、年金 2 000 000 元的折现率为 7.93%；每期计入财务费用的金额如表 12-1 所示。

表 12-1　每期计入财务费用的金额　　　　　　　　　单位：元

日期	收现总额 (a)	财务费用 (b) = 期初 $(d) \times 7.93\%$	已收本金 (c) = $(a)-(b)$	未收本金 (d) = 期初 $(d)-(c)$
20×1 年 1 月 1 日				8 000 000
20×1 年 12 月 31 日	2 000 000	634 400	1 365 600	6 634 400
20×2 年 12 月 31 日	2 000 000	526 108	1 473 892	5 160 508
20×3 年 12 月 31 日	2 000 000	409 228	1 590 772	3 569 736
20×4 年 12 月 31 日	2 000 000	283 080	1 716 920	1 852 816
20×5 年 12 月 31 日	2 000 000	147 184*	1 852 816	0
合计	10 000 000	2 000 000	8 000 000	—

*尾数调整：2 000 000 - 1 852 816 = 147 184。

A 公司各期的账务处理如下：

20×1 年 1 月 1 日销售实现。

借：长期应收款——B 公司　　　　　　　　　　　　　　10 000 000
　　贷：主营业务收入　　　　　　　　　　　　　　　　　8 000 000
　　　　未实现融资收益　　　　　　　　　　　　　　　　2 000 000
借：主营业务成本　　　　　　　　　　　　　　　　　　　7 800 000
　　贷：库存商品　　　　　　　　　　　　　　　　　　　7 800 000

20×1 年 12 月 31 日收取货款和增值税税额。

借：银行存款　　　　　　　　　　　　　　　　　　　　　2 260 000
　　贷：长期应收款——B 公司　　　　　　　　　　　　　2 000 000
　　　　应交税费——应交增值税（销项税额）　　　　　　　260 000
借：未实现融资收益　　　　　　　　　　　　　　　　　　634 400
　　贷：财务费用　　　　　　　　　　　　　　　　　　　634 400

20×2 年 12 月 31 日收取货款和增值税税额。

借：银行存款　　　　　　　　　　　　　　　　　　　　　2 260 000
　　贷：长期应收款——B 公司　　　　　　　　　　　　　2 000 000
　　　　应交税费——应交增值税（销项税额）　　　　　　　260 000
借：未实现融资收益　　　　　　　　　　　　　　　　　　526 108
　　贷：财务费用——分期收款销售商品　　　　　　　　　526 108

20×3 年 12 月 31 日收取货款和增值税税额。

借：银行存款　　　　　　　　　　　　　　　　　　　　　2 260 000
　　贷：长期应收款——B 公司　　　　　　　　　　　　　2 000 000

应交税费——应交增值税（销项税额）	260 000
借：未实现融资收益	409 228
贷：财务费用	409 228

20×4 年 12 月 31 日收取货款和增值税税额。

借：银行存款	2 260 000
贷：长期应收款——B 公司	2 000 000
应交税费——应交增值税（销项税额）	260 000
借：未实现融资收益	283 080
贷：财务费用	283 080

20×5 年 12 月 31 日收取货款和增值税税额。

借：银行存款	2 260 000
贷：长期应收款——B 公司	2 000 000
应交税费——应交增值税（销项税额）	260 000
借：未实现融资收益	147 184
贷：财务费用	147 184

（7）售后回购销售商品的处理。

售后回购，是指销售商品的同时，销售方同意日后再将同样或类似的商品购回的销售方式。通常情况下，售后回购行为属于融资交易。

对于具有融资性质的售后回购方式销售商品，销售方的会计处理为：按实际收到的金额，借记"银行存款"账户，贷记"其他应付款"账户；回购价格与原销售价格之间的差额，在售后回购期间内按期计提利息费用，借记"财务费用"账户，贷记"其他应付款"账户；按照合同约定购回该项商品时，应按实际支付的金额，借记"其他应付款"账户，贷记"银行存款"账户。

对于具有融资性质的售后回购方式销售商品，购货方的会计处理：按实际支付的金额，借记"其他应收款"账户，贷记"银行存款"账户；合同约定回购价格与原购买价格之间的差额，在售后回购期间内按期计提利息收益，借记"其他应收款"账户，贷记"财务费用"账户；按照合同约定返售商品时，按实际收到的金额，借记"银行存款"账户，贷记"其他应收款"账户。

（8）销售材料、包装物等存货的处理。

企业在日常活动中还可能发生对外销售不需用的原材料、随同商品对外销售单独计价的包装物等业务。

对该类业务实现的收入以及结转的相关成本，通过"其他业务收入""其他业务成本"账户核算。其收入的确认、计量，成本的计算及相关会计处理比照商品销售处理。

【例 12-13】甲公司销售一批原材料，开出的增值税专用发票上注明的售价为 10 000 元，增值税税额为 1 300 元，款项已由银行收妥。该批原材料的实际成本为 9 000 元。甲公司会计处理如下：

取得原材料销售收入，

借：银行存款	11 300
贷：其他业务收入	10 000
应交税费——应交增值税（销项税额）	1 300

结转已销原材料的实际成本，

借：其他业务成本 9 000

  贷：原材料 9 000

（9）售后租回的处理。

售后租回，是指销售商品的同时，销售方同意日后再将同样的商品租回的销售方式。

在这种方式下，销售方应根据合同或协议条款判断企业是否已将商品所有权上的主要风险和报酬转移给购货方，以确定是否确认收入。在大多数情况下，售后租回属于融资交易，企业不应确认销售商品收入，收到的款项应确认为负债，售价与资产账面价值之间的差额应当分别不同情况进行会计处理。

① 售后租回交易被认定为融资租赁的，其售价与资产账面价值之间的差额应当予以递延，并按照该项租赁资产的折旧进度进行分摊，以此作为折旧费用的调整。

② 企业的售后租回交易被认定为经营租赁的，应当分别以下情况处理：有确凿证据表明售后租回交易是按照公允价值达成的，售价与资产账面价值的差额应当计入当期损益。售后租回交易如果不是按照公允价值达成的，售价低于公允价值的差额，应计入当期损益；但若该损失将由低于市价的未来租赁付款额补偿时，有关损失应予以递延（记入"递延收益"），并按与确认租金费用相一致的方法在租赁期内进行分摊；如果售价大于公允价值，其大于公允价值的部分应计入递延收益，并在租赁期内分摊。

12.1.3 提供劳务收入

劳务收入的财务处理，应区分不同的情况。

1. 提供劳务交易的结果能够被可靠估计的处理

企业在资产负债表日，提供劳务交易的结果能够被可靠估计的，应分别不同的情况进行会计处理。

在同一会计年度内开始并完成的劳务，在劳务完成时确认收入，确认的金额为合同或协议总金额；如有现金折扣的，在实际发生时计入财务费用。

劳务的开始和完成分属不同的会计年度，应当采用完工百分比法确认收入，并按接受劳务方已收或应收的合同或协议价款确定提供劳务收入总额，但已收或应收的合同或协议价款不公允的除外。

（1）提供劳务交易的结果能够被可靠估计的判断。

提供劳务交易的结果能够被可靠估计，应同时满足下列条件：

① 收入的金额能够可靠地计量。

② 相关的经济利益很可能流入企业。

③ 交易的完工进度能够可靠地确定。

④ 交易中已发生和将要发生的成本能够被可靠地计量。

企业确定提供劳务交易的完工进度，通常可以选用下列方法：已完工作的测量、已经提供的劳务量占应提供劳务总量的比例以及已经发生的成本占估计总成本的比例。

（2）完工百分比法的具体应用。

完工百分比法，是指按照提供劳务交易的完工进度确认收入与费用的方法。

在采用完工百分比法确认收入时，收入和相关成本按以下公式计算：

本期确认的收入 = 提供劳务收入总额 × 本期末止劳务的完工进度 − 以前会计期间累计已确

认的劳务收入

本期确认的成本 = 提供劳务预计成本总额 × 本期末止劳务的完工进度 – 以前会计期间累计已确认劳务成本

【例 12 – 14】甲公司为增值税一般纳税人，安装服务适用的增值税税率为 9%。20×9 年 12 月 1 日，甲公司与乙公司签订合同，向乙公司提供一项为期 3 个月设备安装服务，合同总收入 600 000 元，增值税税额为 54 000 元，当日预收价款 436 000 元；20×9 年实际发生安装成本 280 000 元（假定均为安装人员薪酬），估计还会发生安装成本 120 000 元。假定该业务为甲公司的主营业务，全部由甲公司自行完成，适用一般计税方法计税的项目预征率为 2%。甲公司的账务处理如下：

（1）预收劳务款。

借：银行存款　　　　　　　　　　　　　　　　　　　　　436 000
　　贷：预收账款　　　　　　　　　　　　　　　　　　　　436 000

（2）预收劳务款时，按照规定的预征率预缴增值税。

436 000 ÷（1+9%）×2% = 8 000（元）

借：应交税费——预交增值税　　　　　　　　　　　　　　　8 000
　　贷：银行存款　　　　　　　　　　　　　　　　　　　　8 000

（3）实际发生劳务成本时。

借：劳务成本　　　　　　　　　　　　　　　　　　　　　280 000
　　贷：应付职工薪酬　　　　　　　　　　　　　　　　　　280 000

（4）20×9 年 12 月 31 日。

完工进度 = 280 000 ÷（280 000 + 120 000）× 100% = 70%

20×9 年 12 月 31 日确认的劳务收入 = 600 000 × 70% – 0 = 420 000（元）

20×9 年 12 月 31 日确认的劳务成本 =（280 000 + 120 000）× 70% – 0 = 280 000（元）

借：预收账款　　　　　　　　　　　　　　　　　　　　　457 800
　　贷：主营业务收入　　　　　　　　　　　　　　　　　　420 000
　　　　应交税费——应交增值税（销项税额）　　　　　　　37 800

借：主营业务成本　　　　　　　　　　　　　　　　　　　280 000
　　贷：劳务成本　　　　　　　　　　　　　　　　　　　　280 000

2. 提供劳务交易的结果不能被可靠估计的处理

企业在资产负债表日，提供劳务交易的结果不能够被可靠估计的，应当分别下列情况处理：

① 已经发生的劳务成本预计全部能够得到补偿的，按照已收或预计能收回的金额确认劳务收入，并结转已发生的劳务成本。

② 已经发生的劳务成本预计部分能够得到补偿的，按照能够得到补偿的金额确认劳务收入，并结转已发生的劳务成本。

③ 已经发生的劳务成本预计全部不能得到补偿的，已经发生的劳务成本计入主营业务成本或其他业务成本，不确认提供劳务收入。

3. 特殊劳务交易的处理

① 安装费。如果安装费与商品销售是分开的，则在资产负债表日根据安装的完工进度确认收入；如果安装工作是商品销售附带的条件，则安装费在确认商品销售实现时确认收入。

② 宣传媒介的费用，应在相关的广告或商业行为开始出现于公众面前时确认收入。广告的制作费，应在资产负债表日按完工百分比法确认收入。

③ 订制软件的收入，应在资产负债表日根据完工百分比法确认收入。

④ 包括在商品售价内的可区分的服务费，应在提供服务的期间内分期确认收入。

⑤ 艺术表演、招待宴会和其他特殊活动的费用，应在相关活动发生时确认收入。收费涉及几项活动的，预收的款项应合理分配给每项活动，分别确认收入。

⑥ 入会申请费和会员费。以提供服务的性质为依据，如果只允许取得会籍，而所有其他服务或商品都要另行收费，则在款项收回不存在重大不确定性时确认收入；如果入会费和会员费能使会员在会员期内得到各种服务或商品，或者以低于非会员的价格购买商品或接受服务，则在整个受益期内分期确认收入。

⑦ 特许权费。提供设备和其他有形资产的，在转移资产所有权时确认收入；提供后续服务的，在提供服务时分期确认收入。

⑧ 长期收费。长期为客户提供重复劳务而收取的劳务费，在相关劳务活动发生时确认收入。

12.1.4 让渡资产使用权收入

让渡资产使用权收入包括让渡无形资产等资产使用权的使用费收入、出租固定资产取得的租金、进行债权投资收取的利息、进行股权投资取得的现金股利等。本节主要介绍让渡无形资产等资产使用权的使用费收入的账务处理。

1. 让渡资产使用权收入的确认和计量

让渡资产使用权收入同时满足以下条件时，才能予以确认：第一，相关的经济利益很可能流入企业；第二，收入的金额能够可靠地计量。

2. 让渡资产使用权收入的账务处理

使用费收入应当按照有关合同或协议约定的收费时间和方法计算确定。如果合同或协议规定一次性收取使用费，且不提供后续服务的，应当视同销售该项资产一次性确认收入；提供后续服务的，应在合同或协议规定的有效期内分期确认收入。如果合同或协议规定分期收取使用费的，通常应按合同或协议规定的收款时间和金额或规定的收费方法计算确定的金额分期确认收入。

【例 12 - 15】甲公司向乙公司转让其商品的商标使用权。根据合同约定，商标使用期为 10 年，乙公司于每年年末按当年销售收入的 10% 支付使用费。第 1 年，乙公司实现销售收入 800 000 元；第 2 年，乙公司实现销售收入 1 000 000 元。假定甲公司均于每年年末收到使用费，并开具增值税专用发票，该业务适用增值税税率为 6%。该商标权按月摊销，每月计提的摊销额为 5 000 元。甲公司的账务处理如下：

（1）第 1 年年末确认使用费收入。

使用费收入金额 = 800 000 × 10% = 80 000（元）

借：银行存款   84 800

  贷：其他业务收入   80 000

    应交税费——应交增值税（销项税额）   4 800

（2）第 2 年年末确认使用费收入。

使用费收入金额 = 1 000 000 × 10% = 100 000（元）

借：银行存款   106 000

  贷：其他业务收入   100 000

    应交税费——应交增值税（销项税额）   6 000

（3）每月计提商标使用权摊销额。

借：其他业务成本   5 000

  贷：累计摊销   5 000

12.2 费用的核算

  费用有广义和狭义之分。广义的费用是指企业各种日常活动所发生的所有耗费。狭义的费用是指企业在日常活动中发生的、会导致所有者权益减少的、与向所有者分配利润无关的经济利益的总流出。本节所指的费用是狭义的费用。

  企业的费用主要通过"主营业务成本""其他业务成本""税金及附加""管理费用""销售费用""财务费用"等账户核算。

12.2.1 主营业务成本

  主营业务成本是指企业销售商品、提供劳务等经常性活动所发生的成本。企业应当设置"主营业务成本"科目核算企业销售商品、提供劳务或让渡资产使用权等日常活动所发生的成本，该科目按主营业务的种类进行明细核算。企业一般在确认销售商品、提供劳务等主营业务收入时，或在月末，将已销售商品、已提供劳务的成本结转入"主营业务成本"。期末，将"主营业务成本"的余额转入"本年利润"科目，结转后，"主营业务成本"科目无余额。

  【例 12－16】20×9 年 7 月 20 日，甲公司向乙公司销售一批产品，售价为 400 000 元，增值税税额为 52 000 元，商品当日发出，货款已经收回；该批产品成本为 280 000 元。甲公司应编制如下会计分录：

（1）销售实现。

借：银行存款   452 000

  贷：主营业务收入   400 000

    应交税费——应交增值税（销项税额）   52 000

借：主营业务成本   280 000

  贷：库存商品   280 000

（2）期末，将主营业务成本结转至本年利润。

借：本年利润   280 000

  贷：主营业务成本   280 000

12.2.2 其他业务成本

  其他业务成本是指企业确认的除主营业务活动以外的其他经营活动所发生的支出。其他业务成本包括销售材料的成本、出租固定资产的折旧额、出租无形资产的摊销额、投资性房地产的折旧额或摊销额、出租包装物的成本或摊销额等。

  企业应当设置"其他业务成本"科目核算主营业务活动以外的其他日常经营活动所发生的成本，该科目按其他业务的种类进行明细核算。企业发生的其他业务成本，借记本科目，贷记"原材料""累计折旧""累计摊销"等。期末，将"其他业务成本"的余额转入"本年利润"科目，结转后，"其他业务成本"科目无余额。

【例 12 -17】20×9 年 8 月，某公司销售商品领用单独计价的包装物一批，售价为 200 000 元，增值税税额为 26 000 元，实际成本 130 000 元，款项已存入银行。该公司应编制如下会计分录：

（1）出售包装物。

借：银行存款   226 000

  贷：其他业务收入   200 000

    应交税费——应交增值税（销项税额） 26 000

借：其他业务成本   130 000

  贷：周转材料——包装物   130 000

（2）期末，将其他业务成本结转至本年利润。

借：本年利润   130 000

  贷：其他业务成本   130 000

12.2.3 税金及附加

税金及附加是指企业经营业务应负担的消费税、资源税、城市维护建设税、教育费附加、土地增值税、房产税、车船税、城镇土地使用税、印花税等税费。其中企业按规定计算确定的与经营活动相关的消费税、资源税、城市维护建设税、教育费附加、土地增值税、房产税、车船税、城镇土地使用税等税费，应借记"税金及附加"科目，贷记"应交税费"科目；企业交纳的印花税，应借记"税金及附加"科目，贷记"银行存款"科目。期末，应将"税金及附加"科目余额转入"本年利润"科目，结转后，"税金及附加"科目无余额。

【例 12 -18】某公司 20×9 年 8 月 1 日取得应纳消费税的销售商品收入 100 000 元，该产品适用的消费税税率为 10%。该公司应编制如下会计分录：

（1）计算应交消费税额。

应交消费税额 = 100 000 × 10% = 10 000（元）

借：税金及附加   10 000

  贷：应交税费——应交消费税   10 000

（2）交纳消费税。

借：应交税费——应交消费税   10 000

  贷：银行存款   10 000

【例 12 -19】20×9 年 9 月，某公司当月实际应交增值税 80 000 万元，应交消费税 20 000 万元，城建税税率为 7%，教育费附加为 3%。该公司应编制与城建税、教育费附加有关的会计分录如下：

（1）计算应交城建税和教育费附加。

城建税：（80 000 + 20 000）×7% = 7 000（元）

教育费附加：（80 000 + 20 000）×3% = 3 000（元）

借：税金及附加   10 000

  贷：应交税费——应交城建税   7 000

      ——应交教育费附加   3 000

（2）实际交纳城建税和教育费附加。

借：应交税费——应交城建税   7 000

——应交教育费附加	3 000
贷：银行存款	10 000

12.2.4　管理费用

管理费用，包括企业在筹建期间发生的开办费、董事会和行政管理部门在企业的经营管理中发生的或者应由企业统一负担的公司经费（包括行政管理部门职工工资及福利费、物料消耗、低值易耗品摊销、办公费和差旅费等）、工会经费、董事会费（包括董事会成员津贴、会议费和差旅费等）、聘请中介机构费、咨询费（含顾问费）、诉讼费、业务招待费、技术转让费、矿产资源补偿费、研究费用、排污费以及企业生产车间（部门）和行政管理部门等发生的固定资产修理费用等。

企业发生的各项管理费用，通过"管理费用"账户进行核算，该科目按费用项目进行明细核算。期末，将该账户余额结转入"本年利润"，结转后该账户无余额。

【例12-20】A公司20×9年7月发生的管理费用包括：以银行存款支付业务招待费，取得增值税专用发票上注明的价款为6 000元，增值税税额为360元；本月分配给管理部门的职工工资15 000元，提取的福利费2 100元；计提管理部门使用的固定资产折旧8 000元。A公司的账务处理如下：

借：管理费用	31 100
应交税费——应交增值税（进项税额）	360
贷：银行存款	6 360
应付职工薪酬——工资	15 000
——职工福利	2 100
累计折旧	8 000

12.2.5　销售费用

销售费用是指企业销售商品和材料、提供劳务的过程中发生的各种费用，包括保险费、包装费、展览费和广告费、商品维修费、预计产品质量保证损失、运输费、装卸费等以及为销售本企业商品而专设的销售机构（含销售网点、售后服务网点等）的职工薪酬、业务费、折旧费等经营费用以及企业发生的与专设销售机构相关的固定资产修理费用等。

企业发生的各项销售费用，通过"销售费用"账户核算，该账户按费用项目进行明细核算。企业在销售商品过程中发生的包装费、保险费、展览费和广告费、运输费、装卸费等费用，借记"销售费用"账户，可以抵扣的增值税进项税额，借记"应交税费——应交增值税（进项税额）"，贷记"库存现金""银行存款"等账户；发生的为销售本企业商品而专设的销售机构的职工薪酬、业务费等经营费用，借记"销售费用"账户，可以抵扣的增值税进项税额，借记"应交税费——应交增值税（进项税额）"，贷记"应付职工薪酬""银行存款""累计折旧"等账户；期末，应将"销售费用"账户余额转入"本年利润"账户，结转后该账户无余额。

【例12-21】A公司20×8年7月以银行存款支付广告费，取得增值税专用发票上注明的价款为4 000元，增值税税额为240元；本月分配给销售部门的职工工资10 000元，提取的福利费1 400元。A公司的账务处理如下：

借：销售费用	15 400

应交税费——应交增值税（进项税额）	240
贷：银行存款	4 240
应付职工薪酬——工资	10 000
——职工福利	1 400

12.2.6 财务费用

财务费用是指企业为筹集生产经营所需资金等而发生的筹资费用，包括利息支出（减利息收入）、汇兑损益以及相关的手续费、企业发生的现金折扣或收到的现金折扣等。

企业发生的财务费用，通过"财务费用"账户进行核算，该账户按费用项目进行明细分类核算。企业以现金或银行存款支付的财务费用，借记"财务费用"账户，贷记"银行存款""库存现金"等账户；企业发生的应冲减财务费用的利息收入、汇兑损益、现金折扣，借记"银行存款""应付账款"等账户，贷记"财务费用"账户。期末，应将"财务费用"账户余额转入"本年利润"账户，结转后该账户无余额。

【例12-22】A公司20×8年5月发生如下业务：计提短期借款利息4 000元；收到银行转来存款利息1 000元。A公司的账务处理如下：

借：财务费用	4 000
贷：应付利息	4 000
借：银行存款	1 000
贷：财务费用	1 000

12.3 利润的核算

利润是指企业在一定会计期间的经营成果，利润包括收入减去费用后的净额、直接计入当期利润的利得和损失等。直接计入当期利润的利得和损失，是指应当计入当期损益、会导致所有者权益发生增减变动的、与所有者投入资本或者向所有者分配利润无关的利得或者损失。

12.3.1 营业外收支的核算

1. 营业外收入

营业外收入是指企业发生的营业利润以外的收益，主要包括非流动资产毁损报废利得、债务重组利得、与企业日常活动无关的政府补助、盘盈利得、捐赠利得、罚没利得、无法支付的应付款项等。

非流动资产毁损报废利得，是指因自然灾害等发生毁损、已丧失功能而报废非流动资产所产生的清理净收益。

政府补助，是指与企业日常活动无关的、从政府无偿取得的货币性资产或非货币性资产形成的利得。

盘盈利得主要是指现金清查盘点中盘盈的现金，报经批准后计入营业外收入的金额。

捐赠利得是指企业接受捐赠产生的利得。

罚没利得是指企业取得的各项罚款，在弥补由于对方违反合同或协议而造成的经济损失后的罚款净收益。

无法支付的应付款项，是指由于债权单位撤销或其他原因而无法支付，按规定程序报经批准后转入当期损益的应付款项。

企业取得的各项营业外收入，通过"营业外收入"账户核算。该账户按照营业外收入的项目进行明细分类核算。其贷方登记企业确认的各项营业外收入，借方登记期末结转入"本年利润"账户的营业外收入，结转后该账户无余额。

【例 12-23】某公司将固定资产报废清理净收益 10 000 元转作营业外收入。该公司的会计处理如下：

（1）结转清理净收益。

借：固定资产清理   10 000

    贷：营业外收入   10 000

（2）期末将营业外收入转入本年利润。

借：营业外收入   10 000

    贷：本年利润   10 000

2. 营业外支出

营业外支出是指企业发生的营业利润以外的支出，主要包括非流动资产毁损报废损失、债务重组损失、盘亏损失、公益性捐赠支出、罚款支出、非常损失等。

非流动资产毁损报废损失，是指因自然灾害等发生毁损、已丧失功能而报废非流动资产所产生的清理净损失。

罚款支出指企业由于违反经济合同、税收法规等规定而支付的各种罚款。行政罚款，如税收罚款、工商罚款等，是不允许税前扣除的，而违反经济合同的违约金扣除是可以税前扣除的。

公益性捐赠支出，是指企业对外进行公益性捐赠发生的支出。

非常损失指企业因客观因素（如自然灾害等）造成的损失，在扣除保险公司赔偿后计入营业外支出的净损失。

盘亏损失，主要指企业在财产清查中发现的盘亏，按管理权限报经批准后，计入营业外支出的金额。

企业发生的各项营业外支出，通过"营业外支出"账户核算。该账户按照营业外支出的项目进行明细分类核算。其借方登记企业确认的各项营业外支出，贷方登记期末结转入"本年利润"的营业外支出，结转后该账户无余额。

【例 12-24】某公司以银行存款向希望小学捐赠 100 000 元。会计分录如下：

借：营业外支出   100 000

    贷：银行存款   100 000

【例 12-25】某公司本期营业外支出总额为 150 000 元，期末结转本年利润。会计分录如下：

借：本年利润   150 000

    贷：营业外支出   150 000

12.3.2 利润的构成及计算

1. 营业利润

营业利润＝营业收入－营业成本－税金及附加－管理费用－销售费用－财务费用－信用减值损失－资产减值损失＋公允价值变动收益（－公允价值变动损失）＋投资收益（－投资损

失）＋其他收益＋资产处置收益（－资产处置损失）

营业收入是指企业经营业务实现的收入总额，包括主营业务收入和其他业务收入。

营业成本是指企业经营业务所发生的实际成本总额，包括主营业务成本和其他业务成本。

信用减值损失是指企业计提各项金融工具减值准备所形成的预期信用损失。

资产减值损失是指企业计提各项资产减值准备所形成的损失。

公允价值变动收益（或损失）是指企业交易性金融资产等公允价值变动形成的应计入当期损益的利得（或损失）。

投资收益（或损失）是指企业以各种方式对外投资所取得的收益（或发生的损失）。

其他收益是指与企业日常活动相关，除冲减相关成本费用以外的政府补助。

资产处置收益（或损失）是指企业出售划分为持有待售的非流动资产（金融工具、长期股权投资和投资性房地产除外）或处置组时确认的处置利得或损失，以及处置未划分为持有待售的固定资产、在建工程、生产性生物资产及无形资产而产生的处置利得或损失。此外，债务重组中因处置非流动资产产生的利得或损失和非货币性资产交换产生的利得或损失也属于资产处置收益（或损失）。

2. 利润总额

$$利润总额 = 营业利润 + 营业外收入 - 营业外支出$$

3. 净利润

$$净利润 = 利润总额 - 所得税费用$$

其中，所得税费用是指企业确认的应从当期利润总额中扣除的所得税费用。

12.3.3　所得税费用的核算

所得税费用包括当期所得税和递延所得税两个部分。

1. 当期所得税的计算

当期所得税，是指企业按照税法规定计算确定的当期应交纳给税务部门的所得税金额，即当期应交所得税。企业在确定当期应交所得税时，其计算公式如下：

$$应纳税所得额 = 税前会计利润 + 纳税调整增加额 - 纳税调整减少额$$
$$应交所得税 = 应纳税所得额 \times 所得税税率$$

纳税调整增加额主要包括，税法规定允许扣除项目中企业已计入当期费用但超过税法规定扣除标准的金额（如超过税法规定标准的职工福利费、工会经费、职工教育经费、业务招待费、公益性捐赠支出、广告费、业务宣传费），以及企业已计入当期损失但税法规定不允许扣除项目的金额（如税收滞纳金、罚款、罚金）。

纳税调整减少额主要包括税法规定允许弥补的亏损和准予免税的项目，如前五年内未弥补亏损和国债利息收入等。

2. 所得税费用的计算

应从当期利润总额中扣除的所得税费用为当期所得税和递延所得税之和，即

$$所得税费用 = 当期所得税 + 递延所得税$$

其中，递延所得税 = 递延所得税资产 + 递延所得税负债 =（递延所得税负债期末余额 - 递延所得税负债期初余额）-（递延所得税资产期末余额 - 递延所得税资产期初余额）

递延所得税资产是指以未来期间很可能取得用来抵扣可抵扣暂时性差异的应纳税所得额为

限确认的一项资产。

递延所得税负债是指根据应纳税暂时性差异计算的未来期间应付所得税的金额。

3. 所得税费用的会计处理

企业应当设置"所得税费用"账户核算应从当期利润总额中扣除的所得税费用。该账户借方登记按照税法规定计算确定的当期所得税费用,贷方登记结转入"本年利润"账户的所得税费用,结转后该账户无余额。

【例 12-26】甲公司 20×8 年度按照企业会计准则计算的税前会计利润为 10 000 000 元,所得税税率为 25%。本年会计利润中,包括计入投资收益的国库券利息收入 200 000 元,计入营业外支出的税收滞纳金 50 000 元。假定甲公司全年无其他纳税调整事项。

(1) 甲公司当期所得税的计算如下:

应纳税所得额 = 10 000 000 - 200 000 + 50 000 = 9 850 000(元)

当期应交所得税 = 9 850 000 × 25% = 2 462 500(元)

(2) 甲公司确认当期所得税费用的会计分录如下:

借:所得税费用 2 462 500

　　贷:应交税费——应交所得税 2 462 500

12.3.4 本年利润的会计处理

企业应设置"本年利润"账户,核算企业当期实现的净利润(或发生的净亏损)。

企业期末结转本年利润的方法有表结法和账结法。表结法下,各损益类科目每月只需结计出本月发生额和月末累计余额,不结转到"本年利润"账户,年末一次将损益类科目余额结转到"本年利润"账户;账结法下,每月月末均需编制转账凭证,将在账上结计出的各损益类科目的余额结转入"本年利润"账户。

年度终了,企业应将本年收入、利得和费用、损失相抵后结出的本年实现的净利润,由"本年利润"账户转入"利润分配——未分配利润"账户。结转后"本年利润"账户无余额。

【例 12-27】甲公司采用表结法计算本年利润,所得税税率为 25%。20×8 年年终结账前有关损益类科目的年末余额如表 12-2 所示。

表 12-2 甲公司 20×8 年年终结账前有关损益类科目年末余额　　　　单位:元

收入、利得	结账前贷方期末余额	费用、损失	结账前借方期末余额
主营业务收入	5 000 000	主营业务成本	3 000 000
其他业务收入	800 000	其他业务成本	600 000
投资收益	200 000(贷方)	税金及附加	100 000
营业外收入	100 000	销售费用	400 000
		管理费用	500 000
		财务费用	200 000
		营业外支出	100 000

其他资料:

(1) 公司营业外支出中有 50 000 元为税收滞纳金。

（2）本年国债利息收入 10 000 元已入账。

除上述事项外，无其他纳税调整因素。

甲公司 20×8 年 12 月结转本年利润的会计分录如下：

（1）将各损益类科目余额结转到"本年利润"账户。

借：主营业务收入	5 000 000	
其他业务收入	800 000	
投资收益	200 000	
营业外收入	100 000	
贷：本年利润		6 100 000
借：本年利润	4 900 000	
贷：主营业务成本		3 000 000
其他业务成本		600 000
税金及附加		100 000
销售费用		400 000
管理费用		500 000
财务费用		200 000
营业外支出		100 000

（2）本年所得税费用的处理。

税前会计利润 = 6 100 000 − 4 900 000 = 1 200 000（元）

应纳税所得额 = 1 200 000 + 50 000 − 10 000 = 1 240 000（元）

应交所得税 = 1 240 000 × 25% = 310 000（元）

① 确认当期所得税费用。

借：所得税费用	310 000	
贷：应交税费——应交所得税		310 000

② 将"所得税费用"转入"本年利润"

借：本年利润	310 000	
贷：所得税费用		310 000

（3）将"本年利润"账户的余额转入"利润分配——未分配利润"账户。

借：本年利润	890 000	
贷：利润分配——未分配利润		890 000

12.3.5　利润分配的会计处理

1. 利润分配的原则

企业当期实现的净利润，加上年初未分配利润（或减去年初未弥补亏损）后的余额，为可供分配利润。可供分配的利润，一般按下列顺序分配：

（1）提取法定盈余公积。根据有关法律的规定，企业按照净利润（减弥补以前年度亏损）的 10% 提取法定盈余公积。法定盈余公积累计余额达到注册资本 50% 以后，可以不再提取。

（2）提取任意盈余公积。

（3）向投资者分配利润。

2. 利润分配的会计处理

企业应当设置"利润分配"账户核算企业利润的分配（或亏损的弥补）和历年利润分配（或亏损弥补）后的积存余额。该账户还应设置"提取法定盈余公积""提取任意盈余公积""应付现金股利（利润）""转作股本的股利""盈余公积补亏"和"未分配利润"等明细分类账户。

企业经批准用税前利润弥补亏损或用净利润弥补亏损时，不作账务处理；用盈余公积弥补亏损时，借记"盈余公积"账户，贷记"利润分配——未分配利润"账户；按规定提取盈余公积时，借记"利润分配——提取法定盈余公积（或提取任意盈余公积）"账户，贷记"盈余公积——法定盈余公积（或任意盈余公积）"账户；向投资者分配现金股利或利润，借记"利润分配——应付现金股利（或利润）"账户，贷记"应付股利（或利润）"账户；向投资者分配股票股利，在办理增资手续后，借记"利润分配——转作股本的股利"账户，贷记"股本"或"实收资本"账户；年度终了，将"利润分配"所属其他明细分类账户余额转入"未分配利润"明细分类账户。结转后，除"未分配利润"明细分类账户外，"利润分配"其他明细分类账户应无余额。

【例 12-28】甲股份有限公司 20×8 年年初未分配利润为 500 000 元，20×8 年实现净利润 9 500 000 元，按净利润的 10% 提取法定盈余公积，按净利润的 5% 提取任意盈余公积，向股东分派现金股利 2 000 000 元，同时分派每股面值 1 元的股票股利 1 500 000 股。甲公司的账务处理如下：

提取盈余公积时，

借：利润分配——提取法定盈余公积　　　　　　　　　　　　　　　 950 000
　　　　　——提取任意盈余公积　　　　　　　　　　　　　　　　 475 000
　　贷：盈余公积——法定盈余公积　　　　　　　　　　　　　　　　　 950 000
　　　　　——任意盈余公积　　　　　　　　　　　　　　　　　　　　 475 000

分配现金股利时，

借：利润分配——应付现金股利　　　　　　　　　　　　　　　　 2 000 000
　　贷：应付股利　　　　　　　　　　　　　　　　　　　　　　　　 2 000 000

分配股票股利，已办妥增资手续时，

借：利润分配——转作股本的股利　　　　　　　　　　　　　　　 1 500 000
　　贷：股本　　　　　　　　　　　　　　　　　　　　　　　　　　 1 500 000

结转"利润分配"其他明细分类账户余额，

借：利润分配——未分配利润　　　　　　　　　　　　　　　　　 4 925 000
　　贷：利润分配——提取法定盈余公积　　　　　　　　　　　　　　　 950 000
　　　　　——提取任意盈余公积　　　　　　　　　　　　　　　　 475 000
　　　　　——应付现金股利　　　　　　　　　　　　　　　　　 2 000 000
　　　　　——转作股本的股利　　　　　　　　　　　　　　　　 1 500 000

本章小结

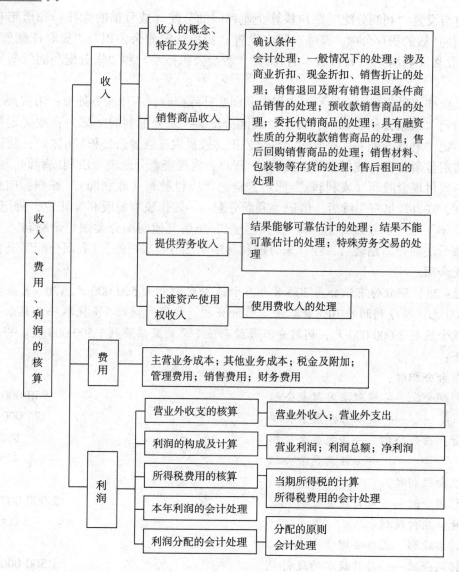

第 5 篇　　財务报告编制篇

第 13 章

财务报告的编制

13.1 财务报告概述

13.1.1 财务报告的含义和目标

1. 财务报告的含义

财务报告，又称财务会计报告，是单位会计部门根据经过审核的会计账簿记录和有关资料，编制并对外提供的反映单位某一特定日期财务状况和某一会计期间经营成果、现金流量及所有者权益等会计信息的总结性书面文件。

财务报告由财务报表、报表附注和财务情况说明书组成。财务报表是对企业财务状况、经营成果和现金流量的结构性表述。一套完整的财务报表至少应当包括资产负债表、利润表、现金流量表、所有者权益（或股东权益，下同）变动表以及附注。

企业必须按照国家统一的会计制度规定定期编制财务报告。

2. 财务报告目标

2006 年 2 月 15 日，中国财政部颁布了经过修订的新的《企业会计准则》。新准则在《企业会计准则——基本准则》中首次明确提出了我国财务报告的目标是向财务报告使用者提供与企业财务状况、经营成果和现金流量等有关的会计信息，反映企业管理层受托责任履行情况，有助于财务会计报告使用者做出经济决策。

财务报告使用者包括投资者、债权人、政府及其有关部门和社会公众等。

13.1.2　财务报表的分类和列报的基本要求

1. 财务报表的分类

财务报表可以按照不同的标准进行分类。

（1）按照财务报表反映的资金运动状态，可将其分为静态报表和动态报表。

静态报表是指反映企业资金运动处于某一相对静止状态情况的会计报表，如反映企业某一特定日期资产、负债和所有者权益的资产负债表。

动态报表是指反映企业资金运动状况的会计报表，如反映企业一定期间的经营成果情况的损益表、反映企业一定会计期间内营运资金来源和运用及其增减变化情况的现金流量表等。

（2）按报表所提供会计信息的重要性，可以分为主表和附表。

主表即主要财务报表，是指所提供的会计信息比较全面、完整，能基本满足各种信息需要者的不同要求的财务报表。现行的主表主要有三张，即资产负债表、利润表和现金流量表。

附表即从属报表，是指对主表中不能或难以详细反映的一些重要信息所作补充说明的报表。现行的附表主要有：利润分配表和分部报表，它们是利润表的附表；应交增值税明细表和资产减值准备明细表，它们是资产负债表的附表。主表与有关附表之间存在着钩稽关系，主表反映企业的主要财务状况、经营成果和现金流量，附表则对主表进一步补充说明。

（3）按编制和报送的时间分类，可分为中期财务报表和年度财务报表。

广义的中期财务报表包括月份、季度、半年期财务报表。狭义的中期财务报表仅指半年期财务报表。年度财务报表是全面反映企业整个会计年度的经营成果、现金流量情况及年末财务状况的财务报表。企业每年年底必须编制并报送年度财务报表。

（4）按编报单位不同，分为基层财务报表和汇总财务报表。

基层财务报表是由独立核算的基层单位编制的财务报表，是用以反映本单位财务状况和经营成果的报表。汇总财务报表是指上级主管部门将本身的财务报表与其所属单位报送的基层报表汇总编制而成的财务报表。

（5）按编报的会计主体不同，分为个别报表和合并报表。

个别报表是指在以母公司和子公司组成的具有控股关系的企业集团中，由母公司和子公司各自为主体分别单独编制的报表，用以分别反映母公司和子公司本身各自的财务状况和经营成果。合并报表是以母公司和子公司组成的企业集团为一会计主体，以母公司和子公司单独编制的个别财务报表为基础，由母公司编制的综合反映企业集团经营成果、财务状况及其资金变动情况的财务报表。

（6）按服务对象，可以分为对外报表和内部报表。

对外报表是企业必须定期编制、定期向上级主管部门、投资者、财税部门等报送或按规定向社会公布的财务报表。这是一种主要的、定期规范化的财务报表。它要求有统一的报表格式、指标体系和编制时间等，资产负债表、利润表和现金流量表均属于对外报表。

内部报表是企业根据其内部经营管理的需要而编制的，供其内部管理人员使用的财务报表。它不要求统一格式，没有统一指标体系，如成本报表属于内部报表。

2. 财务报表列报的基本要求

列报，是指交易和事项在报表中的列示和在附注中的披露。在财务报表的列报中，"列示"通常反映资产负债表、利润表、现金流量表和所有者权益变动表等报表中的信息，"披露"通常反映附注中的信息。《企业会计准则第 30 号——财务报表列报》规范了财务报表的列报。

财务报表列报应遵循如下基本要求：

（1）遵循各项会计准则进行确认和计量。

企业应当根据实际发生的交易和事项，遵循各项具体会计准则的规定进行确认和计量，在此基础上编制财务报表。如果由于某种原因没有遵循准则的要求，应在附注中说明。

（2）列报基础。

企业以持续经营为基础编制财务报表。

注意区分列报基础和记账基础。企业的记账基础为权责发生制；列报基础是持续经营。如果一个企业不能持续经营，那么应按破产清算的思路处理，此时要用清算时的价值来代替以历史成本为主的计量属性的选择。

（3）项目列报。

① 性质或功能不同的项目，应当在财务报表中单独列报，但是不具有重要性的项目可以合并列报。性质或功能不同的项目，对财务报表使用者的含义是不同的。

② 性质或功能类似的项目，一般可以合并列报，但是对其具有重要性的类别，应当按其类别在财务报表中单独列报。比如，库存现金、银行存款、其他货币资金合并作为货币资金列报；原材料、在产品、库存商品的性质类似，合并作为存货项目列报；但是存货与固定资产项目不能合并列报。

③ 项目单独列报的原则不仅适用于报表，还适用于附注。

④ 企业会计准则规定单独列报的项目，企业都应当予以单独列报。

重要性是判断项目是否单独列报的重要标准。重要性应当根据企业所处环境，从项目的性质和金额大小两方面予以判断。

（4）列报的一致性。

财务报表项目的列报应当在各个会计期间保持一致，不得随意变更，但下列情况除外：

① 会计准则要求改变财务报表项目的列报。

② 企业经营业务的性质发生重大变化后，变更财务报表项目的列报能够提供更可靠、更相关的会计信息。

（5）财务报表项目金额间的相互抵消。

财务报表项目应当以总额列报，资产和负债、收入和费用不得相互抵消，但会计准则另有规定的除外。下列两种情况不属于抵消，可以净额列示。

① 非日常活动产生的损益，以收入扣减费用后的净额列示，不属于抵消。比如固定资产清理净损益，不需要将清理收入、发生的清理费用等单独列报。

② 资产项目按扣除减值准备后的净额列示，不属于抵消。

（6）比较信息的列报。

我国的报表是比较报表，即至少提供两期的数据。比如，资产负债表有年初余额和期末余额，利润表、现金流量表、所有者权益变动表都有本年数和上年数，这就是比较报表。

我们把提供两期或两期以上的报表信息称为比较报表。

企业在列报当期财务报表时，至少应当提供所有列报项目上一可比会计期间的比较数据，以及与理解当期财务报表相关的说明。

（7）财务报表表首的列报要求。

企业编制的财务报表应当在表首部分概括说明下列基本信息：

① 编报企业的名称。

② 资产负债表日或财务报表涵盖的会计期间。

③ 货币名称和金额单位。

④ 财务报表是合并财务报表的，应当予以标明。

（8）报告期间。

企业至少应当按年编制财务报表。根据《中华人民共和国会计法》的规定，会计年度自公历 1 月 1 日起至 12 月 31 日止。因此，年度财务报表涵盖的期间短于一年的，应当披露年度财务报表的涵盖期间，以及短于一年的原因，并应提示报表读者注意此财务报表项目与比较数据可能不具备可比性。

13.2　资产负债表的编制

13.2.1　资产负债表概述

资产负债表是指反映企业在某一特定日期的财务状况的报表。资产负债表主要反映资产、负债和所有者权益三方面的内容，并满足"资产＝负债＋所有者权益"平衡式。

资产，反映由过去的交易、事项形成并由企业在某一特定日期所拥有或控制的、预期会给企业带来经济利益的资源。资产应当按照流动资产和非流动资产两大类别在资产负债表中列示，在流动资产和非流动资产类别下进一步按性质分项列示。

流动资产是指预计在一个正常营业周期中变现、出售或耗用，或者主要为交易目的而持有，或者预计在资产负债表日起一年内（含一年）变现的资产，或者自资产负债表日起一年内交换其他资产或清偿负债的能力不受限制的现金或现金等价物。

资产负债表中列示的流动资产项目通常包括：货币资金、交易性金融资产、应收票据、应收账款、预付款项、应收利息、应收股利、其他应收款、存货和一年内到期的非流动资产等。

非流动资产是指流动资产以外的资产。资产负债表中列示的非流动资产项目通常包括：长期股权投资、固定资产、在建工程、工程物资、固定资产清理、无形资产、开发支出、长期待摊费用以及其他非流动资产等。

负债，反映在某一特定日期企业所承担的、预期会导致经济利益流出企业的现时义务。负债应当按照流动负债和非流动负债在资产负债表中进行列示，在流动负债和非流动负债类别下再进一步按性质分项列示。

流动负债是指预计在一个正常营业周期中清偿，或者主要为交易目的而持有，或者自资产负债表日起一年内（含一年）到期应予以清偿，或者企业无权自主地将清偿推迟至资产负债表日后一年以上的负债。资产负债表中列示的流动负债项目通常包括：短期借款、应付票据、应付账款、预收款项、应付职工薪酬、应交税费、应付利息、应付股利、其他应付款、一年内到期的非流动负债等。

非流动负债是指流动负债以外的负债。非流动负债项目通常包括：长期借款、应付债券和其他非流动负债等。

所有者权益，是企业资产扣除负债后的剩余权益，反映企业在某一特定日期股东（或投资者）拥有的净资产的总额，它一般按照实收资本（或股本，下同）、资本公积、盈余公积和未分配利润分项列示。

13.2.2　资产负债表的结构

我国企业的资产负债表采用账户式结构（如表 13 - 1 所示）。账户式资产负债表分左右两方。左方为资产项目，大体按资产的流动性大小排列，流动性大的资产如货币资金、交易性金融资产等排在前面，流动性小的资产如长期股权投资、固定资产等排在后面。右方为负债及所有者权益项目，一般按要求清偿时间的先后顺序排列：短期借款、应付票据、应付账款等需要在一年以内或者长于一年的一个正常营业周期内偿还的流动负债排在前面；长期借款等在一年以上才需偿还的非流动负债排在中间；在企业清算之前不需要偿还的所有者权益项目排在后面。

账户式资产负债表中的资产各项目的合计等于负债和所有者权益各项目的合计，即资产负债表左方和右方平衡。因此，通过账户式资产负债表，可以反映资产、负债、所有者权益之间的内在联系，即"资产 = 负债 + 所有者权益"。

表 13 - 1　资产负债表

会企 01 表　　　　　　　　　　　编制单位：　年　月　日　　　　　　　　　　单位：元

资产	期末余额	年初余额	负债和所有者权益	期末余额	年初余额
流动资产：			流动负债：		
货币资金			短期借款		
交易性金融资产			交易性金融负债		
应收票据			应付票据		
应收账款			应付账款		
预付账款			预收账款		
应收利息			应付职工薪酬		
应收股利			应交税费		
其他应收款			应付利息		
存货			应付股利		
持有待售资产			其他应付款		
一年内到期的非流动资产			持有待售负债		
其他流动资产			一年内到期的非流动负债		
流动资产合计			其他流动负债		
非流动资产：			流动负债合计		
可供出售金融资产			非流动负债：		
持有至到期投资			长期借款		

续表

资产	期末余额	年初余额	负债和所有者权益	期末余额	年初余额
长期应收款			应付债券		
长期股权投资			长期应付款		
投资性房地产			专项应付款		
固定资产			预计负债		
在建工程			递延所得税负债		
工程物资			其他非流动负债		
固定资产清理			非流动负债合计		
生产性生物资产			负债合计		
油气资产			所有者权益（或股东权益）：		
无形资产			实收资本（或股本）		
开发支出			资本公积		
商誉			减：库存股		
长期待摊费用			其他综合收益		
递延所得税资产			盈余公积		
其他非流动资产			未分配利润		
非流动资产合计			所有者权益（或股东权益）合计		
资产总计			负债和所有者权益总计		

13.2.3 资产负债表的编制

资产负债表各项目均需填列"年初余额"和"期末余额"两栏。其中"年初余额"栏内各项数字，应根据上年末资产负债表的"期末余额"栏内所列数字填列。

"期末余额"栏主要有以下几种填列方法：

1. 根据总账科目余额填列

如"交易性金融资产""短期借款""应付票据""应付职工薪酬"等项目，根据"交易性金融资产""短期借款""应付票据""应付职工薪酬"各总账科目的余额直接填列；有些项目则需根据几个总账科目的期末余额计算填列，如"货币资金"项目，需根据"库存现金""银行存款""其他货币资金"三个总账科目的期末余额的合计数填列。

【例 13-1】甲企业 20×8 年 12 月 31 日结账后的"库存现金"科目余额为 10 000 元，"银行存款"科目余额为 4 000 000 元，"其他货币资金"科目余额为 1 000 000 元。

该企业 20×8 年 12 月 31 日资产负债表中的"货币资金"项目金额为：

10 000 + 4 000 000 + 1 000 000 = 5 010 000（元）

本例中，企业应当按照"库存现金""银行存款""其他货币资金"三个总账科目余额加总后的金额，作为资产负债表中"货币资金"项目的金额。

【例13-2】甲企业20×8年12月31日结账后的"交易性金融资产"科目余额为10 000元。

该企业20×8年12月31日资产负债表中的"交易性金融资产"项目金额为10 000元。

本例中，由于企业是以公允价值计量交易性金融资产，每期交易性金融资产价值的变动，无论上升还是下降，均已直接调整"交易性金融资产"科目金额，因此，企业应直接以"交易性金融资产"总账科目余额填列在资产负债表中。

【例13-3】甲企业20×8年3月1日向银行借入一年期借款320 000元，向其他金融机构借款230 000元，无其他短期借款业务发生。

企业20×8年12月31日资产负债表中的"短期借款"项目金额为：

320 000 + 230 000 = 550 000（元）

本例中，企业直接以"短期借款"总账科目余额填列在资产负债表中。

【例13-4】甲企业年末向股东发放现金股利400 000元，股票股利100 000元，现金股利尚未支付。

该企业20×8年12月31日资产负债表中的"应付股利"项目金额为400 000元。

本例中，企业发放的股票股利不通过"应付股利"科目核算，因此，资产负债表中"应付股利"即为尚未支付的现金股利金额，即400 000元。

【例13-5】甲企业20×8年12月31日应付A企业商业票据32 000元，应付B企业商业票据56 000元，应付C企业商业票据680 000元，尚未支付。

该企业在20×8年12月31日资产负债表中"应付票据"项目金额为：

32 000 + 56 000 + 680 000 = 768 000（元）

本例中，企业直接以"应付票据"总账科目余额填列在资产负债表中。

【例13-6】甲企业20×8年12月31日应付管理人员工资300 000元，应计提福利费42 000元，应付车间工作人员工资57 000元，无其他应付职工薪酬项目。

企业20×8年12月31日资产负债表中"应付职工薪酬"项目金额为：

300 000 + 42 000 + 57 000 = 399 000（元）

本例中，管理人员工资、车间工作人员工资和福利费都属于职工薪酬的范围，应当以各种应付未付职工薪酬加总后的金额，即"应付职工薪酬"总账科目余额填列在资产负债表中。

【例13-7】甲企业20×8年1月1日发行了一次还本付息的公司债券，面值为1 000 000元，当年12月31日应计提的利息为10 000元。

该企业20×8年12月31日资产负债表中"应付债券"项目金额为：

1 000 000 + 10 000 = 1 010 000（元）

本例中，企业应当将债券面值和应计提的利息作为"应付债券"填列为资产负债表中"应付债券"项目的金额。

2. 根据明细账科目余额计算填列

如"应付账款"项目，需要根据"应付账款"和"预付账款"两个科目所属的相关明细科目的期末贷方余额计算填列；"应收账款"项目，需要根据"应收账款"和"预付账款"两个科目所属的相关明细科目的期末借方余额计算填列。

【例13-8】甲企业20×8年12月31日结账后有关科目所属明细科目借贷方余额如表13-2所示。

表 13 - 2 余额表   单位：元

科目名称	明细科目借方余额合计	明细科目贷方合计
应收账款	1 600 000	100 000
预付账款	800 000	60 000
应付账款	400 000	1 800 000
预收账款	600 000	1 400 000

该企业 20×8 年 12 月 31 日资产负债表中相关项目的金额为：

① "应收账款" 项目金额为：1 600 000 + 600 000 = 2 200 000 （元）

② "预付账款" 项目金额：800 000 + 400 000 = 1 200 000 （元）

③ "应付账款" 项目金额为：60 000 + 1 800 000 = 1 860 000 （元）

④ "预收账款" 项目金额为：1 400 000 + 100 000 = 1 500 000 （元）

本例中，应收账款项目，应当根据 "应收账款" 科目所属明细科目借方余额 1 600 000 元和 "预收账款" 科目所属明细科目借方余额 600 000 元加总，作为资产负债表中 "应收账款" 的项目金额，即 2 200 000 元。

预付账款项目，应当根据 "预付账款" 科目所属明细科目借方余额 800 000 元和 "应付账款" 科目所属明细科目借方余额 400 000 元加总，作为资产负债表中 "预付账款" 的项目金额，即 1 200 000 元。

应付账款项目，应当根据 "应付账款" 科目所属明细科目贷方余额 1 800 000 元和 "预付账款" 科目所属明细科目贷方余额 60 000 元加总，作为资产负债表中 "应付账款" 的项目金额，即 1 860 000 元。

预收账款项目，应当根据 "预收账款" 科目所属明细科目贷方余额 1 400 000 元和 "应收账款" 科目所属明细科目贷方余额 100 000 元加总，作为资产负债表中 "预收账款" 的项目金额，即 1 500 000 元。

【例 13 - 9】甲企业 20×8 年 12 月 1 日购入原材料一批，价款 150 000 元，增值税税额 24 000 元，款项已付，材料已验收入库，当年根据实现的产品销售收入计算的增值税销项税额为 50 000 元。该月转让一项专利，需要交纳消费税 50 000 元，尚未支付，没有其他未支付的税费。

该企业 20×8 年 12 月 31 日资产负债表中 "应交税费" 项目金额为：

50 000 - 24 000 + 50 000 = 76 000 （元）

本例中，只有未付增值税和消费税两项：由于本期应交增值税为销项税额减进项税额，即 26 000 元 [（50 000 - 24 000）元]，加上未交纳的消费税 50 000 元，作为资产负债表中 "应交税费" 的项目金额，即 76 000 元。

3. 根据总账科目和明细账科目余额分析计算填列

如 "长期借款" 项目，需要根据 "长期借款" 总账科目余额扣除 "长期借款" 科目所属的明细科目中将在一年内到期且企业不能自主地将清偿义务展期的长期借款后的金额计算填列。

【例 13 - 10】甲企业长期借款情况如表 13 - 3 所示。

表 13-3 甲企业长期借款情况

借款起始日期	借款期限/年	金额/元
20×8 年 1 月 1 日	3	1 000 000
20×6 年 1 月 1 日	5	2 000 000
20×5 年 6 月 1 日	4	1 500 000

该企业 20×8 年 12 月 31 日资产负债表中"长期借款"项目金额为：

1 000 000 + 2 000 000 = 3 000 000（元）

本例中，企业应当根据"长期借款"总账科目余额 4 500 000 元〔（1 000 000 + 2 000 000 + 1 500 000）元〕，减去一年内到期的长期借款 1 500 000 元，作为资产负债表中"长期借款"项目的金额，即 3 000 000 元。将在一年内到期的长期借款 1 500 000 元，应当填列在流动负债下"一年内到期的非流动负债"项目中。

【例 13-11】甲企业 20×8 年"长期待摊费用"科目的期末余额为 375 000 元，将于一年内摊销的数额为 204 000 元。

该企业 20×8 年 12 月 31 日资产负债表中的"长期待摊费用"项目金额为：

375 000 - 204 000 = 171 000（元）

本例中，企业应当根据"长期待摊费用"总账科目余额 375 000 元，减去将于一年内摊销的金额 204 000 元，作为资产负债表中"长期待摊费用"项目的金额，即 171 000 元。将于一年内摊销完毕的 204 000 元，应当填列在流动资产下"一年内到期的非流动资产"项目中。

【例 13-12】甲公司计划出售一项固定资产，该固定资产于 20×8 年 6 月 30 日被划分为持有待售固定资产，其账面价值 300 万元，则 20×8 年 6 月 30 日甲公司资产负债表中"持有待售资产"项目期末余额 300 万元。

4. 根据有关科目余额减去其备抵科目余额后的净额填列

如资产负债表中的"应收票据""应收账款""长期股权投资""在建工程"等项目，应当根据"应收票据""应收账款""长期股权投资""在建工程"等科目的期末余额减去"坏账准备""长期股权投资减值准备""在建工程减值准备"等科目余额后的净额填列。"固定资产"项目，应当根据"固定资产"科目的期末余额减去"累计折旧""固定资产减值准备"备抵科目余额后的净额填列；"无形资产"项目，应当根据"无形资产"科目的期末余额减去"累计摊销""无形资产减值准备"备抵科目余额后的净额填列。

【例 13-13】甲企业 20×8 年 12 月 31 日因出售商品应收 A 企业票据金额为 123 000 元，因提供劳务应收 B 企业票据 342 000 元，12 月 31 日将所持 C 企业金额为 10 000 元的未到期商业汇票向银行贴现，实际收到金额为 9 000 元。

该企业 20×8 年 12 月 31 日资产负债表中的"应收票据"项目金额为：

123 000 + 342 000 - 10 000 = 455 000（元）

本例中，企业直接以"应收票据"总账科目余额填列，对于已贴现的票据，应扣减。应收票据已计提坏账准备的，还应以扣减相应坏账准备后的净额填列。

【例 13-14】甲企业 20×8 年 12 月 31 日结账后"应收账款"科目所属各明细科目的期末借方余额合计 450 000 元，贷方余额合计 220 000 元，对应收账款计提的坏账准备为 50 000 元，假定"预收账款"科目所属明细科目无借方余额。

该企业 20×8 年 12 月 31 日资产负债表中的"应收账款"项目金额为：

450 000 − 50 000 = 400 000（元）

本例中，企业应当以"应收账款"科目所属明细科目借方余额 450 000 元减去对应收账款计提的坏账准备 50 000 元后的净额，作为资产负债表"应收账款"项目的金额，即 400 000 元。"应收账款"科目所属明细科目贷方余额，应与"预收账款"科目所属明细科目贷方余额加总，填列为"预收账款"项目。

【例 13 – 15】甲企业 20×8 年 12 月 31 日结账后的"其他应收款"科目余额为 63 000 元，"坏账准备"科目中有关其他应收款计提的坏账准备为 2 000 元。

该企业 20×8 年 12 月 31 日资产负债表中的"其他应收款"项目金额为：

63 000 − 2 000 = 61 000（元）

本例中，企业应当以"其他应收款"总账科目余额减去"坏账准备"科目中为其他应收款计提的坏账准备金额后的净额，作为资产负债表中"其他应收款"的项目金额。

【例 13 – 16】甲企业 20×8 年 12 月 31 日结账后的"长期股权投资"科目余额为 100 000 元，"长期股权投资减值准备"科目余额为 6 000 元。

则该企业 20×8 年 12 月 31 日资产负债表中的"长期股权投资"项目金额为：

100 000 − 6 000 = 94 000（元）

本例中，企业应以"长期股权投资"总账科目余额 100 000 元减去其备抵科目"长期股权投资减值准备"科目余额后的净额，作为资产负债表中"长期股权投资"的项目金额。

【例 13 – 17】甲企业 20×8 年 12 月 31 日结账后的"固定资产"科目余额为 1 000 000 元，"累计折旧"科目余额为 90 000 元，"固定资产减值准备"科目余额为 200 000 元。

该企业 20×8 年 12 月 31 日资产负债表中的"固定资产"项目金额为：

1 000 000 − 90 000 − 200 000 = 710 000（元）

本例中，企业应当以"固定资产"总账科目余额减去"累计折旧"和"固定资产减值准备"两个备抵类总账科目余额后的净额，作为资产负债表中"固定资产"的项目金额。

【例 13 – 18】甲企业 20×8 年交付安装的设备价值为 305 000 元，未完建筑安装工程已经耗用的材料 64 000 元，工资费用支出 70 200 元，"在建工程减值准备"科目余额为 20 000 元，安装工作尚未完成。

该企业 20×8 年 12 月 31 日资产负债表中的"在建工程"项目金额为：

305 000 + 64 000 + 70 200 − 20 000 = 419 200（元）

本例中，企业应以"在建工程"总账科目余额（即待安装设备价值 305 000 元 + 工程用材料 64 000 元 + 工程用人员工资费用 70 200 元）减去为该项工程已计提的减值准备总账科目余额 20 000 元后的净额，作为资产负债表中"在建工程"的项目金额。

【例 13 – 19】甲企业 20×8 年 12 月 31 日结账后的"无形资产"科目余额为 488 000 元，"累计摊销"科目余额为 48 800 元，"无形资产减值准备"科目余额为 93 000 元。

该企业 20×8 年 12 月 31 日资产负债表中的"无形资产"项目金额为：

488 000 − 48 800 − 93 000 = 346 200（元）

本例中，企业应当以"无形资产"总账科目余额减去"累计摊销"和"无形资产减值准备"两个备抵类总账科目余额后的净额，作为资产负债表中"无形资产"的项目金额。

5. 综合运用上述填列方法分析填列

如资产负债表中的"原材料""委托加工物资""周转材料""材料采购""在途物资""发出商品""材料成本差异"等总账科目期末余额的分析汇总数。

【例 13－20】甲企业采用计划成本核算材料，20×8 年 12 月 31 日结账后有关科目余额为："材料采购"科目余额为 140 000 元（借方），"原材料"科目余额为 2 400 000（借方），"周转材料"科目余额为 1 800 000 元（借方），"库存商品"科目余额为 1 600 000 元（借方），"生产成本"科目余额为 600 000 元（借方），"材料成本差异"科目余额为 120 000 元（贷方），"存货跌价准备"科目余额为 210 000 元。

该企业 20×8 年 12 月 31 日资产负债表中的"存货"项目金额为：

140 000＋2 400 000＋1 800 000＋1 600 000＋600 000－120 000－210 000

＝6 210 000（元）

本例中，企业应当以"材料采购"（表示在途材料采购成本）"原材料""周转材料"（比如包装物和低值易耗品等）"库存商品""生产成本"（表示期末在产品金额）各总账科目余额加总后，加上或减去"材料成本差异"总账科目的余额（若为贷方余额，应减去；若为借方余额，应加上），再减去"存货跌价准备"总账科目余额后的净额，作为资产负债表中"存货"项目的金额。

13.3　利润表的编制

13.3.1　利润表概述

利润表是指反映企业在一定会计期间内的经营成果的报表。

企业一定会计期间的经营成果既可能表现为盈利，也可能表现为亏损，因此，利润表也被称为损益表。它全面揭示了企业在某一特定时期实现的各种收入、发生的各种费用、成本或支出，以及企业实现的利润或发生的亏损情况。

利润表是根据"收入－费用＝利润"的基本关系来编制的，其具体内容取决于收入、费用、利润等会计要素及其内容，利润表项目是收入、费用和利润要素内容的具体体现。

13.3.2　利润表的结构

利润表正表的格式一般有两种：单步式利润表和多步式利润表。单步式利润表是将当期所有的收入列在一起然后将所有的费用列在一起两者相减得出当期净损益。多步式利润表是通过对当期的收入、费用、支出项目按性质加以归类，按利润形成的主要环节列示一些中间性利润指标，如营业利润、利润总额、净利润，分步计算当期净损益。

在我国，利润表采用多步式，如表 13－4 所示。

表 13－4　利润表

会企 02 表　　　　　　　　　　　编制单位：年　月　　　　　　　　　　单位：元

项目	本期金额	上期金额
一、营业收入		
减：营业成本		
税金及附加		
销售费用		
管理费用		
财务费用（收益以"－"号填列）		

项目	本期金额	上期金额
资产减值损失		
加：公允价值变动净收益（损失以"－"号填列）		
投资净收益（损失以"－"号填列）		
资产处置收益（损失以"－"号填列）		
其他收益		
二、营业利润（亏损以"－"号填列）		
加：营业外收入		
减：营业外支出		
其中：非流动资产处置净损失		
三、利润总额		
减：所得税费用		
四、净利润（净亏损以"－"号填列）		
（一）持续经营净利润（净亏损以"－"号填列）		
（二）终止经营净利润（净亏损以"－"号填列）		
五、每股收益		
（一）基本每股收益		
（二）稀释每股收益		
六、其他综合收益		
七、综合收益总额		

13.3.3　利润表的编制

我国企业利润表的主要编制步骤和内容如下：

第一步，以营业收入为基础，减去营业成本、税金及附加、销售费用、管理费用、财务费用、资产减值损失，加上公允价值变动收益（减去公允价值变动损失）和投资收益（减去投资损失），计算出营业利润。

第二步，以营业利润为基础，加上营业外收入，减去营业外支出，计算出利润总额。

第三步，以利润总额为基础，减去所得税费用，计算出净利润（或亏损）。

普通股或潜在普通股已公开交易的企业，以及正处于公开发行普通股或潜在普通股过程中的企业，还应当在利润表中列示每股收益信息。

利润表各项目均需填列"本期金额"和"上期金额"两栏。

利润表"本期金额"栏反映各项目的本期实际发生数。利润表"上期金额"栏内各项数字，应根据上年该期利润表"本期金额"栏内所列数字填列。

1. 一般根据账户的本期发生额分析填列

由于该表是反映企业一定时期经营成果的动态报表，因此，"本期金额"栏内各项目一般根据账户的本期发生额分析填列。

（1）"营业收入"项目，反映企业经营业务所得的收入总额。本项目应根据"主营业务收入"和"其他业务收入"账户的发生额分析填列。

（2）"营业成本"项目，反映企业经营业务发生的实际成本。本项目应根据"主营业务成本"和"其他业务成本"账户的发生额分析填列。

（3）"税金及附加"项目，反映企业经营业务应负担的消费税、城市维护建设税、资源税、土地增值税、房产税、车船税、城镇土地使用税、印花税以及教育费附加等。本项目应根据"税金及附加"账户的发生额分析填列。

（4）"销售费用"项目，反映企业在销售商品和商品流通企业在购入商品等过程中发生的费用。本项目应根据"营业费用"账户的发生额分析填列。

（5）"管理费用"项目，反映企业行政管理等部门所发生的费用。本项目应根据"管理费用"账户的发生额分析填列。

（6）"财务费用"项目，反映企业发生的利息费用等。本项目应根据"财务费用"账户的发生额分析填列。

（7）"资产减值损失"项目，反映企业发生的各项减值损失。本项目应根据"资产减值损失"账户的发生额分析填列。

（8）"公允价值变动损益"项目，反映企业交易性金融资产等公允价值变动所形成的当期利得和损失。本项目应根据"公允价值变动损益"账户的发生额分析填列。

（9）"投资收益"项目，反映企业以各种方式对外投资所取得的收益。本项目应根据"投资收益"账户的发生额分析填列；如为投资损失，以"－"号填列。

（10）"资产处置收益"项目，反映企业出售划分为持有待售的非流动资产（金融工具、长期股权投资和投资性房地产除外）或处置组时确认的处置利得或损失，以及处置未划分为持有待售的固定资产、在建工程、生产性生物资产及无形资产而产生的处置利得或损失。债务重组中因处置非流动资产产生的利得或损失和非货币性资产交换产生的利得或损失也包括在本项目内。该项目应根据在损益类科目新设置的"资产处置损益"科目的发生额分析填列；如为处置损失，以"－"号填列。

（11）"其他收益"项目，反映计入其他收益的政府补助等。该项目应根据在损益类科目新设置的"其他收益"科目的发生额分析填列。

（12）"营业外收入"项目和"营业外支出"项目，反映企业发生的营业利润以外的收益（支出），主要包括债务重组利得（损失）、与企业日常活动无关的政府补助、盘盈利得（盘亏损失）、捐赠利得、公益性捐赠支出、非流动资产毁损报废损失、非常损失等。这两个项目应分别根据"营业外收入"账户和"营业外支出"账户的发生额分析填列。

（13）"所得税费用"项目，反映企业按规定从本期损益中减去的所得税。本项目应根据"所得税费用"账户的发生额分析填列。

（14）"（一）持续经营净利润"和"（二）终止经营净利润"项目，分别反映净利润中与持续经营相关的净利润和与终止经营相关的净利润；如为净亏损，以"－"号填列。该两个项目应按照《企业会计准则第42号——持有待售的非流动资产、处置组和终止经营》的相关规定分别列报。

2. 利润的构成分类项目根据本表有关项目计算填列

利润表中"营业利润""利润总额""净利润"等项目，均根据有关项目计算填列，此处不再赘述。

【例13-21】甲企业20×8年度"主营业务收入"科目的贷方发生额为33 000 000元，借方发生额为200 000元（系11月份发生的购买方退货），"其他业务收入"科目的贷方发生额为 2 000 000 元。

该企业 20×8 年度利润表中"营业收入"的项目金额为：

33 000 000 - 200 000 + 2 000 000 = 34 800 000（元）

本例中，企业一般应当以"主营业务收入"和"其他业务收入"两个总账科目的贷方发生额之和，作为利润表中"营业收入"项目金额。当年发生销售退回的，应冲减销售退回后的主营业务收入金额，填列"营业收入"项目。

【例 13 - 22】甲企业 20×8 年度"主营业务成本"科目的借方发生额为 30 000 000 元；20×8 年 12 月 8 日，当年 9 月销售给某单位的一批产品由于质量问题被退回，该项销售已确认成本 1 800 000 元；"其他业务成本"科目借方发生额为 800 000 元。

该企业 20×8 年度利润表中的"营业成本"的项目金额为：

30 000 000 - 1 800 000 + 800 000 = 29 000 000（元）

本例中，企业一般应当以"主营业务成本"和"其他业务成本"两个总账科目的借方发生额之和，作为利润表中"营业成本"的项目金额。当年发生销售退回的，应当减去销售退回商品成本后的金额，填列"营业成本"项目。

【例 13 - 23】甲企业 20×8 年 12 月 31 日"资产减值损失"科目当年借方发生额为 680 000 元，贷方发生额为 320 000 元。

该企业 20×8 年度利润表中"资产减值损失"的项目金额为：

680 000 - 320 000 = 360 000（元）

本例中，企业应当以"资产减值损失"总账科目借方发生额减去贷方发生额后的余额，作为利润表中"资产减值损失"的项目金额。

【例 13 - 24】甲企业 20×8 年"公允价值变动损益"科目贷方发生额为 900 000 元，借方发生额为 120 000 元。

该企业 20×8 年度利润表中"公允价值变动收益"的项目金额为：

900 000 - 120 000 = 780 000（元）

本例中，企业应当以"公允价值变动损益"总账科目贷方发生额减去借方发生额后的余额，作为利润表中"公允价值变动收益"的项目金额，若相减后为负数，表示公允价值变动损失，以"-"号填列。

【例 13 - 25】截至 20×8 年 12 月 31 日，甲企业"主营业务收入"科目发生额为 1 990 000 元，"主营业务成本"科目发生额为 630 000 元，"其他业务收入"科目发生额为 500 000 元，"其他业务成本"科目发生额为 150 000 元，"税金及附加"科目发生额为 780 000 元，"销售费用"科目发生额为 60 000 元，"管理费用"科目发生额为 50 000 元，"财务费用"科目发生额为 170 000 元，"资产减值损失"科目借方发生额为 50 000 元（无贷方发生额），"公允价值变动损益"科目为借方发生额 450 000 元（无贷方发生额），"投资收益"科目贷方发生额为 850 000 元（无借方发生额），"营业外收入"科目发生额为 100 000 元，"营业外支出"科目发生额为 40 000 元，"所得税费用"科目发生额为 171 600 元。

该企业 20×8 年度利润表中营业利润、利润总额和净利润的计算过程如下：

营业利润 = 1 990 000 + 500 000 - 630 000 - 150 000 - 780 000 - 60 000 - 50 000 - 170 000 - 50 000 - 450 000 + 850 000 = 1 000 000（元）

利润总额 = 1 000 000 + 100 000 - 40 000 = 1 060 000（元）

净利润 = 1 060 000 - 171 600 = 888 400（元）

本例中，企业应当根据编制利润表的多步式步骤，确定利润表中各主要项目的金额，相关计算公式如下：

① 营业利润＝营业收入－营业成本－税金及附加－销售费用－管理费用－财务费用－资产减值损失＋公允价值变动收益（或－公允价值变动损失）＋投资收益（或－投资损失）。

营业收入＝主营业务收入＋其他业务收入

营业成本＝主营业务成本＋其他业务成本

② 利润总额＝营业利润＋营业外收入－营业外支出。

③ 净利润＝利润总额－所得税费用。

13.4 现金流量表的编制

13.4.1 现金流量表概述

现金流量表是反映企业在一定会计期间现金和现金等价物流入和流出的报表。

现金流量是指一定会计期间内企业现金和现金等价物的流入和流出。企业从银行提取现金、用现金购买短期到期的国库券等现金和现金等价物之间的转换不属于现金流量。

现金是指企业库存现金以及可以随时用于支付的存款，包括库存现金、银行存款和其他货币资金（如外埠存款、银行汇票存款、银行本票存款）等。不能随时用于支付的存款不属于现金。

现金等价物，是指企业持有的期限短、流动性强、易于转换为已知金额现金、价值变动风险很小的投资。期限短，一般是指从购买日起三个月内到期。现金等价物通常包括三个月内到期的债券投资等。权益性投资变现的金额通常不确定，因而不属于现金等价物。企业应当根据具体情况，确定现金等价物的范围，一经确定不得随意变更。

企业的现金流量分为三大类：

（1）经营活动产生的现金流量。

经营活动，是指企业投资活动和筹资活动以外的所有交易事项。经营活动产生的现金流量主要包括销售商品或提供劳务、购买商品、接受劳务、支付工资和交纳税款等流入和流出的现金和现金等价物。

（2）投资活动产生的现金流量。

投资活动，是指企业长期资产的购建和不包括在现金等价物范围内的投资及其处置活动。投资活动产生的现金流量主要包括购建固定资产、处置子公司及其他营业单位等流入和流出的现金和现金等价物。

（3）筹资活动产生的现金流量。

筹资活动，是指导致企业资本及负债规模或构成发生变化的活动。筹资活动产生的现金流量主要包括吸收投资、发行股票、分配利润、发行债券、偿还债务等流入和流出的现金和现金等价物。偿还应付账款、应付票据等应付款项属于经营活动，不属于筹资活动。

13.4.2 现金流量表的结构

我国企业现金流量表采用报告式结构，分类反映经营活动产生的现金流量、投资活动产生的现金流量和筹资活动产生的现金流量，最后汇总反映企业某一期间现金及现金等价物的净增加额。

我国企业现金流量表的格式如表 13 - 5 所示。

表 13 - 5　现金流量表

会企 03 表　　　　　　　　　　编制单位：　年　月　　　　　　　　　　单位：元

项目	本年金额
一、经营活动产生的现金流量：	
销售商品、提供劳务收到的现金	
收到的税费返还	
收到的其他与经营活动有关的现金	
经营活动现金流入小计	
购买商品、接受劳务支付的现金	
支付给职工以及为职工支付的现金	
支付的各项税费	
支付的其他与经营活动有关的现金	
经营活动现金流出小计	
经营活动产生的现金流量净额	
二、投资活动产生的现金流量：	
收回投资所收到的现金	
取得投资收益所收到的现金	
处置固定资产、无形资产和其他长期资产收回的现金净额	
收到的其他与投资活动有关的现金	
投资活动现金流入小计	
购建固定资产、无形资产和其他长期资产所支付的现金	
投资所支付的现金	
支付的其他与投资活动有关的现金	
投资活动现金流出小计	
投资活动产生的现金流量净额	
三、筹资活动产生的现金流量	
吸收投资收到的现金	
取得借款收到的现金	
收到的其他与筹资活动有关的现金	
筹资活动现金流入小计	
偿还债务所支付的现金	
分配股利、利润或偿还利息所支付的现金	
支付的其他与筹资活动有关的现金	
筹资活动现金流出小计	
筹资活动产生的现金流量净额	
四、汇率变动对现金的影响	
五、现金及现金等价物净增加额	
加：期初现金及现金等价物余额	
六、期末现金及现金等价物余额	

13.4.3 现金流量表的编制方法

企业应当采用直接法列示经营活动产生的现金流量。直接法是指通过现金收入和现金支出的主要类别列示经营活动的现金流量。采用直接法编制经营活动的现金流量时，一般以利润表中的营业收入为起算点，调整与经营活动有关的项目增减变动，然后计算出经营活动的现金流量。

采用直接法具体编制现金流量表时，可以采用工作底稿法或 T 形账户法，也可以根据有关科目记录分析填列。

1. 工作底稿法

采用工作底稿法编制现金流量表，就是以工作底稿为手段，以利润表和资产负债表数据为基础，对每一项目进行分析并编制调整分录，从而编制出现金流量表。

采用工作底稿法编制现金流量表的程序是：

第一步，将资产负债表的期初数和期末数过入工作底稿的期初数栏和期末数栏。

第二步，对当期业务进行分析并编制调整分录。调整分录大体有这样几类：第一类涉及利润表中的收入、成本和费用项目以及资产负债表中的资产、负债及所有者权益项目，通过调整，将权责发生制下的收入费用转换为现金基础；第二类是涉及资产负债表和现金流量表中的投资、筹资项目，反映投资和筹资活动的现金流量；第三类是涉及利润表和现金流量表中的投资和筹资项目，目的是将利润表中有关投资和筹资方面的收入和费用列入现金流量表投资、筹资现金流量中去。此外，还有一些调整分录并不涉及现金收支，只是为了核对资产负债表项目的期末期初变动。

在调整分录中，有关现金和现金等价物的事项，并不直接借记或贷记现金，而是分别记入"经营活动产生的现金流量""投资活动产生的现金流量""筹资活动产生的现金流量"有关项目，借记表明现金流入，贷记表明现金流出。

第三步，将调整分录过入工作底稿中的相应部分。

第四步，核对调整分录，借贷合计应当相等，资产负债表项目期初数加减调整分录中的借贷金额以后，应当等于期末数。

第五步，根据工作底稿中的现金流量表项目部分编制正式的现金流量表。

2. T 形账户法

采用 T 形账户法，就是以 T 形账户为手段，以利润表和资产负债表数据为基础，对每一项目进行分析并编制出调整分录，从而编制出现金流量表。

采用 T 形账户法编制现金流量表的程序如下：

第一步，为所有的非现金项目（包括资产负债表项目和利润表项目）分别开设 T 形账户，并将各自的期末期初变动数过入各该账户。

第二步，开设一个大的"现金及现金等价物"T 形账户，每边分为经营活动、投资活动和筹资活动三个部分，左边记现金流入，右边记现金流出。与其他账户一样，过入期末期初变动数。

第三步，以利润表项目为基础，结合资产负债表分析每一个非现金项目的增减变动，并据此编制调整分录。

第四步，将调整分录过入各 T 形账户，并进行核对，该账户借贷相抵后的余额与原先过入的期末期初变动数应当一致。

第五步，根据大的"现金及现金等价物"T 形账户编制正式的现金流量表。

3. 分析填列法

分析填列法是直接根据资产负债表、利润表和有关会计科目明细账的记录，分析计算出现金流量表各项目的金额，并据以编制现金流量表的一种方法。

13.4.4 现金流量表的编制

1. 经营活动产生的现金流量

（1）"销售商品、提供劳务收到的现金"项目。该项目反映企业销售商品、提供劳务实际收到的现金（含销售收入和应向购买者收取的增值税税额）。由于现金流量表是以现金制为基础，所以，该项目的现金流量应以本期销售商品、提供劳务收到的现金，以及前期销售和前期提供劳务本期收到的现金和本期预收的账款的总和，减去本期退回本期销售的商品和前期销售本期退回的商品支付的现金。企业销售材料和代购代销业务收到的现金，也在本项目中反映。本项目可根据"库存现金""银行存款""应收账款""应收票据""预收账款""主营业务收入""其他业务收入"等账户的记录分析填列。

（2）"收到的税费返还"项目。该项目反映企业收到的各种税费，如收到的增值税、营业税、消费税、所得税、教育费附加等的返还。本项目可以根据"库存现金""银行存款""其他业务收入""其他应收款"等账户的记录分析填列。

（3）"收到其他与经营活动有关的现金"项目。该项目反映企业除了上述项目外，收到的其他与经营活动有关的现金流入，如罚款收入、流动资产损失中由个人赔偿的现金收入等。其他现金流入价值较大的，应单独列项反映。本项目可以根据"库存现金""银行存款""营业外收入"等账户的记录分析填列。

（4）"购买商品、接受劳务支付的现金"项目。该项目反映企业购买商品、接受劳务支付的现金，包括本期购入的材料、商品、接受劳务支付的现金（包括增值税进项税款），以及本期支付前期的购入商品、接受劳务的未付款项和本期预付款项。本期发生的购货退回收到的现金应从本期项目中减去。本项目可以根据"库存现金""银行存款""应付账款""应付票据""主营业务成本"等账户的记录分析填列。

【例 13－26】某企业 20×8 年度发生以下业务：以银行存款购买将于 2 个月后到期的国债 500 万元，偿还应付账款 200 万元，支付生产人员工资 150 万元，购买固定资产 300 万元。假定不考虑其他因素，则该企业 2018 年度现金流量表中"购买商品、接受劳务支付的现金"项目的金额为 200 万元。

本例中，购买 2 个月后到期的国债属于用银行存款购买了现金等价物，不对现金流量造成影响，因此不用考虑此事项；偿还应付账款属于购买商品支付的现金；支付生产人员工资属于支付给职工以及为职工支付的现金；购买固定资产属于投资活动。因此本例只需要考虑偿还应付账款这个事项，"购买商品，接受劳务支付的现金"项目的金额为 200 万元。

（5）"支付给职工以及为职工支付的现金"项目。该项目反映企业实际支付给职工以及为职工支付的现金，包括本期实际支付给员工的工资、奖金、各种津贴和补贴，以及为职工支付的其他费用。本项目中不包括企业支付的离退休人员的各项费用和支付给在建工程人员的工资等。

企业支付给离退休人员的费用，包括支付的统筹退休金以及未参加统筹的退休人员的费用，在"支付的其他与经营活动有关的现金"项目中反映；企业支付的在建工程人员的工资，在"购建固定资产、无形资产和其他长期资产支付的现金"项目中反映。本项目可以根据"应付职工薪酬""库存现金""银行存款"等账户的记录分析填列。

企业为职工支付的养老、失业等社会保险基金、补充养老保险、住房公积金、支付给职工的住房困难补助以及企业支付给职工和为职工支付的其他福利费用等，应按职工的工作性质和服务对象，分别在本项目和"购建固定资产、无形资产和其他长期资产支付的现金"项目中反映。

【例 13－27】某企业本期实际发放工资和津贴共计 110 万元，其中，车间生产人员 55 万元，行政管理人员 25 万元，在建工程人员 30 万元。该企业本期现金流量表中"支付给职工以及为职工支付的现金"项目填列的金额 ＝55＋25＝80（万元）。

本例中，在建工程人员工资为投资活动，在"购建固定资产、无形资产和其他长期资产支付的现金"列示。

（6）"支付的各项税费"项目。该项目反映企业按规定支付的各种税费，包括本期发生并支付的税费，以及本期支付以前各期发生的税费和预交的税费，如支付的教育费附加、矿产资源补偿费、印花税、房产税、土地增值税、车船使用税、所得税、消费税等，不包括计入固定资产价值、实际支付的耕地占用税等，也不包括本期退回的增值税、所得税。本期收到的增值税、所得税在"收到的税费返还"项目中反映。本项目可以根据"库存现金""银行存款""应交税金"等账户的记录分析填列。

（7）"支付的其他与经营活动有关的现金"项目。该项目反映企业除上述各项外，支付的其他与经营活动有关的现金流出，如罚款支出、支付的差旅费、业务招待费支出、支付的保险费、宣传广告费支出等。其他现金流出如果价值较大的，应单列项目反映。本项目可以根据有关账户的记录分析填列。

2. 投资活动产生的现金流量

（1）"收回投资收到的现金"项目。该项目反映企业出售、转让或到期收回除现金等价物以外的对其他企业的权益工具、债务工具和合营中的权益等投资收到的现金。收回债务工具实现的投资收益、处置子公司及其他营业单位收到的现金净额不在本项目中反映。本项目可以根据"可供出售金融资产""持有至到期投资""长期股权投资""库存现金""银行存款"等账户的记录分析填列。

（2）"取得投资收益收到的现金"项目。该项目反映企业除现金等价物以外的其他企业的权益工具、债务工具和合营中的权益投资分回的现金股利的利息等，但不包括现金股利。本项目可以根据"库存现金""银行存款""投资收益"等账户的记录分析填列。

（3）"处置固定资产、无形资产和其他长期资产收回的现金净额"项目。该项目反映企业处置固定资产、无形资产和其他长期资产取得的现金，减去处置这些资产而支付的有关费用后的净额。由于自然灾害所造成的固定资产等长期资产损失而收到的保险赔偿收入，也在本项目中反映。本项目可以根据"固定资产清理""库存现金""银行存款"等账户的记录分析填列。

（4）"处置子公司及其他营业单位收到的现金净额"项目。该项目反映企业处置子公司及其他营业单位取得的现金，减去相关处置费用以及子公司及其他营业单位持有的现金和现金等价物后的净额。本项目可以根据"长期股权投资""库存现金""银行存款"等账户的记录分析填列。

（5）"收到其他与投资活动有关的现金"项目。该项目反映了企业除了上述各项目以外，收到的其他与投资活动有关的现金流入。比如，企业收回购买股票和债券时支付的已宣告但尚未领取的债券利息。其他现金流入如价值较大的，应单列项目反映。本项目可以根据有关账户的记录分析填列。

（6）"购建固定资产、无形资产和其他长期资产支付的现金"项目。该项目反映企业购买、建造固定资产、取得无形资产和其他长期资产支付的现金，以及用现金支付的应由在建工程和无形资产担负的职工薪酬，不包括为购建固定资产而发生的借款利息资本化的部分，以及融资租入固定资产支付的租赁费。借款利息和融资租入固定资产支付的租赁费，在筹资活动产生的现金流量中单独反映。本项目可以根据"固定资产""无形资产""在建工程"等科目的记录分析填列。

（7）"投资支付的现金"项目。该项目反映企业取得的除现金以外的其他企业的权益工具、债务工具和合营中的权益等投资支付的现金，以及支付的佣金、手续费等交易费用，但取得子公司及其他经营单位支付的现金除外。本项目可以根据"可供出售金融资产""持有至到期投资""长期股权投资""库存现金""银行存款"等账户的记录分析填列。

企业购买股票和债券时实际支付的价款中包含的已宣告但尚未领取的现金股利或已支付到期但尚未领取的债券利息，应在投资活动的"支付的其他与投资活动有关的现金"项目反映；收回股票和债券时支付的已宣告但尚未领取的现金股利和已到期但尚未领取的债券的利息，应在投资活动的"收到的其他与投资活动有关的现金"项目反映。

（8）"取得子公司及其他营业单位支付的现金净额"项目。该项目反映企业购买子公司及其他营业单位购买出价中以现金支付的部分，减去子公司及其他营业单位持有的现金和现金等价物之后的净额。本项目可以根据"长期股权投资""库存现金""银行存款"等账户的记录分析填列。

（9）"支付与其他投资活动有关的现金"项目。该项目反映企业除上述各项以外，支付的其他与投资活动有关的现金流出。比如，企业购买股票时实际支付的价款中包含的已宣告但尚未领取的现金股利，购买债券时支付的价款中包含的已宣告但尚未领取的债券利息等。其他现金流出如价值较大，则应单列项目反映。本项目可以根据"应收股利""应收利息""库存现金""银行存款"等账户的记录分析填列。

3. 筹资活动产生的现金流量

（1）"吸收投资收到的现金"项目。该项目反映企业以发行股票、债券等方式筹资实际收到的款项，减去直接支付的佣金、手续费、宣传费、咨询费、印刷费等发行费用后的净额。本项目可以根据"实收资本（或股本）""库存现金""银行存款"等账户的记录分析填列。

（2）"取得借款收到的现金"项目。该项目反映企业举借各种短期、长期借款收到的现金。本项目可以根据"短期借款""长期借款""库存现金""银行存款"等账户的记录分析填列。

（3）"收到的其他与筹资活动有关的现金"项目。该项目反映企业除了上述各项目外收到的其他与筹资活动有关的现金流入，如接受现金捐赠等。其他现金收入如价值较大的，应当单列项目反映。本项目可以根据有关账户的记录分析填列。

（4）"偿还债务支付的现金"项目。该项目反映企业以现金偿还债务的本金，包括偿还金融企业的借款本金、偿还债券本金等。企业偿还的借款利息、债券利息，在"分配股利、利润和偿付利息支付的现金"项目中反映，不包括在本项目内。本项目可以依据"短期借款""长期借款""库存现金""银行存款"等账户的记录分析填列。

（5）"分配股利、利润和偿付利息支付的现金"项目。该项目反映企业实际支付的现金股利、支付给其他投资单位的利润以及借款利息、债券利息等，本项目可根据"应付股利""应付利息""财务费用""长期借款""库存现金""银行存款"等账户的记录分析填列。

（6）"支付与其他筹资活动有关的现金"项目。该项目反映了企业除了上述各项目以外，支付的其他与筹资活动有关的现金流出，如捐赠现金支出、融资租入固定资产支付的租赁费等。其他现金流出如价值较大，应单列项目反映。本项目可以根据"营业外支出""长期应付款""库存现金""银行存款"等账户的记录分析填列。

4. 汇率变动对现金的影响

企业外币现金流量及境外子公司的现金流量折算成记账本位币时，所采用的是现金流量发生日的汇率或即期汇率近似的汇率，而现金流量表"现金及现金等价物净增加额"项目中外币现金净增加额是按资产负债表日的即期汇率折算。这两者的差额即为汇率变动对现金的影响。

【例13-28】甲企业当期出口商品一批，售价10 000美元，款项已收到，收汇当日汇率为1:6.90。当期进口货物一批，价值5 000美元，款项已支付，结汇当日汇率为1:6.92。资产负债表日的即期汇率为1:6.93。假设银行存款的期初余额为0，当期没有其他业务发生。

汇率变动对现金的影响额计算如下：

经营活动流入的现金	10 000美元
汇率变动（6.93-6.90）	×0.03
汇率变动对现金流入的影响额	300人民币元
经营活动流出的现金	5 000美元
汇率变动（6.93-6.92）	×0.01
汇率变动对现金流出的影响额	50人民币元
汇率变动对现金的影响额	250人民币元

现金流量表中：

经营活动流入的现金	69 000
经营活动流出的现金	34 600
经营活动产生的现金流量净额	34 400
汇率变动对现金的影响额	250
现金及现金等价物净增加额	34 650

现金流量表补充资料中：

现金及现金等价物净增加情况：

银行存款的期末余额（5 000×6.93）	34 650
银行存款的期初余额	0
现金及现金等价物净增加额	34 650

5. 现金及现金等价物净增加额

该项目反映企业本期现金的净增加额或净减少额，是现金流量表中"经营活动产生的现金流量净额""投资活动产生的现金流量净额""筹资活动产生的现金流量净额"与汇率变动对现金的影响额的合计数。

从【例13-28】可以看出，现金流量表"现金及现金等价物净增加额"项目数额与现金流量表补充资料中"现金及现金等价物净增加额"数额相等，应当核对相符。在编制现金流量表时，对当期发生的外币业务，不必逐笔计算汇率变动对现金的影响，可以通过现金流量表补充资料中"现金及现金等价物净增加额"数额与现金流量表中"经营活动产生的现金流量净额""投资活动产生的现金流量净额""筹资活动产生的现金流量净额"三项之和比较，其差额即为"汇率变动对现金的影响额"。

6. 期末现金及现金等价物余额的填列

该项目是将计算出来的现金及现金等价物净增加额加上期初现金及现金等价物金额求得。它应该与企业期末的全部货币资金与现金等价物的合计余额相等。

13.4.5　现金流量表附表的编制

除现金流量表反映的信息外，企业还应该在附注中披露将净利润调节为经营活动的现金流量，以及不涉及现金收支的重大投资和筹资活动、现金及现金等价物净变动情况等信息。也就是要求按间接法编制现金流量表的附表，即现金流量表的补充资料。

我国企业现金流量表附表的格式如表 13 – 6 所示。

表 13 – 6　现金流量表

编制单位：　　　　年度　　　　　　　　　　　　　　　　　　　　　　　　　　　单位：元

补充资料	本期金额	上期金额
1. 将净利润调节为经营活动现金流量：		
净利润		
加：计提的资产减值准备		
固定资产折旧		
无形资产摊销		
长期待摊费用摊销		
待摊费用减少（减：增加）		
预提费用增加（减：减少）		
处置固定资产、无形资产和其他长期资产的损失（减：收益）		
固定资产报废损失		
财务费用		
投资损失（减：收益）		
递延税款贷项（减：借项）		
存货的减少（减：增加）		
经营性应收项目的减少（减：增加）		
经营性应付项目的增加（减：减少）		
其他		
经营活动产生的现金流量净额		
2. 不涉及现金收支的投资和筹资活动：		
债务转为资本		
一年内到期的可转换公司债券		
融资租入固定资产		

续表

补充资料	本期金额	上期金额
3. 现金及现金等价物净增加情况：		
现金的期末余额		
减：现金的期初余额		
加：现金等价物的期末余额		
减：现金等价物的期初余额		
现金及现金等价物净增加额		

1. 将净利润调节为经营活动的现金流量

现金流量表采用直接法反映经营活动的现金流量，同时，企业还应采用间接法反映经营活动产生的现金流量。间接法，是指以企业本期净利润为起算点，通过调整不涉及现金的收入和费用、营业外收支以及经营性应收应付等项目的增减变动，调整不属于经营活动的现金收支项目，据此计算并列报经营活动产生的现金流量的方法。现金流量表补充资料是对现金流量表采用直接法反映的经营活动现金流量进行核对和补充说明。

采用间接法列报经营活动产生的现金流量时，需要对四大类项目进行调整：一是实际没有支付现金的费用；二是实际没有收到现金的收益；三是不属于经营活动的损益；四是经营性应收应付项目的增减变动。

企业利润表中反映的净利润是以权责发生制为基础核算的，而且包括了投资活动和筹资活动的收入和费用。将净利润调节为经营活动的现金流量，就是要按收付实现制的原则，将净利润按各项目调整为现金净流入，并且要剔除投资和筹资活动对现金流量的影响。对这些项目的调整过程，就是按间接法编制经营活动现金流量表的过程。

将净利润调节为经营活动的现金流量是以净利润为基础。因为净利润是现金净流入的主要来源。但净利润与现金净流入并不相等，所以需要在净利润基础上，将净利润调整为现金净流入。在净利润基础上进行调整的项目主要包括：

(1) "计提的资产减值准备"项目。

企业计提的各项资产减值准备，包括坏账准备、存货跌价准备，以及各项长期资产的减值准备等。其已经计入了"资产减值损失"科目，期末结转到"本年利润"账户，从而减少了净利润。但是计提资产减值准备，并不需要支付现金，即没有减少现金流量。所以应将计提的各项资产减值准备，在净利润基础上予以加回。

本项目应根据"资产减值损失"账户的记录分析填列。

(2) "固定资产折旧"项目。

工业加工企业计提的固定资产折旧，一部分增加了产品的成本，另一部分增加了期间费用（如管理费用、销售费用等），计入期间费用的部分直接减少了净利润，计入产品成本的部分，一部分转入了主营业务成本，也直接冲减了净利润；产品尚未变现的部分，折旧费用加到了存货成本中，存货的增加是作为现金流出进行调整的。而实际上全部的折旧费用并没有发生现金流出。所以，应在净利润的基础上将折旧的部分予以加回。

本项目应根据"累计折旧"账户的贷方发生额分析填列。

(3) "无形资产摊销"项目。

企业的无形资产摊销是计入管理费用的，所以冲减了净利润。但无形资产摊销并没有发生现金流出。所以无形资产当期摊销的价值，应在净利润的基础上予以加回。

该项目可根据"累计摊销"账户的记录分析填列。

（4）"长期待摊费用摊销"项目。

长期待摊费用的摊销与无形资产摊销一样，已经计入了损益，但没有发生现金流出，所以该项目应在净利润的基础上予以加回。

（5）"处置固定资产、无形资产和其他长期资产的损失"项目。

处置固定资产、无形资产和其他长期资产发生的损益，属于投资活动产生的损益，不属于经营活动产生的损益，但却影响了当期净利润。所以在将净利润调节为经营活动现金流量时应予以剔除。如为净损失，应当予以加回；如为净收益，应予以扣除，即用"－"号列示。

本项目可根据"营业外收入""营业外支出"等账户所属明细账户的记录分析填列。

（6）"固定资产报废损失"项目。

本项目反映企业当期固定资产盘亏后的净损失（或盘盈后的净收益）。

企业发生固定资产盘亏盘盈损益，属于投资活动产生的损益，不属于经营活动产生的损益，但却影响了当期净利润。所以在将净利润调节为经营活动现金流量时应予以剔除。如为净损失，应当予以加回；如为净收益，应予以扣除，即用"－"号列示。

本项目可根据"营业外收入""营业外支出"等账户所属明细账户的记录分析填列。

（7）"公允价值变动损失"项目。

该项目反映企业持有的交易性金融资产、交易性金融负债、采用公允价值模式计量的投资性房地产等公允价值变动形成的净损失。因为公允价值变动损失影响了当期净利润，但并没有发生现金流出，所以应进行调整。如为净收益以"－"号列示。本项目可根据"公允价值变动损益"科目所属有关明细科目的记录分析填列。

（8）"财务费用"项目。

一般企业，财务费用主要是借款发生的利息支出（减存款利息收入）。财务费用属于筹资活动发生的现金流出，而不属于经营活动的现金流量。但财务费用作为期间费用，已直接计入了企业经营损益，影响了净利润，所以在将净利润调节为经营活动现金流量时应予以剔除。财务费用如为借方余额，应予以加回；如为贷方余额，应予以扣除。本项目应根据利润表"财务费用"项目填列。

（9）"投资损失"项目。

企业发生的投资损益，属于投资活动的现金流量，不属于经营活动的现金流量。但投资损失，已直接计入了企业当期利润，影响了净利润。所以在将净利润调节为经营活动现金流量时应予以剔除。如为投资净损失，应当予以加回；如为投资净收益，应予以扣除，即用"－"号列示。

该项目可根据利润表中"投资收益"项目的金额填列。

（10）"递延所得税资产减少"项目。

该项目反映企业资产负债表"递延所得税资产"项目的期初余额与期末余额的差额。递延所得税资产的减少增加了所得税费用，减少了利润。而递延所得税资产的减少并没有增加现金流出。所以应在净利润的基础上予以加回。相反，如果是递延所得税资产增加，则应用"－"号填列。

本项目可以根据"递延所得税资产"科目分析填列。

（11）"递延所得税负债增加"项目。

递延所得税负债的增加，增加了当期所得税费用，但并没有因此增加现金流出，所以应在净利润的基础上予以加回。相反，如果是递延所得税负债减少，则应用"－"号填列。

（12）"存货的减少"项目。

企业当期存货减少，说明本期经营中耗用的存货，有一部分是期初的存货，这部分存货当期没有发生现金流出，但在计算净利润时已经进行了扣除。所以在将净利润调节为经营活动现金流量时应当予以加回。

如果期末存货比期初增加，说明当期购入的存货除本期耗用外还剩余一部分。这部分存货已经发生了现金流出，但这部分存货没有减少净利润。所以在将净利润调节为经营活动现金流量时应予以扣除。即用"－"号列示。

总之，存货的减少，应视为现金的增加，应予加回现金流量；存货的增加，应视为现金的减少，应予扣除现金流量。

该项目可根据资产负债表"存货"项目的期初、期末数之间的差额填列。

（13）"经营性应收项目的减少"项目。

经营性应收项目的减少（如应收账款、应收票据、其他应收款等项目中与经营活动有关的部分的减少），说明本期收回的现金大于利润表中确认的主营业务收入，即将上期实现的收入由本期收回了现金，形成了本期的现金流入，但净利润却没有增加。所以在将净利润调节为经营活动现金流量时，将本期经营性应收项目减少的部分应予以加回。

但上述各应收项目如果增加，即经营性各应收项目的期末余额大于期初余额，则表明本期的销售收入中有一部分没有收回，从而减少了现金的流入，在将净利润调节为经营活动现金流量时应予以扣除。

本项目应根据各应收项目账户所属的明细账户的记录分析填列。

（14）"经营性应付项目的增加"项目。

经营性应付项目的增加（如应付账款、应付票据、应付职工薪酬、应付福利费、应交税费、其他应付款等项目中与经营活动有关的部分的增加），说明本期购入的存货中有一部分没有支付现金，净利润不变，但现金流出减少了，从而现金流量肯定增加了。所以在将净利润调节为经营活动现金流量时，将本期经营性应付项目增加的部分应予以加回。

如果上述经营性应付项目减少，即期末余额小于期初余额，说明除将本期购入的存货全部付款以外，还支付了上期的应付款项，所以现金流出增加了，现金净流量减少了。在将净利润调节为经营活动现金流量时，将本期经营性应付项目减少的部分应予以扣除。

本项目应根据各应付项目账户所属的明细账户的记录分析填列。

2. 不涉及现金收支的投资和筹资活动

不涉及现金收支的投资和筹资活动项目，反映企业一定期间内影响资产和负债但不形成现金收支的所有投资和筹资活动的信息。这些投资和筹资活动虽不涉及现金收支，但对以后各期的现金流量会产生重大影响。所以也应进行列示和披露。

不涉及现金收支的投资和筹资活动的具体项目见现金流量表补充资料表中所列。

13.5　所有者权益变动表的编制

13.5.1　所有者权益变动表概述

所有者权益变动表是反映构成所有者权益的各组成部分当期的增减变动情况的报表。所有者权益变动表应当全面反映一定时期所有者权益变动的情况，它不仅包括所有者权益总量的增减变动，还包括所有者权益增减变动的重要结构性信息，特别是要反映直接计入所有者权益的利得和损失，以使报表使用者准确理解所有者权益增减变动的根源。

因此，在所有者权益变动表上，企业至少应当单独列示反映下列信息的项目：

（1）净利润。

（2）直接计入所有者权益的利得和损失项目及其总额。

（3）会计政策变更和差错更正的累积影响金额。

（4）所有者投入资本和向所有者分配利润等。

（5）提取的盈余公积。

（6）实收资本、资本公积、盈余公积、未分配利润的期初、期末余额及其调节情况。

13.5.2　所有者权益变动表的结构

所有者权益变动表以矩阵的形式列示：一方面，列示导致所有者权益变动的交易或事项，即所有者权益变动的来源，对一定时期所有者权益的变动情况进行全面反映；另一方面，按照所有者权益各组成部分（即实收资本、资本公积、盈余公积、未分配利润和库存股）列示交易或事项对所有者权益各部分的影响。

我国企业所有者权益变动表的格式如表 13-7 所示。

表 13-7　所有者权益变动表

会企 04 表　　　　　　　　　　　编制单位：　　　年度　　　　　　　　　　单位：元

项目	本年金额						上年金额					
	实收资本（或股本）	资本公积	减：库存股	盈余公积	未分配利润	所有者权益合计	实收资本（或股本）	资本公积	减：库存股	盈余公积	未分配利润	所有者权益合计
一、上年年末余额												
加：会计政策变更												
前期差错更正												
二、本年年初余额												
三、本年增减变动金额（减少以"-"号填列）												
（一）净利润												
（二）直接计入所有者权益的利得和损失												
1. 可供出售金融资产公允价值变动净额												
2. 权益法下被投资单位其他所有者权益变动的影响												
3. 与计入所有者权益项目有关的所得税影响												
4. 其他												
上述（一）和（二）小计												
（三）所有者投入和减少资本												

续表

项目	本年金额						上年金额					
	实收资本（或股本）	资本公积	减：库存股	盈余公积	未分配利润	所有者权益合计	实收资本（或股本）	资本公积	减：库存股	盈余公积	未分配利润	所有者权益合计
1. 所有者投入资本												
2. 股份支付计入所有者权益的金额												
3. 其他												
（四）利润分配												
1. 提取盈余公积												
2. 对所有者（或股东）的分配												
3. 其他												
（五）所有者权益内部结转												
1. 资本公积转增资本（或股本）												
2. 盈余公积转增资本（或股本）												
3. 盈余公积弥补亏损												
4. 其他												
四、本年年末余额												

13.5.3　所有者权益变动表的编制

所有者权益变动表各项目均需填列"本年金额"和"上年金额"两栏。

1. 上年金额栏的列报方法

所有者权益变动表"上年金额"栏内各项数字，应根据上年度所有者权益变动表"本年金额"内所列数字填列。上年度所有者权益变动表规定的各个项目的名称和内容同本年度不一致的，应对上年度所有者权益变动表各项目的名称和数字按照本年度的规定进行调整，填入所有者权益变动表的"上年金额"栏内。

2. 本年金额栏的列报方法

所有者权益变动表"本年金额"栏内各项数字一般应根据"实收资本（或股本）""资本公积""盈余公积""利润分配""库存股""以前年度损益调整"科目的发生额分析填列。企业的净利润及其分配情况作为所有者权益变动的组成部分，不需要单独设置利润分配表列示。

3. 所有者权益变动表各项目的列报说明

（1）"上年年末余额"项目，反映企业上年资产负债表中实收资本（或股本）、资本公积、盈余公积、未分配利润的年末余额。

（2）"会计政策变更"和"前期差错更正"项目，分别反映企业采用追溯调整法处理的会计政策变更的累积影响金额和采用追溯重述法处理的会计差错更正的累积影响金额。为了体现会计政策变更和前期差错更正的影响，企业应当在上期期末所有者权益余额的基础上进行调整得出本期期初所有者权益，根据"盈余公积""利润分配""以前年度损益调整"等科目的发生额分析填列。

（3）"本年增减变动额"项目分别反映如下内容：

①"净利润"项目，反映企业当年实现的净利润（或净亏损）金额，并对应列在"未分配利润"栏。

②"直接计入所有者权益的利得和损失"项目，反映企业当年根据企业会计准则规定未在损益中确认的各项利得和损失扣除所得税影响后的净额，并对应列在"资本公积"栏。

③"净利润"和"直接计入所有者权益的利得和损失"小计项目，反映企业当年实现的净利润（或净亏损）金额和当年直接计入所有者权益的利得和损失的合计额。

④"所有者投入和减少资本"项目，反映企业当年所有者投入的资本和减少的资本。其中，"所有者投入资本"项目，反映企业接受投资者投入形成的实收资本（或股本）和资本溢价或股本溢价，并对应列在"实收资本"和"资本公积"栏；"股份支付计入所有者权益的金额"项目，反映企业处于等待期中的权益结算的股份支付当年计入资本公积的金额，并对应列在"资本公积"栏。

⑤"利润分配"下各项目，反映当年对所有者（或股东）分配的利润（或股利）金额和按照规定提取的盈余公积金额，并对应列在"未分配利润"和"盈余公积"栏。其中，"提取盈余公积"项目，反映企业按照规定提取的盈余公积；"对所有者（或股东）的分配"项目，反映对所有者（或股东）分配的利润（或股利）金额。

⑥"所有者权益内部结转"下各项目，反映不影响当年所有者权益总额的所有者权益各组成部分之间当年的增减变动，包括资本公积转增资本（或股本）、盈余公积转增资本（或股本）、盈余公积弥补亏损等项金额。为了全面反映所有者权益各组成部分的增减变动情况，所有者权益内部结转也是所有者权益变动表的重要组成部分，主要指不影响所有者权益总额、所有者权益的各组成部分当期的增减变动。其中，"资本公积转增资本（或股本）"项目，反映企业以资本公积转增资本或股本的金额；"盈余公积转增资本（或股本）"项目，反映企业以盈余公积转增资本或股本的金额；"盈余公积弥补亏损"项目，反映企业以盈余公积弥补亏损的金额。

13.6 财务报表的附注

13.6.1 财务报表附注概述

财务报表附注是对资产负债表、利润表、现金流量表和所有者权益变动表等报表中列示项目的文字描述或明细资料，以及对未能在这些报表中列示项目的说明等，可以使报表使用者全面了解企业的财务状况、经营成果和现金流量。

财务表附注是对会计报表的补充说明，是财务会计报告体系的重要组成部分。随着经济环境的复杂化以及人们对相关信息要求的提高，附注在整个报告体系中的地位日益突出。

13.6.2 附注披露的内容

企业应当按照规定披露如下有关内容：

（1）企业的基本情况。

① 企业注册地、组织形式和总部地址。

② 企业的业务性质和主要经营活动，如企业所处的行业、所提供的主要产品或服务、客

户的性质、销售策略、监管环境的性质等。

③ 母公司以及集团最终母公司的名称。

④ 财务报告的批准报出者和财务报告批准报出日。

（2）财务报表的编制基础。

（3）遵循企业会计准则的声明。

企业应当声明编制的财务报表符合企业会计准则的要求，真实、完整地反映了企业的财务状况、经营成果和现金流量等有关信息。以此明确企业编制财务报表所依据的制度基础。

如果企业编制的财务报表只是部分地遵循了企业会计准则，附注中不得做出这种表述。

（4）重要会计政策和会计估计。

根据财务报表列报准则的规定，企业应当披露采用的重要会计政策和会计估计，不重要的会计政策和会计估计可以不披露。

① 重要会计政策的说明。

由于企业经济业务的复杂性和多样化，某些经济业务可以有多种会计处理方法，也即存在不止一种可供选择的会计政策。例如，存货的计价可以有先进先出法、加权平均法、个别计价法等；固定资产的折旧，可以有平均年限法、工作量法、双倍余额递减法、年数总额法等。企业在发生某项经济业务时，必须从允许的会计处理方法中选择适合本企业特点的会计政策。企业选择不同的会计处理方法，可能极大地影响企业的财务状况和经营成果，进而编制出不同的财务报表。为了有助于报表使用者理解，有必要对这些会计政策加以披露。

需要特别指出的是，说明会计政策时还需要披露下列两项内容：

a）财务报表项目的计量基础。会计计量属性包括历史成本、重置成本、可变现净值、现值和公允价值。它们直接显著影响报表使用者的分析。这项披露要求便于使用者了解企业财务报表中的项目是按何种计量基础予以计量的，如存货是按成本还是可变现净值计量等。

b）会计政策的确定依据，主要是指企业在运用会计政策过程中所作的对报表中确认的项目金额最具影响的判断。例如，企业如何判断持有的金融资产是持有至到期的投资而不是交易性投资；又比如，对于拥有的持股不足 50% 的关联企业，企业为何判断企业拥有控制权因此将其纳入合并范围；再比如，企业如何判断与租赁资产相关的所有风险和报酬已转移给企业，从而符合融资租赁的标准；以及投资性房地产的判断标准是什么，等等。这些判断对在报表中确认的项目金额具有重要影响。因此，这项披露要求有助于使用者理解企业选择和运用会计政策的背景，增加财务报表的可理解性。

② 重要会计估计的说明。

财务报表列报准则强调了对会计估计不确定因素的披露要求，企业应当披露会计估计中所采用的关键假设和不确定因素的确定依据，这些关键假设和不确定因素在下一会计期间内很可能导致对资产、负债账面价值进行重大调整。

在确定报表中确认的资产和负债的账面金额过程中，企业有时需要对不确定的未来事项在资产负债表日对这些资产和负债的影响加以估计。例如，固定资产可收回金额的计算需要根据其公允价值减去处置费用后的净额与预计未来现金流量的现值两者之间的较高者确定，在计算资产预计未来现金流量的现值时需要对未来现金流量进行预测，并选择适当的折现率，因此应当在附注中披露未来现金流量预测所采用的假设及其依据，所选择的折现率为什么是合理的，等等。这些假设的变动对这些资产和负债项目金额的确定影响很大，有可能会在下一个会计年度内做出重大调整。因此，强调这一披露要求，有助于提高财务报表的可理解性。

（5）会计政策和会计估计变更以及差错更正的说明。

企业应当按照《企业会计准则第28号——会计政策、会计估计变更和差错更正》及其应用指南的规定，披露会计政策和会计估计变更以及差错更正的有关情况。

（6）报表重要项目的说明。

企业应当以文字和数字描述相结合、尽可能以列表形式披露报表重要项目的构成或当期增减变动情况，并且报表重要项目的明细金额合计应当与报表项目金额相衔接。在披露顺序上，一般应当按照资产负债表、利润表、现金流量表、所有者权益变动表的顺序及其项目列示的顺序。

（7）其他需要说明的重要事项。

这主要包括或有和承诺事项、资产负债表日后非调整事项、关联方关系及其交易等，具体的披露要求须遵循相关准则的规定。

13.7　财务报告编制综合举例

【例 13-29】甲公司为增值税一般纳税人，适用的增值税税率为16%，所得税税率为25%；销售价格均不含向购买方收取的增值税；原材料采用实际成本法核算。甲公司20×9年1月1日的科目余额表如表13-8所示。

表 13-8　科目余额表　　　　　　　　　　　单位：元

科目名称	借方余额	科目名称	贷方余额
库存现金	760 000	短期借款	300 000
银行存款	4 980 000	应付票据	500 000
交易性金融资产	3 000 000	应付账款	890 000
应收票据	3 500 000	其他应付款	600 000
应收账款	4 000 000	应付职工薪酬	99 000
坏账准备	-80 000	应交税费（不含增值税）	260 000
其他应收款	180 000	应付利息	50 000
在途物资	1 700 000	长期借款	2 600 000
原材料	3 800 000	其中：一年内到期的长期负债	1 000 000
周转材料	800 000		
库存商品	7 200 000		
长期股权投资	3 000 000		
固定资产	7 500 000	股本	30 000 000
累计折旧	-900 000	盈余公积	5 000 000
在建工程	2 000 000	利润分配（未分配利润）	3 041 000
无形资产	1 900 000		
合计	43 340 000	合计	43 340 000

20×9年该公司共发生如下经济业务：

① 购入原材料一批并取得增值税专用发票，价款 3 000 000 元，增值税进项税额480 000 元，全部以银行存款支付，材料验收入库。

② 购入管理用小轿车一辆，成本合计 390 000 元，以银行存款支付。

③ 出售一项交易性金融资产，售价 230 000 元，该交易性金融资产的账面余额为 200 000 元（无公允价值变动记录），款项存入银行。

④ 外购生产用设备一台，取得增值税专用发票，价款 2 000 000 元，增值税税额320 000 元，均以存款支付，税法规定该进项税额允许抵扣。

⑤ 以银行存款支付职工工资 600 000 元。

⑥ 分配支付的职工工资，其中，生产人员 300 000 元，车间管理人员 120 000 元，行政管理人员 100 000 元，在建工程人员 80 000 元。

⑦ 提取职工福利费，其中，生产人员 42 000 元，车间管理人员 16 800 元，行政管理人员 14 000 元，在建工程人员 11 200 元。

⑧ 计算应由在建工程负担的长期借款利息 110 000 元（分期付息）。

⑨ 基本生产车间报废一台设备，原价 280 000 元，已提折旧 160 000 元，清理费用1 000 元，残值收入 2 400 元，已用银行存款收支，不考虑增值税等相关税费。

⑩ 从银行借入 5 年期借款 500 000 元，借款存入银行。

⑪ 销售产品一批，售价 4 800 000 元，增值税 768 000 元，销售成本 3 620 000 元，款项已存入银行。

⑫ 购入 A 公司发行的普通股，作为可供出售金融资产，价款 1 200 000 元，手续费 18 000 元，以"其他货币资金——存出投资款"支付。

⑬ 计提基本生产车间固定资产折旧 200 000 元，假设与税法无差异。

⑭ 销售材料一批，销售价款为 3 800 000 元，增值税 608 000 元，款项尚未收到。该批材料的实际成本为 2 000 000 元。

⑮ 计提本年城市维护建设税 40 320 元，教育费附加 17 280 元。

⑯ 可供出售金融资产的公允价值上升 30 000 元。

⑰ 以银行存款支付违反税收规定的罚款 20 000 元，非公益性捐赠支出 100 000 元。

⑱ 计提应计入当期损益的长期借款利息 50 000 元（分期付息）。

⑲ 归还短期借款本金 200 000 元及利息 25 000 元。

⑳ 摊销无形资产 60 000 元，假设与税法无差异。

㉑ 收到应收账款 1 200 000 元，款项存入银行。

㉒ 计提本年坏账准备 60 000 元。

㉓ 用银行存款支付广告费 100 000 元，退休人员工资 500 000 元，其他管理费用 150 000 元。

㉔ 用银行存款交纳增值税 576 000 元、城建税 40 320 元、教育费附加 17 280 元。

㉕ 偿还长期借款本金 1 000 000 元，偿还上年所欠货款 390 000 元。

㉖ 收到上年购进的原材料 1 700 000 元。

㉗ 结转完工的在建工程成本 2 201 200 元。

㉘ 结转本年制造费用。

㉙ 结转本年生产成本。

㉚ 将各损益类科目结转至"本年利润"。

㉛ 计算所得税费用和应交所得税，该公司采用资产负债表债务法核算所得税。

㉜ 将"所得税费用"结转至"本年利润"。

㉝ 将"本年利润"结转至"利润分配——未分配利润"。

㉞ 交纳计算出的企业所得税。

㉟ 按净利润的10%提取法定盈余公积。

㊱ 分配现金股利400 000元。

㊲ 将利润分配各明细科目的余额转入"未分配利润"明细科目。

要求：

（1）编制该公司20×9年度经济业务的会计分录。

（2）假设甲公司共发行普通股10 000 000股，且不存在稀释性潜在普通股。编制该公司20×9年12月31日的资产负债表、2019年度的利润表、现金流量表、所有者权益变动表。

根据以上资料编制如下会计分录：

① 借：原材料　　　　　　　　　　　　　　　　　3 000 000

　　　应交税费——应交增值税（进项税额）　　　　480 000

　　　贷：银行存款　　　　　　　　　　　　　　　　　3 480 000

② 借：固定资产　　　　　　　　　　　　　　　　　390 000

　　　贷：银行存款　　　　　　　　　　　　　　　　　390 000

③ 借：银行存款　　　　　　　　　　　　　　　　　230 000

　　　贷：交易性金融资产——成本　　　　　　　　　　200 000

　　　　　投资收益　　　　　　　　　　　　　　　　　30 000

④ 借：固定资产　　　　　　　　　　　　　　　　　2 000 000

　　　应交税费——应交增值税（进项税额）　　　　320 000

　　　贷：银行存款　　　　　　　　　　　　　　　　　2 320 000

⑤ 借：应付职工薪酬　　　　　　　　　　　　　　　600 000

　　　贷：银行存款　　　　　　　　　　　　　　　　　600 000

⑥ 借：生产成本　　　　　　　　　　　　　　　　　300 000

　　　制造费用　　　　　　　　　　　　　　　　　　120 000

　　　管理费用　　　　　　　　　　　　　　　　　　100 000

　　　在建工程　　　　　　　　　　　　　　　　　　80 000

　　　贷：应付职工薪酬　　　　　　　　　　　　　　　600 000

⑦ 借：生产成本　　　　　　　　　　　　　　　　　42 000

　　　制造费用　　　　　　　　　　　　　　　　　　16 800

　　　管理费用　　　　　　　　　　　　　　　　　　14 000

　　　在建工程　　　　　　　　　　　　　　　　　　11 200

　　　贷：应付职工薪酬　　　　　　　　　　　　　　　84 000

⑧ 借：在建工程　　　　　　　　　　　　　　　　　110 000

　　　贷：应付利息　　　　　　　　　　　　　　　　　110 000

⑨ 借：固定资产清理　　　　　　　　　　　　　　　120 000

　　　累计折旧　　　　　　　　　　　　　　　　　　160 000

　　　贷：固定资产　　　　　　　　　　　　　　　　　280 000

　借：固定资产清理　　　　　　　　　　　　　　　　1 000

	贷：银行存款	1 000
借：银行存款		2 400
	贷：固定资产清理	2 400
借：营业外支出		118 600
	贷：固定资产清理	118 600
⑩ 借：银行存款		500 000
	贷：长期借款	500 000
⑪ 借：银行存款		5 568 000
	贷：主营业务收入	4 800 000
	应交税费——应交增值税（销项税额）	768 000
借：主营业务成本		3 620 000
	贷：库存商品	3 620 000
⑫ 借：可供出售金融资产——成本		1 218 000
	贷：其他货币资金——存出投资款	1 218 000
⑬ 借：制造费用		200 000
	贷：累计折旧	200 000
⑭ 借：应收账款		4 408 000
	贷：其他业务收入	3 800 000
	应交税费——应交增值税（销项税额）	608 000
借：其他业务成本		2 000 000
	贷：原材料	2 000 000
⑮ 借：税金及附加		57 600
	贷：应交税费——应交城市维护建设税	40 320
	——教育费附加	17 280
⑯ 借：可供出售金融资产——公允价值变动		30 000
	贷：资本公积——其他资本公积	30 000
⑰ 借：营业外支出		120 000
	贷：银行存款	120 000
⑱ 借：财务费用		50 000
	贷：应付利息	50 000
⑲ 借：短期借款		200 000
应付利息		25 000
	贷：银行存款	225 000
⑳ 借：管理费用		60 000
	贷：累计摊销	60 000
㉑ 借：银行存款		1 200 000
	贷：应收账款	1 200 000
㉒ 借：资产减值损失		60 000
	贷：坏账准备	60 000
㉓ 借：销售费用		100 000

	管理费用	650 000	
	贷：银行存款		750 000

㉔　借：应交税费——应交增值税（已交税金）　　576 000
　　　　　　　　——应交城市维护建设税　　　　40 320
　　　　　　　　——应交教育费附加　　　　　　17 280
　　　　贷：银行存款　　　　　　　　　　　　　　　　　　　633 600

㉕　借：长期借款　　　　　　　　　　　　　　1 000 000
　　　　应付账款　　　　　　　　　　　　　　　390 000
　　　　贷：银行存款　　　　　　　　　　　　　　　　　　1 390 000

㉖　借：原材料　　　　　　　　　　　　　　　1 700 000
　　　　贷：在途物资　　　　　　　　　　　　　　　　　　1 700 000

㉗　借：固定资产　　　　　　　　　　　　　　2 201 200
　　　　贷：在建工程　　　　　　　　　　　　　　　　　　2 201 200

㉘　借：生产成本　　　　　　　　　　　　　　　336 800
　　　　贷：制造费用　　　　　　　　　　　　　　　　　　　336 800

㉙　借：库存商品　　　　　　　　　　　　　　　678 800
　　　　贷：生产成本　　　　　　　　　　　　　　　　　　　678 800

㉚　借：主营业务收入　　　　　　　　　　　　4 800 000
　　　　其他业务收入　　　　　　　　　　　　3 800 000
　　　　投资收益　　　　　　　　　　　　　　　 30 000
　　　　贷：本年利润　　　　　　　　　　　　　　　　　　8 630 000

　　借：本年利润　　　　　　　　　　　　　　6 950 200
　　　　贷：主营业务成本　　　　　　　　　　　　　　　　3 620 000
　　　　　　其他业务成本　　　　　　　　　　　　　　　　2 000 000
　　　　　　税金及附加　　　　　　　　　　　　　　　　　　 57 600
　　　　　　管理费用　　　　　　　　　　　　　　　　　　　824 000
　　　　　　销售费用　　　　　　　　　　　　　　　　　　　100 000
　　　　　　财务费用　　　　　　　　　　　　　　　　　　　 50 000
　　　　　　资产减值损失　　　　　　　　　　　　　　　　　 60 000
　　　　　　营业外支出　　　　　　　　　　　　　　　　　　238 600

㉛　借：所得税费用　　　　　　　　　　　　　　449 950
　　　　递延所得税资产　　　　　　　　　　　　 15 000
　　　　贷：应交税费——应交所得税　　　　　　　　　　　　464 950

　　借：资本公积——其他资本公积　　　　　　　　7 500
　　　　贷：递延所得税负债　　　　　　　　　　　　　　　　　 7 500

递延所得税资产 = 60 000 × 25% = 15 000（元）（计入损益）

递延所得税负债 = 30 000 × 25% = 7 500（元）（计入所有者权益）

应纳税所得额 =（8 630 000 - 6 950 200）+ 20 000 + 100 000 + 60 000 = 1 859 800（元）

应纳所得税 = 1 859 800 × 25% = 464 950（元）

㉜　借：本年利润　　　　　　　　　　　　　　　　　　　　　449 950

贷：所得税费用   449 950

㉝ 借：本年利润   1 229 850

     贷：利润分配——未分配利润   1 229 850

㉞ 借：应交税费——应交企业所得税   464 950

     贷：银行存款   464 950

㉟ 借：利润分配——提取法定盈余公积   122 985

     贷：盈余公积——法定盈余公积   122 985

㊱ 借：利润分配——应付股利   400 000

     贷：应付股利   400 000

㊲ 借：利润分配——未分配利润   522 985

     贷：利润分配——提取法定盈余公积   122 985

           ——应付股利   400 000

根据 20×9 年 1 月 1 日的科目余额表和上述会计分录编制年末资产负债表，如表 13-9 所示。

表 13-9　资产负债表

会企 01 表　编制单位：甲公司　　　　　　20×9 年 12 月 31 日　　　　　　单位：元

资产	期末余额	年初余额	负债和所有者权益（或股东权益）	期末余额	年初余额
流动资产：			流动负债：		
货币资金	1 647 850	5 740 000	短期借款	100 000	300 000
交易性金融资产	2 800 000	3 000 000	交易性金融负债	0	0
应收票据	3 500 000	3 500 000	应付票据	500 000	500 000
应收账款	7 068 000	3 920 000	应付账款	500 000	890 000
预付账款	0	0	预收账款	0	0
应收利息	0	0	应付职工薪酬	183 000	99 000
应收股利	0	0	应交税费	260 000	260 000
其他应收款	180 000	180 000	应付利息	185 000	50 000
存货	11 558 800	13 500 000	应付股利	400 000	0
持有待售资产	0	0	其他应付款	600 000	600 000
一年内到期的非流动资产	0	0	持有待售负债	0	0
其他流动资产	0	0	一年内到期的非流动负债	0	1 000 000
流动资产合计	26 754 650	29 840 000	其他流动负债	0	0
非流动资产：		0	流动负债合计	2 728 000	3 699 000
可供出售金融资产	1 248 000	0	非流动负债：		
持有至到期投资	0	0	长期借款	2 100 000	1 600 000
长期应收款	0	0	应付债券	0	0
长期股权投资	3 000 000	3 000 000	长期应付款	0	0

续表

资产	期末余额	年初余额	负债和所有者权益（或股东权益）	期末余额	年初余额
投资性房地产	0	0	专项应付款	0	0
固定资产	10 871 200	6 600 000	预计负债	0	0
在建工程	0	2 000 000	递延所得税负债	7 500	0
工程物资	0	0	其他非流动负债	0	0
固定资产清理	0	0	非流动负债合计	2 107 500	1 600 000
生产性生物资产	0	0	负债合计	4 835 500	5 299 000
油气资产	0	0	所有者权益（或股东权益）		0
无形资产	1 840 000	1 900 000	实收资本（或股本）	30 000 000	30 000 000
开发支出	0	0	资本公积	22 500	0
商誉	0	0	减：库存股	0	0
长期待摊费用	0	0	盈余公积	5 122 985	5 000 000
递延所得税资产	15 000	0	其他综合收益	0	0
其他非流动资产	0	0	未分配利润	3 747 865	3 041 000
非流动资产合计	16 974 200	13 500 000	所有者权益（或股东权益）合计	38 893 350	38 041 000
资产总计	43 728 850	43 340 000	负债和所有者权益（或股东权益）总计	43 728 850	43 340 000

根据上述资料编制利润表，如表 13 – 10 所示。

表 13 – 10　利润表

会企 02 表　编制单位：甲公司　　　　　　　20×9 年度　　　　　　　　　　单位：元

项目	本期金额	上期金额
一、营业收入	8 600 000	略
减：营业成本	5 620 000	
税金及附加	57 600	
销售费用	100 000	
管理费用	824 000	
财务费用	50 000	
资产减值损失	60 000	
加：公允价值变动收益（损失以"－"号填列）	0	
投资收益（损失以"－"号填列）	30 000	
其中：对联营企业和合营企业的投资收益		

续表

项目	本期金额	上期金额
资产处置收益（亏损以"–"号填列）		
其他收益		
二、营业利润（亏损以"–"号填列）	1 918 400	
加：营业外收入	0	
减：营业外支出	238 600	
其中：非流动资产处置损失	238 600	
三、利润总额（亏损总额以"–"号填列）	1 679 800	
减：所得税费用	449 950	
（一）持续经营净利润（净亏损以"–"号填列）		
（二）持续终止经营净利润（净亏损以"–"号填列）		
四、净利润（净亏损以"–"号填列）	1 229 850	
五、每股收益：		
（一）基本每股收益	0.04	
（二）稀释每股收益	0.04	
六、其他综合收益	22 500	
七、综合收益总额	1 252 350	

根据上述会计资料编制现金流量表，如表 13–11 所示。

表 13–11　现金流量表

会企 03 表　编制单位：甲公司　　　　　　20×9 年度　　　　　　　　　单位：元

项目	本期金额	上期金额
一、经营活动产生的现金流量：		略
销售商品、提供劳务收到的现金	6 768 000	
收到的税费返还		
收到其他与经营活动有关的现金		
经营活动现金流入小计	6 768 000	
购买商品、接受劳务支付的现金	3 870 000	
支付给职工以及为职工支付的现金	520 000	
支付的各项税费	1 098 550	
支付其他与经营活动有关的现金	870 000	
经营活动现金流出小计	6 358 550	
经营活动产生的现金流量净额	409 450	
二、投资活动产生的现金流量：		
收回投资所收到的现金	230 000	

续表

项目	本期金额	上期金额
取得投资收益所收到的现金		
处置固定资产、无形资产和其他长期资产收回的现金净额	1 400	
处置子公司及其他营业单位收到的现金净额		
收到其他与投资活动有关的现金		
投资活动现金流入小计	231 400	
购建固定资产、无形资产和其他长期资产支付的现金	2 790 000	
投资所支付的现金	1 218 000	
取得子公司及其他营业单位支付的现金净额		
支付其他与投资活动有关的现金		
投资活动现金流出小计	4 008 000	
投资活动产生的现金流量净额	−3 776 600	
三、筹资活动产生的现金流量:		
吸收投资收到的现金		
取得借款收到的现金	500 000	
收到其他与筹资活动有关的现金		
筹资活动现金流入小计	500 000	
偿还债务所支付的现金	1 200 000	
分配股利、利润或偿付利息支付的现金	25 000	
支付其他与筹资活动有关的现金		
筹资活动现金流出小计	1 225 000	
筹资活动产生的现金流量净额	−725 000	
四、汇率变动对现金及现金等价物的影响	0	
五、现金及现金等价物净增加额	−4 092 150	
加：期初现金及现金等价物余额	5 740 000	
六：期末现金及现金等价物余额	1 647 850	

现金流量表各项目计算过程如下：

① 销售商品、提供劳务收到的现金＝营业收入＋本期销项税发生额＋（应收账款期初－期末）＋（应收票据期初－期末）＋（预收账款期末－期初）－本期计提的坏账准备＝8 600 000＋（768 000＋608 000）＋（3 920 000－7 068 000）＋（3 500 000－3 500 000）＋（0－0）－60 000＝6 768 000（元）。

② 购进商品、接受劳务支付的现金＝营业成本＋（存货期末－期初）＋本期经营活动进项税发生额＋（应付账款期初－期末）＋（应付票据期初－期末）＋（预付账款期末－期初）－未付现的存货增加＝5 620 000＋（11 558 800－13 500 000）＋480 000＋（890 000－500 000）＋（500 000－500 000）＋（0－0）－（300 000＋120 000＋42 000＋16 800＋

200 000）＝3 870 000（元）。

　　③ 支付给职工以及为职工支付的现金＝支付的职工薪酬总额－支付的在建工程职工薪酬＝600 000－80 000＝520 000（元）。

　　④ 支付的各项税费＝576 000（增值税）＋40 320（城建税）＋17 280（教育费附加）＋464 950（企业所得税）＝1 098 550（元）。

　　⑤ 支付其他与经营活动有关的现金＝100 000（广告费）＋500 000（退休人员工资）＋150 000（其他管理费用）＋20 000（罚款）＋100 000（非公益性捐赠支出）＝870 000（元）。

　　⑥ 收回投资收到的现金＝230 000（元）（变现的交易性金融资产）。

　　⑦ 处置固定资产、无形资产和其他长期资产收回的现金净额＝2 400－1 000＝1 400（元）。

　　⑧ 购建固定资产、无形资产和其他长期资产支付的现金＝390 000＋2 320 000＋80 000＝2 790 000（元）。

　　⑨ 投资所支付的现金＝1 218 000（元）（可供出售金融资产）。

　　⑩ 取得借款收到的现金＝500 000（元）（长期借款）。

　　⑪ 偿还债务所支付的现金＝1 000 000（偿还长期借款本金）＋200 000（偿还短期借款本金）＝1 200 000（元）。

　　⑫ 分配股利、利润或偿付利息支付的现金＝25 000（元）（短期借款利息）。

　　根据上述会计资料编制所有者权益表，如表 13－12 所示。

表 13－12　所有者权益变动表

会企 04 表　编制单位：甲公司　　　　　　　　　　20×9 年度　　　　　　　　　　单位：元

项目	本年金额					
	实收资本（或股本）	资本公积	减：库存股	盈余公积	未分配利润	所有者权益合计
一、上年年末余额	30 000 000	0		5 000 000	3 041 000	38 041 000
加：会计政策变更						
前期差错更正						
二、本年年初余额	30 000 000	0		5 000 000	3 041 000	38 041 000
三、本年增加变动金额						
（一）净利润					1 229 850	1 229 850
（二）直接记入所有者权益利得和损失		22 500				22 500
1. 可供出售金融资产公允价值变动净额		30 000				30 000
2. 权益法下被投资单位其他所有者权益变动影响						
3. 与计入所有者权益项目相关的所得税影响		－7 500				－7 500

续表

项目	本年金额					
	实收资本 （或股本）	资本公积	减： 库存股	盈余公积	未分配 利润	所有者 权益合计
4. 其他						
（一）和（二）小计		22 500			1 229 850	1 252 350
（三）所有者投入和减少资本						
1. 所有者投入的资本						
2. 股份支付计入所有者权益的金额						
3. 其他						
（四）利润分配						
1. 提取盈余公积				122 985	−122 985	0
2. 对所有者或股东分配					−400 000	−400 000
3. 其他						
（五）所有者权益内部结转						
1. 资本公积转增资本（或股本）						
2. 盈余公积转增资本（或股本）						
3. 盈余公积弥补亏损						
4. 其他						
四、本年年末余额	30 000 000	22 500		5 122 985	3 747 865	38 893 350

备注："上年金额"填写略。

本章小结

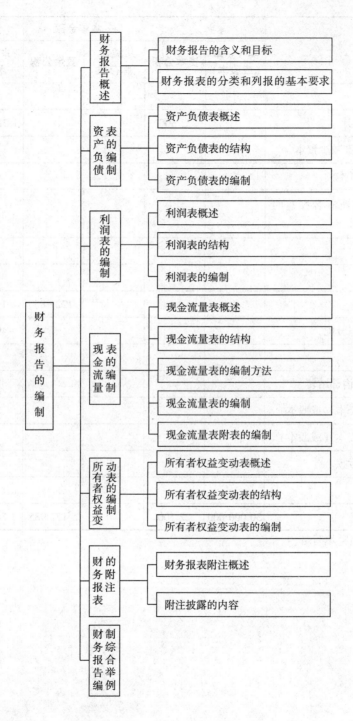

参 考 文 献

[1] 企业会计准则——基本准则. (2006 年 2 月 15 日财政部令第 33 号公布, 自 2007 年 1 月 1 日起施行, 2014 年 7 月 23 日财政部令第 76 号修改, 自公布之日起施行). 北京: 中华人民共和国财政部, 2014.

[2] 企业会计准则——具体准则. 北京: 中华人民共和国财政部, 2014.

[3] 企业会计准则——应用指南. 北京: 中华人民共和国财政部, 2014.

[4] 刘永泽, 陈立军. 中级财务会计 [M]. 大连: 东北财经大学出版社, 2012.

[5] 中国注册会计师协会. 会计 (2014 年度注册会计师全国统一考试教材) [M]. 北京: 中国财政经济出版社, 2014.

[6] 财政部会计资格评价中心. 中级会计实务 (2014 中级会计职称考试教材) [M]. 北京: 经济科学出版社, 2014.

[7] 周华. 中级财务会计 [M]. 北京: 中国人民大学出版社, 2013.

[8] 张庆考, 陈义雅. 新编财务会计 I [M]. 第 6 版. 大连: 大连理工大学出版社, 2011.

[9] 史玉光. 中级财务会计 [M]. 北京: 对外经济贸易大学出版社, 2013.

[10] 胡世强, 刘金彬, 曹明才. 中级财务会计 [M]. 成都: 西南财经大学出版社, 2013.

[11] 钱逢胜. 中级财务会计 [M]. 第 3 版. 上海: 上海财经大学出版社, 2013.

[12] 方慧. 中级财务会计 [M]. 上海: 上海财经大学出版社, 2012.

中级财务会计实务
习题与实训
（第 3 版）

主　编　蔡维灿　　林克明

副主编　罗春梅　　巫圣义

参　编　陈由辉　　许爱芳

北京理工大学出版社

BEIJING INSTITUTE OF TECHNOLOGY PRESS

目　录

第1章 总 论

【同步测试】

一、单项选择题

1. 会计信息的内部使用者有 （　　）。
   A. 股东　　　　　　　B. 首席执行官　　　　　C. 政府部门　　　　　D. 债权人

2. 确立会计核算空间范围所依据的会计核算基本前提是 （　　）。
   A. 会计主体　　　　B. 持续经营　　　　C. 会计分期　　　　D. 货币计量

3. 下列有关会计主体的表述错误的有 （　　）。
   A. 会计主体界定了会计核算的空间范围
   B. 一个法律主体必然是一个会计主体
   C. 能独立核算的销售部门属于会计主体
   D. 母公司及其子公司组成的企业集团可以作为会计主体且具有法人资格

4. 企业会计确认、计量和报告应当遵循的会计基础是 （　　）。
   A. 权责发生制　　　B. 收付实现制　　　　C. 持续经营　　　　D. 货币计量

5. 企业提供的会计信息应有助于财务会计报告使用者对企业过去、现在或者未来的情况做出评价或者预测，这体现了会计信息质量要求的 （　　）。
   A. 可靠性　　　　　B. 相关性　　　　　C. 可理解性　　　　D. 可比性

6. 会计核算必须以实际发生的交易或事项为依据，必须有合法的书面凭证，不能凭空估计或虚构，这是 （　　） 的要求。
   A. 可靠性原则　　　B. 重要性原则　　　C. 谨慎性原则　　　D. 实际成本原则

7. 企业将融资租入的固定资产作为自有固定资产管理，体现了会计信息质量要求中的 （　　）。
   A. 实质重于形式　　B. 可比性　　　　　C. 可靠性　　　　　D. 及时性

8. 要求不同的企业尽可能使用统一的会计程序和会计处理方法是对会计信息 （　　） 的质量要求。
   A. 相关性　　　　　B. 可理解性　　　　C. 可比性　　　　　D. 重要性

9. 企业在进行会计核算时，应当遵循 （　　） 的要求，不得多计资产或收益，少计负债或费用，不得计提秘密准备。
   A. 谨慎性原则　　　B. 可比性原则　　　C. 重要性原则　　　D. 权责发生制原则

10. 企业按规定计提资产减值准备，符合 （　　）。
    A. 重要性　　　　　B. 历史成本　　　　C. 可比性　　　　　D. 谨慎性

11. 某企业1月份发生下列支出：（1）支付本年度保险费7 200元；（2）支付去年第4季度借款利息9 600元；（3）支付本年度报刊订阅费5 400元。按照权责发生制原则，该企业1

月份应负担的费用为（　　　）元。

    A. 22 200　　　　　　B. 4 250　　　　　　C. 12 600　　　　　　D. 1 050

12. 根据资产定义，下列各项中不属于资产特征的是（　　　）。

    A. 资产是企业拥有或控制的经济资源

    B. 资产预期会给企业带来未来经济利益

    C. 资产是由企业过去交易或事项形成的

    D. 资产能够可靠地计量

13. 下列各项中，不属于收入要素范畴的是（　　　）。

    A. 销售商品收入　　　　　　　　　　B. 出租固定资产取得的收入

    C. 销售材料取得的收入　　　　　　　D. 出售无形资产取得的收益

14. 下列项目中，能同时使资产和负债发生变化的是（　　　）。

    A. 赊购商品　　　　B. 支付股票股利　　　　C. 接受捐赠　　　　D. 收回应收账款

15. 资产和负债按照市场参与者在计量日发生的有序交易中，出售资产所能收到或者转移负债所需支付的价格计量，则其所采用的会计计量属性为（　　　）。

    A. 可变现净值　　　　B. 重置成本　　　　C. 现值　　　　D. 公允价值

16. 反映企业经营成果的会计要素是（　　　）。

    A. 资产　　　　　　　B. 负债　　　　　　　C. 所有者权益　　　　D. 费用

17. 关于收入，下列说法中错误的是（　　　）。

    A. 收入是指企业日常活动中形成的、会导致所有者权益增加的、与所有者投入资本无关的经济利益的总流入

    B. 收入只有在经济利益很可能流入从而导致企业资产增加或者负债减少、且经济利益的流入额能够可靠计量时才能予以确认

    C. 符合收入定义和收入确认条件的项目，应当列入利润表

    D. 收入是指企业日常活动中形成的、会导致所有者权益或负债增加的、与所有者投入资本无关的经济利益的总流出

18. 关于费用，下列说法中错误的是（　　　）。

    A. 费用是指企业在日常活动中发生的、会导致所有者权益减少的、与向所有者分配利润无关的经济利益的总流出

    B. 费用只有在经济利益很可能流出从而导致企业资产减少或者负债增加，且经济利益的流出额能够可靠计量时才能予以确认

    C. 企业发生的交易或者事项导致其承担了一项负债而又不确认为一项资产的，应当在发生时确认为费用，计入当期损益

    D. 符合费用定义和费用确认条件的项目，应当列入资产负债表

19. 下列项目中，属于利得的是（　　　）。

    A. 销售商品流入经济利益　　　　　　B. 投资者投入资本

    C. 出租建筑物流入经济利益　　　　　D. 出售固定资产流入经济利益

20. 下列不属于会计计量属性的是（　　　）。

    A. 历史成本　　　　　　　　　　　　B. 现值

    C. 未来现金流量　　　　　　　　　　D. 公允价值

二、多项选择题

1. 会计基本假设包括（　　）。
   A. 会计主体　　　　　B. 持续经营　　　　　C. 会计分期　　　　　D. 货币计量
   E. 历史成本

2. 下列组织可以作为一个会计主体进行核算的有（　　）。
   A. 某一独立核算的生产车间　　　　　B. 销售部门
   C. 分公司　　　　　D. 母公司及其子公司组成的企业集团

3. 根据可靠性要求，企业会计核算应当做到（　　）。
   A. 以实际发生的交易或事项为依据
   B. 在符合重要性和成本效益的前提下，保证会计信息的完整性
   C. 在财务报告中的会计信息应当是中立的、无偏的
   D. 按公允价值对可供出售金融资产进行后续计量

4. 下列各项中，属于直接计入当期损益的利得或损失的有（　　）。
   A. 可供出售金融资产公允价值的变动
   B. 处置固定资产的净损失
   C. 接受捐赠利得
   D. 投资者投入资本超过注册资本或股本部分的金额

5. 下列业务中体现重要性原则的有（　　）。
   A. 上市公司对外提供中期财务报告披露的附注信息不如年度财务报告详细
   B. 对周转材料的摊销采用一次摊销法
   C. 分期收款销售商品按现值确认收入
   D. 对融资租入的固定资产视同自有资产进行核算

6. 资产具有以下几个方面的基本特征（　　）。
   A. 资产是由于过去的交易或事项所引起的
   B. 资产必须是投资者投入或向债权人借入的
   C. 资产是企业拥有或者控制的
   D. 资产预期能够给企业带来经济利益

7. 下列关于负债的表述中正确的有（　　）。
   A. 负债是指企业过去的交易或者事项形成的、预期会导致经济利益流出企业的潜在义务
   B. 符合负债定义和负债确认条件的项目，应当列入资产负债表；符合负债定义，但不符合负债确认条件的项目，不应当列入资产负债表
   C. 如果未来流出企业的经济利益金额能够可靠计量，应该确认为预计负债
   D. 未来发生的交易或者事项形成的义务，不属于现时义务，不应当确认为负债

8. 下列关于所有者权益的说法中正确的是（　　）。
   A. 所有者权益是指企业资产扣除负债后由所有者享有的剩余权益
   B. 直接计入资本公积的利得和损失属于所有者权益
   C. 所有者权益金额应单独计量，取决于资产和负债的计量
   D. 所有者权益金额应单独计量，不取决于资产和负债的计量

9. 会计计量属性主要包括（　　）。

    A. 历史成本　　　　B. 重置成本　　　　C. 可变现净值　　　D. 现值

    E. 公允价值

10. 中国企业会计准则体系一般由以下几个层次构成（　　）。

    A. 基本准则　　　　B. 会计原则　　　　C. 具体准则　　　　D. 应用指南

【思考与练习】

1. 什么是财务会计？财务会计的层次包括哪些？

2. 财务会计与管理会计相比较，呈现的主要特征表现在哪些方面？

3. 财务报告使用者包括哪些？

4. 财务会计的基本假设有哪些？

5. 企业的会计记账基础是什么？权责发生制和收付实现制的区别是什么？

6. 会计信息质量要求具体包括哪些？

7. 什么是会计要素？六大会计要素的定义和特征是什么？

8. 什么是会计确认？如何对各会计要素进行确认及列示？

9. 如何对会计要素进行计量？什么是计量属性？会计计量方法包括哪些？

10. 中国企业会计准则体系和会计法规体系包括几个层次？简述企业会计准则的内涵。

第2章 货币资金的核算

【同步测试】

一、单项选择题

1. 企业一般不得从本单位的现金收入中直接支付现金，因特殊情况需要支付现金的，应事先报经（　　）审查批准。
   - A. 上级主管部门
   - B. 本企业单位负责人
   - C. 财税部门
   - D. 开户银行

2. 企业办理日常转账结算和现金收付的账户是（　　）。
   - A. 基本存款账户
   - B. 一般存款账户
   - C. 临时存款账户
   - D. 专项存款账户

3. 下列各项可缴存现金但不能支取现金的账户是（　　）。
   - A. 基本存款账户
   - B. 一般存款账户
   - C. 临时存款账户
   - D. 专项存款账户

4. 企业在发现现金长、短款，在查明原因处理之前，应在（　　）科目核算。
   - A. 其他应收款
   - B. 其他应付款
   - C. 管理费用
   - D. 待处理财产损溢

5. 下列各项中，不通过"其他货币资金"科目核算的是（　　）。
   - A. 信用证存款
   - B. 备用金
   - C. 外埠存款
   - D. 银行本票存款

6. 企业现金清查中，经检查仍无法查明原因的现金短款，经批准后应计入（　　）。
   - A. 管理费用
   - B. 财务费用
   - C. 冲减营业外收入
   - D. 营业外支出

7. 银行汇票的付款期为（　　）。
   - A. 10 天
   - B. 1 个月
   - C. 3 个月
   - D. 6 个月

8. 支票的付款期为（　　）日。
   - A. 3
   - B. 5
   - C. 10
   - D. 20

9. 办理（　　）结算的款项，必须是商品交易以及因商品交易而产生的劳务供应款项。
   - A. 商业汇票
   - B. 委托收款
   - C. 托收承付
   - D. 汇兑

10. 下列结算方式中，同城和异地均可使用的是（　　）。
    - A. 汇兑结算方式
    - B. 信用证结算方式
    - C. 托收承付结算方式
    - D. 商业汇票结算方式

11. 按照企业会计制度的规定，下列票据中应通过应收票据核算的是（　　）。
    - A. 商业汇票
    - B. 银行本票
    - C. 银行汇票
    - D. 银行支票

12. 企业支付的银行承兑汇票手续费应计入（   ）。

    A. 管理费用   B. 财务费用   C. 营业外支出   D. 其他业务成本

13. 下列关于托收承付结算方式表述正确的是（   ）。

    A. 同城异地均可使用   B. 金额起点 100 000 元

    C. 必须是有经济合同的商品交易   D. 代销商品也可使用

14. （   ）结算方式下，收付款的双方分别应通过"应收账款"和"应付账款"账户核算。

    A. 商业汇票   B. 银行汇票   C. 委托收款   D. 都可以

15. 下列结算方式中，只能用于同一票据交换区域结算的是（   ）。

    A. 汇兑结算方式   B. 委托收款结算方式

    C. 银行汇票结算方式   D. 银行本票结算方式

16. 对于银行已经入账而企业尚未入账的未达账项，企业应当（   ）。

    A. 在编制"银行存款余额调节表"的同时入账

    B. 根据"银行对账单"记录的金额入账

    C. 根据"银行对账单"编制自制凭证入账

    D. 待结算凭证到达后入账

17. 企业将款项汇往外地开立采购专用账户时，应借记的会计科目是（   ）。

    A. 材料采购   B. 委托收款

    C. 应收账款   D. 其他货币资金

18. 企业发生的下列外币业务中，即使汇率变动不大，也不得使用即期汇率的近似汇率进行折算的是（   ）。

    A. 取得的外币借款   B. 投资者以外币投入的资本

    C. 以外币购入的固定资产   D. 销售商品取得的外币营业收入

19. 下列各项外币资产发生的汇兑差额，不应计入当期损益的是（   ）。

    A. 应收账款   B. 交易性金融资产

    C. 持有至到期投资   D. 可供出售金融资产

20. 下列各项外币资产发生的汇兑差额，不应计入财务费用的是（   ）。

    A. 应收账款   B. 银行存款

    C. 交易性金融资产   D. 持有至到期投资

二、多项选择题

1. 按照《现金管理暂行条例》规定，下列各业务可以使用现金的有（   ）。

    A. 支付工人工资 20 000 元   B. 向某农民采购农副产品 10 000 元

    C. 某职工交回差旅费余款 200 元   D. 购买一台机床 20 000 元

2. 下列项目中包含在资产负债表中"货币资金"项目中有（   ）。

    A. 银行汇票存款   B. 现金

    C. 信用保证金存款   D. 备用金

3. 出纳人员不得兼任（   ）等工作。

    A. 稽核   B. 会计档案保管

    C. 收入、支出、费用的登记   D. 债权债务的登记

4. 现金短缺的会计核算中有可能涉及的账户是（　　　）。

    A. 待处理财产损溢　　　　　　　　　B. 营业外支出

    C. 管理费用　　　　　　　　　　　　D. 其他应收款

5. 下列款数，符合定额银行本票面额规定的有（　　　）。

    A. 100 元　　　　　B. 500 元　　　　　C. 10 000 元　　　　　D. 50 000 元

6. 企业银行存款账户的余额与银行账户中企业存款的余额不一致的原因有（　　　）。

    A. 存在未达账项　　　　　　　　　　B. 存在记账错误

    C. 报表编制错误　　　　　　　　　　D. 以上都正确

7. 未达账项的类型可以包括（　　　）。

    A. 银行已收款入账，企业尚未收款入账

    B. 银行已付款入账，企业尚未付款入账

    C. 企业已收款入账，银行尚未收款入账

    D. 企业已付款入账，银行尚未付款入账

8. 可支取现金的支票有（　　　）。

    A. 现金支票　　　　　B. 转账支票　　　　　C. 普通支票　　　　　D. 划线支票

9. 下列银行结算方式中，若无商品交易就不能使用的结算方式有（　　　）。

    A. 托收承付　　　　　　　　　　　　B. 支票

    C. 商业承兑汇票　　　　　　　　　　D. 银行承兑汇票

10. 企业的外币业务主要包括（　　　）。

    A. 外币兑换　　　　　　　　　　　　B. 外币购销

    C. 外币借贷　　　　　　　　　　　　D. 接受外币投资

【实训项目】

【实训一】

（一）**目的**：练习其他货币资金（银行本票）的账务处理。

（二）**资料**：某企业为一般纳税人，申请办理银行本票 50 000 元，进行采购业务，采购员持发票等报销凭证 46 400 元予以报销，材料已验收入库。余款退回。

（三）**要求**：编制有关会计分录。

【实训二】

（一）**目的**：练习库存现金的账务处理。

（二）**资料**：2020 年 7 月甲公司发生以下业务：

7 月 1 日，上月溢余的现金 236 元无法查明原因。

7 月 8 日，李明出差回来，报销差旅费 750 元，余款退回。

7 月 12 日，以银行存款支付产品销售的展览费 3 800 元。

7 月 19 日，向证券公司存入 420 000 元，拟进行股票投资。

7 月 21 日，从银行提取现金 400 元备用。

7 月 21 日，销售给本市大华公司乙产品 40 000 元，增值税 4 200 元，收到对方交来银行本票一张，面值 44 000 元，差额收到对方交来的现金。

7 月 25 日，向开户银行申请承兑金额为 470 000 元的商业汇票，以银行存款交付万分之五的承兑手续费。

（三）**要求**：编制有关会计分录。

【实训三】

（一）**目的**：练习现金清查的相关账务处理。

（二）**资料**：某公司对现金清查后，发现现金短缺 5 000 元，经细查后发现其中 3 000 元是由出纳造成的，其余的 2 000 元不能查明原因，作为管理费用处理。现金溢余 1 500 元，经细查后不能查清原因。

（三）**要求**：编制有关会计分录。

【实训四】

（一）**目的**：练习银行存款余额调节表的编制。

（二）**资料**：长江公司 2020 年 7 月 20 日至月末所记的经济业务如下：

（1）20 日，开出转账支票支付购入甲材料的货款 2 000 元。

（2）21 日，收到销货款 5 000 元，存入银行。

（3）25 日，开出转账支票支付购入甲材料的运费 500 元。

（4）27 日，开出转账支票购买办公用品 1 200 元。

（5）28 日，收到销货款 6 800 元，存入银行。

（6）29 日，开出转账支票支付下半年报刊费 600 元。

（7）31 日，银行存款日记账余额为 20 636 元。

长江公司开户银行转来的对账单所列 2020 年 7 月 20 日至月末所记的经济业务如下：

（1）20 日，代收外地企业汇来的货款 2 800 元。

（2）22 日，收到公司开出的转账支票，金额为 2 000 元。

（3）23 日，收到销货款 5 000 元。

（4）25 日，银行为企业代付水电费 540 元。

（5）28 日，收到公司开出的转账支票，金额为 500 元。

（6）30 日，结算银行存款利息 282 元。

（7）31 日，银行对账单余额为 18 178 元。

（三）**要求**：根据上述资料，进行银行存款的核对，找出未达账项，并编制银行存款余额调节表。

【实训五】

（一）**目的**：练习外币业务的会计处理。

（二）**资料**：甲公司以人民币作为记账本位币，其外币交易采用交易日即期汇率折算，按月计算汇兑损益。甲公司在银行开设有欧元账户。

甲公司有关外币账户 2020 年 6 月 30 日的余额如表 2 - 1 所示。

表 2 - 1　甲公司有关外币账户余额

项目	外币账户余额/欧元	汇率	人民币账户余额/人民币元
银行存款	800 000	9. 55	7 640 000
应收账款	400 000	9. 55	3 820 000
应付账款	200 000	9. 55	1 910 000

甲公司 2020 年 7 月份发生的有关外币交易或事项如下：

①7 月 5 日，以人民币向银行买入 200 000 欧元。当日即期汇率为 1 欧元 = 9.69 人民币元，当日银行卖出价为 1 欧元 = 9.75 人民币元。

②7 月 12 日，从国外购入一批原材料，总价款为 400 000 欧元。该原材料已验收入库，货款尚未支付。当日即期汇率为 1 欧元 = 9.64 人民币元。另外，以银行存款支付该原材料的进口关税 644 000 人民币元，增值税 765 000 人民币元。

③7 月 16 日，出口销售一批商品，销售价款为 600 000 欧元，货款尚未收到。当日即期汇率为 1 欧元 = 9.41 人民币元。假设不考虑相关税费。

④7 月 25 日，收到应收账款 300 000 欧元，款项已存入银行。当日即期汇率为 1 欧元 = 9.54 人民币元。该应收账款系 2 月份出口销售发生的。

⑤7 月 31 日，即期汇率为 1 欧元 = 9.64 人民币元。

（三）要求：根据上述资料，编制甲公司有关外币交易的会计分录并计算 2020 年 7 月 31 日产生的汇兑差额。

【思考与练习】

1. 货币资金的内容包括哪些？

2. 现金管理制度的主要内容包括哪些？

3. 库存现金内部控制的主要内容有哪些？

4. 银行存款账户如何开立和正确使用？

5. 如何编制银行存款余额调节表？

6. 银行支付结算种类有哪些？它们的主要内容、注意事项以及优缺点有哪些？其账务处理是怎样的？

7. 其他货币资金的内容有哪些？如何进行账务处理？

8. 企业外币业务主要包括哪些内容？

第3章　金融资产的核算

【同步测试】

一、单项选择题

1. 债权投资以（　　）进行后续计量。
   A. 历史成本　　　　B. 成本与市价孰低　　C. 摊余成本　　　　D. 现值

2. 将债权投资重分类为其他权益工具投资的，应在重分类日按其公允价值，借记"其他债权投资"科目，按其账面余额，贷记"债权投资"科目，按其差额，贷记或借记（　　）科目。
   A. 其他综合收益　　B. 投资收益　　　　C. 营业外收入　　　D. 资产减值损失

3. 甲公司购入面值为500万元的债券满足按照债权核算条件，实际支付价款575万元，其中含手续费2万元和已经到期尚未领取的利息23万元。该项债券投资应计入"债权投资——成本"科目的金额为（　　）万元。
   A. 550　　　　　　B. 573　　　　　　　C. 552　　　　　　　D. 500

4. 未发生减值的债权投资如为一次还本付息债券投资，应于资产负债表日按票面利率计算确定的利息，借记"债权投资——应计利息"科目，按债权投资期初摊余成本和实际利率计算确定的利息收入，贷记"投资收益"科目，按其差额，借记或贷记（　　）科目。
   A. 公允价值变动损益　　　　　　　　B. 债权投资——成本
   C. 债权投资——应计利息　　　　　　D. 债权投资——利息调整

5. 甲企业于2020年1月1日以560万元的价格购进当日发行的面值为600万元的公司债券。其中债券的买价为555万元，相关税费为5万元。该公司债券票面利率为4%，期限为3年，到期一次还本付息，实际利率为5%，企业以摊余成本计量。则2020年12月31日该债权投资的摊余成本为（　　）万元。
   A. 584　　　　　　B. 588　　　　　　　C. 556　　　　　　　D. 650

6. B公司于2020年3月20日购买甲公司股票150万股，成交价格为每股9元，作为其他权益工具投资；购买该股票另支付手续费等22.5万元。6月30日该股票市价为每股8.25元，8月30日以每股7元的价格将股票全部售出，则该项其他权益工具投资影响投资损益的金额为（　　）万元。
   A. -322.5　　　　B. 52.5　　　　　　C. -18.75　　　　　D. 3.75

7. 甲公司2020年4月10日，以每股12元的价格购入A股票50万股，作为其他权益工具投资，购买该股票支付手续费等10万元。该项投资应记入"其他权益工具投资——成本"科目的金额为（　　）万元。
   A. 550　　　　　　B. 585　　　　　　　C. 610　　　　　　　D. 575

8. 企业将划分为以摊余成本计量的债券投资在到期前处置或重分类，且金额重大时，如不考虑例外情况，则企业将其剩余的债权投资重分类为（　　）。

    A. 其他债权投资　　　　　　　　　　B. 应收款项

    C. 其他权益工具投资　　　　　　　　D. 交易性金融资产

9. 应通过"应收票据"科目核算的票据有（　　）。

    A. 银行本票　　　B. 银行汇票　　　C. 支票　　　D. 商业承兑汇票

10. 企业发生的现金折扣应当作为（　　）处理。

    A. 营业收入　　　B. 销售费用　　　C. 财务费用　　　D. 管理费用

11. 以下不可归入"其他应收款"科目中进行核算的是（　　）。

    A. 租入包装物支付的押金

    B. 应收的出租包装物租金

    C. 企业代购货单位垫付的包装费、运杂费

    D. 企业为职工垫付的房租费

12. 为了鼓励购买者多买而在价格上给予的一定折扣称为（　　）。

    A. 商业折扣　　　B. 现金折扣　　　C. 销售折让　　　D. 削价处理

13. 2020 年 12 月 31 日，顺达公司"坏账准备"科目贷方余额为 120 万元；2021 年 12 月 31 日应收账款余额为 500 万元（其中包含有应收 A 公司的账款 200 万元，因 A 公司财务状况不佳，顺达公司估计可收回 40%。其余的应收账款估计坏账率为 20%）；应收票据余额为 200 万元，估计坏账率为 10%；其他应收款余额为 120 万元，估计坏账率为 30%。2021 年实际发生坏账 40 万元。则顺达公司 2021 年年末应提取的坏账准备为（　　）万元。

    A. 116　　　　　B. 136　　　　　C. 156　　　　　D. 236

14. 某企业销售商品一批，计价 10 000 元，付款条件为 2/10，1/15，N/30，如果客户在第 14 天付款，客户应付款（　　）元。

    A. 10 000　　　B. 9 800　　　C. 9 850　　　D. 9 900

15. 企业为了采购原材料而事先支付的款项称为（　　）。

    A. 应收账款　　　B. 应付票据　　　C. 预付账款　　　D. 其他应收款

16. 甲公司 2020 年 12 月 31 日应收账款余额为 200 万元，"坏账准备"科目贷方余额为 5 万元；2021 年发生坏账 8 万元，已核销的坏账又收回 2 万元。2021 年 12 月 31 日应收账款余额为 120 万元（其中，未到期应收账款为 40 万元，估计损失 2%；过期 1 个月应收账款为 30 万元，估计损失 3%；过期 2 个月的应收账款为 20 万元，估计损失 5%；过期 3 个月的应收账款为 20 万元，估计损失 8%；过期 3 个月以上应收账款为 10 万元，估计损失 15%），假设不存在其他应收款项。甲公司 2021 年年末应提取的坏账准备为（　　）万元。

    A. 5.8　　　　　B. 6.8　　　　　C. 2　　　　　D. 8

17. 某企业年末应收账款余额为 500 000 元，坏账准备账户贷方余额为 2 000 元，按 3‰ 提取坏账准备，则应冲减的坏账准备为（　　）元。

    A. 1 500　　　B. 2 000　　　C. 3 500　　　D. 500

18. A 公司于 2018 年 4 月 5 日从证券市场上购入 B 公司发行在外的股票 200 万股作为其他权益工具投资，每股支付价款 4 元（含已宣告但尚未发放的现金股利 0.5 元），另支付相关费用 12 万元，A 公司其他权益工具投资取得时的入账价值为（　　）万元。

    A. 700　　　　　B. 800　　　　　C. 712　　　　　D. 812

19. 南强公司于 2020 年 1 月 1 日从证券市场购入嘉庚公司发行在外的股票 30 000 股，划

分为其他权益工具投资，每股支付价款 10 元，另支付相关费用 6 000 元。2020 年 12 月 31 日，这部分股票的公允价值为 320 000 元，则 2020 年南强公司持有该金融资产产生的投资收益和资本公积金额分别为（　　）。

    A. 0 元和 14 000 元 　　　　　　　　B. 6 000 元和 14 000 元

    C. 6 000 元和 0 元 　　　　　　　　　D. 14 000 元和 14 000 元

20. 2020 年 1 月 6 日 AS 企业从二级市场购入一批债券，面值总额为 500 万元，利率为 3%，3 年期，每年利息于次年 1 月 7 日支付，该债券为 2019 年 1 月 1 日发行。取得时实际支付价款为 525 万元，含 2019 年的全年利息，另支付交易费用 10 万元，全部价款以银行存款支付。则下列划分金融资产不同类别情况下其表述正确的是（　　）。

    A. 若划分其他权益工具投资，其初始确认的入账价值为 525 万元

    B. 若划分贷款或应收款项，其初始确认的入账价值为 500 万元

    C. 若划分交易性金融资产，其初始确认的入账价值为 510 万元

    D. 若划分债权投资，其初始确认的入账价值为 535 万元

21. 下列各项中，不应确认投资收益的事项是（　　）。

    A. 计入其他综合收益的债券在持有期间按摊余成本和实际利率计算确认的利息收入

    B. 交易性金融资产在资产负债表日的公允价值大于账面价值的差额

    C. 债权投资在持有期间按摊余成本和实际利率计算确认的利息收入

    D. 交易性金融资产在持有期间获得现金股利

22. 甲公司 2020 年 3 月 1 日销售产品一批给乙公司，价税合计为 500 000 元，当日收到期限为 6 个月不带息商业承兑汇票一张。甲公司 2020 年 6 月 1 日将应收票据向银行申请贴现。协议规定，在贴现的应收票据到期，债务人未按期偿还时，申请贴现的企业负有向银行等金融机构还款的责任。甲公司实际收到 480 000 元，款项已收入银行。甲公司贴现时应作的会计处理为（　　）。

    A. 借：银行存款　　　　　　　　　　　　　　　　　　480 000

         贷：应收票据　　　　　　　　　　　　　　　　　　　480 000

    B. 借：银行存款　　　　　　　　　　　　　　　　　　480 000

        财务费用　　　　　　　　　　　　　　　　　　　20 000

         贷：应收票据　　　　　　　　　　　　　　　　　　　500 000

    C. 借：银行存款　　　　　　　　　　　　　　　　　　480 000

         贷：应付票据　　　　　　　　　　　　　　　　　　　480 000

    D. 借：银行存款　　　　　　　　　　　　　　　　　　480 000

        短期借款——利息调整　　　　　　　　　　　　　20 000

         贷：短期借款——成本　　　　　　　　　　　　　　　500 000

23. 下列各项不属于金融资产的是（　　）。

    A. 库存现金　　　　B. 应收账款　　　　　C. 基金投资　　　　D. 预付账款

24. 关于金融资产的重分类，下列说法中正确的是（　　）。

    A. 交易性金融资产和债权投资之间不能进行重分类

    B. 企业对所有金融负债均不得进行重分类

    C. 交易性金融资产和其他权益工具投资之间不能进行重分类

    D. 企业改变其管理金融资产的业务模式时，应当按照规定对所有受影响的相关金融

资产进行重分类

25. 下列金融资产中，应按公允价值进行初始计量，且交易费用计入当期损益的是（　　）。

    A. 交易性金融资产　　　　　　　　B. 债权投资

    C. 应收款项　　　　　　　　　　　D. 其他权益工具投资

26. 交易性金融资产应当以公允价值进行后续计量，公允价值变动记入（　　）科目。

    A. 营业外支出　　　　　　　　　　B. 投资收益

    C. 公允价值变动损益　　　　　　　D. 资本公积

27. 2020 年 1 月 1 日，甲上市公司购入一批股票，作为交易性金融资产核算和管理。实际支付价款 100 万元，其中包含已经宣告的现金股利 1 万元。另支付相关费用 2 万元。均以银行存款支付。假定不考虑其他因素，该项交易性金融资产的入账价值为（　　）万元。

    A. 100　　　　　　B. 102　　　　　　C. 99　　　　　　D. 103

28. 甲公司 2020 年 4 月 10 日，以每股 12 元的价格购入 A 股票 50 万股，作为交易性金融资产，购买该股票支付手续费等 10 万元。2020 年 12 月 31 日 A 股票的市价为每股 11 元，该日此交易性金融资产的账面价值为（　　）万元。

    A. 550　　　　　　B. 585　　　　　　C. 610　　　　　　D. 575

29. 下列各项，关于交易性金融资产的说法中正确的是（　　）。

    A. 取得交易性金融资产时支付的价款中包含的现金股利，计入交易性金融资产的借方

    B. 取得交易性金融资产所发生的相关交易费用，计入交易性金融资产的入账价值

    C. 期末交易性金融资产公允价值变动的金额计入投资收益

    D. 资产负债日公允价值低于账面价值的差额计入交易性金融资产——公允价值变动科目的贷方

30. 交易性金融资产持有期间取得的现金股利或利息，应计入（　　）。

    A. 交易性金融资产　　　　　　　　B. 资本公积

    C. 公允价值变动损益　　　　　　　D. 投资收益

二、多项选择题

1. 下列各项中，会引起交易性金融资产账面余额发生变化的有（　　）。

    A. 收到原未计入应收项目的交易性金融资产的利息

    B. 期末交易性金融资产公允价值高于其账面余额的差额

    C. 期末交易性金融资产公允价值低于其账面余额的差额

    D. 出售交易性金融资产

2. 下列项目中，不应计入交易性金融资产取得成本的是（　　）。

    A. 支付的购买价格　　　　　　　　B. 支付的相关税金

    C. 支付的手续费　　　　　　　　　D. 支付价款中包含的应收利息

3. 应收款项包括以下（　　）。

    A. 应收账款　　　B. 预付账款　　　C. 应收票据　　　D. 其他应收款

4. 关于金融资产的计量，下列说法中正确的有（　　）。

    A. 其他权益工具投资应当按取得该金融资产的公允价值和相关交易费用之和作为初始

    确认金额

    B. 交易性金融资产应当按照取得时的公允价值和相关的交易费用作为初始确认金额

    C. 债权投资在持有期间应当按照摊余成本和实际利率计算确认利息收入，计入投资收益

    D. 其他权益工具投资应当按照取得时的公允价值作为初始确认金额，相关的交易费用在发生时计入当期损益

5. 债权投资应具有的特征主要有（   ）。

    A. 到期日固定　　　　　　　　　　　B. 回收金额固定或可确定

    C. 企业有明确意图和能力持有至到期　D. 有活跃市场，有报价

6. 下列不能全额计提坏账准备的是（   ）。

    A. 当年发生的应收款项

    B. 计划对应收款项进行重组

    C. 与关联方发生的应收款项

    D. 已逾期，但无确凿证据表明不能收回的应收款项

7. 下列各项中，应记入"坏账准备"账户贷方的有（   ）。

    A. 提取坏账准备　　　　　　　　　　B. 冲回多提的坏账准备

    C. 收回以前确认并转销的坏账　　　　D. 备抵法下实际发生的坏账

8. 企业可以提取坏账准备的项目是（   ）。

    A. 应收账款　　　B. 其他应收款　　　C. 应收票据　　　D. 预付账款

9. 下列项目中，可作为以摊余成本计量的债券投资的有（   ）。

    A. 企业从二级市场上购入的固定利率国债

    B. 企业从二级市场上购入的浮动利率公司债券

    C. 购入的股权投资

    D. 投资者有权要求发行方赎回的债券

10. 下列各项中，应作为债权投资取得时初始成本入账的有（   ）。

    A. 投资时支付的不含应收利息的价款

    B. 投资时支付的手续费

    C. 投资时支付的税金

    D. 投资时支付款项中所含的已到期尚未发放的利息

11. 下列各项中，会引起债权投资账面价值发生增减变动的有（   ）。

    A. 计提债权投资减值准备　　　　　　B. 确认分期付息的利息

    C. 确认到期一次付息的利息　　　　　D. 摊销溢价或折价

12. 下列情况中哪些表明企业没有意图将金融资产持有至到期（   ）。

    A. 持有该金融资产的期限不确定

    B. 发生市场利率变化、流动性需要变化、替代投资机会及其投资收益率变化、融资来源和条件变化、外汇风险变化等情况时，将出售该金融资产。但是，无法控制、预期不会重复发生且难以合理预计的独立事项引起的金融资产出售除外

    C. 该金融资产的发行方可以按照明显低于其摊余成本的金额清偿

    D. 其他表明企业没有明确意图将该金融资产持有至到期的情况

13. 债权投资应设置的明细账有（   ）。

A. 成本　　　　　　B. 公允价值变动　　　C. 利息调整　　　　D. 应计利息

14. 下列各项中，应作为债权投资取得时初始成本入账的有（　　　）。
    A. 投资时支付的税金
    B. 投资时支付的手续费
    C. 投资时支付款项中所含的已到付息期但尚未领取的利息
    D. 投资时支付的不含应收利息的价款

15. 下列关于其他权益工具投资核算的表述中，正确的有（　　　）。
    A. 交易费用计入初始确认金额
    B. 处置净损益计入公允价值变动损益
    C. 公允价值变动计入资本公积
    D. 对于可供出售债务工具，按摊余成本和实际利率计算确定的利息收入，应计入投资收益

16. 下列有关交易性金融资产的说法，不正确的有（　　　）。
    A. 交易性金融资产不能重分类为债权投资，但可以重分类为其他权益工具投资
    B. 属于财务担保合同的衍生工具可以被划分为交易性金融资产
    C. 期末交易性金融资产的公允价值低于其账面价值的，应进行减值测试
    D. 处置交易性金融资产时，应将原记入"公允价值变动损益"科目的金额转入"投资收益"科目，从而影响处置当期的利润总额

17. 下列项目中，不应计入交易性金融资产取得成本的有（　　　）。
    A. 支付的交易费用
    B. 购买价款中已宣告尚未领取的现金股利
    C. 购买价款中已到付息期但尚未领取的利息
    D. 支付的不含已到付息期但尚未领取的利息或已宣告但尚未发放的现金股利的购买价款

18. 企业发生的下列事项中，影响"投资收益"科目金额的有（　　　）。
    A. 交易性金融资产在持有期间取得的现金股利
    B. 贷款持有期间所确认的利息收入
    C. 处置权益法核算的长期股权投资时，结转持有期间确认的其他权益变动金额
    D. 取得其他权益工具投资发生的交易费用

19. 关于金融资产的计量，下列说法中正确的有（　　　）。
    A. 其他权益工具投资应当按取得该金融资产的公允价值和相关交易费用之和作为初始确认金额
    B. 交易性金融资产应当按照取得时的公允价值和相关的交易费用作为初始确认金额
    C. 债权投资在持有期间应当按照摊余成本和实际利率计算确认利息收入，计入投资收益
    D. 其他权益工具投资应当按照取得时的公允价值作为初始确认金额，相关的交易费用在发生时计入当期损益

20. 其他权益工具投资在发生减值时，可能涉及的会计科目有（　　　）。
    A. 资产减值损失
    B. 公允价值变动损益

C. 其他权益工具投资——减值准备

D. 资本公积——其他资本公积

【实训项目】

【实训一】

（一）**目的**：练习债权投资（分期付息，到期还本）的会计处理。

（二）**资料**：

码洋公司 2020 年 1 月 1 日购入某公司于当日发行的三年期债券作为债权投资。该债券票面金额为 100 万元，票面利率为 10%，码洋公司实际支付 106 万元。该债券每年年末付息一次，最后一年归还本金并支付最后一期利息，假设码洋公司按年计算利息。实际利率为 7.6889%。

（三）**要求**：企业持有该项资产至到期并进行兑付，做出与此项债权投资相关的会计处理（包括购入、确认及收到利息、收回本金的处理）。

【实训二】

（一）**目的**：练习债权投资（一次还本付息）以及重分类会计处理。

（二）**资料**：

东胜股份有限公司为上市公司（以下简称东胜公司），有关购入、持有和出售望江公司发行的不可赎回债券的资料如下：

（1）2020 年 1 月 1 日，东胜公司支付价款 1 100 万元（含交易费用），从活跃市场购入望江公司当日发行的面值为 1 000 万元、5 年期的不可赎回债券。该债券票面年利率为 10%，利息按单利计算，到期一次还本付息，实际年利率为 6.4%。当日，东胜公司将其划分为债权投资，按年确认投资收益。2020 年 12 月 31 日，该债券未发生减值迹象。

（2）2021 年 1 月 1 日，该债券市价总额为 1 200 万元。当日，为筹集生产线扩建所需资金，东胜公司出售债券的 80%，将扣除手续费后的款项 955 万元存入银行；该债券剩余的 20% 重分类为其他权益工具投资。

（三）**要求**：

（1）编制 2020 年 1 月 1 日东胜公司购入该债券的会计分录。

（2）计算 2020 年 12 月 31 日东胜公司该债券投资收益、应计利息和利息调整摊销额，并编制相应的会计分录。

（3）计算 2021 年 1 月 1 日东胜公司售出该债券的损益，并编制相应的会计分录。

（4）计算 2022 年 1 月 1 日东胜公司该债券剩余部分的摊余成本，并编制重分类为其他权益工具投资的会计分录。

（答案中的金额单位用万元表示）

【实训三】

（一）**目的**：现金折扣的会计处理。

（二）**资料**：

凯文公司为增值税一般纳税企业。2020 年 9 月 5 日与裕华公司签订了产品销售协议，增值税专用发票上列明的销售价款为 500 000 元，增值税税额为 65 000 元。凯文公司提供给裕华公司的信用条件是（2/10，N/30）。产品已于当日发出。凯文公司代垫了运费 3 000 元。假设发货时所有的收入确认条件均已满足。

（三）**要求**：

（1）假设裕华公司在 9 月 14 日支付了包括代垫运费在内的所有款项，采用总价法编制凯文公司的有关会计分录。

（2）假设裕华公司在 10 月 4 日才付清所有款项，仍然采用总价法编制凯文公司的有关会计分录。

【实训四】

（一）**目的**：练习应收款项的减值会计处理。

（二）**资料**：

刃虎公司按照应收账款余额的 3% 提取坏账准备。该企业 2020 年年末的应收账款余额为 100 000 元；2021 年发生坏账 6 000 元，其中甲单位 1 000 元，乙单位 5 000 元，2021 年年末应收账款余额为 1 200 000 元；2022 年已冲销的上年乙单位的应收账款 5 000 元又收回，期末应收账款余额为 1 300 000 元。

（三）**要求**：根据上述材料，计算企业每年提取的坏账准备，并编制有关会计分录。

【实训五】

（一）**目的**：练习其他权益工具投资（股票）的会计处理。

（二）**资料**：2021 年 5 月 6 日，东胜公司支付价款 10 160 000 元（含交易费用 10 000 元和已宣告但尚未发放的现金股利 150 000 元），购入望江公司发行的股票 2 000 000 股，占望江公司有表决权股份的 0.5%。东胜公司将其划分为其他权益工具投资。

（1）2021 年 5 月 10 日，东胜公司收到望江公司发放的现金股利 150 000 元。

（2）2021 年 6 月 30 日，该股票市价为每股 5.2 元。

（3）2021 年 12 月 31 日，东胜公司仍持有该股票；当日，该股票市价为每股 5 元。

（4）2022 年 5 月 9 日，望江公司宣告发放股利 40 000 000 元。

（5）2022 年 5 月 13 日，东胜公司收到望江公司发放的现金股利。

（6）2022 年 5 月 20 日，东胜公司以每股 4.9 元的价格将该股票全部转让。

（三）**要求**：根据上述业务资料，编制相应的会计分录。

【实训六】

（一）**目的**：练习交易性金融资产（股票）的会计实务处理。

（二）**资料**：

联南企业系上市公司，按年对外提供财务报表。企业有关交易性金融资产投资资料如下：

（1）2020 年 4 月 6 日，联南企业以赚取差价为目的从二级市场购入的 X 公司股票 100 万股，作为交易性金融资产，取得时公允价值为每股 5.2 元，每股含已宣告但尚未发放的现金股利 0.2 元，另支付交易费用 5 万元，全部价款以银行存款支付。

（2）2020 年 4 月 16 日，收到购买价款中所含现金股利。

（3）2020 年 12 月 31 日，该股票公允价值为每股 4.5 元。

（4）2021 年 2 月 21 日，X 公司宣告每股发放现金股利 0.3 元。

（5）2021 年 3 月 21 日，收到现金股利。

（6）2021 年 12 月 31 日，该股票公允价值为每股 5.3 元。

（7）2022 年 3 月 16 日，将该股票全部处置，每股 5.1 元，交易费用为 5 万元。

（三）**要求**：编制有关交易性金融资产的会计分录。

【实训七】

（一）**目的**：练习交易性金融资产（债券）的会计处理。

（二）**资料**：

（1）2020 年 1 月 8 日，修可公司购入普安公司 2019 年 1 月 1 日发行的债券，面值 100 万元，票面利率为 5%，利息按年支付。修可公司将其划分为交易性金融资产，支付价款 106 万元（其中包含已到付息日尚未领取的利息 5 万元），另支付交易费用 1 万元。

（2）2020 年 2 月 8 日，修可公司收到购入时包含利息 5 万元。

（3）2020 年 6 月 30 日，该债券的公允价值为 97 万元。

（4）2020 年 12 月 31 日，该债券的市价为 107 万元。

（5）2021 年 2 月 8 日，收到普安公司支付债券利息 5 万元。

（6）2021 年 3 月 23 日，修可公司出售全部该债券，实际收到 104 万元。

（三）**要求**：根据上述材料，编制修可公司会计分录。

【实训八】

（一）**目的**：练习交易性金融资产（股票）和其他权益工具投资（股票）的差异。

（二）**资料**：

甲公司为上市公司，该公司内部审计部门在对其 2020 年度财务报表进行内审时，对以下交易或事项的会计处理提出疑问：

（1）甲公司于 2020 年 12 月 10 日购入丙公司股票 1 000 万股作为交易性金融资产，每股购入价为 5 元，另支付相关费用 15 万元。2020 年 12 月 31 日，该股票收盘价为 6 元。甲公司相关会计处理如下（金额单位万元）：

借：交易性金融资产——成本   5 015

    贷：银行存款   5 015

借：交易性金融资产——公允价值变动   985

    贷：公允价值变动损益   985

（2）甲公司于 2020 年 5 月 10 日购入丁公司股票 2 000 万股作为其他权益工具投资，每股购入价为 10 元，另支付相关税费 60 万元。2020 年 6 月 30 日，该股票的收盘价为 9 元。

2020 年 9 月 30 日，该股票的收盘价为每股 6 元（跌幅较大），2020 年 12 月 31 日，该股票的收盘价为 8 元。甲公司相关会计处理如下（金额单位万元）：

① 2020 年 5 月 10 日。

借：其他权益工具投资——成本   20 060

    贷：银行存款   20 060

② 2020 年 6 月 30 日。

借：其他综合收益　　　　　　　　　　　　　　　　　　　2 060
　　　贷：其他权益工具投资——公允价值变动　　　　　　　　　　2 060
③ 2020 年 9 月 30 日。
借：资产减值损失　　　　　　　　　　　　　　　　　　　6 000
　　　贷：其他权益工具投资——公允价值变动　　　　　　　　　　6 000
④ 2020 年 12 月 31 日。
借：其他权益工具投资——公允价值变动　　　　　　　　　4 000
　　　贷：资产减值损失　　　　　　　　　　　　　　　　　　　　4 000

（三）**要求**：根据资料（1）和（2），逐项判断甲公司会计处理是否正确；如不正确，简要说明理由，并编制更正有关差错的会计分录（有关差错更正按当期差错处理，不要求编制结转损益的会计分录）。

【思考与练习】

1. 什么是金融资产？我国现行会计准则是如何对金融资产进行分类的？

2. 什么是公允价值？你对现行会计实务中用公允价值计量的资产有何评价？

3. 什么是以摊余成本计量的金融资产？如何确定一项以摊余成本计量的金融资产的实际利率？

4. 什么是摊余成本？如何计算一项投资的期末摊余成本？

5. 什么是以公允价值计量且其变动计入其他综合收益的金融资产？以公允价值计量且其变动计入其他综合收益的金融资产包括哪些核算方法？

6. 什么是交易性金融资产？交易性金融资产的后续计量有何特点？

7. 我国现行会计准则对金融工具的重分类是如何规定的？

第4章 存货的核算

【同步测试】

一、单项选择题

1. 下列各种物质中，不应作为企业存货核算的是（　　）。
   A. 在产品 　　　B. 工程物资 　　　C. 包装物 　　　D. 低值易耗品

2. 甲企业为增值税一般纳税人，本月购进原材料100千克，货款为9 000元，增值税为1 170元，发生的保险费为350元，中途仓储费为1 100元，采购人员的差旅费为800元，入库前的挑选整理费为150元，验收入库时发现数量短缺3%，经查属于运输途中合理损耗。甲企业该批原材料实际单位成本为每千克（　　）元。
   A. 114 　　　B. 106 　　　C. 109.28 　　　D. 125.05

3. 下列各项中，不应计入存货采购成本的是（　　）。
   A. 采购人员差旅费
   B. 运输途中合理损耗
   C. 进口商品应支付的关税
   D. 小规模纳税人购入存货时支付的增值税

4. 某企业原材料按实际成本进行日常核算。20×9年5月1日结存甲材料200千克，每千克实际成本为15元；5月15日购入甲材料280千克，每千克实际成本为20元；5月31日发出甲材料300千克。如按先进先出法计算5月发出甲材料的实际成本为（　　）元。
   A. 4 500 　　　B. 4 000 　　　C. 5 000 　　　D. 5 250

5. 在物价不断上涨时期，一个企业可以选用存货计价方法中，若要使会计报表中的净收益最高，可以采用的计价方法是（　　）。
   A. 移动加权平均法 　　　　　B. 个别计价法
   C. 先进先出法 　　　　　　　D. 加权平均法

6. 甲、乙公司为增值税一般纳税人，双方适用的增值税税率均为13%，甲公司委托乙公司加工材料一批（属于应税消费品），发出原材料成本为800万元，支付的加工费为150万元（不含增值税），消费税税率为10%，乙公司同类消费品的销售价格为900万元，材料加工完成并已验收入库，加工费用等已经支付。甲公司按照实际成本核算原材料，将加工后的材料用于继续生产应税消费品，则收回的委托加工物资的实际成本为（　　）万元。
   A. 950 　　　B. 1 040 　　　C. 917 　　　D. 1 056

7. 下列关于存货可变现净值的表述中，正确的是（　　）。
   A. 可变现净值等于销售存货产生现金流入的现值
   B. 可变现净值是确认存货跌价准备的重要依据之一
   C. 可变现净值等于销售存货产生的现金流入

D. 可变现净值等于存货的市场销售价格

8. 某企业采用 20×9 年 5 月 1 日结存 A 材料 150 吨，每吨实际成本为 300 元；6 月 4 日和 7 月 17 日分别购进 A 材料 300 吨和 500 吨，每吨实际成本分别为 350 元和 400 元；6 月 10 日和 7 月 27 日分别发出 200 吨 A 材料，该企业采用先进先出法计算发出材料的成本。则 A 材料 7 月末账面余额为（　　）元。

 A. 30 000   B. 25 601   C. 178 000   D. 217 500

9. 下列业务中，不应计入当期损益的是（　　）。

 A. 责任事故造成的由责任人赔偿以外的存货净损失

 B. 收发过程中计量差错引起的存货盘亏

 C. 自然灾害造成的存货净损失

 D. 购入存货运输途中发生的合理损耗

10. 某工业企业为增值税一般纳税人，原材料采用实际成本法核算。该企业购入 B 种材料 800 吨，收到增值税专用发票上注明的价款 500 万元，增值税税额为 65 万元，另发生运杂费用 5.68 万元（不含增值税），装卸费用 2 万元，途中保险费用 1.5 万元。原材料运抵企业后，验收入库原材料为 799 吨，运输途中发生合理损耗 1 吨，则该原材料的实际单位成本为（　　）万元。

 A. 0.61   B. 0.62   C. 0.63   D. 0.64

11. 某企业采用月末一次加权平均法核算原材料，月初库存材料 200 件，每件为 80 元，月中又购进两批，一次 200 件，每件 75 元，另一次 300 件，每件 85 元，则月末该材料的加权平均单价为（　　）元。

 A. 80.71   B. 72.5   C. 75   D. 85

12. 某投资者以一批甲材料为对价取得 A 公司 300 万股普通股，每股面值 1 元，双方协议约定该批甲材料的价值为 800 万元（假设该价值是公允价值）。A 公司收到甲材料和增值税专用发票（进项税额为 104 万元）。该批材料在 A 公司的入账价值是（　　）万元。

 A. 700   B. 600   C. 800   D. 900

13. 存货采用先进先出法进行核算的企业，在物价持续上涨的情况下将会使企业（　　）。

 A. 期末库存降低，当期损益减少

 B. 期末库存降低，当期损益增加

 C. 期末库存升高，当期损益减少

 D. 期末库存升高，当期损益增加

14. A 公司委托 B 企业将一批原材料加工为半成品（为应税消费品），收回后进一步加工为应税消费品，消费税税率为 10%，企业发出委托加工材料 30 000 元，支付运杂费 1 500 元（假定不考虑运费的增值税因素），加工费 13 000 元。假设双方均为一般纳税人企业，增值税税率为 13%。则 A 公司收回半成品时的成本为（　　）元。

 A. 44 500   B. 43 000   C. 49 278   D. 46 710

15. 某企业 5 月 1 日存货结存数量 300 件，单价为 5 元，3 日发出存货 200 件，5 月 5 日购进存货 300 件，单价为 3.4 元，5 月 7 日发出存货 150 件。在对存货发出采用移动加权平均法的情况下，5 月 7 日结存存货的实际成本为（　　）元。

 A. 980   B. 1 000   C. 950   D. 1 520

16. 某企业为增值税小规模纳税人，原材料采用计划成本核算，A 材料计划成本每吨 20 元。本期购进 A 材料 6 000 吨，收到的增值税专用发票上注明的价款 102 000 元，增值税

13 260元。另发生运杂费用1 400元，途中保险费用359元。原材料运抵企业后验收入库原材料5 995吨，运输途中合理损耗5吨。购进A材料发生的成本差异是节约（   ）元。

    A. 16 141   B. 16 241   C. 1 099   D. 2 881

17. 甲公司系增值税一般纳税人，增值税税率为13%。甲公司12月购入一批商品，增值税专用发票上注明的售价为280 000元，所购商品到达后，验收发现短缺15%，其中合理损失5%，另10%的短缺尚待查明原因。假设不考虑其他因素，该存货的实际成本为（   ）元。

    A. 280 000   B. 221 000   C. 252 000   D. 304 200

18. 某一般纳税人企业收购免税农产品一批，支付购买价款300万元，另发生保险费20万元，装卸费9万元，途中发生9%的合理损耗，按照税法规定，购入该批农产品按照买价的9%计算抵扣进项税额，则该批农产品的入账价值为（   ）万元。

    A. 302   B. 281   C. 210   D. 261

19. 甲公司某年年末库存A原材料的账面余额为1 500万元，未计提跌价准备。库存A原材料将全部用于生产乙产品，预计乙产品的市场价格总额为1 650万元，生产过程中还需要发生成本450万元，预计为销售乙产品发生的相关税费总额为82.5万元。乙产品中有固定销售合同的占80%，合同价格总额为1 350万元。假定不考虑其他因素，甲公司该年12月31日应计提的存货跌价准备为（   ）万元。

    A. 76.5   B. 454.5   C. 352.5   D. 276

20. 下列各项中，不在资产负债表"存货"项目列示的是（   ）。

    A. 生产成本   B. 发出商品

    C. 委托代销商品   D. 为在建工程购入的工程物资

21. 下列会计处理，不正确的是（   ）。

    A. 由于管理不善造成的存货净损失计入管理费用

    B. 非正常原因造成的存货净损失计入营业外支出

    C. 购入存货发生运输途中的合理损耗计入管理费用

    D. 为特定客户设计产品发生的可直接确定的设计费用计入相关产品成本

22. A材料月初结存存货3 000元，本月增加存货4 000元；月初数量1 500件，本月增加2 500件，那么，A材料本月的加权平均单位成本为（   ）。

    A. 1.75元/件   B. 2元/件   C. 1.6元/件   D. 2.5元/件

23. 某小规模纳税企业本月购入原材料一批，取得的增值税专用发票上标明的价款为100万元，增值税税额13万元。商品到达验收时发现数量短缺20%，其中5%属于途中合理损耗，另外15%的短缺原因待查，则该材料入库的实际成本是（   ）万元。

    A. 113   B. 96.05   C. 90.4   D. 100

24. 甲公司期末原材料的账面余额为100万元，数量为10吨。该原材料专门用于生产与乙公司所签合同约定的20台Y产品。该合同约定：甲公司为乙公司提供Y产品20台，每台售价10万元。将该原材料加工成20台Y产品尚需发生加工成本95万元；估计销售每台Y产品需发生相关税费1万元。本期期末市场上该原材料每吨售价为9万元，估计销售每吨原材料需发生相关税费0.1万元。期末该原材料的账面价值为（   ）万元。

    A. 85   B. 89   C. 100   D. 105

25. 下列项目中不会引起资产负债表中"存货"项目的金额发生变化的有（   ）。

    A. 购进一批塑料袋作为包装物核算

  B. 发出一批原材料委托外单位加工

  C. 工程完工以后有一批剩余的工程物资，将其转为原材料

  D. 企业对外捐赠一批自产产品

二、多项选择题

1. "材料成本差异"科目贷方核算的内容有（　　）。

  A. 蓝字结转发出材料应负担的超支差异

  B. 蓝字结转发出材料应负担的节约差异

  C. 入库材料成本超支差异

  D. 入库材料成本节约差异

2. 下列关于存货会计处理的表述中，正确的有（　　）。

  A. 发出原材料采用计划成本核算的，应于资产负债表日调整为实际成本

  B. 销售转出存货时不结转已计提的相关存货跌价准备

  C. 存货跌价准备通常应当按照单个存货项目计提，也可分类计提

  D. 存货采购过程中发生的合理损耗计入存货采购成本

3. 下列说法或做法中，正确的有（　　）。

  A. 企业为国家储备的特种物质、专项物质等，也属于企业的存货

  B. 外购存货运输途中发生的损耗必须区分合理与否，属于合理损耗部分，可以直接作为存货实际成本计列

  C. 如果期初存货计价过高，则可能会因此减少当期收益

  D. 存货采用成本与可变现净值孰低法计价，从存货的整个周期过程来看，只起着调节不同会计期间利润的作用，并不影响存货周转期的利润总额

4. 下列关于存货会计处理的表述中，正确的是（　　）。

  A. 因对外投资转出存货时应结转已计提的相关存货跌价准备

  B. 存货跌价准备一经计提不得转回

  C. 可变现净值是确认存货跌价准备的重要依据之一

  D. 存货采购过程中发生的损耗不计入采购成本

5. 下列各项中，构成工业企业外购存货入账价值的有（　　）。

  A. 运杂费   B. 买价

  C. 运输途中的合理损耗   D. 入库前的合理挑选费

6. 企业对发出存货的实际成本进行计价的方法有（　　）。

  A. 先进先出法   B. 个别计价法

  C. 加权平均法   D. 后进先出法

7. 下列各项与存货相关费用中，应计入存货成本的有（　　）。

  A. 材料入库前发生的挑选整理费

  B. 在生产过程中为到达下一个生产阶段所必需的仓储费

  C. 材料采购过程中发生的保险费

  D. 非正常消耗的直接材料

8. 下列关于存货确认的处理中，正确的有（　　）。

  A. 生产企业对预计发生的制造费用确认为存货

B. 购货方对已付购货款，但尚在运输途中的商品确认为存货

C. 工业企业将建造办公楼而购入工程物资确认为存货

D. 购货方对期末未收到销售方结算发票但已验收入库的商品确认为存货

9. 下列各项业务中，会引起存货账面价值增减变动的有（　　）。

A. 委托外单位加工发出材料　　　　　B. 发生的存货盘盈

C. 计提存货跌价准备　　　　　　　　D. 转回存货跌价准备

10. 下列各项中，增值税一般纳税人应计入收回委托加工物资成本的有（　　）。

A. 支付的加工费

B. 支付的收回后直接销售的委托加工物资的消费税

C. 随同加工费支付的增值税

D. 支付的收回后继续加工应税消费品的委托加工物资的消费税

11. 下列各项中，应计入存货实际成本中的有（　　）。

A. 用于直接对外销售的委托加工应税消费品收回时支付的消费税

B. 材料采购过程中发生的非合理损耗

C. 发出用于委托加工的物资在运输途中发生的保险费

D. 商品流通企业外购商品时所支付的运杂费等相关费用

12. 下列关于存货会计处理的表述中，正确的有（　　）。

A. 随商品出售不单独计价的包装物成本，计入存货成本

B. 因管理不善造成的存货净损失，计入营业外支出

C. 商品流通企业外购商品时支付的运杂费等相关费用计入存货成本

D. 用于直接对外销售的委托加工应税消费品收回时支付的消费税计入存货成本

13. 下列各项中，表明存货的可变现净值低于成本的有（　　）。

A. 该存货的市场价格持续下跌，并且在可预见的未来无回升的希望

B. 企业使用该项原材料生产的产品的成本大于产品的销售价格，且该产品无销售合同

C. 企业因产品更新换代，原有库存原材料已不适应新产品的需要，而该原材料的市场价格又低于其账面成本

D. 因企业所提供的商品或劳务过时或消费者偏好改变而使市场的需求发生变化，导致市场价格逐渐下跌

14. 企业计提存货跌价准备时，以下方法中允许采用的计提方式有（　　）。

A. 按照存货总体计提

B. 与具有类似目的或最终用途并在同一地区生产和销售的产品系列相关，且难以将其与该产品系列的其他项目区别开来进行估计的存货，可以合并计提

C. 数量繁多、单价较低的存货可以按照类别计提

D. 按照存货单个项目计提

15. 20×9年1月1日，甲、乙、丙三方共同投资设立了A有限公司（以下简称A公司），A公司为一般纳税人，适用的增值税税率为13%。甲以其生产的产品作为投资（A公司作为原材料管理和核算），该批产品的公允价值为20万元。甲公司开具的增值税专用发票上注明的不含税价款为20万元，增值税税额为2.6万元。假定A公司的实收资本总额为40万元，甲公司在A公司享有的份额为35%。A公司采用实际成本法核算存货。下列有关A公司的会计处理中，不正确的有（　　）。

  A. 计入应交税费——应交增值税（进项税额）的金额为 2.6 万元

  B. 原材料的入账价值为 20 万元。

  C. 计入实收资本——甲的金额为 22.6 万元

  D. 计入资本公积——资本溢价的金额为 0 万元

16. 下列各项中，应当作为企业存货核算的有（ ）。

  A. 委托加工物资

  B. 已经发运但尚未办托收手续的产成品或库存商品

  C. 企业承诺的订货合同

  D. 企业预计发生的制造费用

17. 下列各项物资中，应当作为企业存货核算的有（ ）。

  A. 委托代销商品

  B. 工程物资

  C. 房地产开发企业购入用于建造商品房的土地

  D. 企业经过制造和修理完成验收入库的代修品和代制品

18. 下列表明存货可变现净值为零的是（ ）。

  A. 已霉烂变质的存货

  B. 其他足以证明已无使用价值和转让价值的存货

  C. 生产中已不再需要，并且已无使用价值和转让价值的存货

  D. 已过期且无转让价值的存货

19. 期末通过比较发现存货的账面价值低于可变现净值，则可能（ ）。

  A. 将以前计提的存货跌价准备全部冲减

  B. 按差额补提存货跌价准备

  C. 冲减部分以前计提的存货跌价准备

  D. 不进行账务处理

20. 下列各项中，应计入销售费用的有（ ）。

  A. 随同商品出售不单独计价的包装物成本

  B. 随同商品出售单独计价的包装物成本

  C. 摊销出租包装物成本

  D. 摊销出借包装物成本

【实训项目】

【实训一】

（一）**目的**：练习实际成本法下原材料的会计处理。

（二）**资料**：

  甲企业为增值税一般纳税人，增值税税率为 13%。原材料采用实际成本法核算，原材料发出采用月末一次加权平均法计价，运输费增值税税率 9%。

  某年 4 月，与 A 材料相关的资料如下：

  （1）1 日，"原材料——A 材料"账户余额 20 000 元（共 2 000 千克，其中，收入库但因

发票账单未到而以2 000元暂估入账的A材料200千克）。

（2）5日，收到3月末以暂估价入库A材料的发票账单，货款1 800元，增值税234元，对方代垫运输费400元，运输费增值税税额36元。全部款项已用转账支票付讫。

（3）8日，以汇兑结算方式购入A材料3 000千克，发票账单已收到，货款36 000元，增值税4 680元，运输费用1 000元，运输费增值税税额90元。材料尚未到达，款项已由银行存款支付。

（4）11日，收到8日采购的A材料，验收时发现只有2 950千克。经检查，短缺的50千克确定为运输途中的合理损耗，A材料验收入库。

（5）18日，持银行汇票80 000元购入A材料5 000千克，增值税专用发票上注明的货款为49 500元，增值税为6 435元，另支付运输费用2 000元，运输费增值税税额180元。材料已验收入库，剩余票款退回并存入银行。

（6）21日，基本生产车间自制A材料50千克验收入库，总成本为600元。

（7）30日，根据"发料凭证汇总表"的记录，4月基本生产车间为生产产品领用A材料6 000千克，车间管理部门领用A材料1 000千克，企业管理部门领用A材料1 000千克。

（三）**要求**：

（1）计算甲企业4月发出A材料的单位成本。

（2）根据上述资料，编制甲企业4月与A材料有关的会计分录。

【**实训二**】

（一）**目的**：练习计划成本法下原材料的会计处理。

（二）**资料**：

某一般纳税企业月初"原材料"账户期初余额为610 000元，"材料成本差异"贷方余额3 000元，本月购入原材料一批，价款200 000元，增值税26 000元，运输费3 000元，运输费增值税税额270元。已入库，计划成本190 000元，本月发出材料计划成本600 000元。

（三）**要求**：计算发出材料实际成本和结存材料实际成本（材料成本差异率采用本期差异率）并编制有关的会计分录。

【**实训三**】

（一）**目的**：练习存货个别计价法。

（二）**资料**：

甲公司某年5月D商品的收入、发出及购进单位成本如表4-1所示。

表4-1 甲公司商品的收入、发出及购进成本

商品名称：D　　　　　　　　　　　　　　　　　　　　　　　　　　　　　　金额单位：元

| 日期 | | 摘要 | 收入 | | | 发出 | | | 结存 | | |
月	日		数量/件	单价	金额	数量/件	单价	金额	数量/件	单价	金额
5	1	期初余额							150	10	1 500
5	5	购入	100	12	1 200				250		
5	11	销售				200			50		
5	16	购入	200	14	2 800				250		
5	20	销售				100			150		

续表

日期		摘要	收入			发出			结存		
月	日		数量/件	单价	金额	数量/件	单价	金额	数量/件	单价	金额
5	23	购入	100	15	1 500				250		
5	27	销售				100			150		
5	30	本期合计	400	—	5 500	400			150		

假设经过具体辨认，本期发出存货的单位成本如下：5 月 11 日发出的 200 件存货中，100 件系期初结存存货，单位成本为 10 元，另外 100 件为 5 月 5 日购入存货，单位成本为 12 元；5 月 20 日发出的 100 件存货系 5 月 16 日购入，单位成本为 14 元；5 月 27 日发出的 100 件存货中，50 件为期初结存，单位成本为 10 元，50 件为 5 月 23 日购入，单位成本为 15 元。

（三）**要求**：按照个别认定法，计算甲公司本期发出存货成本及其期末结存存货成本。

【实训四】

（一）**目的**：练习材料成本差异的会计处理。

（二）**资料**：

甲企业购入 A 材料，某年 6 月 1 日有关账户的期初余额如下：

1. 原材料账户：A 材料 2 000 千克　　计划单价 10 元　　金额 20 000 元

2. "材料成本差异"账户（借方余额）：720 元

3. 6 月份发生下列有关经济业务：（以下业务运输费不考虑增值税）

（1）1 日，银行转来乙公司的托收凭证，金额为 19 086.45 元，内附增值税专用发票一张，开列 A 材料 1 500 千克，每千克 11 元，货款计 16 500 元，增值税税额为 2 145 元，运输费凭证一张，金额 405 元，增值税税额为 36.45 元。经审核无误立即承付。

（2）2 日，仓库转来收料单，1 日乙公司购入 A 材料已到，验收入库，予以转账。

（3）9 日，向丙企业赊购 A 材料 3 000 千克，单价 9 元，货款计 27 000 元，增值税 3 510 元，运费 500 元，增值税税额为 45 元。A 材料已验收入库，款未付。

（4）12 日，甲企业用银行存款支付 9 日购买丙企业 A 材料的款项。

（5）14 日，银行转来丙企业有关托收凭证，金额为 27 120 元，内附增值税专用发票一张，开列 A 材料 2 000 千克，货款为 24 000 元，增值税为 3 120 元，运杂费由对方承付，经审核无误，予以支付。

（6）16 日，仓库转来通知，14 日从丙企业发来的 A 材料到达，并准备验收入库，入库盘点时发现短缺 200 千克，其中 50 千克属于正常损耗，150 千克由运输单位赔偿。

（7）本月共发出 A 材料 6 000 千克，全部用于生产甲产品。

（三）**要求**：

（1）根据上述资料作有关账务处理。

（2）用两种方法计算材料成本差异率，将本月发出的材料计划成本调整为实际成本，并编制相关的会计分录。

【实训五】

（一）**目的**：练习存货计价方法的会计实务处理。

（二）**资料**：

某年 3 月 1 日，甲公司存货数量 3 000 件，成本为 15 000 元，3 月期末结存 5 100 件，3 月份购货情况如表 4 - 2 所示。

表 4 - 2 甲公司 3 月份购货情况

购入日期	数量/件	单价/元	金额/元	发出日期	数量/件
3 月 4 日	1 500	5.00	7 500	3 月 10 日	1 000
3 月 8 日	2 400	5.10	12 240	3 月 15 日	1 000
3 月 12 日	3 000	5.20	15 600	3 月 28 日	8 000
3 月 16 日	2 500	5.15	12 875		
3 月 26 日	2 700	5.16	13 932		

（三）**要求**：

（1）用先进先出法、加权平均法计算发出存货成本，并登记材料明细分类账。

（2）假设发出存货的 20% 车间领用，80% 生产领用，编制相关会计处理分录。

【实训六】

（一）**目的**：练习包装物的会计实务处理。

（二）**资料**：

甲企业出租包装物一批，实际成本 50 000 元，收到押金 55 000 元存入银行，同时每月收到租金 5 500 元，增值税税率为 13%，经一段时间后企业退还包装物押金，同时报废包装物，收到残料 2 500 元并验收入库。

（三）**要求**：编制相关会计分录。

【实训七】

（一）**目的**：练习低值易耗品的会计实务处理。

（二）**资料**：

甲公司领用专用工具一批，其中生产领用 20 000 元，生产车间领用 40 000 元，其中生产领用的工具使用报废后，残料作价 1 000 元入库。

（三）**要求**：分别运用一次摊销法、五五摊销法对低值易耗品进行摊销，并编制有关会计分录。

【实训八】

（一）**目的**：练习存货跌价准备的计提。

（二）**资料**：

A 公司是一家电子产品的上市公司，为增值税一般纳税企业。某年 12 月 31 日，A 公司期末存货有关资料如下：

甲产品账面余额为 1 000 万元，按照一般市场价格预计售价为 1 060 万元，预计销售费用和相关税金为 30 万元。已计提存货跌价准备 40 万元。

乙产品账面余额为 400 万元，其中有 20% 已签订销售合同，合同价款为 80 万元，另有 80% 未签订合同。期末库存乙产品如果按照一般市场价格计算，预计其销售价格为 440 万元。

有合同部分的乙产品的预计销售费用和税金为 6 万元, 无合同部分的乙产品的预计销售费用和税金为 24 万元。此前未计提存货跌价准备。

因产品更新换代, 丙材料已不适应新产品的需要, 准备对外销售。丙材料的账面余额为 250 万元, 预计销售价格为 220 万元, 预计销售费用及相关税金为 25 万元, 此前未计提存货跌价准备。

丁材料 30 吨, 每吨实际成本 15 万元。该批丁材料用于生产 20 件 X 产品, X 产品每件加工成本为 10 万元, 现有 7 件已签订销售合同, 合同规定每件售价为 40 万元, 每件一般市场售价为 35 万元, 假定销售税费为销售价格的 10%。丁材料此前未计提存货跌价准备。

对存货采用单项计提法计提存货跌价准备, 按年计提。

(三) **要求**: 分别计算上述存货的期末可变现净值和应计提的跌价准备, 并进行相应的账务处理。

【实训九】

(一) **目的**: 练习委托加工物资的会计处理。

(二) **资料**:

某年 11—12 月甲企业委托乙企业加工应税消费品 A 材料, 收回后的 A 材料用于继续生产应税消费品 B 产品, 适用的消费税税率为 10%。甲、乙两企业均为增值税一般纳税人, 适用的增值税税率为 13%。甲企业对原材料按实际成本进行核算, 有关资料如下:

(1) 11 月 2 日, 甲企业发出委托加工材料一批, 实际成本为 620 000 元。

(2) 12 月 20 日, 甲企业以银行存款支付乙企业加工费 100 000 元 (不含增值税) 以及相应的增值税和消费税。

(3) 12 月 25 日, 甲企业以银行存款支付往返运杂费 20 000 元 (假定不考虑运杂费的增值税因素)。

(4) 12 月 31 日, A 材料加工完成, 已收回并验收入库。甲企业收回的 A 材料将用于生产合同所需的 B 产品 1 000 件, B 产品合同价格 1 200 元/件。

(5) 12 月 31 日, 库存 A 材料的预计市场销售价格为 70 万元, 加工成 B 产品估计至完工尚需发生加工成本 50 万元, 预计销售 B 产品所需的税金及费用为 5 万元, 预计销售库存 A 材料所需要的销售税金及费用为 2 万元。

(三) **要求**:

(1) 编制甲企业委托加工物资的相关会计分录。

(2) 计算甲企业某年 12 月 31 日对该存货应计提的存货跌价准备, 并编制有关会计分录。

【思考与练习】

1. 什么是存货? 与其他资产相比, 存货具有哪些特征?

2. 实际成本法与计划成本法在会计处理上有何差异?

3. 实际成本法下, 发出存货的计价方法有哪些? 各自的核算有哪些优缺点?

4. "材料成本差异" 账户如何进行账务处理?

5. 什么是可变现净值? 存货的可变现净值如何确定?

6. 什么情况下可以判定存货的可变现净值低于成本?

第5章　长期股权投资的核算

【同步测试】

一、单项选择题

1. 以下不属于长期股权投资的是（　　）。
　　A. 对子公司的投资　　　　　　B. 对联营企业的投资
　　C. 对合营企业的投资　　　　　D. 不具有控制、共同控制、重大影响的股权投资

2. 以下能够形成长期股权投资的是（　　）。
　　A. 同一控制下的吸收合并　　　B. 非同一控制下的吸收合并
　　C. 新设合并　　　　　　　　　D. 控股合并

3. 甲公司原拥有乙公司100%股份，拥有丙公司80%股份，现甲公司将其拥有的乙公司的全部股份转让给丙公司，对乙公司而言，该事项（　　）。
　　A. 属于同一控制下的吸收合并　B. 属于非同一控制下的吸收合并
　　C. 属于同一控制下的控股合并　D. 不属于企业合并

4. 企业在二级市场购入的某上市公司股票，准备随时出售赚取差价，对该上市公司不能施加重大影响，则应当将其划分为（　　）。
　　A. 交易性金融资产　　　　　　B. 其他债权投资
　　C. 债权投资　　　　　　　　　D. 长期股权投资

5. 非同一控制下的企业合并，合并方为进行企业合并而支付的审计费用、评估费用等直接相关费用，应当计入（　　）。
　　A. 管理费用　　　B. 投资收益　　　C. 长期股权投资　　　D. 营业外支出

6. 同一控制下的企业合并所取得的长期股权投资的初始投资成本是（　　）。
　　A. 投出资产的账面价值
　　B. 投出资产的公允价值
　　C. 取得被合并方所有者权益账面价值的份额
　　D. 被合并方所有者权益在最终控制方合并财务报表中的账面价值的份额

7. 除企业合并形成的长期股权投资以外，以支付现金取得的长期股权投资，初始投资成本应当按照实际支付的为（　　）。
　　A. 购买价款加与取得长期股权投资直接相关的费用、税金及其他必要支出
　　B. 投出资产的公允价值
　　C. 取得被合并方所有者权益账面价值的份额
　　D. 被合并方所有者权益在最终控制方合并财务报表中的账面价值的份额

8. 企业取得长期股权投资，实际支付的价款或对价中包含的已宣告但尚未发放的现金股利或利润，应计入（　　）。

A. 投资收益　　　　B. 财务费用　　　　C. 应收股利　　　　　　D. 长期股权投资

9. 成本法下被投资单位宣告分派股利时，投资单位应当将应收股利（　　）。

  A. 计入投资收益　　　　　　　　B. 冲减财务费用

  C. 冲减长期股权投资——投资成本　D. 冲减长期股权投资——损益调整

10. 权益法下被投资单位宣告分派股利时，投资单位应当将应收股利（　　）。

  A. 计入投资收益　　　　　　　　B. 冲减财务费用

  C. 冲减长期股权投资——投资成本　D. 冲减长期股权投资——损益调整

11. 采用权益法核算长期股权投资，长期股权投资的初始投资成本大于投资时应享有的被投资单位可辨认净资产公允价值份额时，正确的做法是（　　）。

  A. 将差额计入营业外收入　　　　B. 将差额计入投资收益

  C. 将差额计入管理费用　　　　　D. 不调整长期股权投资的初始投资成本

12. 甲公司于 2020 年 1 月 1 日购入乙公司发行在外股份的 35%，采用权益法核算。实际支付价款 1 900 万元，另支付相关税费 8 万元，同日，乙公司可辨认净资产的公允价值为 5 500 万元，所有者权益总额为 5 300 万元。甲公司 2020 年 1 月 1 日应确认的长期股权投资成本为（　　）万元。

  A. 1 900　　　　B. 1 908　　　　C. 1 925　　　　　　D. 1 855

13. 长期股权投资权益法下，被投资单位除净损益以外所有者权益的其他变动，投资方正确的会计分录是（　　）。

  A. 借：长期股权投资——其他权益变动

    贷：投资收益

  B. 借：长期股权投资——其他权益变动

    贷：公允价值变动损益

  C. 借：长期股权投资——其他权益变动

    贷：资本公积——其他资本公积

  D. 不进行会计处理

14. 甲公司和乙公司为同一集团下的两个子公司。2020 年 4 月 1 日，甲公司以一项无形资产为对价取得乙公司 70% 的股权，另为企业合并支付了审计咨询等费用 20 万元。甲公司该项无形资产原值 600 万元，预计使用年限 10 年，至购买股权当日已经使用了 4 年，当日该无形资产的公允价值为 500 万元。同日，乙公司所有者权益账面价值总额为 600 万元，公允价值为 750 万元，在集团合并财务报表中的账面价值为 700 万元。假定甲公司和乙公司采用的会计政策及会计期间均相同，则甲公司取得该项长期股权投资的初始投资成本为（　　）万元。

  A. 360　　　　B. 420　　　　C. 490　　　　　　D. 525

15. 长期股权投资成本法下，被投资方宣告发放现金股利，投资方正确的会计分录是（　　）。

  A. 借：投资收益

    贷：长期股权投资

  B. 借：应收股利

    贷：投资收益

  C. 借：银行存款

    贷：应收股利

　　D. 借：长期股权投资

　　　　　贷：投资收益

16. 甲公司于 2020 年 12 月 10 日出售一项原采用权益法核算的长期股权投资，该投资出售时的账面价值为 2 500 万元（成本为 2 400 万元，损益调整为 50 万元，其他权益变动为 50 万元），售价为 2 700 万元。甲公司出售长期股权投资时应确认的投资收益为（　　）万元。

　　A. 200　　　　　B. 250　　　　　C. 260　　　　　D. 300

17. 采用成本法核算长期股权投资的情况下，被投资企业发生亏损时，投资企业应当（　　）。

　　A. 贷记"投资收益"科目　　　　　B. 借记"财务费用"科目

　　C. 贷记"长期股权投资"科目　　　D. 不做账务处理

18. 甲公司和乙公司同属嘉德集团的子公司，2020 年 5 月 1 日，甲公司以无形资产和固定资产作为合并对价取得乙公司 80% 的表决权资本：无形资产原值为 1 000 万元，累计摊销额为 200 万元，公允价值为 2 000 万元；固定资产原值为 300 万元，累计折旧额为 100 万元，公允价值为 200 万元。合并日，乙公司相对于嘉德集团而言的所有者权益账面价值为 2 000 万元，可辨认净资产的公允价值为 3 000 万元，发生审计评估费用 10 万元。甲公司对乙公司长期股权投资的初始投资成本是（　　）万元。

　　A. 2 200　　　　B. 2 210　　　　C. 2 400　　　　D. 1 600

19. 甲公司持有乙公司 30% 的股权，能够对乙公司施加重大影响。2020 年度乙公司实现净利润 8 000 万元。当年 6 月 20 日，甲公司将成本为 600 万元的商品以 1 000 万元的价格出售给乙公司，乙公司将其作为管理用固定资产并于当月投入使用，预计使用 10 年，净残值为零，采用年限平均法计提折旧。不考虑其他因素，甲公司在其 2020 年度的个别财务报表中应确认对乙公司投资的投资收益为（　　）万元。

　　A. 2 100　　　　B. 2 280　　　　C. 2 286　　　　D. 2 400

20. 非企业合并中以发行权益性证券取得的长期股权投资，应当按照发行权益性证券的（　　）作为初始投资成本。

　　A. 账面价值　　　B. 公允价值　　　C. 支付的相关税费　　　D. 市场价格

21. 甲公司以定向增发股票的方式购买非同一控制下的 M 公司 80% 股权。为取得该股权，甲公司增发 2 000 万股普通股，每股面值为 1 元，每股公允价值为 4 元；支付证券承销商佣金 50 万元。取得该股权时，M 公司可辨认净资产账面价值为 9 000 万元，公允价值为 12 000 万元，支付的评估费和审计费等共计 100 万元。假定甲公司和 M 公司采用的会计政策相同，甲公司取得该股权的初始投资成本为（　　）万元。

　　A. 8 100　　　　B. 7 200　　　　C. 8 000　　　　D. 9 600

22. 甲公司于 2020 年 1 月 1 日以其无形资产作为对价取得乙公司 60% 的股份。该无形资产原值 1 000 万元，已累计摊销 300 万元，已提取减值准备 20 万元。2020 年 1 月 1 日该无形资产公允价值为 900 万元，发生了 50 万元的评估费用。乙公司 2020 年 1 月 1 日可辨认净资产的公允价值为 2 000 万元。甲公司和乙公司之间在合并前没有任何关联关系，甲公司取得该项长期股权投资的初始投资成本为（　　）万元。

　　A. 1 200　　　　B. 900　　　　C. 730　　　　D. 800

23. 非同一控制下的企业合并取得长期股权投资发生的下列项目中，不应计入初始投资成本的是（　　）。

A. 作为合并对价发行的权益性证券的公允价值

B. 企业合并中发行权益性证券发生的手续费、佣金等费用

C. 作为合并对价付出非货币资产的公允价值

D. 作为合并对价发行的债券的公允价值

24. 下列各项已计提的资产减值准备中，在相应资产持有期间内因资产价值回升可以转回的是（　　）。

A. 坏账准备　　　　　　　　　　　B. 投资性房地产减值准备

C. 固定资产减值准备　　　　　　　D. 长期股权投资减值准备

25. 企业处置长期股权投资时，下列表述中错误的是（　　）。

A. 处置长期股权投资时，持有期间计提的减值准备也应一并结转

B. 采用权益法核算的长期股权投资，因被投资单位除净损益以外所有者权益的其他变动而计入所有者权益的，处置该项投资时应当将原计入所有者权益的部分按相应比例转入投资收益

C. 处置长期股权投资，其账面价值与实际取得价款的差额，应当计入投资收益

D. 处置长期股权投资，其账面价值与实际取得价款的差额，应当计入营业外收入

26. 关于长期股权投资核算方法的转换，下列说法中不正确的是（　　）。

A. 因增加投资导致对被投资单位的影响能力由重大影响转为控制的，应按照权益法转为成本法的核算方法进行处理

B. 因增加投资导致对被投资单位的影响能力由共同控制转为控制的，应按照权益法转为成本法的核算方法进行处理

C. 因处置投资导致对被投资单位的影响能力由控制转为具有重大影响的，应由成本法核算改为权益法核算

D. 因处置投资导致对被投资单位的影响能力由控制转为与其他投资方一起实施共同控制的，处置前后均采用成本法核算

27. 投资企业因增加投资等原因对长期股权投资由权益法改为成本法时，下列各项中可作为成本法下长期股权投资的初始投资成本的是（　　）。

A. 股权投资的公允价值

B. 原权益法下股权投资的账面价值

C. 在被投资单位所有者权益中所占份额

D. 被投资方的所有者权益

28. 下列不属于《企业会计准则第 2 号——长期股权投资》核算范畴的是（　　）。

A. 对子公司的投资

B. 投资企业持有的对被投资单位不具有共同控制或重大影响，并且在活跃市场中有报价，公允价值能够可靠计量的权益性投资

C. 对联营企业的投资

D. 对合营企业的投资

29. 长期股权投资核算由成本法转换为权益法的情形有（　　）。

A. 投资企业因减少投资对被投资企业不再具有控制权，但仍存在共同控制或重大影响

B. 投资企业因减少投资等原因对被投资企业不再具有共同控制或重大影响

C. 投资企业因追加投资原因能够对被投资企业实施共同控制或重大影响但不构成控制

    D. 投资企业因追加投资对被投资企业由共同控制或重大影响转为控制

30. 长期股权投资核算由权益法转换为成本法的情形有（　　）。

    A. 投资企业因减少投资对被投资企业不再具有控制权，但仍存在共同控制或重大影响

    B. 投资企业因减少投资等原因对被投资企业不再具有共同控制或重大影响

    C. 投资企业因追加投资原因能够对被投资企业实施共同控制或重大影响但不构成控制

    D. 投资企业因追加投资对被投资企业由共同控制或重大影响转为控制

二、多项选择题

1. 同一控制下的企业合并，长期股权投资初始投资成本与支付的合并对价之间的差额可能调整（　　）。

    A. 资本公积　　　　B. 盈余公积　　　　C. 未分配利润　　　　D. 营业外收入

2. 下列各项中，采用权益法核算的有（　　）。

    A. 对子公司投资

    B. 对合营企业投资

    C. 对联营企业投资

    D. 对被投资单位不具有控制、共同控制或重大影响，且在活跃市场中没有报价，公允价值不能可靠计量的权益性投资

3. 下列事项中可以计入当期损益的有（　　）。

    A. 同一控制下的企业合并，合并方为进行企业合并发生的各项直接相关费用，包括为进行企业合并而支付的审计费用、评估费用、法律服务费用

    B. 非同一控制下取得股权投资时发生的审计费、评估费

    C. 长期股权投资采用成本法核算，投资企业按被投资单位宣告分派的利润或现金股利确认的应享有的份额

    D. 长期股权投资采用权益法核算，投资企业应享有的被投资单位实现的净损益的份额

4. 企业采用权益法核算时，下列事项中将引起长期股权投资账面价值发生增减变动的有（　　）。

    A. 长期股权投资的初始投资成本小于投资时应享有被投资单位可辨认净资产公允价值份额

    B. 计提长期股权投资减值准备

    C. 被投资单位资本公积发生变化

    D. 获得被投资单位的股票股利

5. 权益法下，长期股权投资应当设置的明细科目有（　　）。

    A. 成本　　　　B. 损益调整　　　　C. 其他权益变动　　　　D. 投资收益

6. 权益法下投资损益的确认应当考虑以下因素（　　）。

    A. 取得投资时被投资企业各项可辨认资产的公允价值与账面价值是否一致

    B. 被投资单位采用的会计政策、会计期间与投资单位是否一致

    C. 被投资单位与投资单位的未实现内部交易损益

    D. 投资单位对被投资单位是否承担额外义务

7. 在权益法下核算长期股权投资，投资方长期股权投资账面余额在以下（　　）的情况下，需要作相应的调整。

    A. 收回投资

    B. 被投资单位实现净利润

    C. 被投资企业发生亏损

    D. 追加投资

8. 下列各项中，应当确认为投资损益的有（　　）。

    A. 长期股权投资发生减值损失

    B. 长期股权投资处置净损益

    C. 期末交易性金融资产公允价值变动的金额

    D. 支付与取得交易性金融资产直接相关的费用

9. 采用权益法核算时，以下可能影响"长期股权投资"科目借方发生额的事项有（　　）。

    A. 被投资企业宣告分派现金股利

    B. 投资企业追加长期股权投资

    C. 被投资企业发生亏损

    D. 被投资企业实现净利润

10. 关于长期股权投资的核算，下列说法中错误的有（　　）。

    A. 企业为取得长期股权投资所发生的相关税费，应当计入长期股权投资的初始投资成本

    B. 取得长期股权投资时，如果实际支付的价款中包含有已经宣告但尚未领取的现金股利，应当计入投资收益

    C. 成本法下长期股权投资持有期间被投资单位宣告发放现金股利，投资方应当计入投资收益

    D. 采用权益法核算的长期股权投资，因被投资单位除净损益以外所有者权益的其他变动而计入所有者权益的，处置该项投资时不应当将原计入所有者权益的部分转入当期损益，应按其账面价值与实际取得价款的差额，计入当期损益

11. 采用成本法核算长期股权投资，下列各项中不会导致长期股权投资账面价值发生增减变动的有（　　）。

    A. 长期股权投资发生减值损失

    B. 持有长期股权投资期间被投资企业实现净利润

    C. 被投资企业宣告分派属于投资企业投资前实现的净利润

    D. 被投资企业宣告分派属于投资企业投资后实现的净利润

12. 采用成本法核算的长期股权投资，应当将账面价值与（　　）相比较，看是否要计提减值准备。

    A. 可收回金额

    B. 公允价值

    C. 未来现金流量现值

    D. 可变现净值

13. 企业处置长期股权投资时，正确的处理方法有（　　）。

    A. 处置长期股权投资时，持有期间计提的减值准备也应一并结转

    B. 采用权益法核算的长期股权投资，因被投资单位除净损益以外所有者权益的其他变动而计入所有者权益的，处置该项投资时应当将原计入所有者权益的部分按相应比例转入营业外收入

    C. 采用权益法核算的长期股权投资，因被投资单位除净损益以外所有者权益的其他变动而计入所有者权益的，处置该项投资时应当将原计入所有者权益的部分按相

应比例转入投资收益

D. 处置长期股权投资，其账面价值与实际取得价款的差额，应当计入投资收益

14. 采用权益法核算时，能引起长期股权投资账面价值发生增减变动的事项有（　　）。

A. 计提长期股权投资减值准备

B. 收到股票股利

C. 被投资企业持有的以公允价值计量且其变动计入其他综合收益的金融资产公允价值发生变动

D. 被投资企业宣告分派现金股利

15. 下列各项中，投资方不应确认投资收益的事项有（　　）。

A. 采用权益法核算长期股权投资，被投资方实现的净利润

B. 采用权益法核算长期股权投资，被投资方因以公允价值计量且其变动计入其他综合收益的金融资产公允价值上升而增加的资本公积

C. 采用权益法核算长期股权投资，被投资方宣告分派的现金股利

D. 采用成本法核算长期股权投资，被投资方宣告分派的属于投资前实现的现金股利

16. 企业对取得的长期股权投资按成本法核算时，下列事项中不会引起长期股权投资账面价值变动的有（　　）。

A. 被投资单位以资本公积转增资本

B. 被投资单位宣告分派投资前的现金股利

C. 投资单位期末计提长期股权投资减值准备

D. 被投资单位接受资产捐赠的当时

17. 在非企业合并情况下，下列各项中，不应作为长期股权投资取得时初始成本入账的有（　　）。

A. 为发行权益性证券支付给有关证券承销机构的手续费、佣金等

B. 投资时支付的不含应收股利的价款

C. 投资时支付款项中所含的已宣告而尚未领取的现金股利

D. 为取得投资而支付的相关税金和手续费

18. 下列情况投资企业不应该终止采用权益法核算而改为成本法核算的有（　　）。

A. 投资企业对被投资单位仍然具有重大影响，且公允价值不能可靠计量的

B. 投资企业因追加投资，持股比例由原来的30%变为50%

C. 投资企业对被投资单位仍然具有共同控制，且公允价值不能可靠计量的

D. 投资企业因增加投资对被投资单位由共同控制转为控制

19. 下列经济业务或事项中应通过"投资收益"科目核算的内容有（　　）。

A. 处置采用权益法核算的长期股权投资时，应按处置长期股权投资的比例结转原记入"资本公积——其他资本公积"科目的金额

B. 企业的持有至到期投资在持有期间取得的投资收益和处置损益

C. 长期股权投资采用成本法核算的，被投资单位宣告发放的现金股利或利润

D. 长期股权投资采用权益法核算的，资产负债表日根据被投资单位实现的净利润或经调整的净利润计算应享有的份额

20. 下列关于长期股权投资的说法，不正确的有（　　）。

A. 企业持有的能够对被投资单位实施控制的长期股权投资采用权益法核算

B. 成本法下，当被投资企业发生盈亏时，投资企业不作账务处理

C. 成本法下，当被投资企业宣告分配现金股利时，投资企业均应将分得的现金股利确认为投资收益

D. 权益法下，期末投资方确认的投资收益等于被投资方实现的账面净利润乘以持股比例

【实训项目】

【实训一】

（一）**目的**：练习同一控制下企业合并的初始计量会计处理。

（二）**资料**：

2021 年 3 月 20 日，青胡公司以银行存款 1 000 万元及一项土地使用权取得其母公司控制的启弥公司 80% 的股权，并于当日起能够对启弥公司实施控制。合并日，该土地使用权的账面原价为 4 400 万元，摊销 200 万元，启弥公司的所有者权益在母公司合并财务报表中持有启弥公司 80% 的股权的账面价值为 6 000 万元。合并中青胡公司用银行存款支付审计费用、评估费用等共计 60 万元。

（三）**要求**：根据以上资料编制相关会计分录。

【实训二】

（一）**目的**：练习非同一控制下企业合并的初始计量会计处理。

（二）**资料**：

2021 年 5 月 1 日，麦斯公司以一项其他权益工具投资向三妮公司投资（麦斯公司和三妮公司不属于同一控制的两个公司），占三妮公司注册资本的 70%。购买日，该其他权益工具投资的账面价值为 3 000 万元（其中成本为 3 200 万元，公允价值变动为 −200 万元），公允价值为 3 100 万元。不考虑其他相关税费。

（三）**要求**：根据以上资料编制相关会计分录。

【实训三】

（一）**目的**：练习不形成企业合并的长期股权投资初始计量会计处理。

（二）**资料**：

2018 年 10 月 10 日，A 公司自公开市场买入天才公司 20% 的股份，实际支付价款 16 000 万元。另外，在购买过程中支付手续费等相关费用 400 万元。A 公司取得该部分股权后能够对天才公司的生产经营决策施加重大影响。

（三）**要求**：假定不考虑其他因素，对 A 公司进行账务处理。

【实训四】

（一）**目的**：练习长期股权投资的成本法。

（二）**资料**：

欧往公司 2020 年 1 月 2 日，购买了莲花公司有表决权的资本 60%，并准备长期持有，实

际支付投资成本为 330 000 元；2020 年 5 月 4 日，莲花公司宣布分派 2019 年度的现金股利 300 000 元；2020 年 6 月 10 日，欧往公司收到股利；2020 年度莲花公司实现的净利润为 1 350 000 元；2021 年 5 月 3 日，莲花公司宣布分派 2020 年度现金股利 900 000 元；2021 年 6 月 3 日，莲花公司发放股利；2020 年 12 月 31 日，由于下半年莲花公司发生巨额亏损，欧往公司预计可回收金额为 280 000 元。

（三）**要求**：根据上述资料，编制相关会计分录。

【实训五】

（一）**目的**：练习权益法下初始投资成本的调整。

（二）**资料**：

贝贝企业于 2021 年 1 月取得喵喵公司 30% 的股权，支付价款 9 000 万元。能够对喵喵公司施加重大影响，贝贝企业对该投资应当采用权益法核算。

假设一，取得投资时被投资单位净资产账面价值为 22 500 万元（假定被投资单位各项可辨认资产、负债的公允价值与其账面价值相同）。

假设二，取得投资时被投资单位可辨认净资产的公允价值为 36 000 万元。

（三）**要求**：

（1）取得投资时，贝贝企业应进行的账务处理。

（2）请分析说明假设一情况下是否需要调整初始投资成本，如需调整请列出会计分录。

（3）请分析说明假设二情况下是否需要调整初始投资成本，如需调整请列出会计分录。

【实训六】

（一）**目的**：练习权益法下净损益的调整。

（二）**资料**：

鹏富公司 2019 年 1 月 1 日对沪江公司进行长期股权投资，以 1 200 万元的现金获得其 40% 有表决权的股份，并可以对沪江公司的财务与经营决策施加重大影响。

2019 年 1 月 1 日，沪江公司所有者权益的公允价值为 2 400 万元。

2020 年 3 月 15 日，沪江公司宣布 2019 年度的净利润 180 万元。

2020 年 5 月 8 日，沪江公司宣告支付现金股利 120 万元。

此外，沪江公司的其他资料包括：固定资产的账面价值为 450 万元，公允价值为 600 万元，该固定资产按照直线折旧法进行折旧，使用年限为 10 年，残值为 0；无形资产的账面价值为 900 万元，公允价值为 1 500 万元，该无形资产的经济寿命为 10 年。

（三）**要求**：根据上述资料，进行相关会计处理。

【实训七】

（一）**目的**：练习权益法下其他权益变动。

（二）**资料**：

可可企业于 2021 年 1 月 1 日出资 3 000 万元持有松鼠企业 30% 的股份，能够对松鼠企业施加重大影响。2021 年 12 月 31 日，松鼠企业因持有的以公允价值计量且其变动计入其他综合收益的金融资产的公允价值的变动计入其他综合收益的金额为 1 800 万元，除该事项外，松鼠企业当期实现的净损益为 9 600 万元。假定可可企业与松鼠企业适用的会计政策、会计期间相同，投资时松鼠企业有关资产、负债的公允价值与其账面价值亦相同，双方当期及以前期间未发生任何内部交易。

（三）**要求**：根据以上资料，进行账务处理。

【实训八】

（一）**目的**：练习金融资产核算转换成权益法核算。

（二）**资料**：

（1）黄河公司于 2020 年 10 月 11 日取得飞方公司 5% 的股权作为以公允价值计量且其变动计入其他综合收益的金融资产，取得成本为 1 000 万元。

（2）2020 年 12 月 31 日，其公允价值为 900 万元。

（3）2021 年 1 月 1 日，黄河公司又从市场上取得飞方公司 20% 股权，实际支付款项 4 400 万元，原 5% 投资在该日的公允价值为 1 100 万元。从 2021 年 1 月 1 日起，黄河公司能够对飞方公司施加重大影响。2021 年 1 月 1 日，飞方公司可辨认净资产公允价值为 24 000 万元。

（4）飞方公司 2021 年实现净利润 200 万元，宣告分配股利 50 万元。

（三）**要求**：编制 2020 年 11 月 10 日—2021 年 2 月 1 日黄河公司有关会计分录。

【实训九】

（一）**目的**：练习持股比例下降由成本法转权益法。

（二）**资料**：

黄平公司原持有嘉吉公司 60% 的股权，其账面余额为 9 000 万元，嘉吉公司可辨认净资产公允价值总额为 13 500 万元（假定可辨认净资产的公允价值与账面价值相同），未计提减值准备。

2020 年 1 月 1 日，黄平公司将其持有的对嘉吉公司 20% 的股权出售给某企业，出售取得价款 5 400 万元，当日被投资单位可辨认净资产公允价值总额为 24 000 万元。自取得对嘉吉公司长期股权投资后至处置投资前，嘉吉公司实现净利润 7 500 万元。

假定嘉吉公司一直未进行利润分配。除所实现净损益外，嘉吉公司未发生其他计入资本公积的交易或事项。本例中黄平公司按净利润的 10% 提取盈余公积。黄平公司没有对嘉吉公司投资计提减值准备。在出售 20% 的股权后，黄平公司对嘉吉公司的持股比例为 40%，在被投资单位董事会中派有代表，但不能对嘉吉公司生产经营决策实施控制。对嘉吉公司长期股权投资应由成本法改为按照权益法进行核算。

（三）**要求**：根据以上资料，进行相应的会计处理。

【实训十】

（一）**目的**：练习分步取得非同一控制下的长期股权投资的核算。

（二）**资料**：

假定一，天台公司于 2020 年 3 月以 2 000 万元取得告广上市公司 5% 的股权，对告广公司不具有重大影响，天台公司将其分类为其他权益工具投资，按公允价值计量。

2021 年 4 月 1 日，天台公司又斥资 25 000 万元自皮皮公司取得告广公司另外 50% 股权。假定天台公司在取得对告广公司的长期股权投资后，告广公司未宣告发放现金股利。天台公司原持有告广公司 5% 的股权于 2021 年 3 月 31 日的公允价值为 2 500 万元，累计计入其他综合收益的金额为 500 万元。天台公司与皮皮公司不存在任何关联方关系。

假定二，天台公司于 2020 年 3 月以 12 000 万元取得告广公司 20% 的股权，并能对告广公司施加重大影响，采用权益法核算该项股权投资，当年度确认对告广公司的投资收益 450 万元。

2021 年 4 月，天台公司又斥资 15 000 万元自皮皮公司取得告广公司另外 30% 的股权。天台公司按净利润的 10% 提取盈余公积。天台公司对该项长期股权投资未计提任何减值准备。天台公司与皮皮公司不存在任何关联方关系。

（三）要求：

（1）根据假定一，编制相应会计分录，并计算长期股权投资的账面价值。

（2）根据假定二，编制相应会计分录，并计算长期股权投资的账面价值。

【实训十一】

（一）目的：练习同一控制与非同一控制会计处理的区别。

（二）资料：

瑶瑶公司和容瑞公司均为股份有限公司，系增值税一般纳税人，适用的增值税税率均为 13%。2021 年 1 月 1 日，瑶瑶公司以一项公允价值为 600 万元、账面价值 420 万元的机器设备（原价 600 万元，累计折旧 180 万元），一批公允价值 400 万元、成本为 300 万元的库存商品和一项公允价值为 430 万元、账面价值 480 万元的无形资产（原价 600 万元，累计摊销 120 万元）作为对价取得容瑞公司 100% 的股权（假设为控股合并）。取得投资时，另发生资产评估、审计费等共计 10 万元，以银行存款支付。取得投资时，容瑞公司可辨认净资产的账面价值为 1 500 万元，公允价值为 1 700 万元。

假定不考虑除增值税以外的其他相关税费。

（三）要求：

（1）若瑶瑶公司与容瑞公司同为丙公司控制下的子公司，编制瑶瑶公司取得容瑞公司股权投资时的相关会计分录。

（2）若瑶瑶公司与容瑞公司合并前不存在任何关联方关系，编制瑶瑶公司取得容瑞公司股权投资时的相关会计分录。

【实训十二】

（一）目的：练习非同一控制下企业合并以及转换的会计处理。

（二）资料：

西颐股份有限公司（以下简称西颐公司）为上市公司，2020 年发生如下与长期股权投资有关业务：

（1）2020 年 1 月 1 日，西颐公司向 M 公司定向发行 500 万股普通股（每股面值 1 元，每股市价 8 元）作为对价，取得 M 公司拥有的甲公司 80% 的股权。在此之前，M 公司与西颐公司不存在任何关联方关系。西颐公司另以银行存款支付评估费、审计费以及律师费 30 万元；为发行股票，西颐公司以银行存款支付了证券商佣金、手续费 50 万元。

2020 年 1 月 1 日，甲公司可辨认净资产公允价值为 4 800 万元，与账面价值相同，相关手续于当日办理完毕，西颐公司于当日取得甲公司的控制权。

2020 年 3 月 10 日，甲公司股东大会做出决议，宣告分配现金股利 300 万元。2018 年 3 月

20 日，西颐公司收到该现金股利。

2020 年度甲公司实现净利润 1 800 万元，其持有的其他权益工具投资期末公允价值增加了 150 万元。

期末经减值测试，西颐公司对甲公司的股权投资未发生减值。

（2）2021 年 1 月 10 日，西颐公司将持有的甲公司的长期股权投资的 1/2 对外出售，出售取得价款 3 300 万元，当日甲公司自购买日公允价值持续计算的可辨认净资产的账面价值为 6 450 万元。在出售 40% 的股权后，西颐公司对甲公司的剩余持股比例为 40%，在被投资单位董事会中派有代表，但不能对甲公司的生产经营决策实施控制，剩余股权投资在当日的公允价值为 3 250 万元。对甲公司长期股权投资应由成本法改为按照权益法核算。

西颐公司按净利润的 10% 提取法定盈余公积。不考虑所得税等相关因素的影响。

（三）要求：

（1）根据资料（1），分析判断西颐公司并购甲公司属于何种合并类型，并说明理由。

（2）根据资料（1），编制西颐公司在 2020 年度与甲公司长期股权投资相关的会计分录。

（3）根据资料（2），计算西颐公司处置 40% 股权时个别财务报表中应确认的投资收益金额，并编制西颐公司个别财务报表中处置 40% 长期股权投资以及对剩余股权投资进行调整的相关会计分录。

【实训十三】

（一）目的：练习权益法下长期股权投资的会计处理。

（二）资料：

长江公司为增值税一般纳税人，适用的增值税税率为 13%。

（1）2020 年 1 月 1 日，长江公司以一项生产用设备及一批库存商品作为对价取得黄河公司股票 600 万股，每股面值 1 元，占黄河公司实际发行在外股数的 30%。长江公司作为对价的设备原值为 750 万元，累计折旧 75 万元，尚未计提固定资产减值准备，公允价值为 750 万元；库存商品的成本 975 万元，已计提存货跌价准备 75 万元，市场销售价格为 900 万元。股权过户手续于当日办理完毕，投资后长江公司可以派人参与黄河公司生产经营决策的制定。

2020 年 1 月 1 日，黄河公司可辨认净资产公允价值为 4 500 万元。取得投资时黄河公司的固定资产公允价值为 450 万元，账面价值为 300 万元，固定资产的预计尚可使用年限为 10 年，预计净残值为零，按照年限平均法计提折旧。无形资产公允价值为 150 万元，账面价值为 75 万元，无形资产的预计尚可使用年限为 10 年，预计净残值为零，按照直线法摊销。黄河公司其他资产、负债的公允价值与账面价值相同。

（2）2020 年度，黄河公司实现净利润 375 万元，提取盈余公积 37.5 万元。2020 年 6 月 5 日，黄河公司出售商品一批给长江公司，商品成本为 600 万元，售价为 900 万元，长江公司购入的商品作为存货。至 2020 年年末，长江公司已将从黄河公司购入商品的 60% 出售给外部独立的第三方。2021 年度黄河公司发生亏损 7 500 万元，2021 年黄河公司因可供出售金融资产增加资本公积 150 万元。假定长江公司账上有应收黄河公司长期应收款 90 万元且黄河公司无任何清偿计划。2021 年年末，长江公司从黄河公司购入的商品剩余 40% 部分仍未实现对外销售。

（3）2022 年，黄河公司在调整了经营方向后，扭亏为盈，当年实现净利润 780 万元。假定不考虑所得税和其他事项。至 2022 年年末长江公司从黄河公司购入的商品剩余部分全部实现对外销售。

（三）要求：

（1）判断长江公司对黄河公司的投资采用何种方法进行后续计量，并编制长江公司2020年初始投资的相关会计分录。

（2）判断2020年年末黄河公司提取盈余公积长江公司是否进行相应会计处理，并编制长江公司2020年年末确认投资收益的会计分录。

（3）编制长江公司2021年与该长期股权投资相关的会计分录。

（4）编制长江公司2022年长期股权投资的相关会计分录。

【思考与练习】

1. 什么是长期股权投资？长期股权投资包括哪些具体内容？

2. 什么是同一控制下的企业合并？如何确定同一控制下合并形成的长期股权投资的初始成本？你对此有何评价？

3. 什么是非同一控制下的企业合并？如何确定非同一控制下合并形成的长期股权投资的初始成本？你对此有何评价？

4. 什么是成本法？长期股权投资核算的成本法包括哪些内容？

5. 什么是权益法？长期股权投资核算的权益法包括哪些内容？

6. 长期股权投资的处置是如何核算的？

7. 权益法、成本法、金融资产核算之间如何相互转换？

第6章 固定资产的核算

【同步测试】

一、单项选择题

1. 下列固定资产当月应计提折旧的有（　　）。
   A. 以经营租赁方式租出的汽车　　　B. 当月购入并投入使用的机器
   C. 已提足折旧的厂房　　　　　　　D. 单独计价入账的土地

2. 企业采用经营租赁方式租出一台设备，该设备计提的折旧费应计入（　　）。
   A. 生产成本　　　B. 制造费用　　　C. 管理费用　　　D. 其他业务成本

3. 企业购入需要安装的固定资产，不论采用何种安装方式，固定资产的全部安装成本（包括固定资产买价以及包装运杂费和安装费）均应通过（　　）账户进行核算。
   A. 固定资产　　　B. 在建工程　　　C. 工程物资　　　D. 长期投资

4. 企业购入的生产设备达到预定可使用状态前，其发生的专业人员服务费用计入（　　）。
   A. 固定资产　　　B. 制造费用　　　C. 在建工程　　　D. 工程物资

5. 甲公司为一般纳税人，20×9年购入设备一台，实际支付设备价款5 000元，增值税为800元，支付运杂费500元，安装费1 000元，则该设备入账价值为（　　）元。
   A. 6 500　　　B. 5 600　　　C. 1 500　　　D. 6 000

6. 企业20×9年6月22日一生产线投入使用，该生产线成本740万元，预计使用5年，预计净残值20万元，采用年数总和法计提折旧的情况下，20×9年该设备应计提的折旧为（　　）万元。
   A. 240　　　B. 140　　　C. 120　　　D. 148

7. 企业对账面原值为15万元的固定资产进行清理，累计折旧为10万元，已计提减值准备1万元，清理时发生清理费用0.5万元，清理收入6万元，增值税税率为5%，该固定资产的清理净收入为（　　）万元。
   A. 5.5　　　B. 6　　　C. 1.2　　　D. 1.5

8. 固定资产报废清理后发生的净损失，应计入（　　）。
   A. 投资收益　　　B. 管理费用　　　C. 营业外支出　　　D. 其他业务成本

9. 企业经营租入固定资产改良过程中发生的支出应计入（　　）。
   A. 固定资产清理　　　B. 在建工程　　　C. 营业外收入　　　D. 长期待摊费用

10. 计提固定资产折旧时，可以先不考虑固定资产残值的方法是（　　）。
    A. 年限平均法　　　B. 工作量法　　　C. 双倍余额递减法　　　D. 年数总和法

11. 下列各项中不应记入"固定资产清理"科目借方的是（　　）。
    A. 计提清理固定资产人员的工资

  B. 因自然灾害损失的固定资产取得的赔款

  C. 因出售厂房而交纳的增值税

  D. 因自然灾害损失的固定资产账面净值

12. 正保公司出售设备一台，售价为 28 万元。该设备的原价为 30 万元，已提折旧 5 万元，已计提减值准备 3 万元。假设不考虑相关税费，本期出售该设备影响当期损益的金额为（ ）万元。

  A. 28   B. 2   C. 5   D. 6

13. P 企业于 2018 年 12 月份购入一台管理用设备，实际成本为 100 万元，估计可使用 10 年，估计净残值为零，采用直线法计提折旧。2019 年年末，对该设备进行检查，估计其可收回金额为 72 万元。2020 年年末，再次检查估计该设备可收回金额为 85 万元，则 2020 年年末应调整资产减值损失的金额为（ ）万元。

  A. 0   B. 16   C. 14   D. 12

14. 下列固定资产中，不应计提折旧的是（ ）。

  A. 正在改扩建的固定资产   B. 因季节性原因停用的固定资产

  C. 进行日常维修的固定资产   D. 定期大修理的固定资产

15. 企业生产车间使用的固定资产发生的下列支出中，直接计入当期损益的是（ ）。

  A. 购入时发生的安装费用   B. 发生的装修费用

  C. 购入时发生的运杂费   D. 发生的修理费

16. 对于企业在建工程在达到预定可使用状态前试生产所取得的收入，正确的处理方法是（ ）。

  A. 作为主营业务收入   B. 作为其他业务收入

  C. 作为营业外收入   D. 冲减工程成本

17. 甲企业对某一项生产设备进行改良，该生产设备原价为 1 000 万元，已提折旧 500 万元，改良中发生各项支出共计 100 万元。改良时被替换部分的账面价值为 20 万元。则该项固定资产的入账价值为（ ）万元。

  A. 1 000   B. 1 100   C. 580   D. 600

18. 下列关于固定资产确认和初始计量的表述中，正确的是（ ）。

  A. 自行建造固定资产期间支付的所有职工薪酬都计入固定资产成本

  B. 为使固定资产达到预定可使用状态所发生的可归属于该项资产的安装费、专业人员服务费等应计入固定资产的成本

  C. 以一笔款项购入多项没有单独标价的固定资产，应当按照各项固定资产的账面价值比例对总成本进行分配，分别确定各项固定资产的成本

  D. 构成固定资产的各组成部分，即使各自具有不同的使用寿命，适用不同的折旧率或者折旧方法，企业也应按总体确认一项固定资产，按使用寿命最低的年限核算，并按年限平均法计提折旧

19. 远方公司为增值税一般纳税人，适用的增值税税率为 13%，于 2019 年 6 月购入一台不需要安装的生产设备，收到的增值税专用发票上注明的设备价款为 1 000 万元，增值税税额为 130 万元，款项已支付；另支付保险费 20 万元，装卸费用 3 万元。当日设备投入使用。假定不考虑其他因素，则远方公司该设备的初始入账价值为（ ）万元。

  A. 1 193   B. 1 170   C. 1 020   D. 1 023

20. 2020 年 7 月 1 日，甲企业接受乙投入生产经营用设备一台，该设备需要安装。双方在协议中约定的价值为 250 000 元，经评估确定的该设备的公允价值为 200 000 元。安装过程中领用生产用材料一批，实际成本为 2 000 元；领用自产的产成品一批，实际成本为 5 000 元，售价为 12 000 元，该产品为应税消费品，消费税税率为 10%。2020 年年末该设备达到预定可使用状态。该设备预计使用年限为 10 年，采用双倍余额递减法计提折旧，2021 年年末该设备的可收回金额为 150 000 元。甲企业为增值税一般纳税人，适用的增值税税率为 13%。假定不考虑所得税因素，2021 年年末该设备的账面价值为（　　　）元。

    A. 166 560　　　　B. 150 000　　　　C. 164 800　　　　D. 165 000

二、多项选择题

1. 下列固定资产中，应计提折旧的固定资产有（　　　）。
   - A. 经营租赁租出的固定资产
   - B. 未使用不需用的固定资产
   - C. 正在改扩建固定资产
   - D. 融资租入的固定资产

2. 下列各项资产，符合固定资产定义的有（　　　）。
   - A. 企业为生产持有的机器设备
   - B. 企业以融资租赁方式出租的机器设备
   - C. 企业以经营租赁方式出租的机器设备
   - D. 企业以经营租赁方式出租的建筑物

3. 下列项目中，构成外购固定资产入账价值的有（　　　）。
   - A. 购买设备发生的运杂费
   - B. 取得固定资产而交纳的契税
   - C. 购买设备发生的包装费用
   - D. 取得固定资产发生的耕地占用税

4. 如果购买固定资产的价款超过正常信用条件延期支付，实质上具有融资性质时，下列说法中正确的有（　　　）。
   - A. 固定资产的成本以购买价款为基础确定
   - B. 固定资产的成本以购买价款的现值为基础确定
   - C. 实际支付的价款与购买价款现值之间的差额，应当在信用期内予以资本化
   - D. 实际支付的价款与购买价款现值之间的差额，应在信用期内采用实际利率法摊销，摊销金额满足资本化条件的应计入固定资产成本

5. 通过"固定资产清理"科目核算处置固定资产的净损益，可能转入的科目有（　　　）。
   - A. 销售费用
   - B. 营业外支出
   - C. 资产处置损益
   - D. 营业外收入

6. 下列经济业务应计入固定资产价值的有（　　　）。
   - A. 经营租入固定资产改良支出
   - B. 在建工程领用本企业产品应交的消费税
   - C. 在建工程发生的工程管理费
   - D. 在建工程达到预定可使用状态前发生的借款汇兑差额

7. 采用自营方式建造固定资产的，下列项目中应计入固定资产取得成本的有（　　　）。
   - A. 工程人员的应付职工薪酬
   - B. 工程耗用原材料时发生的增值税
   - C. 工程领用本企业商品产品的实际成本

　　D. 生产车间为工程提供水电等费用

8. 计提固定资产折旧应借记的会计科目有（　　）。

　　A. 制造费用　　　　B. 销售费用　　　　C. 管理费用　　　　D. 其他业务成本

9. 下列各类机器设备，应计提折旧的有（　　）。

　　A. 正在运转的机器设备　　　　　　　B. 经营租赁租出的机器设备

　　C. 季节性停用的机器设备　　　　　　D. 已提足折旧继续使用的机器设备

10. 下列各项中，会引起固定资产账面价值发生变化的有（　　）。

　　A. 计提固定资产减值准备　　　　　　B. 计提固定资产折旧

　　C. 固定资产费用化的后续支出　　　　D. 固定资产资本化的后续支出

【实训项目】

【实训一】

（一）**目的**：练习需安装固定资产核算及折旧的会计处理。

（二）**资料**：

甲公司为一般纳税企业。2020 年 8 月 3 日，购入一台需要安装的生产用机器设备，取得的增值税专用发票上注明的设备价款为 3 900 万元，增值税进项税额为 507 万元，支付的运杂费为 37 万元，款项已通过银行支付；安装设备时，领用本公司原材料一批，价值 363 万元；应付安装工人的职工薪酬为 80 万元；假定不考虑其他相关税费。2018 年 10 月 8 日达到预定可使用状态，预计使用年限为 10 年，净残值为 2 万元，采用双倍余额递减法计算年折旧额。

（三）**要求**：编制 2020 年有关会计分录。

【实训二】

（一）**目的**：练习计提固定资产折旧及会计处理。

（二）**资料**：

乙公司为一般纳税人，2020 年 7 月 12 日购入一台需要安装的设备。

（1）增值税专用发票上注明价款 46 800 元，增值税款 6 084 元，发生运杂费 10 335 元，全部款项以银行存款支付。

（2）在安装过程中，领用原材料 2 340 元，材料购进时增值税进项税额 304.20 元。

（3）结算安装工人工资 1 600 元。

（4）该设备当月安装完毕，交付使用。该设备预计净残值 1 000 元，预计使用 5 年。

（三）**要求**：

（1）计算该设备入账价值，并编制相关会计分录。

（2）分别采用平均法、年数总和法、双倍余额递减法计算该设备各年折旧额。

【实训三】

（一）**目的**：练习固定资产出售的会计处理。

（二）**资料**：

丁公司 2020 年 5 月出售一栋房产，发生以下经济业务：

（1）该项房产原值 530 000 元，已提折旧 120 000 元，已提减值准备 30 000 元。

（2）出售时以银行存款支付清理费用 3 000 元。

（3）出售房产收入 450 000 元，增值税税率 9%。

（三）**要求**：根据以上业务编制会计分录。

【实训四】

（一）**目的**：练习固定资产毁损的会计处理。

（二）**资料**：

丙公司 2019 年 6 月发生火灾，毁损一栋房产，发生以下经济业务：

（1）该房产原值 200 000 元，已提折旧 20 000 元，已提减值准备 3 000 元。

（2）应由保险公司赔款 90 000 元。

（3）房产毁损残料变卖收入 2 900 元。

（三）**要求**：根据以上业务编制会计分录。

【实训五】

（一）**目的**：练习固定资产更新改造的会计处理。

（二）**资料**：

甲公司 2018 年 4 月 1 日对某生产线改造，该生产线原价 1 000 万元，已提折旧 350 万元，2017 年 12 月 31 日已提减值准备 500 万元。在改造过程中，领用工程物资 80 万元，发生人工费用 25 万元，银行存款支付耗用其他费用 30 万元。在试运行中取得净收入 10 万元。2019 年 3 月改造完工投入使用，改造后生产线可使其产品产量实质性提高，该改造支出应予以资本化。

（三）**要求**：根据以上业务编制会计分录。

【实训六】

（一）**目的**：练习固定资产购入、投入、清查的会计处理。

（二）**资料**：

乙公司为增值税一般纳税企业，适用的增值税税率为 13%。2020 年 7 月发生下列经济业务：

（1）购入一台不需安装的设备，发票价款为 300 000 元，增值税税额 39 000 元，运杂费支出 9 000 元。

（2）接受 A 公司投入设备一台，该设备投资双方确认的价值为 200 000 元。

（3）发现盘亏设备一台，原值 10 000 元，已提折旧 4 000 元。

（4）盘盈一台设备，同类固定资产的市价为 10 000 元，成新率为 80%。

（三）**要求**：根据上述经济业务编制相关的会计分录。

【实训七】

（一）**目的**：练习固定资产综合业务的会计处理。

（二）**资料**：

丙公司为增值税一般纳税企业，适用的增值税税率为 13%。其 2020—2024 年与固定资产有关的业务资料如下：

（1）2020年12月12日，丙公司购进一台不需要安装的设备，取得的增值税专用发票上注明的设备价款为350万元，增值税为45.5万元，另发生运杂费等5万元，款项以银行存款支付；没有发生其他相关税费。该设备于当日投入使用，预计使用年限为10年，预计净残值为15万元，采用直线法计提折旧。

（2）2021年12月31日，丙公司对该设备进行检查时发现其已经发生减值，预计可收回金额为285万元；计提减值准备后，该设备原预计使用年限、预计净残值、折旧方法保持不变。

（3）2022年12月31日，丙公司因生产经营方向调整，决定采用出包方式对该设备进行改良，改良工程验收合格后支付工程价款。该设备于当日停止使用，开始进行改良。

（4）2023年3月12日，改良工程完工并验收合格，丙公司以银行存款支付工程总价款25万元。当日，改良后的设备投入使用，预计尚可使用年限为8年，采用直线法计提折旧，预计净残值为16万元。2023年12月31日，该设备未发生减值。

（5）2024年12月31日，该设备因遭受自然灾害发生严重毁损，丙公司决定进行处置，取得残料变价收入10万元、保险公司赔偿款30万元，发生清理费用3万元；款项均以银行存款收付，不考虑其他相关税费。

（三）**要求：**

（1）编制2020年12月12日取得该设备的会计分录。

（2）计算2021年度该设备计提的折旧额。

（3）计算2021年12月31日该设备计提的固定资产减值准备，并编制会计分录。

（4）计算2022年度该设备计提的折旧额。

（5）编制2022年12月31日该设备转入改良时的会计分录。

（6）编制2023年3月12日支付该设备改良价款、结转改良后设备成本的会计分录。

（7）计算2024年度该设备计提的折旧额。

（8）计算2024年12月31日处置该设备实现的净损益。

（9）编制2024年12月31日处置该设备的会计分录。

【思考与练习】

1. 什么是固定资产？我国现行会计准则是如何对固定资产进行确认的？

2. 企业应当设置哪些账户来核算固定资产业务？

3. 什么是固定资产折旧？企业计提固定资产折旧范围包括哪些？

4. 固定资产折旧方法有哪些？如何运用这些方法正确计提固定资产折旧？

5. 什么是固定资产的后续支出？后续支出处理原则是什么？

6. 我国现行会计准则是如何确认固定资产终止条件的？

7. 企业盘盈、盘亏、出售、转让、报废或毁损固定资产如何进行账务处理？

第7章 无形资产的核算

【同步测试】

一、单项选择题

1. 无形资产是指企业拥有或控制的没有实物形态的可辨认的（　　　）。
   A. 资产　　　　　B. 非流动性资产　C. 货币性资产　　D. 非货币性资产

2. 企业自创的专利权与非专利技术，其研究开发过程中发生的支出，应当区分研究阶段支出与开发阶段支出分别处理。无法区分研究阶段支出和开发阶段支出，应当将其所发生的研发支出全部费用化，计入当期损益中的（　　　）。
   A. 管理费用　　　B. 财务费用　　　C. 营业外支出　　D. 销售费用

3. 20×9年1月1日，甲公司将一项专利权用于对外出租，年租金100万元。已知该项专利权的原值为1 000万元，预计该项专利权的使用寿命为10年，已使用3年，预计净残值为零，采用直线法摊销。20×9年12月31日，甲公司估计该项专利权的可收回金额为545万元。不考虑其他因素，则甲公司20×9年度因该项专利权影响利润总额的金额（　　　）万元。
   A. -155　　　　　B. 55　　　　　　C. 45　　　　　　D. -55

4. 下列各项中，属于无形资产的是（　　　）。
   A. 商誉
   B. 企业内部产生的品牌
   C. 已使用12年未申请续展的商标权　D. 企业对外出租的土地使用权

5. 甲公司因生产某项新产品需要购入一项非专利技术，实际支付价款500万元，并支付相关税费5万元，支付相关专业服务费12万元，甲公司为新产品进行宣传发生广告费20万元，并发生其他相关管理费用3万元。假定不考虑其他因素，则甲公司购入该项非专利技术的入账价值为（　　　）万元。
   A. 500　　　　　B. 517　　　　　C. 540　　　　　D. 500

6. 某企业出售一项3年前取得的专利权，该专利权取得时的成本为20万元，采用直线法按10年摊销，无残值。出售时取得收入40万元，应交纳增值税2.4万元。不考虑城市维护建设税和教育费附加等因素的影响，则出售该项专利权时影响当期损益的金额为（　　　）万元。
   A. 23.6　　　　　B. 26　　　　　　C. 15　　　　　　D. 16

7. 甲公司自20×8年年初开始自行研究开发一项新专利技术，20×9年7月专利技术研发获得成功，达到预定用途。20×8年在研究开发过程中发生材料费200万元、人工工资50万元，以及其他费用30万元，共计280万元，其中，符合资本化条件的支出为200万元；20×9年在研究开发过程中发生材料费100万元（假定不考虑相关税费）、人工工资30万元，以及其他费用20万元，共计150万元，其中，符合资本化条件的支出为120万元。无形资产达到预定可使用状态后，预计使用年限为5年，采用直线法摊销，预计净残值为0。假设企业于每年年末或开发完成时对不符合资本化条件的开发支出转入管理费用，则对20×8年损益的影响为

（   ）万元。

    A. 110   B. 94   C. 30   D. 62

  8. 甲公司为建造自用的办公楼，于 20×9 年 1 月 1 日购入一块土地使用权，购买价款为 2 000 万元。土地使用权的预计使用年限为 50 年，采用直线法进行摊销，无残值。不考虑其他因素，则下列关于该土地使用权的会计处理正确的是（   ）。

    A. 购入的土地使用权应作为固定资产核算，入账价值为 2 000 万元

    B. 购入的土地使用权应作为投资性房地产核算，入账价值为 2 000 万元

    C. 20×9 年 12 月 31 日固定资产的账面价值为 1 960 万元

    D. 20×9 年 12 月 31 日无形资产的账面价值为 1 960 万元

  9. 20×8 年 1 月 1 日，X 公司从外单位购入一项无形资产，支付价款 2 300 万元，估计该项无形资产的使用寿命为 5 年。该无形资产存在活跃市场，且预计该活跃市场在该无形资产使用寿命结束时仍可能存在，经合理估计，该无形资产的预计净残值为 100 万元。该项无形资产采用直线法按年摊销，每年年末对其摊销方法进行复核。20×8 年年末，由于市场发生变化，经复核重新估计，该项无形资产的预计净残值为 580 万元，预计使用年限和摊销方法不变。则 20×9 年，该项无形资产的摊销金额为（   ）万元。

    A. 440   B. 0   C. 20   D. 220

  10. 甲公司 2018 年 1 月 1 日购入一项无形资产。该无形资产的实际成本为 600 万元，摊销年限为 10 年，采用直线法摊销，无残值。2022 年 12 月 31 日，该无形资产发生减值，预计可收回金额为 190 万元。计提减值准备后，该无形资产原摊销年限和摊销方法不变。2023 年 12 月 31 日，该无形资产的账面价值为（   ）万元。

    A. 130   B. 300   C. 190   D. 152

  11. 甲公司的注册资本为 1 000 万元，20×8 年 5 月 10 日接受乙公司专利权进行投资。该专利权的账面价值为 420 万元，双方协议约定的价值为 440 万元（协议约定价值公允），占甲公司注册资本的 20%，则甲公司接受乙公司投资的专利权入账价值（   ）万元。

    A. 200   B. 430   C. 420   D. 440

  12. 甲公司于 20×7 年 1 月 1 日购入一项无形资产，初始入账价值为 500 万元，其预计使用年限是 10 年，采用直线法计提摊销，无残值。20×7 年 12 月 31 日，该无形资产未来现金流量现值为 420 万元，公允价值减去处置费用后的净额为 400 万元。计提减值之后，该无形资产原预计使用年限、净残值和摊销方法不变。则该无形资产在 20×8 年应摊销金额为（   ）万元。

    A. 40   B. 46.67   C. 50   D. 44.44

  13. 企业用于出租的无形资产摊销额（出租期间，企业不再使用该无形资产）应计入（   ）。

    A. 管理费用   B. 其他业务成本

    C. 营业外支出   D. 制造费用

  14. 关于无形资产的处置，下列说法中正确的是（   ）。

    A. 企业出售某项无形资产，应将取得的价款与该无形资产账面原值的差额作为资产处置利得或损失

    B. 企业将所拥有的无形资产的使用权让渡给他人收取的租金，计入营业外收入

    C. 如果无形资产预期不能为企业带来未来经济利益，应将其报废并予以转销，按其账面原值转入当期损益

D. 无形资产的账面价值等于账面原值减去累计摊销再减去无形资产减值准备后的
金额

15. 下列关于无形资产会计处理的表述中，不正确的是（　　）。

A. 当月增加的使用寿命有限的无形资产从当月开始摊销

B. 无形资产摊销方法应当反映其经济利益的预期实现方式

C. 使用寿命有限的无形资产的摊销金额全部计入当期损益

D. 使用寿命不确定的无形资产持有期间不需要摊销

16. 使用寿命不确定的无形资产计提减值时，影响利润表的项目是（　　）。

A. 管理费用　　　　　　　　　　B. 资产减值损失

C. 营业外支出　　　　　　　　　D. 营业成本

17. 某公司 20×7 年 3 月初购入一项专利权，价值 900 万元，预计使用寿命 10 年，按直线
法摊销。20×7 年年末计提减值为 10 万元，计提减值后摊销方法和年限不变。那么 20×8 年年
末无形资产的账面价值为（　　）万元。

A. 726.09　　　　B. 732.5　　　　C. 710　　　　D. 733.58

18. 下列各项关于土地使用权会计处理的表述中，不正确的是（　　）。

A. 为建造固定资产购入的土地使用权确认为无形资产

B. 房地产开发企业为开发商品房购入的土地使用权确认为存货

C. 用于出租的土地使用权及其地上建筑物一并确认为投资性房地产

D. 用于建造厂房的土地使用权摊销金额在厂房建造期间计入管理费用

19. "研发支出"科目期末借方余额，反映（　　）。

A. 企业正在进行无形资产研究开发项目满足资本化条件的支出

B. 企业正在进行无形资产研究开发项目的全部支出

C. 企业正在进行无形资产研究开发项目不满足资本化条件的支出

D. 企业发生的无形资产后续支出

20. 甲公司 20×8 年 2 月开始研制一项新技术，20×8 年 5 月研制成功，企业申请了专利
技术。研究阶段发生相关费用 18 万元；开发过程发生工资薪酬费用 11 万元，材料费用 59 万
元，发生其他相关费用 2 万元，并且开发阶段相关支出均符合资本化条件；申请专利时发生注
册费等相关费用 15 万元。企业该项专利权的入账价值为（　　）万元。

A. 72　　　　　B. 105　　　　　C. 90　　　　　D. 87

21. 下列关于无形资产的表述中，正确的是（　　）。

A. 企业自创商誉、自创品牌可以确认为无形资产

B. 支付土地出让金获得的土地使用权应确认为无形资产

C. 企业内部研究开发项目开发阶段的支出应全部确认为无形资产

D. 企业长期积累的客户关系属于企业的无形资产

22. 下列各项中，不会引起无形资产账面价值发生增减变动的是（　　）。

A. 对无形资产计提减值准备　　　B. 发生无形资产后续支出

C. 摊销无形资产　　　　　　　　D. 转让无形资产所有权

23. A 上市公司 20×8 年 1 月 8 日从 B 公司购买一项专利权，由于 A 公司资金周转比较紧
张，经与 B 公司协议采用分期付款方式支付款项。合同规定，该项专利权总计 600 万元，每年
年末付款 300 万元，两年付清，假定具有融资性质。假定银行同期贷款利率为 6%，其 2 年期

的年金现值系数为 1.833 4。甲公司当日还支付相关税费 10 万元（非增值税），则 A 上市公司购买的专利权的入账价值为（　　）万元。

    A. 600   B. 550.02   C. 610   D. 560.02

24. 企业购入或支付土地出让金取得的土地使用权，已经用于开发或建造自用项目的，通常通过（　　）科目核算。

    A. 固定资产   B. 在建工程

    C. 无形资产   D. 长期待摊费用

25. 如果无形资产预期不能为企业带来经济利益时，应将其账面价值转入（　　）。

    A. 其他业务成本   B. 管理费用

    C. 营业外支出   D. 资产减值损失

26. 20×8 年 6 月 11 日，A 公司将一项专利权以 700 万元的价格转让给 B 公司。该项专利权系 A 公司 20×7 年 1 月 1 日以 1 200 万元的价格购入的，购入时预计使用年限为 10 年，法律规定的有效使用年限为 12 年，采用直线法摊销。则 A 公司在转让该专利权时，累计的摊销额为（　　）万元。

    A. 150   B. 180   C. 170   D. 142

27. 下列各项费用或支出中，应当计入无形资产入账价值的是（　　）。

    A. 接受捐赠无形资产时支付的相关税费

    B. 在无形资产研究阶段发生的研究费用

    C. 在无形资产开发阶段发生的不满足资本化条件的研发支出

    D. 商标注册后发生的广告费

28. 企业摊销自用的、使用寿命确定的无形资产时，借记"管理费用"等科目，贷记（　　）科目。

    A. 无形资产   B. 累计摊销

    C. 累计折旧   D. 无形资产减值准备

29. 购买无形资产的价款超过正常信用条件延期支付，实质上具有融资性质的，无形资产的成本以（　　）为基础确定。

    A. 全部购买价款   B. 全部购买价款的现值

    C. 对方提供的凭据上标明的金额   D. 市价

30. 由投资者投资转入无形资产，应按合同或协议约定的价值（假定该价值是公允的），借记"无形资产"账户，按其在注册资本中所占的份额，贷记"实收资本"账户，按其差额记入下列账户的是（　　）。

    A. 资本公积——资本（或股本）溢价

    B. 营业外收入

    C. 资本公积——其他资本公积

    D. 最低租赁付款额

二、多项选择题

1. 下列关于无形资产核算的表述中，正确的有（　　）。

    A. 投资者投入的无形资产，应当按照投资合同或协议约定的价值确定无形资产的取得成本

B. 房地产开发企业取得的土地使用权用于建造对外出售的房屋建筑物，相关的土地使用权应当作为无形资产单独核算

C. 企业外购的房屋建筑物，实际支付的价款中包括土地以及建筑物的价值，如果确实无法在地上建筑物与土地使用权之间进行合理分配的，应当全部作为固定资产，按照固定资产确认和计量的规定进行处理

D. 企业改变土地使用权的用途，将其用于出租或增值目的时，应将其转为投资性房地产

2. 下列有关无形资产的会计处理中不正确的有（　　）。

A. 转让无形资产使用权所取得的收入应计入其他业务收入

B. 使用寿命确定的无形资产摊销只能采用直线法

C. 转让无形资产所有权所发生的支出应计入营业外支出

D. 使用寿命不确定的无形资产既不应摊销又不考虑减值

3. 长江公司于 2017 年 7 月接受投资者投入一项无形资产，该无形资产原账面价值为 1 000 万元，投资协议约定的公允价值为 1 200 万元，预计使用年限为 10 年，采用直线法摊销，预计净残值为 0。2021 年年末长江公司预计该无形资产的可收回金额为 500 万元，计提减值准备后预计尚可使用年限为 4 年，摊销方法和预计净残值不变。2023 年 7 月 20 日对外出售该无形资产，取得 200 万元处置价款并存入银行。假定不考虑其他因素，下列说法正确的有（　　）。

A. 2021 年年末计提减值准备前该无形资产的账面价值是 660 万元

B. 2021 年年末计提减值准备前该无形资产的账面价值是 550 万元

C. 2023 年 7 月 20 日，对外出售该无形资产时的净损益为 –112.5 万元

D. 2023 年 7 月 20 日，对外出售该无形资产时的净损益为 200 万元

4. 企业在估计无形资产使用寿命时，应考虑的因素有（　　）。

A. 无形资产相关技术的未来发展情况

B. 使用无形资产生产的产品的寿命周期

C. 使用无形资产生产的产品市场需求情况

D. 为维持该资产产生未来经济利益的能力预期的维护支出，以及企业预计支付有关支出的能力

5. 企业内部研究开发项目开发阶段的支出，同时满足下列（　　）条件的，才能确认为无形资产。

A. 完成该无形资产以使其能够使用或出售在技术上具有可行性

B. 具有完成该无形资产并使用或出售的意图

C. 无形资产产生经济利益的方式，包括能够证明运用该无形资产生产的产品存在市场或无形资产自身存在市场，无形资产将在内部使用的，应当证明其有用性

D. 有足够的技术、财务资源和其他资源支持，以完成该无形资产的开发，并有能力使用或出售该无形资产

E. 归属于该无形资产开发阶段的支出能够可靠地计量

6. 下列关于土地使用权的说法正确的有（　　）。

A. 土地使用权用于自行开发建造厂房等地上建筑物时，相关的土地使用权账面价值不转入在建工程成本，土地使用权与地上建筑物分别进行摊销和提取折旧

B. 房地产开发企业取得的土地使用权用于建造对外出售的房屋建筑物，相关的土地使

　　　　用权应当计入所建造的房屋建筑物成本

C. 企业外购房屋建筑物所支付的价款应当在地上建筑物与土地使用权之间进行合理分配；确实难以合理分配的，应当全部作为固定资产处理

D. 企业改变土地使用权的用途，停止自用将其用于赚取租金或资本增值时，若投资性房地产是按照成本模式进行后续计量，应将其账面价值转为投资性房地产

7. 下列各项中，影响无形资产账面价值的有（　　）。

A. 无形资产的摊销

B. 无形资产计提的减值准备

C. 自行研发无形资产研究阶段发生的相关支出

D. 无形资产持有期间公允价值上升

8. 下列各项有关无形资产摊销方法的表述中，正确的有（　　）。

A. 无形资产的使用寿命有限的，应当估计该使用寿命的年限或者构成使用寿命的产量等类似计量单位数量，其应摊销金额应当在使用寿命内系统合理摊销

B. 无形资产的应摊销金额为其成本扣除预计净残值后的金额，已计提减值准备的无形资产，还应扣除已计提的无形资产减值准备累计金额

C. 企业摊销无形资产，应当自无形资产可供使用时起，至不再作为无形资产确认时止

D. 企业选择的无形资产摊销方法，应当反映与该项无形资产有关的经济利益的预期实现方式。无法可靠确定预期实现方式的，应当采用直线法摊销

9. 一般情况下，使用寿命有限的无形资产应当在其预计使用年限内摊销。但是，如果预计使用年限超过了相关合同规定的受益年限或法律规定的有效年限，则下列各项关于确定摊销年限的表述中，正确的有（　　）。

A. 合同规定受益年限，法律没有规定有效年限的，摊销年限不应该超过合同规定的受益年限

B. 没有明确的合同或法律规定无形资产的使用寿命的，企业应当综合各方面情况以及参考企业的历史经验等，确定无形资产为企业带来未来经济利益的期限

C. 合同规定受益年限，法律也规定了有效年限的，摊销年限选择二者中较短者

D. 合同没有规定受益年限，法律规定有效年限的，摊销年限不应该超过法律规定的有效年限

10. 无形资产的摊销金额，可能计入的科目有（　　）。

A. 营业外支出　　　B. 制造费用　　　　C. 研发支出　　　　D. 在建工程

11. 外购无形资产的成本包括（　　）。

A. 购买价款、相关税费

B. 使无形资产达到预定用途所发生的专业服务费用、测试无形资产是否能够正常发挥作用的费用等

C. 引入新产品进行宣传发生的广告费、管理费用及其他间接费用

D. 在无形资产已经达到预定用途以后发生的费用

12. 下列各项业务处理中，不应计入其他业务收入的有（　　）。

A. 处置无形资产取得的利得

B. 处置长期股权投资产生的收益

C. 出租无形资产取得的收入

D. 以无形资产抵偿债务确认的利得

13. 下列说法正确的有 (   )。

A. 企业内部研究开发项目研究阶段的支出，应当于发生时计入当期损益

B. 使用寿命有限的无形资产应当摊销

C. 使用寿命不确定的无形资产不予摊销

D. 无形资产应当采用直线法摊销

14. 无形资产的摊销金额，可能计入的账户有 (   )。

A. 营业外支出   B. 制造费用   C. 管理费用   D. 在建工程

15. 下列事项中，可能影响当期利润表中营业利润的有 (   )。

A. 计提无形资产减值准备

B. 新技术项目研究过程中发生的人工费用

C. 出租无形资产取得的租金收入

D. 摊销出租的无形资产成本

16. 无形资产报废时，可能借记的账户有 (   )。

A. 累计摊销   B. 无形资产减值准备

C. 无形资产   D. 营业外支出

17. 房地产企业以出让方式取得的土地使用权，其正确的会计处理方法有 (   )。

A. 如果建造自营的高级饭店，则土地使用权应计入无形资产成本

B. 如果建造自用的办公楼，则土地使用权应计入无形资产成本

C. 如果建造准备出售的写字楼，则土地使用权应计入开发成本

D. 如果建造准备出售的商品房，则土地使用权应计入开发成本

18. 关于无形资产的确认，应同时满足的条件有 (   )。

A. 能够合理确定其使用寿命

B. 与该资产有关的经济利益很可能流入企业

C. 该无形资产的成本能够可靠地计量

D. 必须是企业外购的

19. 下列有关无形资产会计处理的表述中，正确的有 (   )。

A. 无形资产后续支出一般应该在发生时计入当期损益

B. 无法区分研究阶段和开发阶段的支出，应当将其所发生的研发支出全部计入当期管理费用

C. 企业自用的、使用寿命确定的无形资产的摊销金额，应该全部计入当期管理费用

D. 内部研发无形资产发生的研发支出均应资本化

20. 投资者投入无形资产的成本，应当按照 (   ) 确定，但该金额不公允的除外。

A. 投资合同约定的价值   B. 公允价值

C. 投资方无形资产的账面价值   D. 协议约定的价值

【实训项目】

【实训一】

(一) 目的：练习无形资产取得的会计实务处理。

（二）资料：

（1）A 公司接受 B 公司以商标权作为投资，经投资各方面确认该项商标权的价值为 500 000 元。折合为公司股票 50 000 股，每股面值 1 元。

（2）A 公司购入一项专利权，支付费用 250 000 元，按规定摊销期为 10 年。该项专利权使用 3 年后，将其以 200 000 元的价格出售，应交纳的增值税为 12 000 元（适用增值税税率为 6%，不考虑其他税费）。

（3）A 公司用银行存款购入土地使用权，价款 8 000 000 元，自行开发建造厂房。

（4）2018 年 4 月，公司研发部门准备研究开发一项专有技术。在研究阶段，公司为了研究以银行存款支付相关费用 8 000 000 元。2018 年 5 月该专有技术研究成功，转入开发阶段，开发阶段以银行存款支付相关费用 1 000 000 元，全部符合无形资产资本化的条件。

（三）**要求**：根据以上经济业务编制会计分录。

【实训二】

（一）**目的**：练习分期付款购买无形资产的会计实务处理。

（二）**资料**：

A 公司 20×8 年 1 月 6 日，从 B 公司购买一项管理用专利技术，由于 A 公司资金周转比较紧张，经与 B 公司协议采用分期付款方式支付款项。合同规定，该专利技术总计 1 200 万元，从 20×8 年起每年年末付款 400 万元，3 年付清。该专利技术尚可使用年限为 10 年，采用直线法摊销，无残值。假定银行同期贷款利率为 8%，已知（P/A，8%，3）=2.577 1。（计算结果保留两位小数）

（三）**要求**：

（1）计算无形资产入账价值并编制 20×8 年 1 月 6 日相关会计分录。

（2）计算并编制 20×8 年年底有关会计分录。

（3）计算并编制 20×9 年年底有关会计分录。

（4）计算并编制 2×10 年年底有关会计分录。

【实训三】

（一）**目的**：练习无形资产研究开发支出的会计实务处理。

（二）**资料**：

A 公司为研究开发一项用于制造新产品的专门技术进行研究开发活动，月末结转费用化支出的金额。发生业务如下：

（1）20×8 年 1 月研究阶段发生相关人员差旅费 15 万元，以银行存款支付。

（2）20×8 年 3 月研究阶段领用原材料成本 15 万元、专用设备折旧费用 5 万元。

（3）20×8 年 5 月在开发阶段领用原材料 980 万元，发生职工薪酬 1 000 万元、专用设备折旧费用 5 万元、无形资产摊销 15 万元，合计 2 000 万元，符合资本化条件。

（4）20×8 年 6 月末，该专利技术已经达到预定用途并交付生产车间使用。

（三）**要求**：根据以上业务编制会计分录。（不考虑领用原材料的增值税因素，分录金额以万元为单位）

【实训四】

（一）**目的**：练习无形资产取得、摊销的会计实务处理。

（二）**资料**：

20×8 年 1 月 1 日，A 股份有限公司购入一块土地的使用权，以银行存款转账支付 8 000 万元，并在该土地上自行建造厂房等工程，领用工程物资 12 000 万元，工资费用 8 000 万元，其他相关费用等 10 000 万元。该工程已经完工并达到预定可使用状态。假定土地使用权的使用年限为 50 年，该厂房的使用年限为 25 年，两者都没有净残值，都采用直线法进行摊销和计提折旧。为简化核算，不考虑其他相关税费。

（三）**要求**：编制相应的会计分录。

【实训五】

（一）**目的**：练习无形资产处置的会计实务处理。

（二）**资料**：

（1）20×8 年 1 月 1 日，B 公司拥有某项专利技术的成本为 1 000 万元，已摊销金额为 500 万元，已计提的减值准备为 20 万元。该公司将该项专利技术出售给 C 公司，取得出售收入 600 万元，应交纳的增值税为 36 万元。（适用增值税税率为 6%，不考虑其他税费）。

（2）如果该公司转让该项专利技术取得收入为 400 万元，应交纳的增值税为 24 万元。

（三）**要求**：编制相应的会计分录。

【实训六】

（一）**目的**：综合练习无形资产的会计实务处理。

（二）**资料**：

A 公司外购一项管理用的专利权，具体业务如下：

（1）2018 年 11 月 12 日，以银行存款 450 万元购入一项专利权，其中相关税费 6 万元。该专利权预计使用年限 10 年。

（2）2021 年 12 月 31 日，预计该专利权的可回收金额为 205 万元。该专利权发生减值后，原预计使用年限不变。

（3）2022 年 12 月 31 日，预计该专利权的可回收金额为 70 万元。该专利权发生减值后，原预计使用年限不变。

（4）2023 年 6 月 16 日，将该专利权对外出售，取得价款 150 万元并收存银行，应交纳的增值税为 9 万元（适用增值税税率为 6%，不考虑其他税费）。

（三）**要求**：根据以上经济业务计算无形资产减值准备，并编制相关会计分录。

【实训七】

（一）**目的**：综合练习无形资产的会计实务处理。

（二）**资料**：

（1）白云公司自 2017 年年初开始自行研究开发一项新产品专利技术，2018 年 7 月专利技术获得成功，达到预定用途。对于该项专利权，相关法律规定该专利权的有效年限为 10 年，白云公司估计该专利权的预计使用年限为 6 年，采用直线法摊销该项无形资产，并假设净残值为零，并始终保持不变。2017 年在研究开发过程中发生材料费 200 万元、职工薪酬 50 万元，以及支付的其他费用 30 万元，共计 280 万元，其中，符合资本化条件的支出为 200 万元；2018 年在研究开发过程中发生材料费 150 万元、人工工资 60 万元，以及以银行存款支付的其他费用 20 万元，共计 230 万元，其中，符合资本化条件的支出为 160 万元。

（2）2019 年 12 月 31 日，由于市场发生不利变化，致使 2018 年自行研究开发专利权发生减值，白云公司预计其可收回的金额为 90 万元。

（3）2020 年 7 月 10 日白云公司出售上述专利权，收到价款 100 万元，已存入银行，应交纳的增值税税额 6 万元（适用增值税税率为 6%，不考虑其他税费）。

（三）要求：

（1）做出研发过程的账务处理。

（2）计算每年无形资产的摊销额，做出计提减值准备时的账务处理。

（3）做出计提减值准备和出售时的账务处理。

【思考与练习】

1. 什么是无形资产？无形资产的特征是什么？

2. 无形资产的内容有哪些？

3. 在满足什么条件下才能确认为企业的无形资产？

4. 研究阶段与开发阶段如何区分？二者在会计处理上有何不同？

5. 开发阶段的支出要同时符合哪些相关条件才能将其资本化？

6. 无形资产的使用寿命如何确定？

第8章 投资性房地产和其他资产的核算

【同步测试】

一、单项选择题

1. 下列有关投资性房地产的会计处理中，说法不正确的是（　　）。
   A. 采用公允价值模式计量的投资性房地产，不计提折旧或进行摊销，应当以资产负债表日投资性房地产的公允价值为基础调整其账面价值
   B. 采用公允价值模式计量的投资性房地产转为成本模式，应当作为会计政策变更
   C. 采用公允价值模式计量的投资性房地产转换为自用房地产时，应当以转换日的公允价值作为自用房地产的账面价值
   D. 存货转换为采用公允价值模式计量的投资性房地产，应当按照该项投资性房地产转换当日的公允价值计量

2. 投资性房地产由成本模式转为公允价值模式时，不考虑所得税影响，则转换时公允价值与原账面价值的差额应计入（　　）。
   A. 资本公积
   B. 公允价值变动损益
   C. 留存收益
   D. 投资收益

3. 甲公司以1 200万元取得土地使用权并自建三栋同样设计的厂房，其中一栋作为投资性房地产用于经营租赁，三栋厂房工程已经完工，建造支出合计6 000万元。租赁期开始日该投资性房地产的初始成本是（　　）万元。
   A. 3 600
   B. 7 200
   C. 2 400
   D. 2 000

4. 企业出售、转让投资性房地产时，应将所处置投资性房地产的收入计入（　　）。
   A. 其他业务收入
   B. 公允价值变动损益
   C. 营业外收入
   D. 投资收益

5. 企业处置一项以成本模式计量的投资性房地产，实际收到的金额为70万元，投资性房地产的账面余额为120万元，累计计提的折旧金额为60万元，计提的减值准备的金额为20万元。假设不考虑相关税费，处置该项投资性房地产的净收益为（　　）万元。
   A. 30
   B. 20
   C. 40
   D. 10

6. 企业采用公允价值模式计量的投资性房地产，"投资性房地产"科目期末借方余额，反映（　　）。
   A. 投资性房地产成本
   B. 投资性房地产摊余金额
   C. 投资性房地产的变动损益
   D. 投资性房地产的公允价值

7. 下列各项中，说法正确的是（　　）。
   A. 投资性房地产是一种经营性活动
   B. 投资性房地产是一种非经营性活动

C. 投资性房地产与作为生产经营场所的房地产相同

D. 投资性房地产与用于销售的房地产相同

8. 甲公司于 20×8 年 1 月 1 日将一幢自用办公楼对外出租，并采用公允价值模式计量，租期为 3 年，每年 12 月 31 日收取租金 360 万元。出租时，该办公楼的账面价值为 5 000 万元，公允价值为 4 600 万元，20×8 年 12 月 31 日，该办公楼的公允价值为 4 800 万元。甲公司 20×8 年应确认的公允价值变动收益为（　　）万元。

  A. -200   B. 200   C. 400   D. -400

9. 20×8 年 4 月 2 日，甲公司董事会做出决议将其持有的一项土地使用权停止自用，待其增值后转让以获取增值收益。该项土地使用权的成本为 6 000 万元，预计使用年限为 50 年，预计净残值为 50 万元，甲公司对其采用直线法进行摊销，至转换时已使用了 10 年，未计提减值准备。甲公司对其投资性房地产采用成本模式计量，该项土地使用权转换前后其预计使用年限、预计净残值以及摊销方法相同。则 20×8 年度甲公司该项土地使用权应计提的摊销额为（　　）万元。

  A. 89.25   B. 119   C. 120   D. 90

10. 某企业对投资性房地产采用公允价值模式计量。20×8 年 7 月 1 日以银行存款 515 万元购入一幢办公楼并于当日对外出租。20×8 年 12 月 31 日，该投资性房地产的公允价值为 508 万元。20×9 年 4 月 30 日该企业将此项投资性房地产出售，售价为 550 万元，该企业处置投资性房地产时影响营业利润的金额为（　　）万元。

  A. 42   B. 40   C. 44   D. 38

11. 企业对成本模式进行后续计量的投资性房地产摊销时，应该借记（　　）科目。

  A. 销售费用 B. 营业外支出 C. 管理费用 D. 其他业务成本

12. 甲公司拥有一套用于经营性出租的房产至 2024 年 6 月 30 日租赁期满，甲公司根据董事会决议租赁期满后改为办公用房自用。该投资性房地产原值 1 000 万元，预计使用 20 年，预计净残值为零，在 2015 年 12 月达到可使用状态并开始出租，甲公司以成本模式对投资性房地产进行后续计量。采用年限平均法计提折旧，2023 年 12 月 31 日甲公司预计该项资产可收回金额为 650 万元，预计折旧方法、使用年限和净残值始终没有变化。甲公司该项投资性房地产在 2024 年 6 月 30 日资产负债表上列报为（　　）。

  A. 固定资产 650 万元   B. 固定资产 575 万元

  C. 投资性房地产 575 万元   D. 投资性房地产 622.92 万元

13. 自用房地产转换为以公允价值模式计量的投资性房地产时，转换日的公允价值小于账面价值的差额（　　）。

  A. 借记"资本公积——其他资本公积"科目

  B. 贷记"资本公积——其他资本公积"科目

  C. 借记"公允价值变动损益"科目

  D. 贷记"营业外支出"科目

14. 英明公司将其自用的一栋办公楼于 20×8 年 1 月转换为采用公允价值模式计量的投资性房地产，转换日该办公楼的账面余额为 1 000 万元，已计提折旧额 100 万元，已计提资产减值准备 200 万元，该项办公楼在转换日的公允价值为 1 500 万元。则转换日记入"投资性房地产"科目的金额是（　　）万元。

  A. 1 500   B. 800   C. 700   D. 1 700

15. 甲公司 20×5 年 12 月 31 日购入一栋办公楼，实际取得成本为 4 000 万元。该办公楼预计使用年限为 20 年，预计净残值为零，采用年限平均法计提折旧。因公司迁址，20×8 年 6 月 30 日甲公司与乙公司签订租赁协议。该协议约定：甲公司将上述办公楼租赁给乙公司，租赁期开始日为协议签订日，租期 2 年，年租金 600 万元，每半年支付一次。租赁协议签订日该办公楼的公允价值为 3 900 万元。甲公司对投资性房地产采用公允价值模式进行后续计量。下列各项关于甲公司上述交易或事项会计处理的表述中，正确的是（　　）。

    A. 出租办公楼应于 20×8 年计提折旧 200 万元

    B. 出租办公楼应于租赁期开始日确认资本公积 400 万元

    C. 出租办公楼应于租赁期开始日按其原价 4 000 万元确认为投资性房地产

    D. 出租办公楼 20×8 年取得的 300 万元租金应冲减投资性房地产的账面价值

16. 20×8 年 5 月 1 日，英明公司对外出租的办公楼租赁期届满，将其收回后用于自用，办公楼使用权收回当日即达到自用状态并投入使用。转换当日，投资性房地产的账面价值为 5 200 万元（其中成本明细科目的金额为 4 500 万元，公允价值变动明细科目的金额为 700 万元），办公楼的公允价值为 5 500 万元。则转换日英明公司应确认的公允价值变动损益金额为（　　）万元。

    A. 1 000   B. 700   C. 300   D. 1 300

17. 20×8 年 5 月 10 日，甲公司对外出租的一栋办公楼租赁期满，甲公司收回后将其出售，取得价款 5 400 万元。甲公司对投资性房地产采用成本模式进行后续计量，出售时，该办公楼原价为 6 800 万元，已计提累计折旧 1 300 万元，已计提减值准备 200 万元。假定不考虑相关税费等其他因素的影响，则甲公司出售该项投资性房地产对营业利润的影响金额为（　　）万元。

    A. 0   B. 100   C. 200   D. 300

18. 甲公司为房地产开发企业，对投资性房地产按照公允价值模式计量，该公司 20×8 年 7 月 1 日将一项账面价值 3 000 万元、已经开发完成作为存货的房产转为经营性出租，公允价值为 3 500 万元。20×8 年 12 月 31 日其公允价值为 3 400 万元，甲公司确认了该公允价值变动，20×9 年 7 月租赁期满甲公司以 5 000 万元价款将其出售，甲公司应确认的其他业务收入为（　　）万元。

    A. 5 000   B. 3 400   C. 3 500   D. 3 000

19. 乙公司对投资性房地产采用公允价值模式计量。乙公司拥有一项自用房产原值为 4 000 万元，预计使用年限 20 年，预计净残值为 0，采用年限平均法计提折旧，该房产在 2018 年 12 月达到可使用状态。2021 年 12 月 31 日，该项房产停止自用开始用于出租，同日该房产公允价值为 3 800 万元，2022 年 12 月 31 日该房产公允价值为 3 850 万元，2023 年 12 月 31 日该房产公允价值为 3 900 万元，2024 年 2 月 1 日乙公司以 4 000 万元将该房产出售。不考虑其他因素，则乙公司的下列会计处理中不正确的是（　　）。

    A. 2021 年 12 月 31 日为转换日，投资性房地产的入账价值为 3 400 万元

    B. 转换日投资性房地产的入账价值大于自用房产账面价值的差额计入资本公积 400 万元

    C. 2022 年 12 月 31 日确认该房产当年公允价值变动收益 50 万元

    D. 2024 年 2 月 1 日因出售该房产应确认的损益为 600 万元

20. 企业通常应当采用（　　）对投资性房地产进行后续计量。

    A. 成本模式   B. 公允价值模式

    C. 成本模式或公允价值模式   D. 重置成本模式

21. 下列关于成本模式计量的投资性房地产的说法中，不正确的是（　　）。

A. 租金收入通过"其他业务收入"等科目核算

B. 在每期计提折旧或者摊销时，计提的折旧和摊销金额需要记入"管理费用"科目

C. 发生减值时，需要将减值的金额记入"资产减值损失"科目

D. 在满足一定条件时，可以转换为公允价值模式进行后续计量

22. 下列关于处置投资性房地产的会计处理中，表述不正确的是（   ）。

A. 处置采用成本模式计量的投资性房地产时，应将其账面价值转入其他业务成本

B. 企业处置投资性房地产时，应当将取得的价款计入其他业务收入

C. 企业处置采用公允价值模式计量的投资性房地产时，原转换日计入资本公积的金额，应转入投资收益

D. 企业处置采用公允价值模式计量的投资性房地产时，应当将累计公允价值变动转入其他业务成本

23. 甲公司将其一栋写字楼租赁给乙公司使用，并一直采用成本模式进行后续计量。20×8年1月1日，该项投资性房地产具备了采用公允价值模式计量的条件，甲公司决定对该投资性房地产从成本模式转换为公允价值模式计量。该写字楼的原价3 000万元，已计提折旧1 500万元，计提减值准备250万元，当日该大楼的公允价值为3 500万元。甲公司按净利润的10%计提盈余公积。不考虑递延所得税等因素的影响，则该事项对"利润分配——未分配利润"科目的影响金额为（   ）万元。

A. 2 025   B. 2 250   C. 0   D. 1 800

24. 大华公司采用公允价值模式对投资性房地产进行后续计量，20×8年3月10日将达到预定可使用状态的自行建造的办公楼对外出租，该办公楼建造成本为3 700万元，预计使用年限为30年，预计净残值为100万元。在采用年限平均法计提折旧的情况下，20×8年该项投资性房地产应计提的折旧额为（   ）万元。

A. 90   B. 120   C. 0   D. 100

25. 甲股份公司采用成本模式计量投资性房地产，企业于20×8年5月15日将行政管理部门使用的办公楼转为投资性房地产，转换日的办公楼的账面余额为800万元，累计折旧额为420万元，计提的减值准备金额为50万元，预计尚可使用年限15年，采用平均年限法计提折旧，无残值，则甲公司在20×8年对该投资性房地产应计提的折旧额是（   ）万元。

A. 14.67   B. 12.83   C. 29.17   D. 33.33

26. 下列关于投资性房地产的说法中，正确的是（   ）。

A. 采用公允价值模式计量的投资性房地产转换为自用房地产时，转换日公允价值与原账面价值的差额一律计入公允价值变动损益

B. 自用房地产或存货转换为采用公允价值模式计量的投资性房地产时，投资性房地产应当按照转换当日的公允价值计量，公允价值与原账面价值的差额计入所有者权益

C. 企业出售、转让或报废投资性房地产时，应当将处置收入扣除其账面价值和相关税费后的金额计入所有者权益

D. 采用成本模式计量的投资性房地产，已经计提的减值准备，在以后期间价值回升时转回

27. 公允价值计量模式下，投资性房地产的公允价值变动计入（   ）。

A. 公允价值变动损益

B. 资本公积

  C. 投资收益

  D. 公允价值上升计入资本公积，公允价值下降计入公允价值变动损益

28. 20×8年3月5日，甲公司资产管理部门建议管理层将一闲置办公楼用于对外出租。20×8年3月10日，董事会批准关于出租办公楼的议案，并明确出租办公楼的意图在短期内不会发生变化。20×8年3月20日，甲公司与承租方签订办公楼经营租赁合同，租赁期为自20×8年4月1日起2年，年租金为360万元。甲公司将自用房地产转换为投资性房地产的时点是（ ）。

  A. 20×8年3月5日   B. 20×8年3月10日

  C. 20×8年3月20日   D. 20×8年4月1日

29. 关于企业出租给本企业职工居住的宿舍是否属于投资性房地产的说法正确的是（ ）。

  A. 属于投资性房地产

  B. 按照市场价格收取租金属于投资性房地产

  C. 属于自用房地产

  D. 按照内部价格收取租金属于投资性房地产

30. 关于企业租出并按出租协议向承租人提供保安和维修等其他服务的建筑物，是否属于投资性房地产的说法正确的是（ ）。

  A. 所提供的其他服务在整个协议中不重大的，该建筑物应视为企业的经营场所，应当确认为自用房地产

  B. 所提供的其他服务在整个协议中如为重大的，可以将该建筑物确认为投资性房地产

  C. 所提供的其他服务在整个协议中如为重大的，该建筑物应视为企业的经营场所，应当确认为自用房地产

  D. 所提供的其他服务在整个协议中无论是否重大，均不将该建筑物确认为投资性房地产

二、多项选择题

1. 下列属于投资性房地产特征的是（ ）。

  A. 为生产商品、提供劳务、出租或经营管理而持有的

  B. 使用寿命超过一个会计年度

  C. 目的是为赚取租金或资本增值

  D. 能够单独计量和出售

2. 下列投资性房地产初始计量的表述正确的有（ ）。

  A. 外购的投资性房地产按照购买价款、相关税费和可直接归属于该资产的其他支出

  B. 自行建造投资性房地产的成本，由建造该项资产达到预定可使用状态前所发生的必要支出构成

  C. 债务重组取得的投资性房地产按照债务重组的相关规定处理

  D. 非货币性资产交换取得的投资性房地产按照非货币性资产交换准则的规定处理

3. 下列各项中，影响企业当期损益的有（ ）。

  A. 采用成本模式计量，期末投资性房地产的可收回金额高于账面价值的差额

  B. 采用成本模式计量，期末投资性房地产的可收回金额低于账面价值的差额

  C. 企业将采用公允价值计量的投资性房地产转为自用的房地产，转换日的公允价值高

　　　　于账面价值的差额

　　D. 自用的房地产转换为采用公允价值模式计量的投资性房地产时，转换日房地产的公允价值小于账面价值的差额

4. 下列各项中，应计入其他业务收入的有（　　）。

　　A. 投资性房地产租金收入

　　B. 投资性房地产公允价值变动额

　　C. 出售投资性房地产收到的款项

　　D. 处置投资性房地产时，结转与该项投资性房地产相关的资本公积

5. 下列关于采用公允价值模式计量的投资性房地产转为自用房地产的会计处理，表述正确的有（　　）。

　　A. 转换日公允价值大于账面价值的差额计入资本公积

　　B. 转换日公允价值大于账面价值的差额计入公允价值变动损益

　　C. 转换日公允价值小于账面价值的差额计入留存收益

　　D. 转换日公允价值小于账面价值的差额计入公允价值变动损益

6. 下列关于采用公允价值模式进行后续计量的投资性房地产会计处理的表述中，正确的有（　　）。

　　A. 可收回金额低于账面价值应计提减值准备

　　B. 公允价值变动的金额计入公允价值变动损益

　　C. 公允价值变动的金额不影响营业利润

　　D. 自用房地产转换为投资性房地产时公允价值小于账面价值的差额计入公允价值变动损益

7. 关于投资性房地产转换日的确定，下列说法中正确的有（　　）。

　　A. 作为存货的房地产改为出租，或者自用建筑物或土地使用权停止自用改为出租，转换日为租赁期开始日

　　B. 投资性房地产转为自用房地产，其转换日为房地产达到自用状态，企业开始将房地产用于生产商品、提供劳务或者经营管理的日期

　　C. 自用土地使用权停止自用，改用于资本增值，其转换日为自用土地使用权停止自用后确定用于资本增值的日期

　　D. 作为存货的房地产改为出租，或者自用建筑物或土地使用权停止自用改为出租，其转换日为承租人支付的第一笔租金的日期

8. 下列各项关于土地使用权会计处理的表述中，正确的有（　　）。

　　A. 为建造固定资产购入的土地使用权确认为无形资产

　　B. 房地产开发企业为开发商品房购入的土地使用权确认为存货

　　C. 用于出租的土地使用权及其地上建筑物一并确认为投资性房地产

　　D. 用于建造厂房的土地使用权摊销金额在厂房建造期间计入在建工程成本

9. 关于投资性房地产转换后的入账价值的确定，下列说法中正确的有（　　）。

　　A. 自用房地产转换为成本模式计量的投资性房地产时，应按转换日的原价、累计折旧（或摊销）、减值准备等，分别转入投资性房地产、投资性房地产累计折旧（或摊销）、投资性房地产减值准备

　　B. 作为存货的房地产转换为成本模式计量的投资性房地产时，应按该项存货在转换日

的账面价值，借记"投资性房地产"科目

  C. 存货转换为公允价值模式计量的投资性房地产时，应按转换日的公允价值，作为投资性房地产的入账价值

  D. 自用房地产转换为公允价值模式计量的投资性房地产时，应按转换当日的公允价值作为投资性房地产入账价值

10. 下列关于投资性房地产后续计量模式的转换，表述正确的有（　　）。

  A. 投资性房地产后续计量模式变更时公允价值大于账面价值的差额，计入资本公积

  B. 已经采用成本模式计量的投资性房地产，符合条件的可以从成本模式转换为公允价值模式

  C. 投资性房地产后续计量模式变更时公允价值与账面价值的差额，计入公允价值变动损益

  D. 投资性房地产后续计量模式变更时的处理，一般不影响当期损益

11. 下列各项应该记入一般企业"其他业务收入"科目的有（　　）。

  A. 出售投资性房地产的收入

  B. 出租建筑物的租金收入

  C. 出售自用房屋的收入

  D. 将持有并准备增值后转让的土地使用权予以转让所取得的收入

12. 下列关于投资性房地产中已出租建筑物的说法中，正确的有（　　）。

  A. 用于出租的建筑物是指企业拥有产权的建筑物

  B. 已出租的建筑物是企业已经与其他方签订了租赁协议，约定以经营租赁方式出租的建筑物

  C. 企业将建筑物出租，按租赁协议向承租人提供的相关辅助服务在整个协议中不重大的，应当将该建筑物确认为投资性房地产

  D. 一般应自租赁协议规定的租赁期开始日起，经营租出的建筑物才属于已出租的建筑物

13. 关于投资性房地产初始计量的说法中正确的有（　　）。

  A. 企业购入的房地产，部分用于出租（或资本增值）、部分自用，用于出租（或资本增值）的部分应当予以单独确认的，应按照不同部分的公允价值占公允价值总额的比例将成本在不同部分之间进行分配

  B. 在公允价值模式计量下，外购的投资性房地产应当按照取得时的实际成本进行初始计量，其入账价值的确定与采用成本模式计量的投资性房地产一致

  C. 企业自行建造房地产达到预定可使用状态后一段时间才对外出租或用于资本增值的，应当先将自行建造的房地产确认为固定资产、无形资产或存货，自租赁期开始日或用于资本增值之日开始，从固定资产、无形资产或存货转换为投资性房地产

  D. 自行建造投资性房地产，其成本由建造该项资产达到预定可使用状态之前发生的必要支出构成，包括土地开发费用、建筑成本、安装成本、应予以资本化的借款费用、支付的其他费用和分摊的间接费用等

14. 下列事项中，不影响企业资本公积金额的有（　　）。

  A. 公允价值计量模式下，投资性房地产转为自用房地产时，公允价值大于账面价值

  B. 自用房地产转为公允价值计量模式下的投资性房地产时，公允价值大于账面价值

C. 自用房地产转为公允价值计量模式下的投资性房地产时，公允价值小于账面价值

D. 公允价值计量模式下，投资性房地产公允价值大于其账面价值的差额

15. 甲房地产公司于 20×8 年 1 月 1 日将一幢新建成的商品房对外出租并采用公允价值模式计量，租期为 3 年，每年年末收取租金 100 万元。出租时，该商品房的成本为 1 500 万元，公允价值为 1 600 万元；20×8 年 12 月 31 日，该幢商品房的公允价值为 1 800 万元。假定不考虑相关税费，下列说法正确的有（　　）。

A. 甲房地产公司因该项资产影响 20×8 年年末所有者权益的金额为 100 万元

B. 甲房地产公司因该项资产 20×8 年应确认的当期损益为 300 万元

C. 甲房地产公司因该项资产 20×8 年应确认的当期损益为 100 万元

D. 甲房地产公司因该项资产影响 20×8 年年末所有者权益的金额为 400 万元

16. 英明企业采用成本模式对投资性房地产核算。20×8 年 11 月 30 日，英明企业将一栋办公楼出租给小雪企业。办公楼成本为 1 800 万元，采用年限平均法计提折旧，预计使用寿命为 20 年，预计净残值为零。按照经营租赁合同约定，小雪企业每月支付英明企业租金 8 万元。当年 12 月 31 日，这栋办公楼出现减值迹象，经减值测试，其可收回金额为 1 200 万元，此时办公楼的账面价值为 1 500 万元，以前未计提减值准备。对于上述事项，说法正确的有（　　）。

A. 英明企业 12 月份计提折旧的金额为 7.5 万元

B. 英明企业计提减值准备的金额为 300 万元

C. 英明企业确认其他业务收入的金额为 8 万元

D. 该投资性房地产影响英明企业营业利润的金额为 −299.5 万元

17. 下列情况中，企业可将其他资产转换为投资性房地产的有（　　）。

A. 原自用土地使用权停止自用改为出租

B. 房地产企业将开发的准备出售的商品房改为出租

C. 自用办公楼停止自用改为出租

D. 出租的厂房收回改为自用

18. 根据《企业会计准则》的规定，下列项目属于投资性房地产的是（　　）。

A. 已出租的建筑物

B. 持有并准备增值后转让的土地使用权

C. 已出租的土地使用权

D. 持有并准备增值后转让的房屋建筑物等自用房地产

19. 下列关于投资性房地产后续计量模式变更的说法中正确的有（　　）。

A. 为保证会计信息的可比性，企业对投资性房地产的计量模式一经确定，不得随意变更

B. 只有在房地产市场比较成熟、能够满足采用公允价值模式条件的情况下，才允许企业对投资性房地产从成本模式计量变更为公允价值模式计量

C. 成本模式转为公允价值模式的，应当作为会计政策变更处理，并按计量模式变更时公允价值大于账面价值的差额调整资本公积

D. 已采用公允价值模式计量的投资性房地产，可以从公允价值模式转为成本模式

20. 对投资性房地产的后续计量，下列说法中不正确的有（　　）。

A. 投资性房地产后续计量模式的变更属于会计估计变更，不需进行追溯调整

B. 处置投资性房地产时，应将实际收到的金额与账面价值的差额计入其他业务收入

C. 企业通常应当采用成本模式对投资性房地产进行后续计量，也可采用公允价值模式对投资性房地产进行后续计量

D. 处置投资性房地产时，与该投资性房地产相关的资本公积应转入其他业务成本

【实训项目】

【实训一】

（一）**目的**：练习投资性房地产的初始计量。

（二）**资料**：

甲企业有关房地产的相关业务资料如下：

（1）2019 年 4 月，甲企业购入一栋写字楼用于对外出租，价款 1 200 万元，契税 10 万元，过户费 20 万元，增值税税款 108 万元，全部款项以银行存款支付。

（2）甲企业拥有一栋办公楼，用于本企业总部办公。2019 年 3 月 10 日，甲企业与乙企业签订了经营租赁协议，将该办公楼整体出租给乙企业使用，租赁期开始日为 2019 年 4 月 15 日，为期 5 年。2019 年 4 月 15 日，该办公楼的账面余额 3 000 万元，已计提折旧 800 万元。转换日时，该办公楼的公允价值为 3 200 万元。

（3）2019 年 1 月，甲企业以银行存款 2 000 万元购入一块土地的使用权，并在该块土地上开始自行建造一栋厂房。建造工程中以银行存款支付建造费用 3 000 万元。2019 年 12 月厂房即将完工，与乙公司签订了经营租赁合同将该厂房于完工时开始起租。2020 年 1 月 1 日厂房完工并租出。

（三）**要求**：（分录金额以万元为单位）

（1）假定甲企业对投资性房地产采用成本模式进行后续计量，请做出甲企业的账务处理。

（2）假定甲企业对投资性房地产采用公允价值模式进行后续计量，请做出甲企业的账务处理。

【实训二】

（一）**目的**：练习成本计量模式下投资性房地产的会计处理。

（二）**资料**：

甲公司有关房地产的相关业务资料如下：

甲公司 20×9 年 12 月 31 日将 20×8 年 12 月 31 日开始使用的一幢自建办公楼用于对外出租。该办公楼原值 3 020 万元，预计使用寿命为 40 年，预计净残值为 21 万元，预计清理费用 1 万元，甲公司采用直线法提取折旧，且未发生减值问题。该办公楼的年租金为 400 万元，增值税税率为 9%，于年末一次结清，租赁开始日为 20×9 年 12 月 31 日。假设公允价值不能可靠估计，且不考虑其他相关税费，按年计提折旧。

（三）**要求**：请做出甲公司于转换日和 20×9 年的相关账务处理。（分录金额以万元为单位）

【实训三】

（一）**目的**：练习投资性房地产后续计量模式变更的会计处理。

（二）**资料**：

甲公司有关房地产的相关业务资料如下：

2020年，甲公司将一幢写字楼出租给乙公司，采用成本模式计量。2023年1月1日，假定甲公司持有的投资性房地产满足采用公允价值计量的条件，甲公司决定采用公允价值模式对该写字楼进行后续计量。2023年1月1日，该写字楼的原价1000万元，已提折旧200万元，未提取减值准备，公允价值1200万元。甲企业按净利润的10%计提盈余公积。假定不考虑所得税因素。

（三）**要求**：请做出甲公司相应的账务处理。（分录金额以万元为单位）

【实训四】

（一）**目的**：练习自用房地产转换为投资性房地产的会计处理。

（二）**资料**：

A公司有关房地产的相关业务资料如下：

20×9年3月1日A公司与B公司签订协议，将自用的办公楼出租给B公司，租期为3年，每年租金为50万元，增值税税率为10%，于每年年末收取，20×8年4月1日为租赁期开始日。该房地产原值2600万元，累计折旧800万元，未计提减值准备。

（三）**要求**：

依据以下几个假定，请做出A公司在20×9年4月1日的相关账务处理。（分录金额以万元为单位）

（1）假定甲企业对投资性房地产采用成本模式进行后续计量。

（2）假定甲企业对投资性房地产采用公允价值模式进行后续计量，其房地产的公允价值2000万元。

（3）假定甲企业对投资性房地产采用公允价值模式进行后续计量，其房地产的公允价值1500万元。

【实训五】

（一）**目的**：练习公允价值模式下投资性房地产的会计实务处理。

（二）**资料**：

甲公司为从事房地产经营开发的企业。20×7年3月，甲公司与乙公司签订租赁协议，约定将甲公司开发的一栋精装修的写字楼于开发完成的同时开始租赁给乙公司使用，租赁期为2年。当年5月1日，该写字楼开发完成并开始起租，写字楼的造价为2000万元。20×7年12月31日，该写字楼的公允价值为3000万元。20×8年12月31日，该写字楼的公允价值为2800万元。20×9年4月30日租赁期满，甲公司将该写字楼收回并不再用于出租，准备自用，当日该写字楼公允价值2700万元。（甲公司对投资性房地产采用公允价值模式计量）

（三）**要求**：请编制甲企业相应的会计分录。（分录金额以万元为单位）

【实训六】

（一）**目的**：投资性房地产转换为自用房地产的会计实务处理。

（二）**资料**：

20×9年4月1日，甲企业因租赁期满，将出租的写字楼收回，准备作为办公楼用于本企业的行政管理。20×9 年 5 月 1 日，该写字楼正式开始自用，相应由投资性房地产转换为自用房地产，当日的公允价值为 1 000 万元。该项房地产在转换前采用公允价值模式计量，原账面价值为 950 万元，其中，成本为 800 万元，公允价值变动为增值 150 万元。

（三）**要求**：请编制甲企业相应的会计分录。（分录金额以万元为单位）

【实训七】

（一）**目的**：练习投资性房地产转换、处置的会计处理。

（二）**资料**：

甲企业为增值税一般纳税企业。假定甲企业对投资性房地产采用公允价值模式计量，不考虑相关税费。甲企业有关房地产的相关业务资料如下：

（1）2020 年 3 月，甲企业自行建造厂房。在建设期间，甲企业领用了一批物资，价款为 1 404 万元，该批物资全部用于厂房工程项目。甲企业为建造该工程，领用本企业生产的库存商品一批，成本 80 万元，计税价格 100 万元，另支付在建工程人员薪酬 99 万元。

（2）2020 年 12 月 20 日，该厂房的建设达到了预定可使用状态并投入使用。该厂房预计使用寿命为 30 年，预计净残值为 100 万元，采用直线法计提折旧。

（3）2022 年 12 月 31 日，甲企业与丙公司签订了租赁协议，将该厂房经营租赁给丙公司，租赁期为 5 年，年租金为 20 万元，增值税税率为 9%，租金于每年年末结清。租赁期开始日为 2022 年 12 月 31 日。

（4）与该厂房同类的房地产在 2022 年年末的公允价值为 1 700 万元，2023 年年末的公允价值为 1 750 万元。

（5）2024 年 1 月，甲企业与丙公司达成协议并办理过户手续，以 2 000 万元的价格将该项厂房转让给丙公司，增值税税率为 10%，全部款项已收到并存入银行。

（三）**要求**：（分录金额以万元为单位）

（1）编制甲企业自行建造厂房的有关会计分录。

（2）计算甲企业该厂房 2022 年年末累计折旧的金额。

（3）编制甲企业将厂房停止自用改为出租的有关会计分录。

（4）编制甲企业该厂房 2023 年末后续计量的有关会计分录。

（5）编制甲企业该厂房 2023 年租金收入的有关会计分录。

（6）编制甲企业 2024 年处置该厂房的有关会计分录。

【实训八】

（一）**目的**：练习投资性房地产后续支出的会计实务处理。

（二）**资料**：

A 公司为一家房地产开发公司，假定其对投资性房地产采用公允价值计量模式，不考虑相关税费。其有关房地产的相关业务资料如下：

（1）2020 年 12 月，A 公司与 B 公司签订租赁协议，约定将 A 公司开发的一栋写字楼于开发完成的同时开始租赁给 B 公司使用，租期为 2 年，每年收取租金 400 万元，增值税税率为 9%，租金于每年年末收取。

（2）2021 年 1 月 1 日，该写字楼开发完成并开始起租，写字楼的造价为 6 000 万元。

（3）2021 年 12 月 31 日，该写字楼的公允价值为 6 600 万元。

（4）2022年12月31日，该写字楼的公允价值为6 300万元。

（5）2023年1月1日，租赁期届满，A公司收回该项投资性房地产。为了提高该写字楼的租金收入，A公司决定于当日起对该写字楼进行装修改良。

（6）2023年12月31日，该写字楼改良工程完工，共发生支出600万元，均以银行存款支付完毕，即日按照租赁合同出租给C公司。

（三）要求：（分录金额以万元为单位）

（1）编制A公司2021年与该项投资性房地产有关的分录。

（2）编制A公司2022年与该项投资性房地产有关的分录。

（3）编制A公司2023年与该项投资性房地产有关的分录。

【实训九】

（一）目的：练习投资性房地产处置的会计实务处理。

（二）资料：

甲公司主要从事房地产开发业务，其有关业务如下：

（1）2021年1月1日，甲公司与乙公司签订了经营租赁协议，将其开发的一栋写字楼整体出租给乙公司使用，租赁期开始日为2021年1月1日，租赁期为3年，每年年末收取租金250万元，增值税税率为9%。甲公司此前将该项房地产作为存货管理，账面余额为3 600万元，已计提存货跌价准备600万元。甲公司对该投资性房地产采用成本模式进行后续计量，预计使用年限为30年，预计净残值为0，采用直线法计提折旧。假定该写字楼作为投资性房地产核算时就开始计提折旧。

（2）2024年1月1日，租赁期届满，甲公司将该栋写字楼出售给乙公司，合同价款为3 500万元，乙公司已用银行存款付清，假定出售时不考虑相关税费。

（三）要求：编制甲公司2021年和2024年相应的会计分录。（分录金额以万元为单位）

【思考与练习】

1. 投资性房地产的特征有哪些？

2. 哪些属于投资性房地产的核算范围？

3. 满足投资性房地产的确认条件有哪些？

4. 投资性房地产的后续计量有哪两种？在会计处理上有何区别？各如何进行账务处理？

5. 房地产的转换形式有哪些？如何确定转换日？

6. 在公允价值模式下，非投资性房地产转换为投资性房地产与投资性房地产转换为非投资性房地产的会计处理有何区别？各如何进行账务处理？

7. 长期待摊费用的内容是什么？该账户如何进行账务处理？

第9章　流动负债的核算

【同步测试】

一、单项选择题

1. 下列各项不会形成企业流动负债的是（　　）。
   A. 企业应当支付本期间的短期借款利息
   B. 企业应为职工交纳的社会保险费
   C. 企业应支付给职工的工资、奖金、津贴
   D. 企业发生的经营亏损

2. 会计期间终了，计提短期借款利息时，应借记相关账户，贷记（　　）。
   A. 财务费用　　　　　B. 应付利息　　　　　C. 短期借款　　　　　D. 应计利息

3. 企业签发的银行承兑汇票到期无法支付，应当将其账面价值转入（　　）。
   A. 应收票据　　　　　B. 应付票据　　　　　C. 应收账款　　　　　D. 应付账款

4. 预收账款不多的企业，可通过（　　）核算。
   A. 应收账款　　　　　B. 应付账款　　　　　C. 其他应收款　　　　　D. 其他应付款

5. 企业从职工薪酬中代扣的个人所得税，应当贷记的账户是（　　）。
   A. 应付职工薪酬　　　B. 其他应收款　　　　C. 应交税费　　　　　D. 其他应付款

6. 下列项目中，不属于职工薪酬的有（　　）。
   A. 职工工资、奖金　　　　　　　　　　　B. 非货币性福利
   C. 职工津贴和补贴　　　　　　　　　　　D. 职工出差报销的飞机票

7. 下列职工薪酬中，不应当根据职工提供服务的受益对象计入成本费用的是（　　）。
   A. 因解除与职工的劳动关系给予的补偿　　B. 构成工资总额的各组成部分
   C. 工会经费和职工教育经费　　　　　　　D. 社会保险费

8. 甲公司为增值税一般纳税人，适用的增值税税率为13%，2019年7月甲公司董事会决定将本公司生产的500件产品作为福利发放给公司管理人员，该批产品的单件成本为1.5万元，市场销售价格为每件2万元（不含增值税）。不考虑其他相关税费，甲公司在2019年因该项业务应计入管理费用的金额为（　　）万元。
   A. 750　　　　　　　B. 847.5　　　　　　C. 1 000　　　　　　D. 1 130

9. 某企业于2019年7月2日从甲公司购入一批产品并已验收入库。增值税专用发票上注明该批产品的价款为150万元，增值税税额为19.5万元。合同中规定的现金折扣条件为2/10，1/20，N/30，假定计算现金折扣时不考虑增值税。该企业在2019年7月11日付清货款。企业购买产品时该应付账款的入账价值为（　　）万元。
   A. 147　　　　　　　B. 150　　　　　　　C. 166.11　　　　　　D. 169.5

10. 某公司向职工发放自产的加湿器作为福利，该产品的成本为每台150元，共有职工

500人，计税价格为200元，增值税税率为13%，计入该公司应付职工薪酬的金额为（　　）元。

    A. 113 000　　　　　B. 75 000　　　　　C. 100 000　　　　　D. 84 750

11. 下列各项中，应在"应付职工薪酬"科目核算的有（　　）。

    A. 企业集体福利机构人员的工资

    B. 无偿向职工提供的自有住房每期应计提的折旧

    C. 鼓励职工自愿接受裁减而给予的经济补偿

    D. 企业职工个人储蓄性养老保险

12. 增值税一般纳税人发生的下列事项中，不需要视同销售确认增值税销项税额的是（　　）。

    A. 将自产产品用于自建厂房

    B. 将自产产品用于对外投资

    C. 将外购的生产用原材料用于对外捐赠

    D. 将自产产品用于职工个人福利

13. 月初，企业上交上月未交增值税，应当借记（　　）。

    A. 应交税费——应交增值税（已交税金）

    B. 应交税费——应交增值税（转出未交增值税）

    C. 应交税费——未交增值税

    D. 应交税费——应交增值税（转出多交增值税）

14. 一般纳税人期末有尚未抵扣完的进项税额，应当反映为（　　）。

    A. "应交税费——应交增值税"借方余额

    B. "应交税费——应交增值税"贷方余额

    C. "应交税费——未交增值税"借方余额

    D. "应交税费——未交增值税"贷方余额

15. 甲企业为小规模纳税人，本月销售货物开具普通发票金额为103 000元，适用3%的征收率，则该企业本月应交增值税税额为（　　）元。

    A. 3 090　　　　　B. 3 000　　　　　C. 3 030　　　　　D. 3 060

16. 企业销售应税消费品时，应交消费税应借记（　　）。

    A. 应交税费—应交消费税　　　　　B. 其他应交款

    C. 税金及附加　　　　　D. 主营业务成本

17. 个人所得税中的工资薪金所得实行（　　）。

    A. 超额累进税率　　B. 超率累进税率　　C. 全额累进税率　　D. 超额累进税额

18. 委托加工物资收回后用于连续生产应税消费品，已由受托方代收代交的消费税的会计处理正确的是（　　）。

    A. 借记"应交税费——应交消费税"　　　　　B. 借记"委托加工物资"

    C. 借记"应交税费——应交增值税"　　　　　D. 借记"原材料"

19. 按照企业会计准则的规定，一般工业企业发生的下列税费应通过"税金及附加"科目核算的是（　　）。

    A. 房产税　　　　　B. 车船税

    C. 矿产资源补偿费　　　　　D. 教育费附加

20. 2019 年 7 月，甲公司销售商品实际应交增值税 38 万元，应交消费税 20 万元，适用的城市维护建设税税率为 7%，教育费附加为 3%。假定不考虑其他因素，甲公司当月应列入利润表"税金及附加"项目的金额为（　　）万元。

  A. 5.8   B. 20   C. 25.8   D. 63.8

二、多项选择题

1. 核算短期借款利息时，可能涉及的会计科目有（　　）。

  A. 应付利息   B. 财务费用   C. 银行存款   D. 短期借款

2. 企业签发商业汇票结算货款，到期若无法支付票款，应将应付票据转入（　　）。

  A. 短期借款   B. 长期借款   C. 应付账款   D. 其他应付款

3. 下列税金的计算，会影响企业当期损益的有（　　）。

  A. 增值税   B. 城市维护建设税

  C. 消费税   D. 企业所得税

4. 计入管理费用的税金有（　　）。

  A. 房产税   B. 车船税   C. 土地使用税   D. 契税

5. 下列各项中，应作为职工薪酬计入相关资产成本或当期损益的有（　　）。

  A. 为职工支付的补充养老保险

  B. 因解除职工劳动合同支付的补偿款

  C. 为职工进行健康检查而支付的体检费

  D. 因向管理人员提供住房而支付的租金

6. 下列税金中，应计入存货成本的有（　　）。

  A. 由受托方代收代缴的委托加工物资收回后直接用于对外销售的商品负担的消费税

  B. 由受托方代收代缴的委托加工物资收回后继续用于生产应纳消费税的商品负担的消费税

  C. 进口原材料交纳的进口关税

  D. 小规模纳税人购买材料支付的增值税

7. 甲企业为增值税一般纳税人，委托外单位加工一批材料（属于应税消费品，且为非金银首饰），该批原材料加工收回后用于连续生产应税消费品。甲企业发生的下列各项支出中，能增加收回委托加工材料实际成本的有（　　）。

  A. 支付的加工费   B. 支付的材料费

  C. 负担的运杂费   D. 支付的消费税

8. 下列项目中，应通过"其他应付款"科目核算的有（　　）。

  A. 应付包装物的租金   B. 应付职工工资

  C. 存入保证金   D. 应付经营租入固定资产租金

9. 下列经济业务应视同销售的有（　　）。

  A. 将自产的、委托加工的或购买的物资用于分红

  B. 将自产的、委托加工的物资用于集体福利或个人消费

  C. 将自产的、委托加工的物资用于在建工程

  D. 将自产的、委托加工的或购买的物资用于对外投资

10. 下列各项中，增值税一般纳税人不需要转出进项税额的有（　　）。

  A. 自制产成品用于职工福利

B. 自制产成品用于对外投资

C. 外购的生产用原材料因管理不善发生霉烂变质

D. 外购的生产用原材料改用于自建办公楼

【实训项目】

【实训一】

（一）**目的**：练习短期借款及其利息费用的核算。

（二）**资料**：

A 公司于 2019 年 1 月 1 日向银行借入一笔生产经营用短期借款，共计 120 000 元，期限为 9 个月，年利率为 8%。根据与银行签署的借款协议。该项借款的本金到期后一次归还；利息按月计提，按季支付。

（三）**要求**：根据资料编制短期借款的借入、计息、付息、偿还的相关会计分录。

【实训二】

（一）**目的**：练习应付票据的核算。

（二）**资料**：

2019 年 7 月 1 日，W 公司购入一批原材料，价款 30 000 元，增值税进项税 3 900 元。材料已验收入库。该公司通过银行支付 3 900 元，余下的 30 000 元开出一张面值为 30 000 元，期限为 3 个月的商业承兑汇票。

（三）**要求**：

（1）假设该票据为不带息商业汇票，编制开出票据时的会计分录。

（2）假设该票据为带息商业汇票，票面利率为 10%，编制开出票据和票据到期的会计分录。

（3）假设不带息商业汇票为商业承兑汇票，带息商业汇票为银行承兑汇票，如果商业汇票到期时，W 公司无力偿还，分别编制有关的会计分录。

【实训三】

（一）**目的**：练习应付账款的核算。

（二）**资料**：

乙百货商场于 2019 年 7 月 2 日，从 A 公司购入一批家电产品并已验收入库。增值税专用发票上列明，该批家电的价款为 100 万元，增值税为 13 万元。按照购货协议的规定，乙百货商场如在 15 天内付清货款，将获得 1% 的现金折扣（假定按含税价计算现金折扣）。乙百货公司于 2019 年 7 月 10 日，按照扣除现金折扣后的金额，用银行存款付清了所欠 A 公司的货款

（三）**要求**：

（1）编制乙百货商场 7 月 2 日购入家电产品的会计分录。

（2）编制乙百货商场 7 月 10 日付款的会计分录。

【实训四】

（一）**目的**：练习预收账款的核算。

（二）**资料**：

2019 年 7 月，某工业企业接受 F 公司的一批订货合同，按合同规定，货款金额总计为 400 000 元（不包括增值税），预计 6 个月完成。订货方 F 公司预付货款 50%，另 50% 待产品完工发出后再支付。增值税税率为 13%。

（三）**要求**：根据上述经济业务编制会计分录。

【实训五】

（一）**目的**：练习货币性职工薪酬核算。

（二）**资料**：

2019 年 7 月，安吉公司当月应发工资 2 000 万元，其中：生产部门直接生产人员工资 1 000 万元；生产部门管理人员工资 200 万元；公司管理部门人员工资 360 万元；公司专设产品销售机构人员工资 100 万元；建造厂房人员工资 220 万元；内部开发存货管理系统人员工资 120 万元。

根据所在地政府规定，公司分别按照职工工资总额的 8%、16%、1% 和 12% 计提医疗保险费、养老保险费、失业保险费和住房公积金，交纳给当地社会保险经办机构和住房公积金管理机构。公司内设医务室，根据 2019 年实际发生的职工福利费情况，公司预计 2019 年应承担的职工福利费义务金额为职工工资总额的 2%，职工福利的受益对象为上述所有人员。公司分别按照职工工资总额的 2% 和 8% 计提工会经费和职工教育经费。假定公司存货管理系统已处于开发阶段、并符合无形资产的资本化条件。

（三）**要求**：根据经济业务进行相应会计处理。

【实训六】

（一）**目的**：练习非货币性职工薪酬核算。

（二）**资料**：

甲公司为一家生产洗衣机的企业，有职工 200 名，其中一线生产工人为 180 名，总部管理人员为 20 名。2019 年 7 月，甲公司决定以其生产的洗衣机作为福利发给职工。该洗衣机的单位成本为 2 000 元，单位计税价格为 3 000 元，适用的增值税税率为 13%。

（三）**要求**：根据经济业务进行相应会计处理。

【实训七】

（一）**目的**：练习应交增值税的核算。

（二）**资料**：

甲公司为增值税一般纳税人，2019 年 7—8 月发生下列经济业务：

（1）7 月 5 日，生产产品采购原材料 100 000 元，增值税进项税额 13 000 元，款项通过银行转账支付。

（2）7 月 7 日，因管理不善发生火灾损失，材料成本 20 000 元，增值税税率为 13%。

（3）7 月 18 日，销售 M 产品一批，开出增值税专用发票，价税合计 226 000 元，款项尚未收到。

（4）7 月 25 日，通过银行转账交纳本月增值税 15 200 元。

（5）7 月 30 日，转出本月未交增值税 4 000 元。

（6）8 月 9 日，通过银行转账交纳 7 月未交增值税 4 000 元。

（三）**要求**：根据经济业务编制会计分录。

【实训八】

（一）**目的**：练习应交税费的核算。

（二）**资料**：

华兴公司2019年7月发生下列经济业务：

（1）委托中信公司加工一批应税消费品，发出材料20 000元，发生加工费用5 000元，收回的加工物质作为原材料入账，用于继续生产应税消费品，该公司适用的增值税税率为13%，消费税税率为10%。

（2）公司本月实际应交增值税300 000元，消费税100 000元。该公司城市维护建设税税率为7%，教育费附加征收率为3%。

（3）月末计算为职工代扣代缴的个人所得税13 600元。

（三）**要求**：根据上述经济业务，编制相应会计分录。

【实训九】

（一）**目的**：练习其他流动负债的核算。

（二）**资料**：

（1）甲上市公司于2月23日经股东大会批准，决定向全体股东以每10股分配现金1.5元的方案分配股利，公司总股本为6 000万股，3月10日，用银行存款实际发放股东股利；

（2）3月6日，公司为销售货物出借一批包装物，收取对方单位的包装物押金2 000元，4月25日，如数收回出借包装物，退回原收取的包装物押金。

（三）**要求**：根据经济业务编制会计分录。

【思考与练习】

1. 什么是流动负债？其特征是什么？如何分类？

2. 简述短期借款的账务处理过程。

3. 带息和不带息票据的会计处理有何不同？

4. 比较商业承兑汇票和银行承兑汇票的会计处理差异。

5. 应付职工薪酬核算的内容主要有哪些？

6. 比较货币性职工薪酬和非货币性职工薪酬的核算？

7. 增值税一般纳税人可以抵扣的进项税额包括哪些？

8. 不通过应交税费账户核算的税种有哪些？举例说明其会计实务。

9. 简述其他应付款核算的内容。

第10章 非流动负债的核算

【同步测试】

一、单项选择题

1. 下列项目中，不属于非流动负债的是（　　）。
   A. 长期借款　　　B. 应付债券　　　C. 专项应付款　　　D. 预收的货款

2. 长期借款分期计算和支付利息时，应通过（　　）科目核算。
   A. 应付利息　　　B. 其他应付款　　　C. 长期借款　　　D. 长期应付

3. 某企业为建造固定资产借入 2 年期专项借款，至 20×9 年 12 月 31 日时工程尚未完工，计提本年借款利息时应计入（　　）科目。
   A. 固定资产　　　B. 在建工程　　　C. 管理费用　　　D. 财务费用

4. 债券溢价发行是由于债券票面利率与市场利率不等造成的，表现为（　　）。
   A. 市场利率高于票面利率　　　　　B. 市场利率等于票面利率
   C. 市场利率低于票面利率　　　　　D. 发行价格低于票面额

5. 发行一般公司债券时发生的发行费用应记入（　　）科目。
   A. 管理费用　　　B. 销售费用　　　C. 应付债券　　　D. 财务费用

6. 就发行债券的企业而言，所获债券溢价收入实质是（　　）。
   A. 为以后少付利息而付出的代价　　　B. 为以后多付利息而得到的补偿
   C. 本期利息收入　　　　　　　　　　D. 以后期间的利息收入

7. 企业以折价方式发行债券时，每期实际负担的利息费用是（　　）。
   A. 按票面利率计算的应计利息减去应摊销的利息调整
   B. 按票面利率计算的应计利息加上应摊销的利息调整
   C. 按实际利率计算的应计利息减去应摊销的利息调整
   D. 按实际利率计算的应计利息加上应摊销的利息调整

8. 若公司债券溢价发行，随着溢价的摊销，按实际利率法摊销的利息调整（　　）。
   A. 会逐期减少　　　　　　　　　　B. 会逐期增加
   C. 与直线法摊销确认的金额相等　　　D. 一定小于按直线法确认的金额

9. 甲公司于 20×9 年 1 月 1 日发行 3 年期、每年 12 月 31 日付息、到期还本的公司债券，债券面值为 1 500 万元，票面年利率为 5%，实际年利率为 4%，发行价格为 1 541.63 万元，甲公司按实际利率法确认利息费用。该债券 20×9 年 12 月 31 日的摊余成本为（　　）万元。
   A. 1 500　　　B. 1 528.30　　　C. 1 618.72　　　D. 1 603.30

10. 采用到期一次还本付息方式发行的债券，企业在资产负债表日计提的利息应记入（　　）科目。
    A. 应付利息　　　　　　　　　　　B. 应收利息

    C. 应付债券——应计利息   D. 应付债券——面值

11. 发行可转换债券发生的交易费用，应当（   ）。

    A. 计入财务费用

    B. 计入应付债券的账面价值

    C. 在负债成分和权益成分之间按照各自的账面价值进行分摊

    D. 在负债成分和权益成分之间按照各自的相对公允价值进行分摊

12. 南方公司 2020 年 1 月 1 日发行 3 年期、每年 1 月 1 日付息、到期一次还本的可转换公司债券，面值总额为 10 000 万元，发行收款为 12 000 万元，票面年利率为 5%，实际年利率为 6%。债券的公允价值为 9 732.70 万元。2021 年 1 月 3 日，可转换公司债券持有人行使转股权，共计转为 1 000 万股普通股。不考虑其他因素的影响，转股时记入"资本公积——股本溢价"科目的金额为（   ）万元。

    A. 0   B. 1 000   C. 2 267.30   D. 11 083.96

13. 甲公司涉及一起诉讼，根据类似的经验以及公司所聘请律师的意见判断，甲公司在该起诉讼中胜诉的可能性有 40%，败诉的可能性有 60%。如果败诉，很可能将要赔偿 100 万元。在这种情况下，甲公司应确认的负债金额应为（   ）万元。

    A. 100   B. 60   C. 0   D. 40

14. 甲企业以融资租赁方式租入 N 设备，该设备的公允价值为 100 万元，最低租赁付款额的现值为 93 万元，甲企业在租赁谈判和签订租赁合同过程中发生手续费、律师费等合计为 2 万元。甲企业该项融资租入固定资产的入账价值为（   ）万元。

    A. 93   B. 95   C. 100   D. 102

15. 甲公司 20×9 年 1 月 1 日从丁公司购入一台不需要安装的生产设备，该设备当日达到预定可使用状态并投入使用。由于甲公司资金周转困难，购货合同约定，该设备的总价款为 900 万元，增值税税额为 153 万元，增值税税款当日支付，剩余款项分 3 次自 20×9 年 12 月 31 日起每年年末等额支付。银行同期贷款年利率为 6%，已知（P/A, 6%, 3）= 2.673 0。若不考虑其他因素，20×9 年 1 月 1 日该设备的入账价值和应确认的未确认融资费用分别为（   ）万元。

    A. 801.9, 98.1   B. 900, 0   C. 801.9, 0   D. 900, 98.1

16. 20×9 年 12 月 31 日，甲公司存在一项未决诉讼。根据类似案例的经验判断，该项诉讼败诉的可能性为 90%。如果败诉，甲公司将须赔偿对方 100 万元并承担诉讼费用 5 万元，但很可能从第三方收到补偿款 10 万元。20×9 年 12 月 31 日，甲公司应就此项未决诉讼确认的预计负债金额为（   ）万元。

    A. 90   B. 95   C. 100   D. 105

17. 20×9 年 10 月 12 日，甲公司因产品质量不合格而被乙公司起诉。至 12 月 31 日，该起诉讼尚未判决，甲公司估计很可能承担违约赔偿责任，需要赔偿 200 万元的可能性为 70%，需要赔偿 100 万元的可能性为 30%。甲公司基本确定能够从直接责任人处追回 50 万元。20×9 年 12 月 31 日，甲公司对该起诉讼应确认的预计负债金额为（   ）万元。

    A. 120   B. 150   C. 170   D. 200

18. 20×9 年 1 月 1 日，甲公司采用分期付款方式购入大型设备一套，当日投入使用。合同约定的价款为 2 700 万元，分 3 年等额支付，该分期支付购买价款的现值为 2 430 万元。假定不考虑其他因素，甲公司该设备的入账价值为（   ）万元。

A. 810　　　　　B. 2 430　　　　　C. 900　　　　　D. 2 700

19. 甲公司 20×9 年分别销售 A、B 产品 1 万件和 2 万件，销售单价分别为 100 元和 50 元。公司向购买者承诺提供产品售后 2 年内免费保修服务，预计保修期内将发生的保修费为销售额的 2%~8%。20×9 年实际发生保修费 5 万元，20×9 年 1 月 1 日预计负债的年初数为 3 万元。假定无其他或有事项，则甲公司 20×9 年年末资产负债表"预计负债"项目的金额为（　　　　）万元。

A. 8　　　　　B. 13　　　　　C. 5　　　　　D. 0

20. 甲企业是一家大型机床制造企业，2020 年 12 月 1 日与乙公司签订了一项不可撤销销售合同，约定于 2021 年 4 月 1 日以 300 万元的价格向乙公司销售大型机床一台。若不能按期交货，甲企业需按照总价款的 10% 支付违约金。至 2020 年 12 月 31 日，甲企业尚未开始生产该机床。由于原料上涨等因素，甲企业预计生产该机床的成本不可避免地升至 320 万元。假定不考虑其他因素。2020 年 12 月 31 日，甲企业的下列处理中，正确的是（　　　　）。

A. 确认预计负债 20 万元　　　　　B. 确认预计负债 30 万元
C. 确认存货跌价准备 20 万元　　　D. 确认存货跌价准备 30 万元

二、多项选择题

1. 在我国会计实务中，长期借款利息可列支的项目包括（　　　　）。
   A. 在建工程　　　　　　　　　　B. 财务费用
   C. 管理费用　　　　　　　　　　D. 营业费用

2. 下列关于应付债券的说法中，正确的有（　　　　）。
   A. 应付债券是企业为了筹集（长期）资金而发行
   B. 债券的发行有面值发行、溢价发行和折价发行三种情况
   C. 折价发行是指债券以高于其面值的价格发行
   D. 溢价发行则是指债券按低于其面值的价格发行

3. 下列关于企业发行一般公司债券的会计处理，正确的有（　　　　）。
   A. 无论是按面值发行，还是溢价发行或折价发行，均应按债券面值记入"应付债券"科目的"面值"明细科目
   B. 实际收到的款项与面值的差额，应记入"利息调整"明细科目
   C. 对于利息调整，企业应在债券存续期间内选用实际利率法或直线法进行摊销
   D. 资产负债表日，企业应按应付债券的面值和实际利率计算确定当期的债券利息费用

4. 下列关于可转换公司债券的表述中，正确的有（　　　　）。
   A. 可转换公司债券到期必须转换为股份
   B. 可转换公司债券在未转换成股份前，要按期计提利息，并摊销溢折价
   C. 可转换公司债券在转换成股份后，仍然要按期计提利息，但无须摊销溢折价
   D. 可转换公司债券转换为股份时，按债券的账面价值和尚未支付的利息（如有）结转，不确认转换损益

5. 下列各项中，（　　　　）应该通过"长期应付款"科目核算。
   A. 从银行借入的 5 年期贷款
   B. 应付融资租入固定资产的租赁费
   C. 应付经营租赁租入固定资产的更新改造费用

D. 以分期付款方式购入固定资产发生的应付款项

6. 下列关于长期应付款的相关表述中，正确的有（　　）。

 A. 企业购入有关资产超过正常信用条件延期支付价款，实质上具有融资性质的，应按购买价款的现值，借记"固定资产""在建工程""研发支出"等科目

 B. 融资租入固定资产等确认的"未确认融资费用"，后续按照直线法在租赁期内摊销

 C. 未确认融资费用余额抵减长期应付款的账面价值

 D. 企业融资租入固定资产时，应当在租赁开始日，按租赁开始日租赁资产公允价值与最低租赁付款额的现值两者中的较低者作为租赁资产入账价值的核算基础

7. "长期应付款"科目核算的内容主要有（　　）。

 A. 应付经营租入固定资产的租赁费

 B. 以分期付款方式购入固定资产发生的应付款项

 C. 因辞退职工给予职工的补偿款

 D. 应付融资租入固定资产的租赁费

8. 下列属于预计负债确认条件的有（　　）。

 A. 该义务是企业承担的现时义务

 B. 该义务是企业承担的潜在义务

 C. 该义务的履行很可能导致经济利益流出企业

 D. 该义务的金额能够可靠地计量

9. 预计负债计量时，关于最佳估计数，下列说法中正确的有（　　）。

 A. 企业在确定最佳估计数时，应当综合考虑与或有事项有关的不确定性和货币时间价值因素

 B. 企业在确定最佳估计数时，应当综合考虑与或有事项有关的风险因素

 C. 企业在确定最佳估计数时，不需考虑与或有事项有关的货币时间价值因素

 D. 货币时间价值影响重大的，应当通过对相关未来现金流出进行折现后确定最佳估计数

10. 关于重组义务的预计负债确认，下列说法中正确的有（　　）。

 A. 企业承担的重组义务满足或有事项确认预计负债规定的，应当确认预计负债

 B. 重组是指企业制定和控制的，将显著改变企业组织形式、经营范围或经营方式的计划实施行为

 C. 企业应当按照与重组有关的直接支出确定预计负债金额

 D. 与重组有关的直接支出包括留用职工岗前培训、市场推广、新系统和营销网络投入等支出

【实训项目】

【实训一】

（一）**目的**：练习长期借款的核算。

（二）**资料**：

天宇公司于2020年1月1日从中国工商银行借入一笔期限为3年的专门借款1 000 000

元，用于建造一幢厂房，年利率 12%，每月月末采用单利计息，每年年末付息一次。款项到账后，一次性投入厂房建设，该厂房于 2021 年年末完工并投入使用。

（三）**要求**：请编制天宇公司取得长期借款、投资厂房建设、月末计息、年末付息和到期还本的相关会计分录。

【实训二】

（一）**目的**：练习企业面值发行一般公司债券的核算。

（二）**资料**：

某企业经批准从 2020 年 1 月 1 日起发行 3 年期面值为 100 元的债券 10 000 张，发行价格确定为面值发行，债券年利率为 6%，每半年计息一次，该债券所筹集资金全部用于新生产线的建设，该生产线于 2021 年 6 月底完工交付使用，债券到期后一次支付本金和利息。

（三）**要求**：编制该企业从债券发行到债券到期的全部会计分录。

【实训三】

（一）**目的**：练习企业溢价发行一般公司债券的核算。

（二）**资料**：

甲公司于 2020 年 1 月 1 日发行 5 年期、一次还本、分期付息的公司债券，每年 12 月 31 日支付利息。该公司债券票面利率为 5%，面值总额为 300 000 万元，发行价格总额为 313 347 万元；支付发行费用 120 万元，发行期间冻结资金利息为 150 万元。实际利率为 4%。

（三）**要求**：

（1）编制债券发行时的会计分录。

（2）计算每年年末的利息费用和摊销利息调整。

（3）编制债券到期时的会计分录。

【实训四】

（一）**目的**：练习企业折价发行一般公司债券的核算。

（二）**资料**：

某企业经批准于 2020 年 1 月 1 日起发行 2 年期面值为 100 元的债券 200 000 张，债券年利率为 3%，债券实际利率为年利率 4%，每半年计息一次，分别于每年 6 月 30 日和 12 月 31 日计提利息，每年 7 月 1 日和 1 月 1 日付息，到期时归还本金和最后一次利息。该债券发行收入为 196 192 万元，该债券所筹集资金全部用于新生产线的建设，该生产线于 2020 年 6 月底完工交付使用。采用实际利率法摊销利息调整。

（三）**要求**：编制该企业从债券发行到债券到期的全部会计分录。

【实训五】

（一）**目的**：练习企业发行可转换公司债券的核算。

（二）**资料**：

甲公司为筹集资金，于 2020 年 1 月 1 日发行 3 年期每张面值为 100 元的可转换公司债券 10 000 份，票面利率为 5%，类似风险的不附转换权的债券市场利率为 6%，发行时可转换公司债券负债成分的公允价值为 973 269 元，每年年末付息一次，到期一次还本。该公司规定，自发行日起算的一年后，债券持有者可将每张债券转换为普通股 25 股，每股面值 1 元。2021 年 1 月 1 日，该债券的持有人将可转换债券全部转换为普通股股票。

（三）**要求**：请编制甲公司发行债券、债券计息和接受债券持有者债转股时的相关会计处理。

【实训六】

（一）**目的**：练习预计负债的核算。

（二）**资料**：

佳顺股份有限公司（以下简称佳顺公司）发生如下事项：

（1）2020 年 11 月 20 日，佳顺公司接到法院的通知，通知中说，由于某联营企业在 2 年前的一笔借款到期，本息合计为 100 万元，联营企业无力偿还，债权单位已将本笔贷款的担保企业佳顺公司告上法庭，要求佳顺公司履行担保责任，代为清偿。截至年末案件尚未判决。佳顺公司经研究认为，目前联营企业的财务状况极差，佳顺公司有 80% 的可能性承担全部本息的偿还责任。但随着联营企业项目到位，基本确定能由联营企业补偿 75 万元。

（2）2020 年 12 月 21 日，佳顺公司在生产中发生事故，造成有毒液体外泄，使附近的一口鱼塘受到严重污染致鱼死亡。鱼塘承包户已上诉至法院，要求赔偿 6 万元。代理律师认为，致鱼死亡确系本企业毒液外泄造成，本公司很可能败诉，胜诉的可能性仅为 10%。根据市场价格，赔偿损失的金额为 3 万~5 万元。至 2020 年 12 月 31 日，案件正在审理中。

（3）佳顺公司 2020 年 1 月 1 日与乙公司签订一份不可撤销合同，采用经营租赁方式租入一台设备，租期 2 年，每年年末支付租金 25 万元。设备已经投入生产，生产的产品当年开始盈利。2020 年 12 月 31 日，接到市政府通知，佳顺公司所处地区因城市规划，要求佳顺公司迁址，加之宏观政策调整，该公司决定停产该产品。由于该设备无法转租，因此经营租赁合同变为亏损合同，2021 年应继续支付租金。

（三）**要求**：根据经济业务编制相关会计分录。

【实训七】

（一）**目的**：练习因产品质量保证而产生的预计负债的核算。

（二）**资料**：

甲企业 2020 年 1 月起为售出商品提供"三包"服务，规定产品出售后一定期限内出现质量问题，负责退换或免费提供修理。假定甲企业生产和销售 A、B、C 三种商品，资料如下：

（1）A 产品销售额为 30 万元，"三包"期限为 3 年，该企业对售出 A 产品可能发生的"三包"费用，在年末按照 A 产品销售收入的 2% 预计。

（2）B 产品已于 2015 年停产，以前年度的存货均已售出，且"三包"期限已满，以前年度预计的"三包"费用为 7 万元。

（3）2020 年 C 产品发生三包费用 5 万元（均为人工成本）。

（三）**要求**：编制 2020 年年末 A、B、C 产品与预计负债有关的会计分录。

【实训八】

（一）**目的**：练习因亏损合同而产生的预计负债的核算。

（二）资料：

金星公司于 2020 年 12 月 10 日与乙公司签订合同，约定在 2021 年 2 月 10 日以每件 40 元的价格向乙公司提供 A 产品 1 000 件，如果不能按期交货，将向乙公司支付总价款 20% 的违约金。签订合同时产品尚未开始生产，金星公司准备生产产品时，材料的价格突然上涨，预计生产 A 产品的单位成本将超过合同单价。

（三）**要求**：分别以下面两种情况确认该待执行合同的预计负债，并进行相关账务处理。

（1）生产 A 产品的单位成本为 50 元。

（2）生产 A 产品的单位成本为 45 元。

【思考与练习】

1. 什么是非流动负债？其特征是什么？如何分类？

2. 长期借款的利息如何处理？

3. 债券的发行方式有哪几种？如何确定债券的发行价格？

4. 比较发行一般公司债券与可转换债券的主要区别。

5. 简述融资租赁与经营租赁的会计处理差异。

6. 如何理解预计负债的确认条件？

7. 预计负债计量需要注意的主要问题是什么？

第 11 章　所有者权益的核算

【同步测试】

一、单项选择题

1. 某企业盈余公积年初余额为 50 万元，本年利润总额为 600 万元，所得税费用为 150 万元，按净利润的 10% 提取法定盈余公积，并将盈余公积 10 万元转增资本。该企业盈余公积年末余额为（　　）万元。

　　A. 40　　　　　　　　B. 85　　　　　　　　C. 95　　　　　　　　D. 110

2. 下列各项中，会导致留存收益总额发生增减变动的是（　　）。

　　A. 资本公积转增资本　　　　　　　　B. 盈余公积补亏

　　C. 盈余公积转增资本　　　　　　　　D. 以当年净利润弥补以前年度亏损

3. 甲股份有限公司委托 A 证券公司发行普通股 2 000 万股，每股面值 1 元，每股发行价格为 5 元。根据约定，股票发行成功后，甲股份有限公司应按发行收入的 2% 向 A 证券公司支付发行费。如果不考虑其他因素，股票发行成功后，甲股份有限公司记入"资本公积"科目的金额应为（　　）万元。

　　A. 9 800　　　　　　　B. 200　　　　　　　C. 7 800　　　　　　　D. 8 000

4. 某企业年初所有者权益 160 万元，本年度实现净利润 300 万元，以资本公积转增资本 50 万元，提取盈余公积 30 万元，向投资者分配现金股利 20 万元。假设不考虑其他因素，该企业年末所有者权益为（　　）万元。

　　A. 360　　　　　　　　B. 410　　　　　　　C. 440　　　　　　　D. 460

5. 某企业年初未分配利润贷方余额为 200 万元，本年利润总额为 800 万元，本年所得税费用为 300 万元，按净利润的 10% 提取法定盈余公积，提取任意盈余公积 25 万元，向投资者分配利润 25 万元。该企业年末未分配利润贷方余额为（　　）万元。

　　A. 600　　　　　　　　B. 650　　　　　　　C. 625　　　　　　　D. 570

6. 某企业年初未分配利润为 100 万元，本年净利润为 1 000 万元，按 10% 计提法定盈余公积，按 5% 计提任意盈余公积，宣告发放现金股利为 80 万元，该企业年末未分配利润为（　　）万元。

　　A. 855　　　　　　　　B. 867　　　　　　　C. 870　　　　　　　D. 874

7. 某企业 2020 年 1 月 1 日所有者权益构成情况如下：实收资本 1 500 万元，资本公积 100 万元，盈余公积 300 万元，未分配利润 200 万元。2020 年度实现利润总额为 600 万元，企业所得税税率为 25%。假定不存在纳税调整事项及其他因素，该企业 2020 年 12 月 31 日可供分配利润为（　　）万元。

　　A. 600　　　　　　　　B. 650　　　　　　　C. 800　　　　　　　D. 1 100

8. A 有限责任公司由两位投资者投资 200 万元设立，每人出资 100 万元。一年后，为扩大经营规模，经批准，A 有限责任公司注册资本增加到 300 万元，并引入第三位投资者加入。按照投资协议，新投资者需缴入现金 120 万元，同时享有该公司三分之一的股份。A 有限责任公司已收到该现金投资。假定不考虑其他因素，A 有限责任公司接受第三位投资者时应确认的资本公积为（　　）万元。

    A. 110　　　　　　　　B. 100　　　　　　　　C. 20　　　　　　　　D. 200

9. 某企业 2020 年 1 月 1 日所有者权益构成情况如下：实收资本 1 000 万元，资本公积 600 万元，盈余公积 300 万元，未分配利润 200 万元。本年净利润为 1 000 万元，按 10% 计提法定盈余公积，按 5% 计提任意盈余公积，宣告发放现金股利为 80 万元。资本公积转增资本 100 万元。下列有关所有者权益表述正确的是（　　）。

    A. 2019 年 12 月 31 日可供分配利润为 1 000 万元

    B. 2019 年 12 月 31 日资本公积 700 万元

    C. 2019 年 12 月 31 日未分配利润为 970 万元

    D. 2019 年 12 月 31 日留存收益总额为 970 万元

10. 股份有限公司采用溢价发行股票方式筹集资本，其"股本"科目所登记的金额是（　　）。

    A. 实际收到的款项

    B. 股票面值与发行股票总数的乘积

    C. 发行总收入减去支付给证券商的费用

    D. 发行总收入加上支付给证券商的费用

11. 甲、乙公司均为增值税一般纳税人，使用的增值税税率为 13%。甲公司接受乙公司投资转入的原材料一批，账面价值 100 000 元，投资协议约定的价值为 120 000 元，假定投资协议约定的价值与公允价值相符，增值税进项税额由投资方支付，并开具了增值税专用发票，该项投资没有产生资本溢价。甲公司实收资本应增加（　　）元。

    A. 100 000　　　　　B. 113 000　　　　　C. 120 000　　　　　D. 133 200

12. 下列项目中，能同时引起负债和所有者权益发生变动的是（　　）。

    A. 出售无形资产取得的净收益　　　　　B. 接受投资者的投资

    C. 实际发放现金股利　　　　　D. 股东大会向投资者宣告分配现金股利

13. 下列各项中，不会引起资本公积变动的是（　　）。

    A. 经批准将资本公积转增资本

    B. 投资者投入的资金大于其按约定比例在注册资本中应享有的份额

    C. 股东大会宣告分配现金股利

    D. 直接计入所有者权益的利得

14. 甲公司年初未分配利润借方余额 50 万元，本年实现净利润 200 万元，按净利润 10% 提取法定盈余公积，按 5% 提取任意盈余公积，向投资者分配利润 80 万元。年末未分配利润为（　　）万元。

    A. 140　　　　　　　　B. 47.5　　　　　　　　C. 120　　　　　　　　D. 30

15. 下列各项中，会导致留存收益总额发生增减变动的是（　　）。

    A. 资本公积转增资本　　　　　B. 盈余公积补亏

    C. 盈余公积转增资本　　　　　D. 以当年净利润弥补以前年度亏损

16. 乙公司"盈余公积"科目的年初余额为 2 000 万元，本期提取法定盈余公积为 1 850

万元，任意盈余公积为900万元，用盈余公积转增资本1 000万元。该公司"盈余公积"科目的年末余额为（　　）万元。

A. 3 750　　　　　　B. 2 850　　　　　　C. 1 900　　　　　　D. 3 850

17. 甲股份有限公司委托证券公司发行股票1 000万股，每股面值1元，每股发行价格8元，向证券公司支付佣金500万元。该公司应记入"资本公积——股本溢价"科目的金额为（　　）万元。

A. 6 450　　　　　　B. 6 500　　　　　　C. 6 550　　　　　　D. 6 600

18. D股份有限公司按法定程序报经批准后采用收购本公司股票方式减资，回购股票支付价款低于股票面值总额的，所注销库存股账面余额与冲减股本的差额应计入（　　）。

A. 盈余公积　　　B. 营业外收入　　　C. 资本公积　　　D. 未分配利润

19. 下列各项中，属于直接计入所有者权益的利得是（　　）。

A. 出售固定资产取得的净收益

B. 收到的有关的罚款收入

C. 长期股权投资权益法核算确认的资本公积

D. 投资者投入的出资额超出其在被投资单位注册资本中所占的份额

20. 企业增资扩股时，投资者实际交纳的出资额大于其按约定比例计算的其在注册资本中所占的份额部分，应作为（　　）。

A. 资本溢价　　　B. 实收资本　　　C. 盈余公积　　　D. 营业外收入

二、多项选择题

1. 下列各项，能引起负债和所有者权益项目同时发生变动的有（　　）。

A. 用盈余公积向投资者分配现金股利　　　B. 董事会宣告发放股票股利

C. 用银行存款购买固定资产　　　D. 用净利润向投资者分配现金股利

2. 下列项目中，最终能引起资产和所有者权益同时减少的项目有（　　）。

A. 计提短期借款的利息　　　B. 计提行政管理部门固定资产折旧

C. 计提坏账准备　　　D. 管理用无形资产摊销

3. 股份有限公司委托其他单位发行股票，支付手续费或佣金等相关费用，如果发行股票的溢价不够冲减或者无溢价的，其差额可能计入的科目有（　　）。

A. 未分配利润　　　B. 盈余公积　　　C. 管理费用　　　D. 财务费用

4. 下列对未分配利润的各项表述中，正确的有（　　）。

A. 当年的净利润是企业未指定特定用途的利润

B. 未分配利润是企业历年实现的净利润经过弥补亏损、提取盈余公积和向投资者分配利润后留存在企业的利润

C. "利润分配——未分配利润"科目如为贷方余额，表示累积未分配的利润数额；如为借方余额，则表示累积未弥补的亏损数额

D. 企业对于未分配利润的使用有严格的限制

5. 下列项目中，能引起盈余公积发生增减变动的有（　　）。

A. 提取任意盈余公积　　　B. 以盈余公积转增资本

C. 用任意盈余公积弥补亏损　　　D. 用盈余公积派发新股

6. 下列各项中，仅引起所有者权益内部结构发生变动而不影响所有者权益总额的有（　　）。

A. 用盈余公积弥补亏损　　　　　　　B. 用盈余公积转增资本

C. 股东大会宣告分配现金股利　　　　D. 实际发放股票股利

7. 下列各项中，可能引起资本公积变动的有（　　　）。

A. 用资本公积转增资本

B. 发行股票实际收到的金额超过股本总额的部分（不考虑发行的手续费）

C. 接受外部捐赠的部分

D. 处置采用权益法核算的长期股权投资

8. 企业吸收投资者投资时，下列会计科目的余额可能发生变化的有（　　　）。

A. 盈余公积　　　　B. 资本公积　　　　C. 实收资本　　　　D. 利润分配

9. 股份公司发行股票时，下列会计科目的余额可能发生变化的有（　　　）。

A. 盈余公积　　　　B. 资本公积　　　　C. 股本　　　　D. 利润分配

【实训项目】

【实训一】

（一）**目的**：练习实收资本和资本溢价的账务处理。

（二）**资料**：

甲有限责任公司发生以下经济业务：

（1）20×8 年，由 A、B、C 三个公司组建而成，注册资本 300 000 元：A 公司投入 100 000 元货币资金，B 公司投入 60 000 元一生产线和 40 000 元一栋厂房，C 公司投入 100 000 元一项专利技术。

（2）三年后，该公司留存收益 420 000 元。经股东会决定，吸收 D 公司加入，经协商 D 公司出资 100 000 元货币资金，占该公司 20%的股份。

（三）**要求**：根据以上资料编制相关会计分录。

【实训二】

（一）**目的**：练习提取盈余公积和利润分配的账务处理。

（二）**资料**：

丙公司所得税税率为 25%，20×8 年年初未分配利润为 120 000 元。

（1）本年实现税前利润 400 000 元。

（2）年终，按净利润的 10%、20%的比例提取法定盈余公积金、向投资人分配现金股利。

（三）**要求**：

（1）计算所得税、净利润和年终未分配利润的数额。

（2）编制结转所得税、结转净利润和年终有关利润分配的会计分录。

【实训三】

（一）**目的**：练习实收资本和资本溢价的账务处理。

（二）**资料**：

乙公司发生如下业务：

（1）20×8 年 1 月，乙公司委托证券公司发行股票 7 000 000 股，每股面值 1 元，支付发行收入 3% 的手续费，按每股 4 元发行。

（2）20×8 年 4 月，乙公司委托证券公司发行股票 100 万股，每股面值 1 元，按每股 1.2 元的价格发行。与证券公司约定，按发行收入的 3% 支付手续费，款项存入银行。

（3）20×8 年 12 月，经批准，将资本公积 100 000 元、盈余公积 200 000 元转增资本。

（4）20×8 年 12 月，经公司董事会决定，并经股东大会同意，用盈余公积 28 万元弥补以前年度的亏损。

（三）**要求**：根据以上资料编制会计分录。

【实训四】

（一）**目的**：练习实收资本和资本溢价的账务处理。

（二）**资料**：

甲股份有限公司（以下简称甲公司）20×7—20×9 年度有关业务资料如下：

（1）20×7 年 1 月 1 日，甲公司股东权益总额为 46 500 万元（其中，股本总额为 10 000 万股，每股面值为 1 元；资本公积为 30 000 万元；盈余公积为 6 000 万元；未分配利润为 500 万元）。20×7 年度实现净利润 400 万元，股本与资本公积项目未发生变化。

20×8 年 3 月 1 日，甲公司董事会提出如下预案：

① 按 20×7 年度实现净利润的 10% 提取法定盈余公积。

② 以 20×7 年 12 月 31 日的股本总额为基数，以资本公积（股本溢价）转增股本，每 10 股转增 4 股，共计转增 4 000 万股。

20×8 年 5 月 5 日，甲公司召开股东大会，审议批准了董事会提出的预案，同时决定分派现金股利 300 万元。20×8 年 6 月 10 日，甲公司办妥了上述资本公积转增股本的有关手续。

（2）20×8 年度，甲公司发生净亏损 3 142 万元。

（3）20×9 年 5 月 9 日，甲公司股东大会决定以法定盈余公积弥补账面累计未弥补亏损 200 万元。

（三）**要求**：

（1）编制甲公司 20×8 年 3 月提取法定盈余公积的会计分录。

（2）编制甲公司 20×8 年 5 月宣告分派现金股利的会计分录。

（3）编制甲公司 20×8 年 6 月资本公积转增股本的会计分录。

（4）编制甲公司 20×8 年度结转当年净亏损的会计分录。

（5）编制甲公司 20×9 年 5 月以法定盈余公积弥补亏损的会计分录。

（"利润分配""盈余公积"科目要求写出明细科目；答案中的金额单位用万元表示。）

【实训五】

（一）**目的**：练习股权回购账务处理。

（二）**资料**：

甲公司 20×8 年 12 月 31 日股东权益中，股本为 20 000 万元（面值为 1 元），资本公积（股本溢价）为 6 000 万元，盈余公积为 5 000 万元，未分配利润为 0 万元。经董事会批准回购本公司股票并注销。20×8 年发生业务如下：

（1）以每股 3 元的价格回购本公司股票 2 000 万股。

（2）以每股 2 元的价格回购本公司股票 4 000 万股。

（3）注销股票。

（三）**要求**：编制甲公司相关会计分录。

【实训六】

（一）**目的**：综合练习所有者权益相关业务的账务处理。

（二）**资料**：

甲公司为增值税一般纳税人，由 A、B、C 三位股东于 2020 年 12 月 31 日共同出资设立，注册资本 800 万元。出资协议规定，A、B、C 三位股东出资比例分别为 40%、35% 和 25%。有关资料如下：

（1）2020 年 12 月 31 日三位股东的出资方式及出资额如表 11 - 1 所示（各位股东的出资已全部到位，并经中国注册会计师验证，有关法律手续已经办妥，不考虑增值税等相关税费）。

表 11 - 1　A、B、C 三位股东出资　　　　金额单位：万元

出资者	货币资金	实物资产	无形资产	合计
A	270		50（专利权）	320
B	130	150（厂房）		280
C	170	30（轿车）		200
合计	570	180	50	800

（2）2021 年甲公司实现净利润 400 万元，决定分配现金股利 100 万元，计划在 2022 年 2 月 10 日支付。

（3）2022 年 12 月 31 日，吸收 D 股东加入本公司，将甲公司注册资本由原 800 万元增到 1 000万元。D 股东以银行存款 100 万元、原材料 58 万元（增值税专用发票中注明材料计税价格为 50 万元，增值税税额 6.5 万元）出资，占增资后注册资本 10% 的股份；其余的 100 万元增资由 A、B、C 三位股东按原持股比例以银行存款出资。2022 年 12 月 31 日，四位股东的出资已全部到位，并取得 D 股东开出的增值税专用发票，有关的法律手续已经办妥。

（三）**要求**：

（1）编制甲公司 2020 年 12 月 31 日收到投资者投入资本的会计分录（"实收资本"科目要求写出明细科目）。

（2）编制甲公司 2021 年决定分配现金股利的会计分录（"应付股利"科目要求写出明细科目）。

（3）计算甲公司 2022 年 12 月 31 日吸收 D 股东出资时产生的资本公积。

（4）编制甲公司 2022 年 12 月 31 日收到 A、B、C 股东追加投资和 D 股东出资的会计分录。

（5）计算甲公司 2022 年 12 月 31 日增资扩股后各股东的持股比例。

第12章 收入、费用、利润的核算

【同步测试】

一、单项选择题

1. 企业对于已经发出但尚未确认销售收入的商品的成本，应借记的会计科目是（　　）。
   - A. 在途物资
   - B. 主营业务成本
   - C. 发出商品
   - D. 库存商品

2. 企业采用预收账款方式销售商品，确认销售收入的时点通常是（　　）。
   - A. 收到第一笔货款时
   - B. 按合同约定的收款日期
   - C. 发出商品时
   - D. 收到支付凭证时

3. 企业2018年7月售出产品并已确认收入，2018年9月发生销售退回时，其冲减的销售收入应在退回当期记入（　　）科目的借方。
   - A. 营业外收入
   - B. 营业外支出
   - C. 利润分配
   - D. 主营业务收入

4. 甲企业销售A产品每件500元，若客户购买100件（含100件）以上可得到10%的商业折扣。乙公司于2020年11月5日购买该企业产品200件，款项尚未支付。按规定现金折扣条件为2/10，1/20，N/30。适用的增值税税率为13%。甲企业于11月23日收到该笔款项，则应给予乙公司的现金折扣的金额为（　　）元。（假定计算现金折扣时不考虑增值税）
   - A. 900
   - B. 1 000
   - C. 1 130
   - D. 2 260

5. A公司销售一批商品给B公司，开出的增值税专用发票上注明的售价为10 000万元。增值税税额为1 300万元。该批商品的成本为8 000万元。货到后B公司发现商品质量不合格，要求在价格上给予3%的折让。B公司提出的销售折让要求符合原合同的约定，A公司同意并办妥了相关手续。假定销售商品后还未确认收入，则A公司应确认销售商品收入的金额为（　　）万元。
   - A. 10 000
   - B. 9 700
   - C. 10 961
   - D. 11 300

6. 对于在合同中规定了买方有权退货条款的销售，如无法合理确定退货的可能性，则符合商品销售收入确认条件的时点是（　　）。
   - A. 收到货款时
   - B. 发出商品时
   - C. 签订合同时
   - D. 买方正式接受商品或退货期满时

7. 某企业销售商品7 000件，每件售价50元（不含增值税），增值税税率13%，企业为购货方提供的商业折扣为15%，提供的现金折扣条件为2/10.1/20.N/30（计算现金折扣时不考虑增值税）。假设购货方8天后付款，该企业在这项交易中应确认的收入金额为（　　）元。
   - A. 350 000
   - B. 343 000
   - C. 297 500
   - D. 291 550

8. 企业采用支付手续费的委托代销商品，委托方确认商品销售收入的时间是（　　）。
   - A. 签订代销协议时
   - B. 发出商品时

C. 收到代销清单时　　　　　　　　　　D. 收到代销款时

9. 下列项目中，应计入其他业务收入的是（　　　）。

A. 转让无形资产所有权收入　　　　　　B. 出租固定资产收入

C. 罚款收入　　　　　　　　　　　　　D. 股票发行收入

10. 2020 年 9 月 1 日，某公司与客户签订一项安装劳务合同，预计 2021 年 12 月 31 日完工；合同总收入为 2 400 万元，增值税税额为 216 万元，预计总成本为 2 000 万元。截至 2020 年 12 月 31 日，该公司实际发生成本 600 万元，预计将要发生成本 1 400 万元。假定该合同的结果能够可靠地估计，采用已经发生的成本占估计总成本的比例确认收入。2020 年度对该项合同确认的收入为（　　　）万元。

A. 720　　　　　　　B. 640　　　　　　　C. 350　　　　　　　D. 600

11. 甲公司 2020 年 5 月 13 日与客户签订了一项工程劳务合同，合同期 9 个月，合同总收入 500 万元，增值税税率为 9%，预计合同总成本 350 万元；至 2020 年 12 月 31 日，实际发生成本 160 万元。甲公司按实际发生的成本占预计总成本的百分比确定劳务完成程度。在年末确认劳务收入时，甲公司发现，客户已发生严重的财务危机，估计只能从工程款中收回成本 150 万元。则甲公司 2020 年度应确认的劳务收入为（　　　）万元。

A. 228. 55　　　　　B. 160　　　　　　　C. 150　　　　　　　D. 10

12. 下列各项中，不应计入其他业务成本的是（　　　）。

A. 经营出租设备计提的折旧额　　　　　B. 出借包装物的成本摊销额

C. 出售原材料结转的成本　　　　　　　D. 随同商品出售单独计价的包装物成本

13. 某企业为增值税一般纳税人，增值税税率为 13%。本月销售一批材料，价税合计为 5 876元。该批材料计划成本为 4 200 元，材料成本差异率为 2%。不考虑其他因素，该企业销售材料应确认的损益为（　　　）元。

A. 916　　　　　　　B. 1 084　　　　　　C. 1 884　　　　　　D. 1 968

14. 某工业企业为增值税一般纳税人，2018 年应交的各种税金如下：增值税 700 万元，消费税（全部为销售应税消费品发生）300 万元，城市维护建设税 60 万元，教育及附加费 10 万元，所得税费用 500 万元。上述各项税金应计入税金及附加的金额为（　　　）万元。

A. 70　　　　　　　　B. 370　　　　　　　C. 90　　　　　　　　D. 460

15. 下列各项中，应计入管理费用的是（　　　）。

A. 筹建期间的开办费　　　　　　　　　B. 预计产品质量保证损失

C. 生产车间管理人员工资　　　　　　　D. 专设销售机构的固定资产修理费

16. 下列各项中，不应计入销售费用的是（　　　）。

A. 已售商品预计保修费用

B. 为推广新产品而发生的广告费用

C. 随同商品出售且单独计价的包装物成本

D. 随同商品出售而不单独计价的包装物成本

17. 甲企业 2020 年 3 月份发生的费用有：计提车间管理人员工资费用 50 万元，发生管理部门人员工资 30 万元，支付广告宣传费用 42.4 万元（含可抵扣增值税税额 2.4 万元），筹集外币资金发生汇兑损失 10 万元，支付固定资产维修费用 16.95 万元（含可抵扣增值税税额 1.95 万元）。则该企业当期的期间费用总额为（　　　）万元。

A. 95　　　　　　　　B. 130　　　　　　　C. 140　　　　　　　D. 145

18. 下列各项中，不应计入营业外收入的是（　　）。
    A. 债务重组利得
    B. 报废固定资产清理净收益
    C. 库存商品的盘亏取得的残料收入
    D. 无法查明原因的库存现金盘盈

19. 下列交易或事项，不应确认为营业外支出的是（　　）。
    A. 公益性捐赠支出
    B. 无形资产报废净损失
    C. 固定资产盘亏净损失
    D. 计提坏账准备

20. 下列各项，不影响企业营业利润的项目是（　　）。
    A. 劳务收入
    B. 财务费用
    C. 出售包装物收入
    D. 罚款支出

21. 甲企业 2020 年主营业务收入为 500 万元，主营业务成本为 300 万元，其他业务收入为 200 万元，其他业务成本为 100 万元，销售费用为 15 万元，信用减值损失为 40 万元，资产减值损失为 5 万元，公允价值变动收益为 60 万元，投资收益为 20 万元，营业外收入 10 万元，营业外支出 5 万元。假定不考虑其他因素，则该企业本年营业利润为（　　）万元。
    A. 300
    B. 320
    C. 365
    D. 380

22. 某企业 2018 年度的利润总额为 1 000 万元，其中包括本年收到的国库券利息收入 20 万元，该企业 2018 年应交所得税为（　　）万元。
    A. 250
    B. 232.5
    C. 245
    D. 257.5

二、多项选择题

1. 下列各项中，表明已售商品所有权的主要风险和报酬尚未转移给购货方的有（　　）。
    A. 销售商品的同时，约定日后将以融资租赁方式租回
    B. 销售商品的同时，约定日后将以高于原售价的固定价格回购
    C. 已售商品附有无条件退货条款，但不能合理估计退货的可能性
    D. 向购货方发出商品后，发现商品质量与合同不符，很可能遭受退货

2. 下列各项中，不应计入商品销售收入的有（　　）。
    A. 已经发生的销售折让
    B. 应收取增值税销项税额
    C. 实际发生的商业折扣
    D. 应收取的代垫运杂费

3. 下列各项中，工业企业应确认为其他业务收入的有（　　）。
    A. 对外销售材料收入
    B. 出售专利所有权收入
    C. 处置营业用房净收益
    D. 转让商标使用权收入

4. 企业跨期提供劳务的，期末可以按照完工百分比法确认收入的条件包括（　　）。
    A. 劳务总收入能够可靠地计量
    B. 相关的经济利益能够流入企业
    C. 劳务的完成程度能够可靠地确定
    D. 劳务总成本能够可靠地计量

5. 下列各项中，可用于确定所提供劳务完工进度的方法有（　　）。
    A. 根据测量的已完工作量加以确定
    B. 按已经发生的成本占估计总成本的比例计算确定
    C. 按已经收到的金额占合同总金额的比例计算确定
    D. 按已经提供的劳务占应提供劳务总量的比例计算确定

6. 下列各项中，属于让渡资产使用权收入的是（　　）。
    A. 转让无形资产使用权取得的收入

B. 以经营租赁方式出租固定资产取得的租金

C. 进行债权投资收取的利息

D. 进行股权投资取得的现金股利

7. 让渡资产使用权的收入确认条件不包括（　　　）。

A. 与交易相关的经济利益能够流入企业　　B. 收入的金额能够可靠地计量

C. 资产所有权上的风险已经转移　　D. 没有继续保留资产的控制权

8. 下列各科目中，能够反映已经发出但尚未确认销售收入的商品成本的有（　　　）。

A. 生产成本　　B. 委托代销商品

C. 发出商品　　D. 库存商品

9. 下列有关收入确认的表述中，正确的有（　　　）。

A. 如劳务的开始和完成分属于不同会计期间，应按完工百分比法确认收入

B. 在收取手续费方式下，委托代销商品时要在收到受托方开具的代销清单时确认收入

C. 资产使用费收入应当按合同规定确认

D. 在预收款销售方式下，收到货款时确认收入

10. 下列各项费用，应通过"管理费用"科目核算的有（　　　）。

A. 诉讼费　　B. 研究费用

C. 业务招待费　　D. 日常经营活动聘请中介机构费

11. 下列各项中，应计入财务费用的有（　　　）。

A. 企业发行股票支付的手续费　　B. 企业支付的银行承兑汇票手续费

C. 企业购买商品时取得的现金折扣　　D. 企业销售商品时发生的现金折扣

12. 企业销售商品交纳的下列各项税费，可能计入"税金及附加"科目的有（　　　）。

A. 消费税　　B. 增值税

C. 教育费附加　　D. 城市维护建设税

13. 下列项目中属于营业外支出的有（　　　）。

A. 公益性捐赠支出　　B. 税收滞纳金支出

C. 利息支出　　D. 债务重组损失

14. 会计期末结转本年利润的方法主要有（　　　）。

A. 表结法　　B. 账结法　　C. 品种法　　D. 分批法

15. 下列各项损益中，会计上和税法上核算不一致，需要进行纳税调整的项目有（　　　）。

A. 超标的业务招待费　　B. 国债利息收入

C. 公司债券的利息收入　　D. 公司债券转让净收益

16. 下列各项中，影响营业利润的项目有（　　　）。

A. 营业外收入　　B. 公允价值变动损益

C. 资产减值损失　　D. 所得税费用

17. 下列各项，影响企业利润总额的有（　　　）。

A. 管理费用　　B. 财务费用

C. 所得税费用　　D. 商品的销售成本

18. 下列各项，影响当期利润表中净利润的有（　　　）。

A. 对外捐赠无形资产　　B. 确认所得税费用

C. 固定资产盘亏净损失　　D. 固定资产出售利得

【实训项目】

【实训一】

（一）**目的**：练习附有现金折扣、销售折让条件的收入的核算及销售退回的核算。

（二）**资料**：

华联公司系增值税一般纳税人，适用的增值税税率为13%。2020年12月份，华联公司发生下列销售业务：

（1）12月3日，向宏达公司销售商品一批，标价为100万元（不含增值税），该批商品的实际成本为75万元；由于是成批销售，华联公司同意给予宏达公司10%的商业折扣。商品已发出，货款已收存银行。

（2）12月7日，向裕华公司销售商品一批，开出的增值税专用发票上注明的售价为60万元，增值税税额为7.8万元，商品成本为50万元。为了尽早收回货款，华联公司和裕华公司在合同中约定的现金折扣条件为：2/10，1/20，N/30。12月15日，华联公司收到裕华公司扣除所享受现金折扣后的全部款项，并存入银行。假定计算现金折扣时不考虑增值税。

（3）12月16日，向瑞达公司销售商品一批，开出的增值税专用发票上注明的售价为80万元，增值税税额为10.4万元，商品成本为60万元。货款尚未收到。

（4）12月20日，收到瑞达公司来函，要求对当月16日所购商品在价格上给予10%的折让，经查核，该批商品外观存在质量问题，华联公司同意瑞达公司提出的折让要求。当日，华联公司收到瑞达公司转来的税务部门出具的红字增值税专用发票。

（5）12月25日，12月7日售出的商品因质量问题被裕华公司退回。当日，华联公司收到裕华公司交来的退货证明单并开具红字增值税专用发票，支付退货款项。

（三）**要求**：编制华联公司上述销售业务的（1）—（5）会计分录。

【实训二】

（一）**目的**：练习具有融资性质的分期收款销售商品的会计处理。

（二）**资料**：

裕华公司2020年1月1日采用分期收款方式向M公司销售大型设备一台，协议约定的销售价格为2 700万元，从2020年起，分3年于每年年末收取900万元，该大型设备成本为1 500万元。该设备在现销的方式下的公允价值为2 497.59万元。裕华公司采用实际利率法摊销未实现融资收益，年实际利率为4%。假定裕华公司在合同约定的收款日期，发生有关的增值税纳税义务，适用的增值税税率为13%。

（三）**要求**：根据上述业务编制裕华公司的会计分录。

【实训三】

（一）**目的**：练习视同买断委托代销的会计处理。

（二）**资料**：

甲公司、乙公司均为增值税一般纳税人，2020年发生如下业务：

（1）6月5日，甲公司以视同买断方式委托乙公司代销商品1 000件，协议价为

100 元/件，成本为 60 元/件，适用的增值税税率为 13%。当日甲公司发出商品、乙公司收到该批商品。

（2）6 月 28 日，乙公司对外销售商品 500 件，售价为 140 元/件，价款为 70 000 元，增值税税税额为 9 100 元，款项已收到。

（3）6 月 29 日，甲公司收到乙公司开来的代销清单，向乙公司开具增值税专用发票，价款为 50 000 元，增值税税额为 6 500 元。

（4）7 月 5 日，甲公司收到乙公司支付的代销款 56 500 元。

（三）**要求**：根据上述业务编制甲公司、乙公司的会计分录。

【实训四】

（一）**目的**：练习收取手续费委托代销的会计处理。

（二）**资料**：

甲公司、乙公司均为增值税一般纳税人，2020 年发生如下业务：

（1）6 月 5 日，甲公司委托乙公司代销商品 1 000 件，合同约定售价 100 元/件，成本为 60 元/件，适用的增值税税率为 13%。当日甲公司发出商品、乙公司收到该批商品。

（2）6 月 28 日，乙公司对外销售商品 500 件，价款为 50 000 元，增值税税额为 6 500 元，款项已收到。

（3）6 月 29 日，甲公司收到乙公司开来的代销清单，向乙公司开具增值税专用发票，价款为 50 000 元，增值税税额为 6 500 元。同日收到乙公司提供代销服务开具的增值税专用发票，注明的价款为 5 000 元，增值税税额为 300 元。

（4）7 月 5 日，甲公司收到乙公司支付的已扣除手续费的代销款。

（三）**要求**：根据上述业务编制甲公司、乙公司的会计分录。

【实训五】

（一）**目的**：练习劳务收入的会计处理。

（二）**资料**：

甲公司为增值税一般纳税企业，装修业务为其主营业务，该业务适用的增值税税率为 9%，2020 年、2021 年相关业务如下：

（1）2020 年 12 月 10 日，与乙公司签订一项为期 16 个月的装修合同，合同总金额 4 000 万元，增值税税额 360 元。当日预收劳务款 545 万元（含税，增值税税率 9%），一般计税方法计税的项目预征率为 2%。

（2）2020 年实际发生成本 900 万元（均已银行存款支付），预计还将发生成本 2 100 万元。

（3）2021 年 3 月 1 日，预收劳务款 1 090 万元（含税，增值税税率 9%），一般计税方法计税的项目预征率为 2%。

（4）2021 年实际发生成本 1 800 万元（均已银行存款支付，截至 2020 年 12 月 31 日累计发生成本 2 700 万元），预计还将发生成本 300 万元（预计总成本 3 000 万元）。

（三）**要求**：编制甲公司相应会计分录。

【实训六】

（一）**目的**：练习费用的会计处理。

（二）**资料**：

甲公司为一般纳税人，增值税税率 13%，2020 年 6 月发生业务如下：

（1）6 月 10 日，为拓展市场发生业务招待费 50 000 元，取得的增值税专用发票上注明的增值税税额为 3 000 元，以银行存款支付。

（2）6 月 20 日，将自产产品发放给行政管理人员，该批产品的实际成本为 30 000 元，市价为 50 000 元。

（3）6 月 25 日，以银行存款支付广告费 100 000 元，取得的增值税专用发票上注明的增值税税额为 6 000 元。

（4）6 月 25 日，以银行存款支付本月负担的利息费用 1 000 元。

（5）计提本月应负担的日常经营活动中的城市维护建设税 5 100 元，教育费附加 1 700元。

（6）结转本月随同产品出售但不单独计价的包装物成本 2 000 元和相应的存货跌价准备 200 元。

（三）**要求**：根据上述资料，编制（1）—（6）会计分录。

【实训七】

（一）**目的**：练习与利润有关的主要经济业务会计处理。

（二）**资料**：

宏达公司所得税税率为 25%，采用表结法结转本年利润。2020 年年初累计未分配利润为 10 万元，2020 年有关资料如下：

（1）2020 年年终结账前有关损益类科目的年末余额如表 12 - 1 所示。

表 12 - 1　有关损益类科目　　　　　　　　　　　　　　　　单位：万元

收入、利得	贷方余额	费用、损失	借方余额
主营业务收入	500	主营业务成本	325
其他业务收入	100	其他业务成本	75
投资收益	50	税金及附加	10
营业外收入	25	销售费用	30
		管理费用	40
		财务费用	20
		营业外支出	15

（2）公司当年的营业外支出中有 2 万元为行政性罚款支出，当年投资收益中有 12 万元为国债利息收入。其他纳税调整增加额 20 万元，其他纳税调整减少额 30 万元。递延所得税资产年初余额 30 万元，年末余额 35 万元。递延所得税负债年初余额 40 万元，年末余额 47.5 万元。

（3）年末该公司按全年净利润的 10% 提取法定盈余公积，按全年净利润的 40% 分配现金股利。

（三）**要求**：

（1）根据资料（1）计算本年营业利润、利润总额，结转本年利润。

（2）根据资料（2）计算本年应交所得税、所得税费用，完成确认及结转所得税费用的会计处理。

（3）计算当年实现的净利润，并将本年净利润结转入利润分配账户。

（4）完成当年利润分配的相关会计处理。

【思考与练习】

1. 什么是收入？收入可以分为哪些类型？

2. 销售商品收入的确认应同时满足哪些条件？

3. 商业折扣、现金折扣、销售折让的会计处理有何不同？

4. 如何确认附有销售退回条件的商品销售收入？如何对销售退回进行会计处理？

5. 委托代销商品采用视同买断方式如何进行会计处理？

6. 委托代销商品采用收取手续费方式如何进行会计处理？

7. 具有融资性质的分期收款销售商品如何进行会计处理？

8. 提供劳务交易的结果能够可靠估计的判断条件？劳务交易结果能够可靠估计时如何确认劳务收入？

9. 什么是建造合同？建造合同的结果能够可靠估计的条件？建造合同的结果能够可靠估计时如何确认建造合同收入、建造合同成本以及建造合同的预计损失？

10. 费用的项目有哪些？各项目分别应如何进行会计处理？

11. 直接计入当期利润的利得和损失由哪些项目构成？各项目分别应如何进行会计处理？

12. 如何计算营业利润、利润总额及净利润？如何对利润的结转和分配进行会计处理？

第13章 财务报告的编制

【同步测试】

一、单项选择题

1. 某企业 20×9 年发生如下业务：本年销售商品收到现金 2 000 万元，以前年度销售商品本年收到的现金 400 万元，本年预收销售商品款项 200 万元，本年销售本年退回商品支付现金 160 万元，以前年度销售本年退回商品支付的现金 120 万元。20×9 年该企业现金流量表中"销售商品、提供劳务收到的现金"项目的金额为（　　）万元。

    A. 1 720　　　　　　B. 2 120　　　　　　C. 2 320　　　　　　D. 2 000

2. 某企业"应收账款"科目月末借方余额 80 000 元。其中，"应收甲公司账款"明细科目借方余额 100 000 元，"应收乙公司账款"明细科目贷方余额 20 000 元。"预收账款"科目月末贷方余额 60 000 元。其中，"预收 A 工厂账款"明细科目贷方余额 100 000 元，"预收 B 工厂账款"明细科目借方余额 40 000 元。"预付账款"科目月末借方余额 30 000 元。其中，"预付丙公司账款"明细科目借方余额 50 000 元，"预付丁公司账款"明细科目贷方余额 20 000元。坏账准备科目余额为 0。该企业月末资产负债表中"应收账款"项目的金额为（　　）元。

    A. 80 000　　　　　　B. 180 000　　　　　　C. 100 000　　　　　　D. 140 000

3. 编制利润表的主要依据是（　　）。

    A. 资产、负债及所有者权益各账户的本期发生额

    B. 损益类各账户的本期发生额

    C. 资产、负债及所有者权益各账户的期末余额

    D. 损益类各账户的期末余额

4. 在下列各项税费中，应在利润表中的"税金及附加"项目反映的是（　　）。

    A. 耕地占用税　　　　B. 城市维护建设税　　C. 印花税　　　　D. 房产税

5. 企业"应付账款"科目月末贷方余额 50 000 元。其中，"应付甲公司账款"明细科目贷方余额 45 000 元，"应付乙公司账款"明细科目贷方余额 20 000 元，"应付丙公司账款"明细科目借方余额 15 000 元。"预付账款"科目月末贷方余额 20 000 元。其中，"预付 A 工厂账款"明细科目贷方余额 30 000 元，"预付 B 工厂账款"明细科目借方余额 10 000 元。该企业月末资产负债表中"预付款项"项目的金额为（　　）元。

    A. -45 000　　　　　　B. 25 000　　　　　　C. -20 000　　　　　　D. 20 000

6. 下列各项资产项目中，根据明细科目余额计算填列的是（　　）。

    A. 在建工程　　　　　B. 固定资产清理　　　C. 应收利息　　　　D. 预付款项

7. "预收账款"科目明细账中若有借方余额，应将其计入资产负债表中的（　　）项目。

    A. 应收账款　　　　　B. 预收款项　　　　　C. 预付款项　　　　D. 其他应收款

8. 某企业"应收账款"有三个明细账,其中"应收账款——甲企业"明细分类账月末借方余额为 100 000 元,"应收账款——乙企业"明细分类账月末借方余额为 400 000 元,"应收账款——丙企业"明细分类账月末贷方余额为 100 000 元;"预收账款"有两个明细分类账,其中"预收账款——丁公司"明细分类账月末借方余额 55 000 元,"预收账款——戊公司"明细分类账月末贷方余额为 20 000 元;坏账准备月末贷方余额为 3 000 元(均与应收账款相关)。则该企业月末资产负债表的"预收款项"项目应为 (   ) 元。

    A. 517 000   B. 152 000   C. 155 000   D. 120 000

9. 资产负债表中资产的排列依据是 (   )。

    A. 项目重要性   B. 项目流动性   C. 项目时间性   D. 项目收益性

10. 企业 20×9 年 10 月 31 日生产成本借方余额 50 000 元,材料采购借方 30 000 元,材料成本差异贷方余额 500 元,委托代销商品借方余额 40 000 元,周转材料借方余额 10 000 元,存货跌价准备贷方余额 3 000 元,则资产负债表"存货"项目的金额为 (   ) 元。

    A. 116 500   B. 117 500   C. 119 500   D. 126 500

11. 下列各科目的期末余额,不应在资产负债表"存货"项目列示的是 (   )。

    A. 库存商品   B. 材料成本差异   C. 在建工程   D. 委托加工物资

12. 某企业 20×9 年 12 月 31 日固定资产账户余额为 2 000 万元,累计折旧账户余额为 800 万元,固定资产减值准备账户余额为 100 万元,在建工程账户余额为 200 万元。该企业 20×9 年 12 月 31 日资产负债表中固定资产项目的金额为 (   ) 万元。

    A. 1 200   B. 900   C. 1 100   D. 2 200

13. 某企业期末"工程物资"科目的余额为 200 万元,"发出商品"科目的余额为 50 万元,"原材料"科目的余额为 60 万元,"材料成本差异"科目的贷方余额为 5 万元。假定不考虑其他因素,该企业资产负债表中"存货"项目的金额为 (   ) 万元。

    A. 105   B. 115   C. 205   D. 215

14. 下列项目中,属于资产负债表中非流动资产项目的是 (   )。

    A. 应收股利   B. 存货   C. 长期借款   D. 工程物资

15. 某企业 20×9 年"主营业务收入"科目贷方发生额是 2 000 万元,借方发生额为退货 50 万元,发生现金折扣 50 万元,"其他业务收入"科目贷方发生额 100 万元,"其他业务成本"科目借方发生额为 80 万元,那么企业利润表中"营业收入"项目填列的金额为 (   ) 万元。

    A. 2 000   B. 2 050   C. 2 100   D. 2 070

16. 某企业 20×9 年 7 月 1 日从银行借入期限为 4 年的长期借款 600 万元,20×9 年 12 月 31 日编制资产负债表时,此项借款应填入的报表项目是 (   )。

    A. 短期借款   B. 长期借款

    C. 其他长期负债   D. 一年内到期的非流动负债

17. A 公司 20×9 年购买商品支付 500 万元(含增值税),支付 20×8 年接受劳务的未付款项 50 万元,20×9 年发生的购货退回 15 万元,假设不考虑其他条件,A 公司 20×9 年现金流量表"购买商品、接受劳务支付的现金"项目中应填列 (   ) 万元。

    A. 535   B. 465   C. 435   D. 500

18. 年度终了前,资产负债表中的"未分配利润"项目,应根据 (   ) 填列。

    A. "利润分配"科目余额

    B. "本年利润"科目余额

C. "本年利润"和"利润分配"科目的余额

D. "应付股利"科目余额

19. 对于现金流量表，下列说法不正确的是（　　　　）。

A. 在具体编制时，可以采用工作底稿法或 T 形账户法

B. 采用多步式

C. 在具体编制时，也可以根据有关科目记录分析填列

D. 采用报告式

20. 某企业 20×9 年发生的营业收入为 1 000 万元，营业成本为 600 万元，销售费用为 20 万元，管理费用为 50 万元，财务费用为 10 万元，投资收益为 40 万元，资产减值损失为 70 万元，公允价值变动收益为 80 万元，营业外收入为 25 万元，营业外支出为 15 万元。该企业 20×9年的营业利润为（　　　）万元。

A. 370　　　　　　　　B. 330　　　　　　　　C. 320　　　　　　　　D. 380

21. 下列各项中，不属于现金流量表"筹资活动产生的现金流量"的是（　　　　）。

A. 取得借款收到的现金

B. 吸收投资收到的现金

C. 赊购材料未支付的款项

D. 分配股利、利润或偿付利息支付的现金

二、多项选择题

1. 资产负债表项目的"期末余额"栏，主要有以下（　　　）种填列方法。

A. 根据几个总账科目的期末余额的合计数填列

B. 根据有关科目的余额减去其备抵科目余额后的净额填列

C. 根据明细科目的余额计算填列

D. 直接根据各自的总账科目的期末余额填列

2. 下列各项中，应在资产负债表"应收账款"项目列示的有（　　　）。

A. "预付账款"科目所属明细科目的借方余额

B. "应收账款"科目所属明细科目的借方余额

C. "应收账款"科目所属明细科目的贷方余额

D. "预收账款"科目所属明细科目的借方余额

3. 下列各项中，属于企业资产负债表存货项目范围的有（　　　）。

A. 已经购入但尚未运达本企业的货物

B. 已售出但货物尚未运离本企业的存货

C. 存放外地仓库但尚未售出的存货

D. 支付手续费的委托代销方式下已发出的委托代销商品但尚未收到代销清单的存货

4. 下列选项中，不属于利润表项目的有（　　　）。

A. 未分配利润　　　　　　　　　　　　B. 营业外收入

C. 净利润　　　　　　　　　　　　　　D. 主营业务收入

5. 下列各项中，属于工业企业现金流量表"筹资活动产生的现金流量"的有（　　　）。

A. 吸收投资收到的现金　　　　　　　　B. 分配利润支付的现金

C. 取得借款收到的现金　　　　　　　　D. 投资收到的现金股利

6. 下列资产负债表项目中，应根据有关科目余额减去其备抵科目余额后的净额填列的有（   ）。

  A. 应付票据   B. 交易性金融资产 C. 无形资产   D. 长期股权投资

7. 下列各项中，属于流动负债的有（   ）。

  A. 预收款项   B. 其他应付款

  C. 预付款项   D. 一年内到期的长期借款

8. 下列项目中，会影响企业利润表中"营业利润"项目填列金额的有（   ）。

  A. 对外投资取得的投资收益   B. 出租无形资产取得的租金收入

  C. 计提固定资产减值准备   D. 交纳所得税

9. 现金流量表中的"支付给职工以及为职工支付的现金"项目包括（   ）。

  A. 支付给退休人员的退休金   B. 支付给在建工程人员的职工薪酬

  C. 支付给销售部门人员的职工薪酬   D. 支付给生产工人的职工薪酬

10. 下列各项现金流出，属于企业现金流量表中投资活动产生的现金流量的有（   ）。

  A. 发放管理人员工资   B. 购买固定资产支付的现金

  C. 购买无形资产支付的现金   D. 购买办公用品支付的现金

【实训项目】

【实训一】

（一）**目的**：练习计算资产负债表项目年末余额。

（二）**资料**：

甲股份有限公司 20×8 年有关资料如下：

（1）1 月 1 日部分总账及其所属明细账余额如表 13-1 所示。

表 13-1　明细账余额情况   单位：万元

总账	明细账	借或贷	余额
应收账款	——A 公司	借	600
坏账准备		贷	30
长期股权投资	——B 公司	借	2 500
固定资产	——厂房	借	3 000
累计折旧		贷	900
固定资产减值准备		贷	200
应付账款	——C 公司	借	150
	——D 公司	贷	1 050
长期借款	——甲银行	贷	300

注：① 该公司未单独设置"预付账款"会计科目。

  ② 表中长期借款为 20×8 年 10 月 1 日从银行借入，借款期限 2 年，年利率 5%，每年付息一次。

（2）20×8 年甲股份有限公司发生如下业务：

① 3 月 10 日，收回上年已作为坏账转销的应收 A 公司账款 70 万元并存入银行。

② 4 月 15 日，收到 C 公司发来的材料一批并验收入库，增值税专用发票注明货款 100 万

元，增值税 16 万元，其款项上年已预付。

③ 4 月 20 日，对厂房进行更新改造，发生后续支出总计 500 万元，所替换的旧设施账面价值为 300 万元（该设施原价 500 万元，已提折旧 167 万元，已提减值准备 33 万元）。该厂房于 12 月 30 日达到预定可使用状态，其后续支出符合资本化条件。

④ 1—4 月该厂房已计提折旧 100 万元。

⑤ 6 月 30 日从乙银行借款 200 万元，期限 3 年，年利率 6%，每半年付息一次。

⑥ 10 月份以票据结算的经济业务有（不考虑增值税）：持银行汇票购进材料 500 万元；持银行本票购进库存商品 300 万元；签发 6 个月的商业汇票购进物资 800 万元。

⑦ 12 月 31 日，经计算本月应付职工工资 200 万元，应计提社会保险费 50 万元。同日，以银行存款预付下月住房租金 2 万元，该住房供公司高级管理人员免费居住。

⑧ 12 月 31 日，经减值测试，应收 A 公司账款预计未来现金流量现值为 400 万元。

⑨ 甲股份有限公司对 B 公司的长期股权投资采用权益法核算，其投资占 B 公司的表决权股份的 30%。20×8 年 B 公司实现净利润 9 000 万元。长期股权投资在资产负债表日不存在减值迹象。

除上述资料外，不考虑其他因素。

（三）**要求**：计算甲股份有限公司 20×8 年 12 月 31 日资产负债表下列项目的年末余额，并对上述业务进行会计处理：① 应收账款；② 预付账款；③ 长期股权投资；④ 固定资产；⑤ 应付票据；⑥ 应付账款；⑦ 应付职工薪酬；⑧ 长期借款。

【实训二】

（一）**目的**：练习计算营业利润、利润总额、净利润。

（二）**资料**：

丁公司本年损益类科目余额如表 13-2 所示。

表 13-2 损益类科目余额 单位：元

科目名称	借方发生额	贷方发生额
主营业务收入		1 250 000
主营业务成本	750 000	
税金及附加	20 000	
其他业务收入	10 000	
其他业务成本	7 000	
销售费用	20 000	
管理费用	158 000	
财务费用	41 500	
投资收益		37 500
营业外收入		50 000
营业外支出	49 700	
所得税费用	78 000	

（三）**要求**：

计算丁公司的营业利润、利润总额、净利润。

【实训三】

（一）**目的**：练习计算资产负债表项目金额。

（二）**资料**：

某公司 20×8 年 12 月 31 日有关账户余额如表 13-3 所示。

表 13-3　有关账户余额　　　　单位：元

总分类科目	明细科目	余额	
		借方	贷方
库存现金		20 000	
银行存款		60 000	
其他货币资金		30 000	
原材料		50 000	
生产成本		12 000	
库存商品		70 000	
应收账款：		1 400	
	A 公司	3 000	
	B 公司		1 600
预收账款：			500
	C 公司	2 000	
	D 公司		2 500
应付账款：			1 000
	E 公司	1 000	
	F 公司		2 000
预付账款：		2 000	
	H 公司	3 000	
	I 公司		1 000

（三）**要求**：根据以上内容计算资产负债表下列项目的金额：

① 货币资金；② 存货；③ 应收账款；④ 预收账款；⑤ 应付账款；⑥ 预付账款。

【实训四】

（一）**目的**：练习计算利润表项目金额。

（二）**资料**：

甲公司为增值税一般纳税人，适用的增值税税率为 16%，商品、原材料售价中不含增值税。假定销售商品、原材料和提供劳务均符合收入确认条件，其成本在确认收入时逐笔结转，不考虑其他因素。20×8 年 4 月，甲公司发生如下交易或事项：

（1）销售商品一批，按商品标价计算的金额为 200 万元，由于是成批销售，甲公司给予客户

10% 的商业折扣并开具了增值税专用发票，款项尚未收回。该批商品实际成本为 150 万元。

（2）向本公司行政管理人员发放自产产品作为福利，该批产品的实际成本为 8 万元，市场售价为 10 万元。

（3）向乙公司转让一项软件的使用权，一次性收取使用费 20 万元并存入银行，且不再提供后续服务。

（4）销售一批原材料，增值税专用发票注明售价 80 万元，款项收到并存入银行。该批材料的实际成本为 59 万元。

（5）确认本月设备安装劳务收入。该设备安装劳务合同总收入为 100 万元，预计合同总成本为 70 万元，合同价款在前期签订合同时已收取。采用完工百分比法确认劳务收入。截至本月末，该劳务的累计完工进度为 60%，前期已累计确认劳务收入 50 万元、劳务成本 35 万元。

（6）以银行存款支付管理费用 20 万元，财务费用 10 万元，营业外支出 5 万元。

（三）**要求**：

（1）逐笔编制甲公司上述交易或事项的会计分录（"应交税费"科目要写出明细科目及专栏名称）。

（2）计算甲公司 4 月的营业收入、营业成本、营业利润、利润总额。

【实训五】

（一）**目的**：练习编制资产负债表、利润表和现金流量表。

（二）**资料**：

甲公司为股份有限公司，是一般纳税人，通常适用增值税税率为 16%，所得税税率为 25%；原材料采用计划成本进行核算。该公司 20×8 年 12 月 31 日的资产负债表如表 13-4 所示。其中，"应收账款"科目的期末余额为 4 000 000 元，"坏账准备"科目的期末余额为 9 000 元，"累计折旧"科目的期末余额为 3 000 000 元。其他诸如存货、长期股权投资、固定资产、无形资产等资产都没有计提资产减值准备。

表 13-4　资产负债表

会企 01 表　　　　　　　　　　　编制单位：甲公司　20×8 年 12 月 31 日　　　　　　　　　　单位：元

资产	金额	负债和所有者权益（或股东权益）	金额
流动资产：		流动负债：	
货币资金	14 063 000	短期借款	3 000 000
交易性金融资产	150 000	交易性金融负债	0
应收票据	2 460 000	应付票据	2 000 000
应收账款	3 991 000	应付账款	9 548 000
预付账款	1 000 000	预收账款	0
应收利息	0	应付职工薪酬	1 100 000
其他应收款	3 050 000	应交税费	366 000
存货	25 800 000	应付利息	0
一年内到期的非流动资产	0	其他应付款	500 000
其他流动资产	0	一年内到期的非流动负债	10 000 000

续表

资产	金额	负债和所有者权益（或股东权益）	金额
流动资产合计	50 514 000	其他流动负债	0
非流动资产：		流动负债合计	26 514 000
可供出售金融资产	0	非流动负债：	
持有至到期投资	0	长期借款	6 000 000
长期应收款		应付债券	0
长期股权投资	2 500 000	长期应付款	0
投资性房地产		专项应付款	0
固定资产	8 000 000	预计负债	0
在建工程	15 000 000	递延所得税负债	0
工程物资	0	其他非流动负债	0
固定资产清理	0	非流动负债合计	6 000 000
生产性生物资产		负债合计	32 514 000
油气资产		所有者权益（或股东权益）：	
无形资产	6 000 000	实收资本（或股本）	50 000 000
开发支出	0	资本公积	0
商誉	0	减：库存股	
长期待摊费用	0	盈余公积	1 000 000
递延所得税资产	0	未分配利润	500 000
其他非流动资产	2 000 000	所有者权益（或股东权益）合计	51 500 000
非流动资产合计	33 500 000		
资产总计	84 014 000	负债和所有者权益（或股东权益）总计	84 014 000

20×8 年，甲公司共发生如下经济业务：

（1）收到银行通知，用银行存款支付到期的商业承兑汇票 1 000 000 元。

（2）购入原材料一批，收到的增值税专用发票上注明的原材料价款为 1 500 000 元，增值税税率为 16%，款项已通过银行转账支付，材料尚未验收入库。

（3）收到原材料一批，实际成本 1 000 000 元，计划成本 950 000 元，材料已验收入库，货款已于上月支付。

（4）用银行汇票支付材料采购价款，公司收到开户银行转来银行汇票多余款收账通知，通知上填写的多余款为 2 340 元，购入材料及运费 998 000 元，增值税税率为 16%，材料已验收入库，该批原材料计划价格 1 000 000 元。

（5）销售产品一批，开出的增值税专用发票上注明价款为 3 000 000 元，增值税税率 16%，货款尚未收到。该批产品实际成本 1 800 000 元，产品已发出。

（6）公司将交易性金融资产（股票投资）兑现 165 000 元，该投资的成本为 130 000 元，公允价值变动为增值 20 000 元，处置收益为 15 000 元，均存入银行。

（7）购入不需安装的办公用设备一台，收到增值税专用发票上注明的设备价款为 854 700 元，增值税税率 16%，支付包装费、运费 10 000 元。价款及包装费、运费均以银行存款支付，设备已交付使用。

（8）购入用于办公楼建设的工程物资一批，收到增值税专用发票上注明的物资价款和增值税进项税额合计为 1 740 000 元，款项已通过银行转账支付。

（9）办公楼建设工程应付薪酬 2 280 000 元。

（10）办公楼建设工程完工，交付办公使用，已办理竣工手续，固定资产价值 14 000 000 元。

（11）基本生产车间一台机床报废，原价 2 000 000 元，已提折旧 1 800 000 元，清理费用 5 000 元，残值收入 8 000 元，均通过银行存款收支。该项固定资产已清理完毕。

（12）从银行借入 3 年期借款 10 000 000 元，借款已存入银行账户。

（13）销售产品一批，开出的增值税专用发票上注明的销售价款为 7 000 000 元，增值税税率 16%，款项已存入银行。销售产品的实际成本为 4 200 000 元。

（14）公司将要到期的一张面值为 2 000 000 元的无息银行承兑汇票（不含增值税），连同解讫通知和进账单交银行办理转账。收到银行盖章退回的进账单一联。款项银行已收妥。

（15）公司出售一台不需用设备，收到价款 3 000 000 元，该设备原价 4 000 000 元，已提折旧 1 500 000 元。该项设备已由购入单位运走。

（16）取得交易性金融资产（股票投资），价款 1 030 000 元，交易费用 20 000 元，已用银行存款支付。

（17）支付工资 5 000 000 元，其中包括支付在建工程人员的工资 2 000 000 元。

（18）分配应支付的职工工资 3 000 000 元（不包括在建工程应负担的工资），其中生产人员薪酬 2 750 000 元，车间管理人员薪酬 100 000 元，行政管理部门人员薪酬 150 000 元。

（19）提取职工福利费 420 000 元（不包括在建工程应负担的福利费 280 000 元），其中生产工人福利费 385 000 元，车间管理人员福利费 14 000 元，行政管理部门福利费 21 000 元。

（20）基本生产领用原材料，计划成本为 7 000 000 元，领用低值易耗品，计划成本 500 000 元，采用一次摊销法摊销。

（21）结转领用原材料应分摊的材料成本差异。材料成本差异率为 5%。

（22）计提无形资产摊销 600 000 元；以银行存款支付基本生产车间水电费 900 000 元。

（23）计提固定资产折旧 1 000 000 元，其中计入制造费用 800 000 元、管理费用 200 000 元。计提固定资产减值准备 300 000 元。

（24）收到应收账款 510 000 元，存入银行。计提应收账款坏账准备 9 000 元。

（25）用银行存款支付产品展览费 100 000 元。

（26）计算并结转本期完工产品成本 12 824 000 元。期末没有在产品，本期生产的产品全部完工入库。

（27）广告费 100 000 元，已用银行存款支付。

（28）公司采用商业承兑汇票结算方式销售产品一批，开出的增值税专用发票上注明的销售价款为 2 500 000 元，增值税税率 16%，收到商业承兑汇票一张，产品实际成本为 1 500 000 元。

（29）公司将上述承兑汇票到银行办理贴现，贴现息为 200 000 元。

（30）公司本期产品销售应交纳的教育费附加为 20 000 元。

（31）用银行存款交纳增值税 1 000 000 元，教育费附加 20 000 元。

（32）本期在建工程应负担的长期借款利息费用 2 000 000 元，长期借款为分期付息。

（33）提取应计入本期损益的长期借款利息费用 100 000 元，长期借款为分期付息。

（34）归还短期借款本金 2 500 000 元。

（35）支付长期借款利息 2 100 000 元。

（36）偿还长期借款 10 000 000 元。

（37）上年度销售产品一批，开出的增值税专用发票上注明的销售价款为 100 000 元，增值税税率16%，购货开出商业承兑汇票。本期由于购货方发生财务困难，无法按合同规定偿还债务，经双方协议，甲股份公司同意购货方用产品抵偿该应收票据。用于抵债的产品市价为 80 000 元，增值税税率为 16%。

（38）持有的交易性金融资产的公允价值为 1 050 000 元。

（39）结转本期产品销售成本 7 500 000 元。

（40）假设本例中，除计提固定资产减值准备 300 000 元造成固定资产账面价值与其计税基础存在差异外，不考虑其他项目的所得税影响。企业按照税法规定计算确定的应交所得税为 1 252 218 元，递延所得税资产为 99 000 元。

（41）将各收支科目结转本年净利润。

（42）按照净利润的 10% 提取法定盈余公积金。

（43）将利润分配各明细科目的余额转入"未分配利润"明细科目，结转本年利润。

（44）用银行存款交纳当年应交所得税。

（三）**要求**：编制甲公司 20×8 年度经济业务的会计分录，并在此基础上编制资产负债表、利润表和现金流量表。

【思考与练习】

1. 财务报告的概念是什么？一套完整财务报表由哪些部分构成？企业是否需要编制利润分配表？

2. 企业编制财务报表主要为谁提供会计信息？

3. 从结构来看，我国企业资产负债表是账户式还是报告式？账户式结构的内在含义是什么？资产和负债应当如何分别列示？

4. 流动资产的划分标准是什么？企业中主要的流动资产项目有哪些？

5. 流动负债的划分标准是什么？企业中主要的流动负债项目有哪些？

6. 所有者权益的内涵是什么？所有者权益项目主要有哪些？

7. 利润表各项目的编制方法与资产负债表有什么主要区别？

8. 现金流量分为哪几类？企业编制经营活动现金流量的方法是什么？

参考答案